纺织新技术书库 **⑧1**

教育部和国家外国专家局
纺织生物医用材料与技术创新引智基地(B07024)资助

生物医用纺织品

王璐　金马汀(**M.W.KING**)　等编著

中国纺织出版社

内 容 提 要

生物医用纺织品是纺织科学与技术、材料学、医学和生物学等相关学科共同发展的产物。本书较为系统地总结了生物医用纺织品研发的一般思路及技术流程，比较详细地阐述了移植用制品、体外治疗用制品、人工器官用制品、卫生保健与防护用品四大领域中的典型生物医用纺织品的设计理念、实现方法和技术、产品评估以及发展趋势。此外，特别描述了组织工程技术与医用纺织品的结合以及智能医用纺织品的研究与开发，还介绍了医用制品标准、基本法规以及相关的供给体系。

本书可供纺织科学与工程及生物材料等领域的科研人员阅读，可作为高等院校相关专业师生的教学参考书，亦可作为医疗器械相关企业技术研发人员的参考资料。

图书在版编目（CIP）数据

生物医用纺织品/王璐等编著.—北京：中国纺织出版社，2011.11（2023.7 重印）
（纺织新技术书库；81）
ISBN 978 – 7 – 5064 – 7889 – 2
Ⅰ.①生…　Ⅱ.①王…　Ⅲ.①医用织物　Ⅳ.①TS106.6
中国版本图书馆 CIP 数据核字（2011）第 194550 号

策划编辑：江海华　责任编辑：张冬霞　责任校对：余静雯
责任设计：李 然　责任印制：何 建

中国纺织出版社出版发行
地址：北京市朝阳区百子湾东里 A407 号楼　邮政编码：100124
销售电话：010—67004422　传真：010—87155801
http://www.c-textilep.com
中国纺织出版社天猫旗舰店
官方微博 http://weibo.com/2119887771
北京虎彩文化传播有限公司印刷　各地新华书店经销
2011 年 11 月第 1 版　2023 年 7 月第 6 次印刷
开本：710×1000　1/16　印张：23.25
字数：388 千字　定价：48.00 元

前　言

　　什么是"生物医用纺织品"，如何研究和开发呢？作为本书的编者，我们也经常会有这样的疑问。在某种意义上来说，这些问题不是简单几句话就可以回答的。但是，我们发现，让提问者想象自己置身于医院的手术室中，去描述自己看到的东西，是回答这些问题的一个很有效的办法。在手术室中，映入眼帘的是各种各样的生物医用纺织品：手术服、面罩、挂帘、擦拭布、缝合线以及其他移植用的生物医用纺织品，所有这些东西或有其特殊的保护作用，或会在手术中发挥特殊的功用。这些生物医用纺织品在功能性和技术市场的应用可见一斑，的确不同于传统的产业用纺织品。

　　在提高人类医疗、卫生、外科治疗以及医学条件方面，生物医用纺织品的应用日益广泛。因为对于这一方面的叙述不尽完善，我们列举了以下例子来描述生物医用纺织品在健康状况的改善、舒适卫生的保持、外伤的预防或治疗、病变或损伤器官替换等方面的广泛应用。生物医用纺织品种类繁多，包括体外使用的绷带、创伤敷料、外用固定或支撑材料、妇女卫生用品、尿片或失禁垫片、手术室中所用的帷帘、手术巾、防护衣和口罩等，可谓应有尽有。在医用移植领域，手术缝合线是最简单的生物医用纺织品。

　　近年来，天然及合成材料制成的人造器官也给外科医生留下了很深的印象。也许在不久的将来，他们将可以自如运用长有活组织的移植产品来为病人治疗，而大多数产品就是纺织基制品，比如用于替换或者搭接血管、替代心脏瓣膜或膝关节韧带、修复疝气和器官下垂的生物医用产品。

　　了解生物医用纺织品的功能、选择合适的材料、确定工艺方法以满足它们的生物医用性能，需要多学科人员的合作。本书内容就涵盖了纺织科学与工程、材料科学与工程、生命科学和医学等多个学科的知识，向读者介绍了一种系统的方法去认识生物医用纺织品、人体组织及生理功能、纤维和织物结构、功能设计方法、制备工艺技术、性能表征与评价及生物医用纺织材料发展前景等。

　　随着可行的、功能性的活组织在体外的设计、生长及生产，再生医学的概念将得到广泛认同。已有的较成功的例子是，由可吸收或不可吸收纤维制成的组织工程支架已经成功应用于临床。因此，本书同时介绍了基于生物医用纺织品的组织工程的概念，可以对周围环境变化作出适当反应的智能纺织品的应用，以及为了保证生物医用纺织品顺利到达目标市场和满足临床应用必须要遵循的各种条例和法规。

显而易见,比起服用纺织品,生物医用纺织品是一种高度专业化和具有高附加值的产品,这就意味着需要花更多时间与精力去研究和开发。并且,为了实现产品所需的性能,还需要借鉴材料科学与工程、生命科学领域的许多先进科技成果。近年来,生物医用纺织品中移植用产品的使用量迅速增加。然而,在国内,技术与质量俱佳的移植用产品绝大多数是进口产品。因此,国内有创造性的研究与发展活动亟须加强,于是这本介绍生物医用纺织品研发的著作也就应运而生。

全书共有 11 章,第 1 章"生物医用纺织品导论"由王璐教授、金马汀(M. W. KING)教授撰稿,第 2 章"医用纺织品的生物学基础"由关国平博士撰稿,第 3 章"生物医用纤维材料"由莫秀梅教授撰稿,第 4 章"移植用制品"由李毓陵教授、王璐教授、张佩华教授、赵荟菁博士联合撰稿,第 5 章"体外治疗用制品"由靳向煜教授撰稿,第 6 章"卫生保健医用纺织品"由朱利民教授、孙刚教授、赵涛教授、王璐教授联合撰稿,第 7 章"人工器官用制品"由何春菊教授撰稿,第 8 章"组织工程医用产品"由张佩华教授撰稿,第 9 章"智能医用纺织品"由庄勤亮副教授撰稿,第 10 章"医用制品标准及基本法规"由王璐教授撰稿,第 11 章"医用制品的产业化及其供给体系"由王文祖研究员、周建国教授、王璐教授联合撰稿,附录"纺织工艺"和"生物医用纺织材料与技术相关机构及网站"由王富军博士撰稿。

我们已经发现,很多读者对本书内容有着强烈的兴趣与期特。因为直至今日,没有一本专著系统介绍现代生物医用纺织品的外观、概念及设计、材料选择、制备工艺、后整理技术、性能评价以及这些高附加值产品的监管环境等内容。据调研,在中国以及世界上的很多发达国家,有相当一部分高校针对本科生和研究生开设了生物医用纺织品的课程。因此我们相信,对于这些学生,不管他们是学习纺织工程、工商管理、聚合物材料工程,还是微生物学、医学、病理学、外科学,本书会满足他们阅读和参考的需要。而且我们坚信,对于医疗设备公司中开发和评价新的生物医用纺织品的工程师,微生物学、生物化学、免疫学等医学领域的基础研究科学家,外科手术、病理研究、基因治疗领域的执业医师,以及中国及世界各地监管机构的专家们来说,本书也将是一份很有价值的参考资料。书中主要专业术语都标注有英语,以方便读者更好地在各个在线搜索引擎和科技数据库查找英文资料。

本书的另一个特点是共有十余位国内外生物材料、纺织工程、生物及医学领域的专家共同参与编著,他们大多数是生物医用纺织品领域最前沿的研究者,所以本书内容十分丰富,介绍了最新的科研成果。

作为本书的主要编著者，我们诚挚地感谢各章作者在他们的研究领域勤勉和富有成效的工作。所有作者都是教育部和国家外国专家局在"十一五"期间授予东华大学的"纺织生物医用材料科学与技术创新引智基地，111 计划"项目组的成员。项目组包含了在国际生物医用纺织品研发方面有大量经验的外国教授、专家和东华大学的教授以及国内其他高校、医院的教授和专家。

感谢"111 计划"其他成员，特别是 R Guidoin、丁辛、陈南梁和崔运花等教授对本书提出的有益建议。

还要感谢林婧老师、杨小元、刘冰、黎聪、张雷、胡梦博、陈晓洁等研究生在本书撰稿过程中提供的资料收集、绘图、翻译等帮助。

由于编者的知识水平及时间有限，加之生物医用纺织品的迅速发展，一些新的知识与成果在书中可能未完全得以呈现，书中的错误、疏漏之处，敬请读者批评指正。

王璐　M. W. KING

2011 年 8 月

上海市松江区人民北路 2999 号

东华大学　纺织学院

目　录

第1章　生物医用纺织品导论

生物医用纺织品的研发涉及多个学科门类,是交叉学科综合运用的产物。运用不同的观点、角度来研究生物医用纺织品是十分重要的。目前在中国乃至全世界,还没有公认的标准将品种繁多的生物医用纺织品进行有效的分类。本章仅涉及生物医用纺织品的历史和现有的分类。值得一提的是,新型生物医用纺织品在全球仍不断涌现,在这类产品的生产技术和工艺中,有一些加工工序非常特别,必须强制执行。

1.1　生物医用纺织品——交叉学科的产物

生物医用纺织品是纺织科学与工程、材料科学与工程、机械学、生物学和医学等学科交叉的产物。研究生物医用纺织品的目的在于将纺织科学工程的原理与技术运用到医学领域,从而保障生命健康、改善生活方式和提高生活质量。也就是说,在涉及聚合物、纤维与纺织品的材料学领域以及涉及细胞、生物力学、人体解剖学与生理学组成的生物学领域中,为了能更好地理解生物医用纺织品的概念和重要性,非常有必要对材料的功能以及表征有一个基本了解和掌握。这并不是说为了生物医用纺织品的研究与发展,就要求专家熟悉、精通所有这些领域。生物医用纺织品的本质是一门交叉学科的产物,各个领域专家之间的相互合作,是促进生物医用纺织品发展进步的重要因素。

"生物医用纺织品"的定义已有近三十年的发展历史,是从早期"生物医用"一词的定义中衍生而来,并由专家总结概括得出(1987 年,Williams)。其定义为"生物医用纺织品是由合成材料或天然纤维加工而成的一种非活性的、永久性或暂时性的、纤维状结构的织物。因其具有防护保健作用,并可治疗损伤和诊断疾病,因此可用于人体体内、体外的生物环境中,从而减轻患者病痛,提高健康水平,改善医疗条件"。

生物医用纺织品是生物医用器械的一个重要组成部分。我国及其他国家的监管机构早已明确定义了"生物医用器械(biomedical devices)",以确保这类出售给公众和医疗保健部门的产品安全性和功能性。

生物医用纺织品定义中的一个关键内容是保证任何产品都要满足减轻患者病痛,提高健康水平,改善医疗条件的要求。例如,有一张经过特殊后整理加工的床单,它拥有如丝般光滑和柔软的表面,不会擦伤皮肤,老年及卧床不起的患者也不会长褥疮。如果在这张床单的包装上注明:"如丝般光滑柔软,为您的皮肤带来健康,有效降低患者的褥疮"，那么它就应该属于"生物医用纺织品"。相比普通床单，它还需要通过皮肤细胞水平测试和临床实验研究来验证其优越性。并且，监管机构的检测部门还需要提供实验和临床数据来验证它的生物相容性。这就是说，这种床单不会因皮肤过敏、刺激、皮疹和擦伤而引起褥疮的生长。但是，将这类具有相同表面性能和生物功能的床单用不同方式包装，即在包装上未注明其生物医用功效并在出售时未做相关广告宣传，那么我们就不能认为这种床单有保健作用。因此，这种床单只是家用纺织品而不能称为生物医用纺织品。以上两例中的床单在设计、材料、结构、后整理和性能等方面是完全一样的，唯一的不同就是前者在包装和广告上已申明其产品有生物医用保健功能，而后者没有。如果没有提供产品医用保健功能的证据，而在产品包装中标注医用保健功能则是违规的。

在早期的定义中，"非活性"指生物医用纺织品是没有生命的。但目前，在纺织结构或组织工程支架上培养活性细胞受到了较多的关注，这种新型疗法被称为再生医学，它是通过加速细胞生长并控制特定的组织种类来取代受伤和死亡的组织器官。生物医用纺织品的一些其他纺织结构的研究工作也已开展，用于生产细胞衍生生物技术产品，如酶和其他的生物大分子，这些复合结构包括活性组分和非活性组分，其中非活性组分要求其表面为非活性纤维，并具有生物相容性来保证周围细胞的黏附、迁移和繁殖。而用于组织工程支架的纤维结构必须满足聚合物可再吸收或可缓慢降解的要求，并且在湿润的生物环境中，这种聚合物可被完全吸收。这是因为细胞的生长繁殖增强了它们的力学强度和尺寸稳定性。因此，随着时间的增长，对纺织品支架的强度和尺寸稳定性的要求就降低了，但支架若不能降解，就可能引发慢性炎症、降低生物相容性并阻碍伤口的完全愈合。

1.2　生物医用纺织品的历史回顾

生物医用纺织品最初是以手术缝合线（suture）和医用绷带（medical bandage）的形式出现，主要是对外伤进行修复缝合、包扎伤口、结扎动脉或其他血管。事实上，手术缝合线的使用最早可追溯到刚开始外科手术的年代，因而这两者有着紧密的关系。

根据早期的记录，第一次使用手术缝合线是在公元前3000年的古埃及。在木乃伊身上，人们发现当年使用了亚麻（linen）缝合线。而第一个详细记录外伤缝合方法和缝合线材料的人是印度圣贤Sushruta医生，他在公元前500年用亚麻、大麻（hemp）、树皮纤维和头发作为缝合线，进行扁桃体切除、剖宫产、肛瘘、截肢和隆鼻等手术。希腊的"医药之父"Hippocrates医生也记录了基本的缝合技术。而公元200年，来自罗马帕加马的Galen医生首次记录了用黄金作为永久性缝合材料做成缝合线，因为他意识到用亚麻做成的缝合线缝合皮肤时，由于皮肤大面积感染会造成亚麻纤维素的降解腐烂,所以他认为使用这种缝合线并不可靠安全。其他为世界医用纺织品进步作出主要贡献的人还有著名的阿拉伯人 Rhazes,他在公元 900 年从音乐家转行成为一名外科医生,他也是第一个使用羊肠鲁特琴弦线(catgut lute strings)进行腹部缝合。这种缝合线的生产工序是通过回收牛羊肠器官后,将其组织切成很细的条状,从而制成肠线,这个加工方法与目前制作小提琴、吉他的弦线和网球拍的方法类似。此外,罗马的外科医生 Avicenna 也是因为意识到亚麻缝合线的降解腐蚀的缺点,从而首次主张使用由猪毛或猪鬃做成的单丝缝合线。

首次引入无菌缝合线或绷带概念的是为缝合技巧和外科手术带来了许多革新的英国外科医生 Joseph Lister,他认为有害细菌会寄生在真丝缝合线(silk suture)中各单丝的缝隙间或在羊肠线的表面,因而必须要对缝合线进行灭菌(sterilization)处理。由于他的开创性工作,碳肠线(carbolic catgut)在 19 世纪 60 年代问世。1914 ~ 1918 年的世界大战期间,迫切渴望得到安全抗菌的羊肠缝合线的苏格兰药剂师 George Merson 决定自行生产,他通过淬火锻压工序成功地为缝合线加上一个无眼针,这有效地降低了组织受外伤的概率。真丝缝合线和羊肠缝合线是唯一沿用至今的两种材料,但由于担心会被传染到牛海绵状脑病(即疯牛病),目前在美国、日本和欧洲已禁止使用羊肠缝合线,即使用于生产缝合线的牲畜已通过安全检验。

后续的一个伟大的飞跃是在 20 世纪 30 年代,化学产业首次合成聚合物和合成纤维,并开始在市场上占据主导地位。1935 年,杜邦公司的 Wallace Carothers 发明了专利产品尼龙,很快从降落伞到手术缝合线,尼龙材料的纺织产品得到了大规模的生产。同期,也首次从聚乙酸乙烯酯(polyvinyl acetate)中合成得到了可吸收的(resorbable)聚乙烯醇(polyvinyl alcohol)聚合物。此外,G. F. 梅森公司从创立以来已逐步发展成为一家跨国公司,即强生公司,其旗下的爱惜康公司,在过去的 100 年里,研发了许多新型实用的缝合线技术,并在这一领域成为先驱,如不锈钢、20 世纪 50 年代发明的涤纶、尼龙和丙纶等永久性材料。此外,它还在研发拥有不同的力学性能和吸收速率的可吸收缝合线材料中扮演着重要角色。1971 年,Davis and Geck 公司(现在为 Covidien 公司)成为第一个生产合成可吸收缝合线的公司,它的 Dexon™ 缝合线原料是聚羟基乙酸(PGA),其体内吸收时间小于 90 天。而目前在我国,上海天清生物医用公司也生产类似的 PGA 缝合线。1974 年,爱惜康公司通过共聚 90% PGA 与 10% 的聚乳酸(PLA)得到了另一种缝合线,称为微乔 Vicryl™,它的结晶度很低,其吸收时间可达 PGA 产品的一半。从那时起,根据特定的临床需要,通过合成得到的大量可吸收共聚物都表现出良好的力学性能和特定的吸收速率。

目前,在其他缝合线加工技术的新进展中,都与针对编织缝合线(braided suture)的润滑剂和涂层的研发有关。为了利于编织和打结,缝合线就需要使用适合的润滑剂,但必须满足以下要求:第一,缝合线表面光滑,便于外科手术在适当的张力下打结;

第二,打结必须牢固,不能滑脱;第三,涂层必须拥有生物相容性并且不会引起炎症;第四,如果缝合线是可吸收的,那么涂层的吸收率必须和缝合线保持一致。

多年来,新技术的研发还涉及缝合线和其他生物医用纺织制品的灭菌技术领域。由于在蒸汽高压灭菌后,早期的羊肠缝合线会变得脆弱易断,因此在20世纪60年代,爱惜康公司首次运用来自钴60的γ射线为羊肠缝合线进行灭菌。70年代期间,由于医疗保健生产商改善了电子加速技术(accelerated electron technology)的耐久性和可靠性,相比γ射线、环氧乙烷(Ethylene oxide,EO)和高压灭菌法(autoclaving),简单易行的电子束灭菌方法就得到了更广泛的商业应用。电子束灭菌虽然简化了缝合线和其他生物医用纺织制品的包装和灭菌工序,但其他方面则变得更为复杂,如要确保灭菌技术本身不会对聚合物、后整理、包装材料造成损坏等。

对于纺织品,纤维的表面特性影响着许多重要性能,如耐摩擦性、抗静电性、润湿性和生物性能。由于纤维的表面性能具有特定的作用,因此在设计生物医用纺织品时需要有适合的生物相容性、抗细胞毒性、抗血栓性、杀菌性、抗病毒性和抗真菌等性能。控制材料表面性能时,需要注意的是,当其表面处于氧化物、油类、硅类、微生物等物质中时,可能其性能产生变化,而这可能是有益的,或有毒的,或致命的。早期医用纺织制品的微生物研究表明,某些微生物如金黄色葡萄球菌和乳酸球菌可在实验室工作服、棉质毛巾或窗帘上分别存活24天和90天。因此,许多医院和医疗保健机构非常关心预防病毒传染的方法,医用纺织制品的抗菌和抗病毒后整理也引起了广泛的关注。在过去,抗菌材料的应用,如季铵化合物虽起到了足够的预防作用,但是由于这些抗菌材料在环境中的扩散,同时也产生了许多有较强抗药性的微生物菌株,如耐甲氧西林金黄色葡萄球菌(Methicillin-resistant Staphylococcus Aureus,MRSA)。因此,就需要研发另一种高耐久性、低成本和对环境友好的抗菌方法。下面,列出了其中的三种方法:在编织手术缝合线的可吸收涂层中加入抗菌剂。近年来,爱惜康公司已将这个加工方法商业化,并生产了具有抗菌性能的改进型Vicryl™ PLUS(抗菌薇乔)缝合线;在棉织物中加入含氯高分子化合物,它可释放氯离子杀灭微生物,并可通过家用漂白剂清洗织物后再次加载氯离子;在锦纶表面加入原卟啉Ⅸ(Protoporphyrin Ⅸ)。在光照条件下,它可将空气中的氧气转化成单线态氧(singlet oxygen),起到抗病毒剂与抗菌剂的作用。显然,一些特殊化学剂的使用是根据生物医用纺织品的类型、用途及预期效果所决定的。

外科医生已经用了几个世纪去寻找修复外伤和患病血管的材料和技术,最初的尝试是Alexis Carrel医生和Blakemore医生,他们用天然血管、金属和固态塑料管进行动脉搭桥修复手术。而生产合成纺织基人工血管的想法是美国的外科医生Arthur Voorhees(1922~1992年)博士提出的,当他在纽约哥伦比亚大学里对实验室动物进行验尸时,观察到用于缝合心室的真丝缝合线在体内数月后,在缝合线上已覆盖了一层类似心内膜的组织。"如果(组织)对真丝缝合线起作用,那在织物表面是否也会出现相同的现象?"因此,在 20 世纪 50 年代初期,将真丝、尼龙降落伞织物、氯乙烯和丙烯腈共聚纤维制成的织物 Vinyon^{TM} 缝合成管状,进行动物动脉缺损搭桥修复实验,3 个月后,成功报道了 Vinyon^{TM} 材料具有良好的细胞浸润(cellular infiltration)。在 1952 年,首次进行了纺织基人工血管人体移植手术。术后,病人存活了很多年,因而人工血管移植手术引起了许多人的关注和研究。

与此同时,Michael DeBakey 医生和 Sterling Edwards 医生也分别报道了使用尼龙编织(braided nylon)人工血管替代动脉血管。1955 年,C. A. Hufnagel 医生,R. H. Lee 医生和 Lester Sauvage 医生报道了使用 Orlon^{TM} 用于髂动脉或其他动脉的替换或搭桥。同年,R. A. Deterling 医生证明了涤纶(Polyethylene Terephthalate,商品名 Dacron^{TM})是一种很好的管状人工血管材料。此外,还有一些其他的重要贡献,如 Sterling Edwards 医生和 J. H. Harrison 医生于 1958 年成功移植了由聚四氟乙烯(商品名 Teflon^{TM},PTFE)纤维制成的管状针织人工血管和机织人工血管。而在 1960 年,W. J. Kolff 医生成功移植了聚氨酯(polyurethane)人工血管。此外,为了避免人工血管的扭结(kinking),Sterling Edwards 博士在 1959 年还提出了波纹化涤纶人工血管的设想。基于这个想法,此后用于替换或分流胸腹部大口径血管的机织、针织波纹化涤纶人工血管得到了广泛的运用。多孔的膨体聚四氟乙烯(ePTFE)人工血管在 1976 年由 C. D. Campbell 医生首次使用。目前,它可作为下肢周边搭桥手术以及血液透析通路的材料。

在上海,也有许多相当重要的研究及临床实验。1957 年,上海第一医学院中山医院成功进行了首例真丝人工血管的动物移植手术及临床试验。1957 ~ 1960 年,上海市胸科医院的顾恺时医生制成尼龙 6(Kapron^{TM})人工血管并成功移植入患者体内,进行主动脉瘤修复手术。1961 年上海市胸科医院的潘治医生和饶天健医生在与上海纺织研究所、苏州丝绸研究所的通力合作下,首先使用由涤纶(Dacron^{TM})复丝纱线织成的机织人工血管移植入动物体内,1963 ~ 1980 年在临床上使用。之后,潘治医生与上海塑料研究所合作首次生产了 ePTFE 人工血管,并在 1982 年成功地进行了动物移植实验。

由局部动脉壁变薄引起的动脉瘤会导致动脉扩张,若没有采取治疗就会引起动脉瘤破裂、严重的血管破损创伤,并很有可能造成病人的死亡。颈动脉瘤和腹主动脉瘤的传统治疗方法是进行开腔手术,用人工血管替换病变段血管的动脉瘤部分。由于手术需要的麻醉时间长、血管损失多、感染风险大、术后恢复期长,因此并不主张老年病人进行开腔手术。但可采用称为腔内动脉瘤修复术(endovascular aneurysm repair,EVAR)的新方法,它是在 1991 年由阿根廷的 Juan Parodi 博士首次提出并验证了手术的可行性,即通过一种导管将带有金属支架的管状人工血管(也称覆膜支架)插入人体动脉系统内后定点释放,内径稍大于动脉内径的覆膜支架向动脉管壁撑开,从而形成一个内腔,使得血流通过并消除了对动脉瘤的压力。目前,这些纺织基覆膜都是由机织涤纶纱线或管状 ePTFE 膜制造而成,它们在体内能保持良好的力学性能、尺寸稳定性、抗弯性、耐疲劳性、耐久性以及抗血栓性。目前,许多医用器械公司、医用纺织品公司都与外科医生、放射学专家和纺织工程专家紧密合作,致力于提高生物医用纺织品的性能以及改善患者的临床治疗效果。

总之,回顾生物医用纺织品的历史进程,它对外科手术和临床研究的影响仅仅是悠久历史长河中的一小部分,我们应该纪念那些心系病人生死、面临巨大挑战和疑难杂症的医生。医生们的创造力使他们不断寻求行之有效的治疗方法,设计出合理的移植装置,攻克手术难题从而植入患者体内。与此同时,这也向材料科学家和纺织工程师提出了挑战,他们需要根据医生和病人的需求,创造出新一代的生物医用纺织品,以满足更广泛的病例医治的需求。无疑,创新与合作促进了生物医用纺织产品的可持续发展。

1.3 生物医用材料及其分类

1.3.1 生物医用材料

生物医用材料(biomaterials)是和生物系统相作用,用以诊断、治疗修复或替换人体中的组织、器官或增进其功能的材料。生物医用材料是与人类生命和健康密切相关的,对人体组织、血液不致产生不良反应的材料。

正如前述,生物医用材料的发展已经有很长的历史,自人类认识了解材料起,就有了生物医学材料的端倪。生物医用材料又是一门多学科交叉的边缘学科,它涉及材料、生物、医学、物理化学、制造以及临床医学等诸多学科领域,不仅关系到人类的健康,而且日益成为国民经济发展的新的增长点。

目前,临床应用对生物医用材料的特殊和基本要求如下:

(1)材料无毒,不致癌、不致畸,不引起人体细胞的突变和不良组织反应。

(2)与人体生物相容性好,不引起中毒、溶血、凝血、发热和过敏等现象。

(3)具有与天然组织相适应的力学性能。

(4)针对不同的使用目的而具有特定的功能。

生物医用材料直接与生物系统相作用,除了各种理化性质外,生物医用材料必须具有良好的生物或组织相容性,这是生物医学材料区别于其他功能材料最重要的特性。

1.3.2 生物医用材料的分类

(1)按照材料属性不同,生物医用材料分为如下 6 大类:

①生物医用金属材料(biomedical metallic):如不锈钢、钛基合金、钴基合金、形状记忆合金等。

②生物医用高分子材料(biomedical polymer)：包括天然生物医用高分子材料(纤维素、海藻酸、甲壳素、壳聚糖、肝素、明胶、胶原等)和合成生物医用高分子材料(如硅橡胶、涤纶、聚氨酯、膨化聚四氟乙烯、聚乳酸、聚乙交酯、聚乙交酯—丙交酯、聚己内酯等)。

③生物医用无机非金属材料：生物活性陶瓷(bioceramic)、生物玻璃、氧化铝、羟基磷灰石等。

④生物医用复合材料(biomedical composites)：有两种或两种以上材料复合而成的生物医用材料，如金属材料/无机非金属复合材料、碳纤维增强聚合物等。

⑤生物衍生材料(biologically derived)：由天然生物组织经过特殊处理而形成。天然生物组织包括取自患者自身的组织、取自其他人的同种异体组织和来自其他动物的异种同类组织。

⑥组织工程材料(tissue engineering)：组织工程的关键是构建细胞和生物材料的三维空间复合体,该结构是细胞获取营养、气体交换、废物排泄和生长代谢的场所,是新的具有形态和功能的组织、器官的基础。

以上6种材料中均与生物医用纺织材料有密切关系。

由于医用金属及合金材料在耐腐蚀性能、加工方面的缺陷,近年来使用量已下降15%,而陶瓷、复合材料和天然材料的使用量在不断上升。表1-1是近年来在生物医用材料中各种材料所占比例的变化。

表1-1　生物医用材料中各组成材料变化　　　　　　　　　　单位:%

年　份	高分子	金属合金	陶　瓷	复合材料	天然材料
1992	45	45	3	1	6
2000	47	30	10	3	10

(2)按材料的生物性能,生物医用材料可分为以下4大类:

①生物惰性材料:指在生物环境中能够保持稳定,不发生或仅发生微弱化学反应的生物医学材料。生物惰性材料植入人体后,它所引起的组织反应,是围绕植入体的表面形成一层包被性纤维膜,与组织间的结合主要是靠组织长入其粗糙不平的表面或孔中,从而形成一种物理嵌合。一些生物医用无机材料(如氧化铝、医用碳素材料)及大多数医用金属高分子材料均是生物惰性材料。

②生物活性材料:指能在材料—组织界面上发生不同程度的生物或化学反应的材料,这种反应导致材料和组织之间形成化学键合。

③生物吸收材料:材料从其应用部位消失的现象称为生物吸收。一般将生物吸收材料和生物降解材料统称为生物吸收材料,是指被植入人体后能逐渐降解,降解产物能被肌体吸收代谢的一类生物医学材料。

④生物复合材料:由基体材料与增强材料或功能材料组成。

（3）从医疗使用角度（医生的观点）来分：见表 1-2。

表 1-2　生物医用材料的分类及适用范围（医疗角度）

分类	对象领域		临床目的	适用举例
直接治疗	生物组织	软组织硬组织	损伤修复、替代	修补材料、人工皮肤、人工晶体、隐形眼镜、人工骨、人工关节、义齿、人工齿根
	人工器官	呼吸、循环、血液净化、代谢、免疫	功能辅助、功能替代	人工肺、人工心脏、人工血管、人工血液、人工肾、人工肝、人工胰、人工肠管、人工免疫系统
	一般医疗用		外科手术通用处理用	缝合线、创伤敷料、导尿管、血液通道、止血剂、管路、袋子
医药、制剂	控制释放系统		安定化控制释放，靶向	荷尔蒙循环系统药物、镇痛药物、抗癌药物、抗生素、免疫功能控制物质的剂型化
	血液制剂		成分分离	血浆、血小板、白细胞、红细胞
检查、诊断	功能检查		血细胞机能，微量生理活性成分	细胞标识化、细胞机能检查试药
	身体检查		生物传感器	生物化学检查用担体、膜

1.3.3　生物医用纺织材料的分类

医用纺织品涉及的使用范围很广，从相对简单的纱布、绷带、手术衣到非常复杂的人工血管和组织工程支架等。

1.3.3.1　按材料分类

生物医用纺织品的原料是生物医用纤维。生物医用材料一般指对生物体进行诊断、治疗、修复或替代其病损组织、器官或增进其功能的一类功能纤维。生物医用纤维的分类如下：

（1）按来源分类。生物医用纤维包括生物医用金属纤维（如不锈钢丝缝合线）、生物医用无机非金属纤维（如氧化铝纤维）和生物医用高分子纤维。后者居多。生物医用高分子纤维又可以分为：

①天然高分子基生物医用纤维。包括有纤维状的天然物质直接分离、精制而成的天然纤维和用天然高分子为原料、经化学和机械加工制成的化学纤维。如纤维素及其衍生纤维（氧化纤维素）、甲壳素及其衍生物纤维、蚕丝和骨胶原纤维等。

②合成高分子基生物医用纤维。如聚酯、聚酰胺、聚烯烃、聚丙烯腈、聚四氟乙烯、

聚丙烯、聚乳酸纤维等。

（2）按生物降解性分类。

①非生物吸收纤维。

②生物可吸收纤维：生物可降解纤维和生物可吸收纤维一般统称为生物可吸收纤维。通常将其植入人体后，经2～3个月或稍长的时间，能被人体吸收的纤维可看成生物可吸收纤维。如胶原纤维、甲壳素及其衍生物纤维、海藻酸盐纤维、聚 B－羟基丁酸酯（PHB）纤维、聚乙交酯（PGA）、聚丙交酯（聚乳酸，PLA）、聚乙交酯—丙交酯（PGLA）、聚对二氧杂环己酮（PDS）纤维。

（3）根据与活体组织之间是否形成化学键合的方式分类。

①生物惰性纤维：指在体内不降解、不变性、不引起长期组织反应的纤维。如聚丙烯纤维、碳纤维、聚四氟乙烯纤维等。

②生物活性纤维：是指能在材料—组织界面上诱导出特殊生物或化学反应的纤维，这种反应导致纤维和组织之间形成化学键。如甲壳素及其衍生物纤维可以从血清中分离出血小板因子，增加血清中 H6 水平，或促进血小板聚集或凝血，有促进伤口愈合和组织生长的作用。

1.3.3.2　按产品功能和应用分类

（1）按产品性能分类，一般可分普通医用纺织品和高性能医用纺织品。

①普通医用纺织品：主要包括医疗护理用布、病人及病房用布、医护人员隔离服、手术室用布等。

②高性能医用纺织品：主要包括保健类产品，如杀菌、防臭服装、鞋帽等；治疗类产品，如止血、消痒纺织品、舒解功能纺织品、抗病毒纺织品等；仿器类产品，如人工血管、人工气管、人工食道、人工肾等；防护类产品，如各种防辐射服装（防 X 线轻型服装、防中子服装、防电磁辐射等）。

（2）按应用领域分类，一般可分为体内用、体外用、人工器官和卫生保健用生物医用纤维制品。

①体内用生物医用纤维材料（制品）：血管移植物、心脏瓣膜、人工输尿管、人工膀胱、人工喉、缝合线、人工腱、人工韧带、人工皮肤等。

②体外用生物医用纤维材料（制品）：敷料、膏药类、纱布类等伤口保护类、绷带类、软抹布类、衬垫类等。

③人工器官：是指体外治疗用的器官替代物，如人工肾、人工肝、人工肺等。

④卫生保健用生物医用纤维制品：床上用品、衣物、手术服和织物、揩拭物等，还包括血浆分离、过滤、采集和浓缩装置。

图1－1（补片、心脏瓣膜、人工肾彩图见封二）为部分典型的生物医用纺织品的图片。表1－3～表1－6列举了生物医用纤维和制品的典型用途。

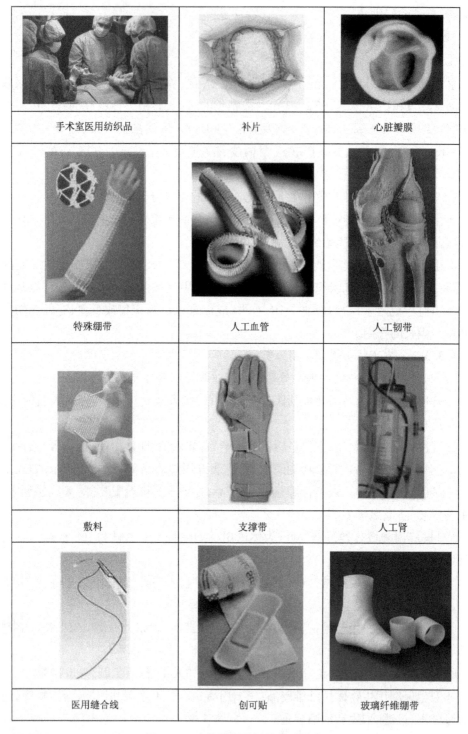

图 1-1 生物医用纺织品典型图片

表1-3　体外用生物医用纤维制品

产品应用		纤维类别	制备技术
伤口保护类	吸收层	棉纤维、粘胶纤维	非织造法
	伤口接触层	蚕丝、聚酰胺纤维、粘胶纤维、聚乙烯纤维	针织、机织及非织造法
	基层材料	粘胶纤维、塑性薄膜	机织、非织造法
绷带类	简单绷带	棉纤维、粘胶纤维、聚酰胺纤维、弹力纤维	机织、针织法
	非弹性/弹性绷带	棉纤维、粘胶纤维、弹力纤维	非织造法
	轻支撑绷带	棉纤维、聚酰胺纤维、弹力纤维	机织、针织、非织造法
	应力绷带	棉纤维、粘胶纤维、聚酯纤维	机织、针织
	矫形绷带	聚丙烯纤维、聚氨基甲酸酯泡沫	机织、非织造法
膏药布类		粘胶纤维、塑料薄膜、棉纤维、聚酯纤维、玻璃纤维、聚丙烯纤维	机织、针织、非织造法
纱布类		棉纤维、粘胶纤维	机织、非织造法
软抹布类		棉纤维	机织
衬垫类		粘胶纤维、棉短绒、木浆	非织造法

表1-4　体内用生物医用纤维制品

产品应用		纤维类别	制造方式
缝合线	生物可降解缝合线	胶原、甲壳素、聚乙交酯、聚丙交酯、聚乙交酯—丙交酯等纤维	单丝、编织
	生物不可降解缝合线	聚酰胺、聚酯、特氟纶、聚丙烯、钢、聚乙烯等纤维	单丝、编织
软组织植入物	人工腱	特氟纶、聚酯、聚酰胺、聚乙烯、蚕丝等纤维	机织、编织
	人工韧带	聚酯纤维、碳纤维	编织
	人工软骨	低密度聚乙烯纤维	—
	人工皮肤	甲壳素	非织造法
	隐形眼镜片/人工角膜	聚甲基丙烯酸甲酯纤维、有机硅、胶原	—
矫形植入物	人工关节/骨	有机硅、聚缩醛纤维、聚乙烯纤维	—
心血管植入物	血管植入物	聚酯纤维、特氟纶	针织、机织
	心瓣膜	聚酯纤维	机织、针织

表1-5 人工器官(体外循环医疗器械)

产品应用	纤维类型	功 能
人工肾	铜氨纤维、醋酯纤维、粘胶纤维、聚丙烯腈纤维、聚砜纤维、乙烯—醋酸共聚物纤维等	去除病人血液中废物
人工肝	聚丙烯腈中空纤维、粘胶中空纤维	分离、处理病人血浆并补充新鲜血浆
人工肺	聚丙烯中空纤维	去除病人血液中的CO_2,并补充新鲜O_2

表1-6 卫生保健用生物医用纤维制品

产品应用		纤维类别	制造方式
外科衣物类	手术服	棉、聚酯纤维、聚丙烯纤维	非织造法、机织
	帽子	粘胶纤维	非织造法
	口罩	粘胶纤维、聚酯纤维	非织造法
外科覆盖布类	遮蔽帷帘	聚酯纤维、聚乙烯纤维	非织造法、机织
	织物	聚酯纤维、聚乙烯纤维	非织造法、机织
床上用品类	毯子	棉、聚酯纤维	针织、机织
	床单	棉	机织
	枕套	棉	机织
衣着类	制服	棉、聚酯纤维	机织
	防保服装	聚酯纤维、聚丙烯纤维	非织造法
失禁用品类	尿布、床单、盖布	聚酯纤维、聚丙烯纤维	非织造法
	吸收层	木浆	非织造法
	外层	聚乙烯纤维	非织造法
布块/揩拭布类		粘胶纤维	非织造法
外科袜类		聚酰胺纤维、聚酯纤维、弹力纤维、棉纤维	针织
压力纺织品		聚酰胺纤维、聚酯纤维、弹力纤维、棉纤维	针织
医用智能纺织品		导电聚吡咯复合纤维	机织、针织
医用血液过滤类纺织品		聚丙烯纤维、聚酯纤维	非织造法

1.3.3.3 按风险水平分类

生物医疗器械(产品)使用的范围很广,存在的潜在风险差异很大,国际上通常按照风险水平,对生物医疗器械(产品)进行分类。按照我国"医疗器械分类规则"和"医疗器械分类目录",生物医疗器械(产品)共分成3类:即第Ⅰ类、第Ⅱ类和第Ⅲ类,以第Ⅲ类风险最大。各个类别的典型产品如下:

（1）第Ⅰ类医疗器械（产品）：

①手术用品（手术衣、手术帽、口罩、手术垫单、手术洞巾）。

②敷料、护创材料（纱布绷带、弹力绷带、石膏绷带、创可贴）。

③粘贴材料（橡皮膏、透气胶带）。

④医用射线防护用品（防护服、防护裙、防护手套、防护帽等）。

（2）第Ⅱ类医疗器械（产品）：

①敷料、护创材料（止血海绵、医用脱脂棉、医用脱脂纱布）。

②手术手套（无菌医用手套）。

（3）第Ⅲ类医疗器械（产品）：

①植入器材（整形材料、心脏或组织修补材料、眼内充填材料、神经补片等）。

②植入性人工器官（人工食道、人工血管、人工关节、人工尿道、人工瓣膜、人工肾、人工颅骨、人工心脏、人工肌腱等）。

③接触式人工器官（人工喉、人工皮肤、人工角膜）。

④支架（血管支架、前列腺支架、胆道支架、食道支架）。

1.4　生物医用纺织品研发的一般思路和程序

生物医用纺织品的开发，可以将其归纳为4大主要步骤（图1-2）：

（1）依据产品的需求，确定设计要求和参数。

（2）开展设计加工。

（3）设计产品，制备完成。

（4）经检验等形成医疗产品。

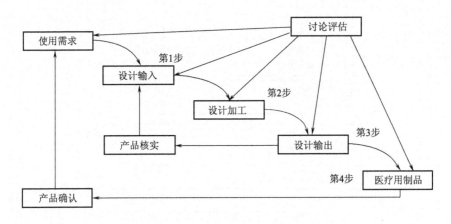

图1-2　医用纺织品设计的四个关键步骤

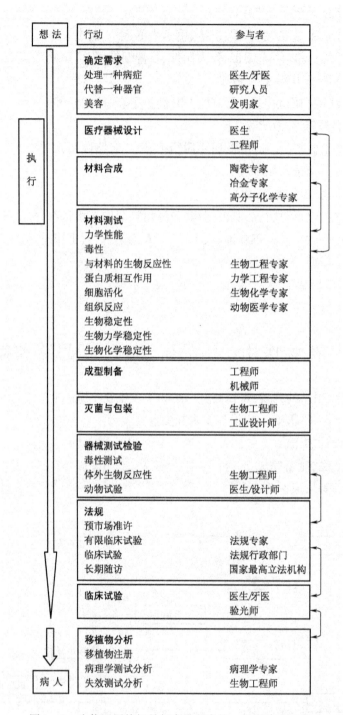

图 1-3 生物医用纺织品新产品研发的一般思路和程序

一旦设计产品产出,需要严格核实其各项指标是否满足设计本意,如不满足,则步骤(1)、(2)、(3)需要再次进行;当产品形成后,要确认产品性能是否满足最初的产品使用的目的要求,如不满足,则步骤(1)、(2)、(3)和(4)需要重新执行。值得一提的是,在开展的每一个步骤中,均需要不断地监控、讨论和评估。

新型生物医用纺织品的研发,实际上是一个非常繁复的过程,后面章节我们将进行更细致的讨论。从一个医治想法的酝酿,到最终产品在患者身上的应用,需要大量的多学科人员的参与和大量的研究开发程序。各项工作有一定的序列,而在要求不能满足时,需要反馈并及时调整。如一种新材料在测试时,其指标应该满足医用产品设计师的要求,如果发现达不到既定的要求,那必须要调整材料的合成方案;又如,医用产品法规要求其经过严格的测试并满足相关的法规条例后,方可进行临床试验,临床试验后需要对试样(移植样)进行病理学和力学性能等评估。图 1 - 3 为生物医用纺织品新产品研发的一般思路和程序。

本书第 11 章,将安排专门章节详细讨论医用制品的产业化,重点描述产品的注册和生产许可等内容。

1.5　医用纺织材料的现状与未来

1.5.1　医用纺织材料的现状

生物医用纺织材料是生物材料的一个重要组成部分,在该领域内集结着纺织、生物、医学及其他相关学科深度交叉的知识探索活动,是纺织科学研究的重要前沿。由于该领域的研究涉及许多敏感技术,一些西方国家限制该领域对中国的技术输出和学术交流。

近年来,生物医用纺织材料的研究成为各国政府高科技研究领域重点资助对象。为了抢占科技发展的制高点,欧盟在 2006 年开始的第 6 期科技发展框架协定中将纺织生物医用材料研究作为优先发展战略给予重点支持,拟推动欧洲各国科学家在生物可降解和生物相容性纤维材料、生物材料的表面处理、组织工程和三维纺织支架材料等方面的创新研究,引导世界生命科学领域的科技发展并创造出新兴的产业。

美国对生物医用纺织材料一直给予高度的重视,美国国家健康研究院(National Institute of Health)在科技发展计划的指南中,将生物材料和生物界面研究(Biomaterials and Biointerfaces Study)作为优先资助领域,在生物材料兼容性、生物高分子材料合成、生物载药材料和方法、组织工程用三维纺织支架等方面推动生物医学材料的研究。美国国家科学基金也通过一系列的科研项目,如健康防护纺织品:架起一次性材料与耐久型材料的桥梁(Health Protective Textiles:Bridging the Disposable/ Reusable Divide)、功能纤维的集成生产(An Integrated Production of Functional Fibers)等,促进该领域的科技创新。

作为发达国家在亚洲的代表,日本近年来在生物医用材料领域也集中投入研究力量,通过 NEDO 计划,在生物材料、人工器官、生物载药、组织工程等方面组成国家研究团队,加速该领域的研究进展。在重点研究项目内,纳米纤维作为组织工程的基础材料,得到特别的关注。

韩国、新加坡等国也十分重视在生物医用纺织材料方面的研究,通过与发达国家的合作,研究水平快速提升,特别在纳米纤维和组织工程支架方面的研究,已跻身于该领域的世界先进列。

在研究领域,可生物降解和吸收的纤维材料基本结构、性能、生物作用机理、应用技术等方面的研究已取得显著进展。以可降解医用缝合线为代表的相关产品已批量进入临床应用;抗菌防毒纤维的作用机理、纤维物理和化学改性技术等方面的研究已应用于抗 SARS 防护服等医用防护材料。

在纺织生物医用器件方面的研究卓有成效,以人工血管为代表的人工管道已实现商业化生产;血透、腹透装置已成为肾衰、肝腹水等病患的必不可少的治疗手段;人工韧带、人工肌腱可修复严重受损的运动功能,纺织支架在组织工程中发挥着越来越重要的作用。

纺织检测指标与医疗效果之间的关系的研究进展迅速,为商业化产品制定的质量标准在保障治疗后的安全和有效性等方面起到了良好的作用。

与科技发展同步,近年来,全球纺织生物医用材料市场每年以 10% 的速度递增,纺织人工血管移植物的全球市场的年递增速度更是高达 20%,增长速度远高于传统纺织产品,市场前景一片广阔。

我国的生物医用纺织材料的市场前景也极其广阔,目前医用纺织品用量已达到了 28 万吨,占产业用纺织品总量的 10% 以上,但技术含量高的植入型生物医用纺织材料,如人工血管移植物,基本上依赖进口,10 cm 长的置换型人工血管的价格约需 1 万元,而微创手术用一套人工血管组件则更高达 10 余万元。高昂的进口高技术生物医用纺织材料价格,相对落后的生物医用纺织材料产业,已经严重制约了我国医疗卫生事业的健康发展。基础研究投入不足、自主创新能力较弱是造成这一现象的根本原因。为此,在国务院发布的《国家中长期科学和技术发展规划纲要》中,将"攻克医用材料创制关键技术"作为"人口与健康"重点领域的发展思路,并将"开发人体组织器官替代等新型生物医用材料"列为优先主题。《纺织工业"十二五"科技发展纲要》中,已明确指出,要突破医疗卫生用纺织品加工技术的产业化研发,掌握一批自主原创的核心技术。

生物医用纺织品是医疗器械的重要组成部分,近年来全球医疗器械发展也较快,每年以 5% ~ 8% 的速度递增,2005 年的产值约 2100 亿美元,药品和医疗器械产值的比例约为10:7,如图1-4所示。

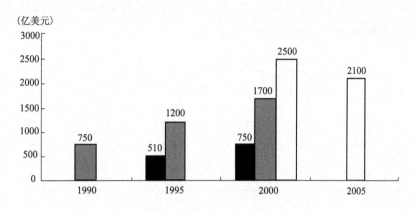

图1-4 国际医疗器械产值变化图

■美国医疗器械产值 ■国际医疗器械产值 ■世界药品产值

医疗器械虽然底子薄,技术含量较低,但近年来随着国内高新技术发展,医疗器械产业的面貌变化很大,每年以12%~15%的速度递增,到2004年底,全国医疗器械生产企业共10447家(年增长率13.8%)。到2004年底,注册的第Ⅲ类医疗器械有产品2137个(增长62%),注册的第Ⅰ、第Ⅱ类医疗器械产品有7088个(增长27%),注册的进口医疗器械产品有2853个(增长51%)。2005年国内医疗器械产值约为800亿元,其中与人体接触、介入或植入体内的医疗器械约占整个市场的50%,进口医疗器械约为280亿元,出口医疗器械约为300亿元,2010年国内医疗器械产值约为1000亿元,如图1-5。但国内药品和医疗器械产值的比例约为10:3,远远落后于国际上的比例,这说明国内医疗器械产业有很大的发展空间,还不能满足人民需求,需要加大努力,快速发展。今后的10~15年,我国医疗器械产业将进入高速发展阶段。

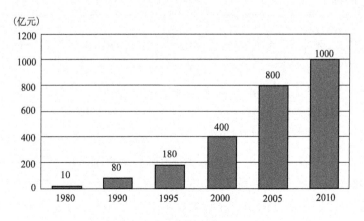

图1-5 国内医疗器械产值变化图

表1-7列出了一些主要介入或植入体内生物医用材料及其产品在我国的市场需求和使用量。由于受医疗技术普及和广大农村地区生活水平限制,目前这方面的使用量与需求量差距较大。

表1-7 体内植入生物医用材料制品的市场需求

制 品	患者数 (万例)	需求量 (万/年)	实用量 (万/年)	国产率 (%)	进口价 (万元)
人工心脏瓣膜	250	50	1.5	30	1.5~2
起搏器	600	40	2	5	2~4
骨修复材料	300	200	40	60	0.1~0.2
人工关节	1500	300	10	60	2~3
人工晶体	2000	400	50	40	0.08~0.15
血管支架	2000	100	12	30	1~3
人工血管	150	100	30	20	2
透析器	100	60	60	30	0.2~0.8

表1-8列出了部分国产化率较高的生物医用材料产品,但其高端产品还是依赖于进口。

表1-8 常用生物医用材料产品的市场

产 品	产值(亿元)	国产率(%)
一次性产品	80	80
敷料	60	60
缝合线(针)	12~15	80
避孕套	15	60

据专家预测,未来10年内,全球生物医用材料产业的市场销售将达到药物市场的规模,预计2011年的全球医药行业产值将达到8800亿美元,未来几年整个行业的发展将会保持5%~8%的增长率,其发展态势已可以与信息、汽车产业在世界经济中的地位相比,成为21世纪世界经济的支柱产业之一。

生物医学制品是生物医用材料的一个重要分支。在全球生物医用材料市场迅速发展的态势下,生物医学纤维及其制品的市场份额必将不断增加。据报道,2000年美国生物医学纺织品的销售额达到了760亿美元,而且还在以10%的年增长率发展。近年来,欧洲医用非织造产品的销售额保持良好的发展势头,销售达46121万吨。而我国近10年的医疗和卫生产品数量也在快速发展(表1-9)。

表1-9 中国近年医疗和卫生产品的发展

年 份	防护服(万吨)	医疗卫生用纺织品(万吨)	较上年增加率(%)
2002	8	23	—
2003	9	28	21.7
2004	9	28	0
2005	10.5	32	14.3
2006	14.2	38	18.8
2007	16.2	42.6	12.1

1.5.2 医用纺织材料的未来

未来医学领域,将以预防和控制重大慢性病为核心,将抗击疾病的重心前移,推动医学模式由疾病治疗为主向预测干预为主转变,由单一的生物医学模式向生物—环境—心理—社会的会聚医学模式转变;生物医用纺织品也将会在疾病预防干预和疾病治疗两方面起到重要的作用,将在以创新药物研发和先进医疗设备制造为龙头的规模化医药研发产业链中起到积极的作用。

以下有关研究内容值得我们重视和期待:

①生物医用纺织材料的物理和化学的高级改性优化。

②实现材料结构功能一体化,发展高智能多级多元多维结构生物医用复合材料,并清晰认识其作用机制。

③人工结构化、微小型化、精细化、多功能集成化的生物医用器件纺织设计与成型技术;广泛实施材料器件一体化加工技术。

④借助计算材料学的发展,使生物材料组织结构与性能的关系得到系统准确的理解,从而使性能预测和材料设计成为可能,进而精确设计并控制材料制备过程。

⑤正确理解和认识纳米级高聚物纤维与生物系统的相互作用;产业化高效组织工程人工器官或纳米治疗介质。

⑥清晰认识生物医用纺织材料服役与生命环境的相互作用、材料性能演化规律和机理,准确评估预测材料和结构器件的失效过程,实现材料寿命周期全过程评估,监测与修复生物医用纺织材料的损伤等。

⑦生物医用纺织材料制备新工艺以及结构、性能表征新原理的深度研究。

⑧预防细菌、病毒感染和传染病感染的可再生高分子材料的设计、制备与优化组合。

⑨用于降低高病死率的慢性疾病(心脑血管疾病、代谢性疾病、神经退行性疾病、肿瘤等)的干预生物医用纺织材料制品。

⑩针对老龄化社会结构特征,开发用于慢性疾病的治疗、康复和护理的老人居家智能生物医用材料制品。

生物医用纺织品的研发任重道远,愿有志于此事业的年轻人发愤图强,为全面提升我国的研发实力,并造福于民,贡献毕生的力量。

参考文献

[1] 李玉宝. 生物医学材料[M]. 北京:化学工业出版社,2003.

[2] 沈新元. 生物医用纤维及其应用[M]. 北京:中国纺织出版社,2009.

[3] Weinberg S, King MW. "Medical Fibers and Biotextiles". Chapter in Biomaterials Science – An Introduction to Materials in Medicine[M]. B D Ratner, AS Hoffman, FJ Scheon & JE Lemons (Eds.), Second Edition, Academic Press, San Diego, CA, 2004.

[4] 赵长生. 生物医用高分子材料[M]. 北京:化学工业出版社,2009.

[5] King, M. W.. "Survol des opportunités dans les textiles médicaux / Overview of Opportunities in Medical Textiles"[J]. Cdn. Textile J, 2001, 118(5): 28 – 30.

[6] Sun G, Xu X. Durable and regenerable antibacterial finish of fabrics: biocidal properties[J]. Textile Chemist and Colorist, 1998, 30(6): 26 – 30.

[7] Bozja J, Sherrill J, Michielsen S. Porphyrin – based, light – activated antimicrobial materials[J]. Journal of Polymer Science Part A: Polymer hemistry. 2003, 41: 2297 – 2303.

[8] Rigby A. J.. 医用纺织品[J]. 刘永建,译. 产业用纺织品, 1994, 12(6): 33 – 38.

[9] 王璐. 纺织生物医用材料(刊首语)[J]. 国际纺织导报, 2006, 8: 1.

[10] T. Yin, R. Guidoin, M. Nutley, et al.. Persistant type II endoleak unrelated to an Anaconda aortic stent – graft fulfilling the 3Bs requirements of biofunctionality, biodurability and biocompatibility[J]. J. Long – Term. Eff. Med. Impl. 2008, 18:291.

[11] Buddy D. Ratner, Allan S. Hoffman. Biomaterials Science: An introduction to Materials in Medicine[M]. Academic Press, 2004.

[12] 中国纺织工业协会. 中国纺织工业发展报告[M]. 北京:中国纺织出版社,2003, 2004, 2005, 2006, 2007, 2008.

[13] 奚廷飞. 生物医用材料现状和发展趋势[J]. 中国医疗器械信息, 2006, 12(5): 1 – 4, 22.

第2章 医用纺织品的生物学基础

本章主要介绍医用纺织品研发过程中可能涉及的有关生物化学、细胞与分子生物学、组织学与胚胎学以及医学的基础知识,以方便非生物学专业的研究人员在后面章节的学习过程中更好地理解生物医用纺织品的设计要求及原理、更深入地认识其评价标准和应用规范,并在医用纺织品研发过程中拓展思维、促进创新。

基于上述认识,本章将进一步介绍生物医用材料的生物学评价方法、生物医用材料植入体内以后引发的宿主反应及生物材料的降解等相关内容。

2.1 生物学、生物化学及医学基础

2.1.1 有机体的元素组成

生物体由多种化学元素构成,包括碳(C)、氢(H)、氧(O)、氮(N)、磷(P)、硫(S)、钙(Ca)、铁(Fe)、钾(K)、钠(Na)、锌(Zn)、锰(Mn)等。其中,C、H、O 和 N 这 4 种元素的含量占单细胞干重的 99% 以上。这些元素构成机体内各种生物小分子化合物,比如C、H、O、N 为主体的氨基酸(amino acid);C、H、O、N、P 为主体的核苷酸(nucleotide);C、H、O 为主体的单糖;C、H、O 为主体的脂肪酸(fatty acid)等。

2.1.2 生物小分子

由各种元素构成的生物小分子广泛存在于机体内的各个部位,发挥着独特的功能。有些生物小分子可以进一步构成生物大分子,行使遗传、代谢等功能。生物体内可以构成生物大分子的几种主要生物小分子,包括氨基酸、核苷酸、单糖和脂肪酸等。例如,20 种氨基酸构成多肽(polypeptide)和蛋白质(protein);5 种核苷酸构成核酸(nucleic acid),包括脱氧核糖核酸(deoxyribonucleic acid, DNA)和核糖核酸(ribonucleic acid, RNA);单糖构成多糖;脂肪酸构成多种脂类化合物。

甘氨酸(glycine)是最简单的氨基酸(图 2−1),三磷酸腺苷(adenosine − triphosphate, ATP)(图 2−2)是有机体的能量通货,葡萄糖(glucose)(图 2−3)是最常见、分布最广泛的单糖,脂肪酸(图 2−4)根据脂肪烃基中是否含有不饱和键可以分为饱和脂肪酸和不饱和脂肪酸。

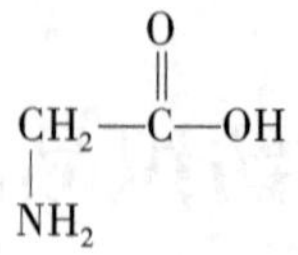

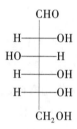

图 2-1　甘氨酸结构简式

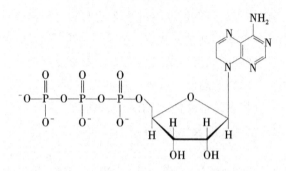

图 2-2　三磷酸腺苷(ATP)结构简式

$$
\begin{array}{c}
CHO \\
H\!\!-\!\!\!-\!\!OH \\
HO\!\!-\!\!\!-\!\!H \\
H\!\!-\!\!\!-\!\!OH \\
H\!\!-\!\!\!-\!\!OH \\
CH_2OH
\end{array}
$$

图 2-3　葡萄糖结构简式

R—COOH

图 2-4　脂肪酸结构简式,R 为脂肪烃基

2.1.3　生物大分子

生物体内重要的生物大分子有蛋白质、核酸、多糖及脂类。

（1）蛋白质:蛋白质是生物体内极为重要的高分子有机化合物,是生物体基本组成成分之一。人体内蛋白质含量丰富,约占人体干重的 45%,其种类繁多,分布广泛,几乎所有的器官组织都含有蛋白质,与生命活动密切相关。在新陈代谢过程中,一系列的化学反应需要蛋白酶的催化;机体生长过程中发挥重要作用的激素,许多是蛋白质及其衍生物;肌肉的松弛与收缩、血液的凝固、免疫功能的发挥、组织修复及伤口愈合、个体的生长与繁殖等,无不与蛋白质息息相关。可以说,蛋白质是生命的物质基础,一切生命活动都通过蛋白质来体现。每种蛋白质都有其特定的结构和功能,功能的发挥与其结构特征密不可分。

　　蛋白质的基本组成单位是氨基酸,构成天然蛋白质的氨基酸共有 20 种。氨基酸与氨基酸之间通过肽键(peptide bond)相互连接。肽键就是一个氨基酸的 α - 羧基与另一个氨基酸的 α - 氨基脱水缩合而成的酰胺键(图 2 - 5)

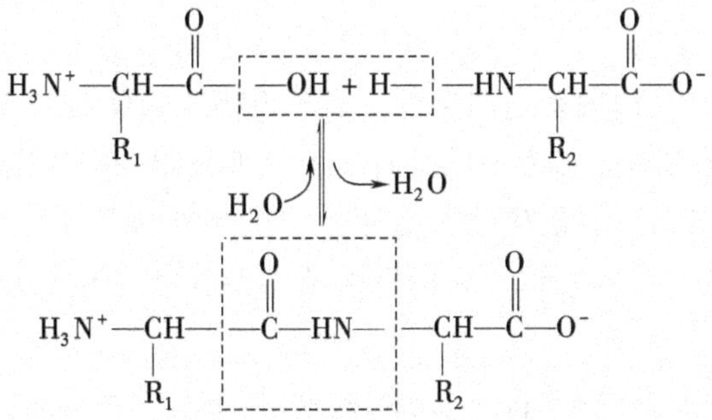

图 2 - 5　肽键的形成

　　氨基酸通过肽键连接起来的化合物称为肽(peptide)。两个氨基酸缩合形成二肽,十个氨基酸以下称为寡肽(oligopeptide),十个氨基酸以上者称多肽(polypeptide)或多肽链。

　　蛋白质肽链上从游离氨基端向游离羧基端氨基酸的排序,称为蛋白质的一级结构(primary structure)。蛋白质的一级结构是其空间结构和特异生物学功能的物质基础,是不同蛋白质最基本、最重要的标志。

　　蛋白质的二级结构(secondary structure)是指多肽链中主链原子的局部空间排布状态,即蛋白质分子中多肽链主链的空间构象。二级结构的结构形式有:α - 螺旋(α - helix)、β - 折叠(β - pleated sheet)、β - 转角(β - turn or β - bend)和无规卷曲(random coil),维系二级结构的主要化学键是氢键(hydrogen bond)。

　　在蛋白质二级结构的基础上,侧链基团相互作用,多肽链进一步折叠卷曲形成的整条肽链中全部氨基酸残基的相对空间位置,即整条肽链所有原子在三维空间的排布,称为蛋白质的三级结构(tertiary structure)。蛋白质三级结构的形成和稳定主要依靠氢键、疏水键、范德华力及二硫键等。蛋白质的三级结构是由一级结构决定的,因为每种蛋白质都有各自特定的氨基酸排列顺序,从而构成其独特的三级结构。由一条多肽链组成的蛋白质,必须具有三级结构才有生物学活性。三级结构一旦破坏,生物学活性即丧失。

　　具有两条或两条以上独立三级结构的多肽链组成的蛋白质,其多肽链间通过非共价键相互结合而形成的空间结构,称为蛋白质的四级结构(quarternary structure)。其中,每个具有独立三级结构的多肽链称为一个亚基(subunit)。由亚基构成的蛋白质称寡聚蛋白。稳定蛋白质四级结构的化学键是氢键、盐键、范德华力、疏水键等非共价键。对于多亚基蛋白质来说,亚基单独存在没有生物学活性,只有形成完整的四级结构才有生物学活性。在寡聚蛋白中,亚基可以相同,也可以不同。

总之,蛋白质是由许多氨基酸通过肽键连接起来、具有特定分子结构的高分子化合物。蛋白质的结构分为4个层次:一级结构、二级结构、三级结构和四级结构。一级结构为蛋白质的基本结构,二、三、四级结构称为高级结构。由一条多肽链构成的蛋白质只有一、二、三级结构,由两条及两条以上多肽链构成的蛋白质才可能有四级结构。

(2)核酸:核酸是由核苷酸组成的具有复杂三维空间结构的生物大分子,和蛋白质一样,是生命活动中极为重要的生物大分子之一。核酸决定了生物体遗传特征,是生命信息储存与传递载体。核酸结构和构象的微小差异和变化都可能影响遗传信息和生物体的生命活动。

根据核酸分子中所含戊糖(pentose)的差别,核酸分为两大类:一类是脱氧核糖核酸(DNA),主要存在于细胞核中,携带着决定个体表型的遗传信息;另一类是核糖核酸(RNA),主要存在于细胞核和细胞质中,参与细胞内遗传信息的表达。

核酸由核苷酸组成,核苷酸又可以水解为核苷(nucleoside)和磷酸,核苷又可以进一步水解产生含氮碱基(base)和戊糖。因此,核酸的基本组成单位是核苷酸,核苷酸则由碱基、戊糖和磷酸组成(图2-6)。

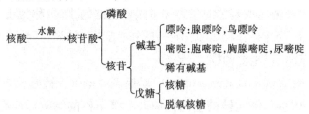

图2-6 核酸的组成

根据所含磷酸基团的数量,核苷酸可以分为一磷酸核苷、二磷酸核苷和三磷酸核苷。

核酸中,碱基配对的原则是腺嘌呤(adenine, A)和胸腺嘧啶(thymine, T)(或尿嘧啶, uracil, U)、鸟嘌呤(guanine,G)和胞嘧啶(cytosine, C)。DNA中的4种碱基包括腺嘌呤、鸟嘌呤、胞嘧啶和胸腺嘧啶;RNA中的4种碱基包括腺嘌呤、鸟嘌呤、胞嘧啶和尿嘧啶。

核苷酸之间是通过3′,5′-磷酸二酯键连接形成核酸,通常是没有分支的线性分子,而线粒体DNA是闭合双链环状DNA。线性分子有2个末端:游离磷酸基团的一端称为5′-端,游离羟基基团的一端称为3′-端。

核酸分子是由成千上万个核苷酸连接形成的生物大分子,故其序列顺序具有严格的方向性,读取核酸序列的时候都从游离磷酸基团端向游离羟基端(图2-7),

即5′→3′。

$$5′\ A\ T\ C\ G\ C\ T\ G\ G\ A\ T\ CC\ 3′$$

图 2 - 7　核酸序列简写方式

DNA 分子有三级结构。一级结构是指 DNA 分子中 4 种脱氧核苷酸从 5′端到 3′端的排列顺序。二级结构是指 DNA 分子的双螺旋结构。三级结构是指在二级结构的基础上,双螺旋的扭曲或再螺旋结构,超螺旋是 DNA 三级结构的主要形式。

生物体内 RNA 有 3 种主要形式:信使 RNA(messenger RNA,mRNA)、转运 RNA(transfer RNA,tRNA)和核糖体 RNA(ribosomal RNA,rRNA)。

(3)多糖:糖是人体最主要的供能物质,人体所需的 50% ~70% 的能量来自糖的氧化分解,这也是糖最主要的生理功能。糖的化学本质为多羟醛或多羟酮及其衍生物。糖与非糖物质结合而形成的复合体,在体内发挥着其他重要的生理功能:糖蛋白和糖脂是生物膜的主要成分,维持生物膜的完整性、不对称性及流动性,发挥细胞识别和生物信息传递功能;蛋白多糖和结构性糖蛋白是细胞外基质的重要成分,与组织细胞一起形成结缔组织等各种组织;核糖及脱氧核糖是核酸的主要组分之一;免疫球蛋白、血型物质与某些激素等都是糖蛋白,分别参与机体免疫、信息传递和生长发育等过程。

人体内糖的主要存在形式是葡萄糖(glucose,G)和糖原(glycogen,Gn)。葡萄糖是人体内最重要的单糖,随血液运输到各组织细胞,参与机体新陈代谢、提供能量等,在机体糖代谢中占据主要地位。糖原是葡萄糖的多聚体,是多糖,包括肝糖原、肌糖原和肾糖原,是糖在体内的储存形式。

(4)脂类:脂类是机体内广泛存在的一类不溶于水而溶于有机溶剂的生物大分子,包括脂肪(fat)和类脂(lipids),类脂包括磷脂(phospholipids)、糖脂(glycolipid)和胆固醇(cholesterol)等。脂肪又称甘油三酯(triacylglycerol),由 1 分子甘油(glycerol)与 3 分子脂肪酸通过脱水缩合形成酯键结合而成(图 2 - 8),甘油三酯约占体内脂类总量的 95%,其主要生理功能是储存和氧化供能。脂类是构成生物膜的重要组分,也是体内多种重要生理活性物质的合成前体(表 2 - 1)。

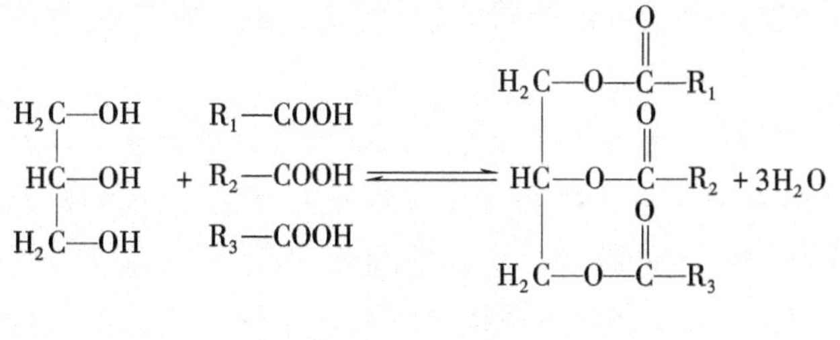

$$\begin{array}{c} H_2C-OH \\ | \\ HC-OH \\ | \\ H_2C-OH \end{array} + \begin{array}{c} R_1-COOH \\ R_2-COOH \\ R_3-COOH \end{array} \rightleftharpoons \begin{array}{c} \overset{O}{\overset{\|}{H_2C-O-C-R_1}} \\ \overset{O}{\overset{\|}{HC-O-C-R_2}} \\ \overset{O}{\overset{\|}{H_2C-O-C-R_3}} \end{array} + 3H_2O$$

图 2 - 8　脂肪的合成

表 2 - 1　脂类的分类、含量、分布及生理功能（金丽琴,2007）

分　类	含　量	分　布	生理功能
脂肪（甘油三酯）	95%	脂肪组织,血浆	储脂供能 提供必需脂肪酸 促脂溶性维生素吸收 热垫和保护内脏 构成血浆脂蛋白
类脂（磷脂、糖脂和胆固醇等）	5%	生物膜,神经组织,血浆	维持生物膜的结构和功能 胆固醇可转变成类固醇激素、胆汁酸等 构成血浆脂蛋白

2.1.4　细胞

尽管生命的本质及起源问题仍然处于激烈的争论中,但毫不妨碍人们探索生命奥秘的前进脚步。如果说以上所提及的生物小分子、生物大分子还不属于生命体的话,那么本节所要介绍的,就是活的生命体——细胞(cell)。

细胞的概念最早是由英国学者 Robert Hooke 于 1665 年在著作《显微图谱》一书中首次提出的。当时,他利用自制的显微镜观察栎树皮薄片,发现蜂窝状的结构,并借用拉丁文 cellar(小室)这个词来描述该结构。实际上,他所观察到的结构并不是今天我们所说的细胞的概念,而是植物细胞纤维性的细胞壁。后来,英文用 cell,中文译为"细胞"。

然而,细胞学说的建立,时间要推迟到 170 多年以后。1838 年,德国植物学家 M. J. Schleiden发表了《植物发生论》,指出细胞是构成植物的基本单位。1839 年,德国动物学家 T. Schwann 发表了《关于动植物的结构和生长的一致性的显微研究》,指出动植物都是细胞的集合物。两人共同提出:一切植物、动物都是由细胞组成的,细胞是一切动植物的基本单位,这就是著名的细胞学说(cell theory)。恩格斯把细胞学说、能量转化与守恒定律和达尔文的进化论并列为 19 世纪自然科学的"三大发现",因为细胞学说大大推进了人类对整个自然界的认识,有力地促进了自然科学和哲学的进步。

细胞学发展的经典时期主要是指 19 世纪的最后 25 年。在此期间,原生质理论的提出、细胞分裂的研究及重要细胞器的发现,极大地丰富了人们对细胞的基本认识。但是,此间的研究主要是显微镜下的形态描述。

1876 年,O. Hertwig 发现受精后两个细胞核合并的现象。1892 年,在《细胞与组织》一书中,他提出生物学的基础在于研究细胞的特性、结构和机能。以细胞为基础,对所有生物学现象做一般性综合。从而使细胞学成为生物科学的一个独立分支。同时,由于他采用实验方法研究海胆和蛔虫卵发育中的核质关系,实际上创立了实验细胞学。后来由于体外培养技术的进步,实验细胞学也蓬勃发展起来:细胞遗传学、细生理学和细胞化学的研究进一步深化了人们对细胞的认识。并且,细胞学与其他相关学科的交叉,使得整个生命科学研究的内容及内涵都得到了发展与延伸。

20 世纪 50 年代以后,电子显微镜与超薄切片技术相结合,细胞超微结构研究所积累的资料,使细胞结构的知识在很大程度上得到了更新,大大加深与拓宽了人们对细胞的认识。不仅对已知的细胞结构,比如线粒体、高尔基体、细胞膜、核膜、核仁、染色质与染色体结构的了解出现了全新的面貌,而且发现了新的重要的细胞结构,如内质网、核糖体、溶酶体、核孔复合体与细胞骨架体系等。为细胞生物学学科的形成奠定了良好的基础。此外,20 世纪 50 ~ 60 年代以来,生物化学和细胞学的相互渗透与结合、细胞生物化学的快速发展,使人们对细胞结构和功能相结合的研究水平达到了前所未有的高度。70 年代以来,分子生物学概念和技术引入细胞学,有力推动了细胞生物学学科的最后形成。80 年代以来,细胞生物学的主要发展方向是细胞的分子生物学,即在分子水平上探索细胞的基本生命规律,把细胞看成物质、能量、信息过程的结合。

总之,细胞生物学是研究细胞生命活动基本规律的学科,是现代生命科学的基础学科之一。细胞学和细胞生物学的发展大致可以归纳为以下几个阶段:细胞的发现;细胞学说的建立;细胞学的经典时期;实验细胞学;细胞生物学学科形成与发展。

下面我们介绍关于细胞的基本概念及目前人们对于细胞的各种认识。

（1）细胞是生命活动的基本单位。对于细胞的定义或者描述,目前常见的有如下一些说法:

①细胞是有机体形态结构的基本单位。

②细胞是有机体形态与生理的基本单位。

③细胞是组成有机体结构与功能的单位。

尽管从不同角度来看,这些提法均有一定的道理,但是,近年各种教材上比较普遍的定义是:细胞是生命活动的基本单位。我们可以从以下角度来认识细胞作为生命活动的基本单位这个概念。

①细胞是构成有机体的基本单位。一切有机体均由细胞构成,病毒(virus)除外。

②细胞是代谢与功能的基本单位。细胞具有独立的、有序的、自控的代谢体系。

③细胞是有机体生长与发育的基础。

④细胞是遗传的基本单位,具有遗传的全能性。

⑤没有完整的细胞就没有完整的生命。

细胞是生命活动的基本单位,对细胞的认识与理解是一切生命科学的基础。由于细胞生物学与其他学科深刻的交叉,对于细胞的认识,更有许多不同的见解:

①细胞是多层次非线性的复杂结构体系。

②细胞是物质(结构)、能量与信息过程精巧结合的综合体。

③细胞是高度有序的、具有自装配与自组织能力的体系。

目前,在生命科学界,"细胞是生命活动的基本单位"这一定义的概括性较强,内涵也更有深度,使用较多。

(2)细胞的共性。细胞具有极其复杂的化学成分,在各个层次上构成极为精密的细胞结构体系,从而构成生命活动基本单位。

尽管构成生物体的细胞种类繁多、形态结构各异,但作为生命活动的基本单位,又有以下共同点:

①所有细胞均由细胞膜包裹。细胞膜由磷脂双分子层及镶嵌其中的脂蛋白和糖蛋白组成,使细胞内外相隔离,保持细胞相对的独立性,造成相对稳定的细胞内环境,通过细胞膜与外界环境进行物质交换和信息交流。

②所有细胞都有 DNA 和 RNA,作为遗传信息的载体和表达载体。

③所有细胞均有核糖体。它是蛋白质表达的工具。据报道,其中 rRNA 还具有催化作用。

④所有细胞均以一分为二的方式进行分裂。遗传物质均匀地分配到两个子细胞中,这是生命繁衍的基础与保证。

(3)细胞的分类:20 世纪 60 年代,著名的细胞生物学家 H. Ris 最早将细胞分为原核细胞(prokaryotic cell)与真核细胞(eukaryotic cell)两大类。顾名思义,原核细胞因没有典型的核结构而得名。由此延伸而把整个生物界划分为原核生物(prokaryote)与真核生物(eukaryote)。由原核细胞构成的有机体称为原核生物,几乎所有的原核生物都由单个原核细胞构成,而真核生物却可以分为多细胞真核生物和单细胞真核生物。

原核细胞没有典型的细胞核,即没有核膜将遗传物质与细胞质分隔开。遗传信息量小,细胞内也没有分化为以膜为基础的具有专门结构和功能的细胞器和细胞核膜。

近 20 年来,大量的分子进化与细胞进化的研究表明,原核生物在极早时期就演化为两大类:古细菌与真细菌。古细菌因为兼有原核细胞和真核细胞的特点,故有生物学家建议将生物划分为原核生物、古核生物与真核生物。真细菌包括我们所知的绝大部分原核生物,例如支原体(mycoplasma)、衣原体、立克次氏体、细菌(bacterium)、放线菌和蓝藻等。

真核细胞则具有典型的核结构,包括核膜、核孔复合体与核仁等,同时具有完善的生物膜系统、遗传信息表达系统、细胞骨架系统及各种细胞器。多细胞真核生物包括我们常见的各种动、植物,单细胞真核生物包括真菌(fungus)等。

值得一提的是,植物细胞和动物细胞虽然同为真核细胞,但是也有不同,植物细胞包含细胞壁、液泡和叶绿体等,而在动物细胞中则没有这些结构。

(4)细胞的结构:如上所述,尽管各种细胞有其共性,如细胞均由细胞膜包裹,均有核糖体、DNA 和 RNA。然而,按照不同的标准,我们仍然可以对各种细胞进行分类,如真核细胞和原核细胞、植物细胞和动物细胞等。总体而言,各种细胞结构相似,但是在亚显微结构上,还是存在差别。

下面以动物细胞为例,介绍细胞中主要的亚显微结构(图 2 – 9)。

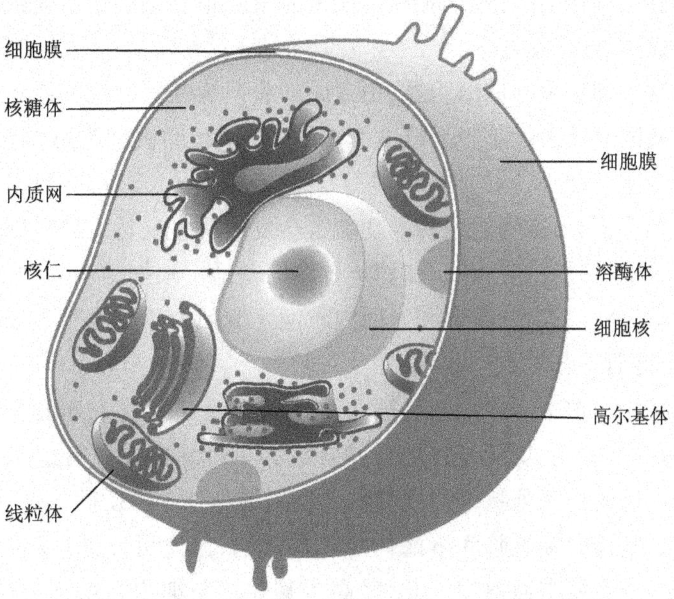

细胞膜

核糖体

内质网

核仁

线粒体

细胞膜

溶酶体

细胞核

高尔基体

图 2 – 9　动物细胞亚显微结构模式图(苏州大学 詹葵华提供)

细胞最外面的结构是细胞膜(cytomembrane 或 cell membrane),细胞膜主要由磷脂双分子层组成,其中镶嵌各种蛋白质及脂类(图 2 – 10)。磷脂分子极性的头朝向膜的两侧,显示为亲水性,非极性的尾巴朝向膜中间,显示为疏水性。细胞膜不仅发挥着隔离细胞内外环境的作用,更重要的是作为细胞物质交换、信息交流的关卡。

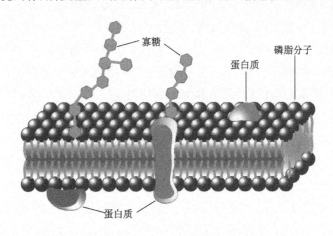

寡糖

磷脂分子

蛋白质

蛋白质

图 2 – 10　膜结构示意图(苏州大学 詹葵华提供)

细胞膜中包裹的所有成分称为细胞质(cytoplasm),细胞质包括细胞质基质和各种细胞器。细胞质基质是指除去可分辨的细胞器以外的胶状物质。细胞质基质是细重要的结构成分,其体积约占细胞质的50%。细胞核与环境、细胞器之间的物质运输、能量交换、信息传递等都要通过细胞质基质来完成。很多重要的中间代谢反应也在细胞质基质中完成。

内质网是真核细胞重要的细胞器,由封闭的膜系统及其围成的腔形成互相沟通的网状结构。内质网通常占细胞膜系统的50%左右,体积约占细胞总体积的10%以上。在不同类型的细胞中,内质网的数量、类型与形态差异很大。同种细胞在不同发育阶段和不同生理状态下,内质网的结构与功能也会发生明显变化。内质网是细胞内一系列重要生物大分子,如蛋白质、脂质和糖类合成的基地。根据结构与功能不同,内质网可分为两种基本类型:糙面内质网和光面内质网。糙面内质网因其表面分布着大量的核糖体、表观粗糙而得名。

高尔基体又称高尔基器或高尔基复合体,是比较普遍地存在于真核细胞内的一种细胞器。高尔基体的主要功能是将内质网合成的多种蛋白质进行加工、分类和包装,然后分门别类地运送到细胞特定的部位或分泌到细胞外。内质网上合成的脂质,一部分也要通过高尔基体向细胞膜和溶酶体等部位运输,因此可以说,高尔基体是细胞内大分子运输的一个主要交通枢纽。此外,高尔基体还是细胞内糖类合成的工厂,在细胞生命活动中起多种重要的作用。

溶酶体是单层膜围绕、内含多种酸性水解酶类的囊泡状细胞器,其主要功能是进行细胞内的消化。过氧化物酶体,又称微体,是由单层膜围绕、内含一种或几种氧化酶类的细胞器。在形态结构和降解生物大分子等功能上与溶酶体类似,但是新近的研究表明,二者还是存在着差异,具体的细节此处不再赘述。

线粒体是真核细胞内一种重要和独特的细胞器,是一种高效地将有机物转换为细胞生命活动的直接能源 ATP 的细胞器。线粒体普遍存在于各种真核细胞中,被称为细胞内的"能量工厂"。在植物细胞中,还有一种相似功能的细胞器——叶绿体。叶绿体通过光合作用把光能转化为化学能,并储存于糖类、脂肪和蛋白质等生物大分子中。

核糖体是合成蛋白质的细胞器,其唯一的功能是按照 mRNA 的指令由氨基酸高效且精确地合成多肽链。核糖体几乎存在于一切细胞内,无论原核细胞还是真核细胞。因此,核糖体是细胞最基本、不可或缺的结构。核糖体没有被膜包裹,是一种颗粒状的结构,直径为 25 nm,主要成分是蛋白质与 RNA。在真核细胞中,很多核糖体附着在内质网的膜表面,称为附着核糖体,还有一些呈游离状态,称为游离核糖体。

细胞核是真核细胞内最大、最重要的细胞器,是细胞遗传与代谢的调控中心。所有真核细胞,除了高等植物韧皮部成熟的筛管和哺乳动物成熟的红细胞等极少数细胞,都含有细胞核。细胞核大多呈球形或卵圆形,也会随着物种和细胞种类的不同而有差别。细胞核主要由核被膜、染色质、核仁及核骨架组成。细胞核是遗传信息储存的场所,在这里进行基因复制、转录和转录产物的初加工,从而控制细胞的遗传与代谢。

核被膜是细胞核最外面的结构,具有双层生物膜结构。染色质与染色体的化学本质是一样的,只是细胞周期不同阶段的不同形态。染色质是指间期细胞核内由 DNA、组蛋白、非组蛋白及少量 RNA 组成的线性复合结构,是间期细胞遗传物质的存在形式。染色体是细胞在有丝分裂或减数分裂过程中,由染色质聚缩而成的棒状结构。核仁是真核细胞间期核中最显著的结构。通常表现为单一或多个匀质的球形小体。蛋白质合成旺盛、生长活跃的细胞如分泌细胞、卵母细胞,其核仁大,可占核体积的 25%。核骨架,我们可以理解为核基质,即细胞核中除核被膜、核纤层、染色质与核仁以外的网状结构体系。

中心体是一种重要的无膜结构的细胞器,存在于动物及低等植物细胞中。一般每个动物细胞或低等植物细胞中有 1 个中心体,它通常位于细胞核一侧的细胞质中。在光学显微镜下可以看到,每个中心体主要含有两个中心粒,这两个中心粒互相垂直排列。中心体与细胞分裂有关,是细胞分裂时内部活动的中心。

(5) 区别几个重要概念。在日常生活中,我们经常听到病毒、细菌、支原体、真菌等概念,前文对这几个重要概念有了初步的介绍,为了加深印象、避免混淆,在此做进一步解释、区分。

通常接触到这些生物体概念的时候,常常与疾病联系在一起,因为这些生命体大部分都是以病原体的角色被我们认识的。

如前所述,病毒是非细胞形态的生命体,绝大多数由核酸和蛋白质组成;细菌是原核细胞,属于单细胞生物;支原体可以视为最小、最简单的原核细胞;而真菌则是单细胞真核生物。实际上,细菌并不都是致病菌,就像真菌也并不都是病原体一样,也有食用真菌。

2.1.5 组织

认识了生命活动的基本单位——细胞,我们来认识细胞的集合体——组织(tissue)。组织由形态结构及功能相同或相似的细胞和细胞外基质(extracellular matrix, ECM)共同构成。不同的组织,其实质细胞不同,比如肌组织的实质细胞是肌细胞(或称肌纤维),而神经组织的实质细胞是神经细胞或神经元。细胞外基质是细胞分泌的非细胞物质,包括纤维、基质和不断流动的体液,是细胞赖以生存的微环境,起支持、联系、营养和保护细胞的作用,对细胞的分化、运动、信息沟通有重要作用。稳定的细胞外微环境是细胞正常增殖分化的重要条件,微环境的异常可直接导致细胞生理活动的异常。

组织有多种类型,每种组织具有独特的形态结构和功能。按照结构和功能不同,一般将人体组织分为 4 种基本类型:上皮组织(epithelial tissue)、结缔组织(connective tissue)、肌组织(muscle tissue)和神经组织(nervous tissue)。

上皮组织简称上皮(epithelium),由密集排列的上皮细胞和少量细胞间质组成,包括被覆上皮、腺上皮和感觉上皮三类。被覆上皮是被覆于各结构界面处的上皮组织。在胚胎的发育过程中,被覆上皮可衍化成腺上皮和感觉上皮。一般所说的上皮指的是被覆上皮。

　　结缔组织(图2-11)主要由成纤维细胞、巨噬细胞、肥大细胞、脂肪细胞及未分化的间充质细胞等和细胞外基质组成。细胞外基质包括各种纤维成分、无定形基质及组织液。

　　肌组织主要由肌细胞和细胞外基质组成(图2-12,彩图见封二)。

　　神经组织主要由神经细胞、神经胶质细胞和细胞外基质组成。

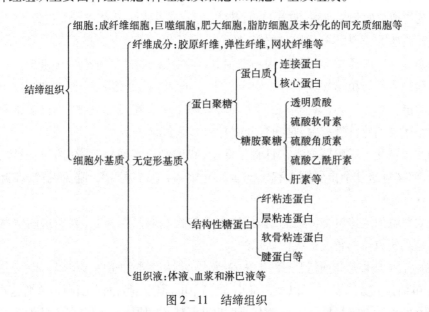

图2-11　结缔组织

纵切　　　　　　　　　　　横切

图2-12　骨骼肌组织切片(摘自《实用组织学彩色图谱》)

a—细胞核　b—明带　c—暗带

2.1.6　器官

　　组织按照一定方式有机地组合起来,构成器官(organ)。器官是能够独立行使某种特定功能的单位,例如,口、鼻、眼、耳、心、肝、脾、肺、肾等。不同的器官有不同的大小和形态结构,执行不同的功能。按照器官是否有中空的腔,分为空腔性器官,如心、胃、膀胱等;实质性器官,如肝、脾、肾等。值得一提的是,皮肤也属于器官,而且是人体最大的器官。皮肤的结构分为 3 层,表皮、真皮和皮下组织,表皮层包括上皮组织,真皮层包括结缔组织,皮下组织包括骨骼肌组织和结缔组织等[图 2 - 13(彩图见封二),图 2 - 14]。

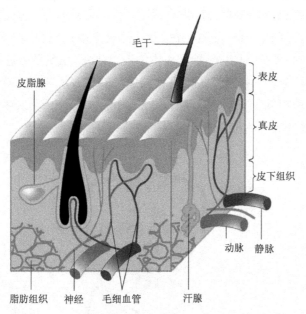

图 2 - 13　皮肤的结构模式图(苏州大学　詹葵华提供)

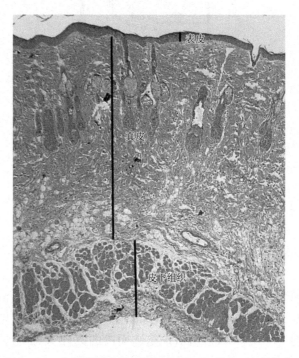

图 2 - 14　大鼠背部皮肤组织切片,H. E. 染色,40 倍放大

2.1.7 系统

系统(system)是由结构上连续、功能上相关的器官、组织构成,完成特定的生理活动,如消化系统、循环系统、呼吸系统、免疫系统、神经系统和泌尿生殖系统等。

消化系统包括口、咽、食管、胃、肠等器官。循环系统包括心脏、肺、动脉、静脉、毛细血管和淋巴管等(图2-15,彩图见封二)。呼吸系统包括鼻、肺、气管和支气管等。免疫系统包括胸腺、骨髓、淋巴结、脾和扁桃体等。此外,免疫系统还包括淋巴组织、免疫细胞和免疫活性分子。神经系统则由大脑、脊髓、神经和神经节构成。泌尿生殖系统则有肾、膀胱、输尿管、卵巢、输卵管、子宫、睾丸、尿道等。在这些系统的精妙配合下,人体的生长发育按部就班地进行。

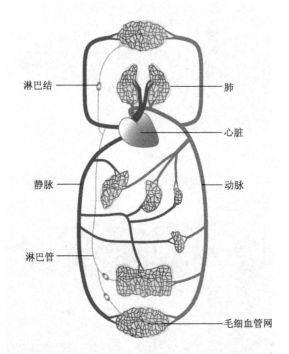

图2-15 循环系统示意图(苏州大学 詹葵华提供)

到此为止,我们已经由小到大、由简单到复杂地介绍了人体的物质组成及生命活动的概况。原子组成分子,小分子组成大分子,大分子构成生命单元,生命单元构成组织、器官,进而构成系统。在各种系统的密切配合下,生命个体有条不紊地进行着新陈代谢、生长发育。

然而,"生命是什么"(借用物理学家薛定谔的一句话,事实上,这是他1944年出版的一本书的名称),生命的本质至今仍然是个谜。难道生命体真的只是由千千万万个原子按照基本的物理及化学规律,机械地组装而成的集合体吗? 如果不是,那又是什么支配着生命的运转? 这些问题仍值得我们久久地深思。

2.1.8　炎症与感染

在日常生活中,尤其当我们看病的时候,经常会听到发炎、感染之类的描述。为了后面便于理解生物材料植入体内以后引发的各种反应,我们对炎症和感染这两个炎症(inflammation)、感染(infection)、凋亡(apoptosis)、坏死(necrisis)和伤口愈合等基本概念进行区分,这可以帮助我们理解生物材料的设计原则和评价标准。

炎症,是指具有血管系统的活体组织对损伤因子所发生的防御性反应。炎症,就是平时人们所说的"发炎",是机体对于刺激的一种防御反应,表现为红、肿、热、痛和功能障碍。炎症,可以是感染引起的感染性炎症,也可以是非感染性炎症,比如蜂蜇、虫蜇。通常情况下,炎症是有益的,是人体的自动防御反应,但有的时候,炎症也是有害的,例如对人体自身组织的攻击,比如发生在透明组织的炎症等。任何能够引起组织损伤的因素都可成为炎症的原因,即致炎因子(inflammatory agent)。致炎因子可归纳为以下几类:生物性因子、物理性因子、化学性因子、坏死组织及免疫反应等。细菌、病毒、立克次体、支原体、真菌、螺旋体和寄生虫等是引发炎症最常见的病因。由生物病原体引起的炎症又称感染。由此可知,感染一定会发生炎症,但是炎症并不一定是感染引起的。

2.1.9　坏死与凋亡

体内细胞死亡有两种形式,坏死与凋亡。前者是指细胞受到物理、化学因素的损伤,如机械损伤、毒物、微生物、辐射等引起的细胞死亡。坏死的特点是:细胞质膜和核膜破裂,细胞骨架和核纤层解体,细胞质溢出,影响到周围细胞,发生炎症反应。

细胞凋亡,是指细胞受到生理性刺激发生的死亡。与细胞程序性死亡同义(programmed cell death, PCD),即细胞受特定的细胞外信号或细胞内信号的诱导,死亡途径激活,在有关基因的调控下发生的有序的死亡,属于自杀性死亡。在机体正常发育过程中,细胞凋亡是必不可少的环节。

同为细胞死亡,二者在发生过程及形态上可表现出一定的相似性。但是,细胞坏死和细胞凋亡有着本质的区别(表2-2)。

表2-2　细胞凋亡与细胞坏死的区别(韩贻仁等,2007)

比较项目	细胞凋亡	细胞坏死
诱发因素	体内生理性信号	强烈的刺激
质膜	不破裂	破裂
细胞质	形成凋亡小体	溢出
细胞器	无明显变化	肿胀、破坏
基因控制	是	否
代谢反应	级联反应	无序代谢
对个体影响	个体发育必需	引起炎症

2.1.10　伤口愈合

无论是意外伤害还是手术,均会对机体造成创伤。当组织受损后,一套复杂且严格有序的病理性程序将立即激活,启动损伤修复的过程。伤口愈合(wound healing),就是创伤后人体组织应答、修复、再生的过程,简言之,就是创伤修复的过程。

炎症、外体反应(foreign body reaction)和伤口愈合通常认为是组织或细胞应答创伤的必要反应。因为创伤后伤口愈合的过程可能按照如下的顺序发生:创伤—炎症—组织再生—组织重塑。但是,不能孤立地看待这些阶段,它们之间没有明显的界线,只是为了便于理解而划分。

下面介绍伤口愈合的类型、阶段和影响伤口愈合的因素等。

(1)愈合类型(types of healing)。根据受伤程度与愈合方式的不同,我们将伤口愈合分三类:一期愈合,二期愈合及痂下愈合。

一期愈合是指伤口边缘接近关闭而没有空腔或伤口内不留死腔。例如,外科切口无组织缺损、清洁的撕裂伤。二期愈合又称间接愈合。多发生于创伤范围较大,坏死组织较多,并常伴有感染而未经合理的早期外科处理的伤口。由于伤缘不能直接对合,而需经肉芽组织填补组织缺损方能愈合。此外,有人将"痂下愈合"当做另外一种愈合方式。当伤口或创面覆盖着凝固而干燥的渗出物和坏死组织时,表面结成一层"痂"(痂一般由渗出物、血液、坏死组织等干结而成),在没有并发感染的情况下(干燥的痂一般不易发生感染),再生表皮在痂下从伤口边缘逐渐长入,附着在充填组织缺损的新生结缔组织上,或覆盖在存留的真皮组织上。当组织缺损覆盖一薄层新生表皮时,痂便脱落,完成愈合过程。如小面积的深Ⅱ度烧伤创面,经适当处理(干燥保痂,防止感染)后,有可能争取通过痂下愈合的方式修复。

此外,伤口愈合时,除由纤维结缔组织等填补组织缺损外,很重要的是必须有上皮覆盖,没有被上皮完全覆盖的创面总是没有完成愈合过程的。因此,上皮细胞的功能具有重要的意义。

(2)愈合阶段(phases of healing)。为了便于理解,我们将伤口愈合过程划分为以下几个基本阶段:止血期、炎症期、增生期和重塑期。虽然我们将伤口愈合分为这样的几个阶段,但是事实上,这几个阶段是依次连续发生、不可分割的。

①止血期:止血是伤口修复的首要步骤,其过程为:受损的组织细胞释放血管活性物质使局部血管收缩,同时血小板凝集,激活凝血系统,纤维蛋白原形成不溶性纤维蛋白网,产生血凝块,封闭破损的血管并保护伤口,防止进一步的细菌污染和体液丢失。

在机体受伤之后,机体循环系统马上启动凝血机制,促使伤口部位发生凝血,防止血液外流。凝血即血液凝固(blood coagulation),是指血液由流动的液体状态变成不能流动的凝胶状态的过程,是生理性止血的重要环节。血液凝固的实质就是血浆中的可溶性纤维蛋白原(fibrinogen)变成不可溶的纤维蛋白(fibrin)的过程。其基本过程是一系列蛋白质的有限水解过程,大体上分为三个阶段:凝血酶原激活物形成、凝血酶形成和纤维蛋白形成。按照凝血酶激活物不同,可分为内源性凝血和外源性凝血两种途径。通常,由于手术和外伤引起的凝血属于外源性凝血。继凝血之后,机体免疫系统对伤口做出反应,为伤口愈合创造条件,以促进伤口愈合、调节伤口愈合的节奏。

②炎症期:炎症反应是复杂的机体防御反应,其目的是去除有害物质或使其失活,清除坏死组织并为随后的增生过程创造良好的条件。炎症反应存在于任何伤口愈合的过程中,有 4 个典型的症状:红、肿、热、痛。

炎症是细胞和组织对多种损伤的基本反应,局部急性炎症反应在损伤后立即发生,通常持续 3 ~ 5 天。其基本要素包括血液凝固和纤维蛋白溶解、免疫应答、复杂的血管和细胞反应。炎症的意义在于清除损伤因素(包括病原体等外来物)和坏死的组织、防止感染,同时奠定组织再生与修复的基础。一切抑制损伤后炎症的措施,如应用皮质激素等,都会导致创伤愈合不良或延迟,说明炎症是正常创伤愈合的必要阶段。巨噬细胞、中性粒细胞及各种细胞因子,如组胺、5 - 羟色胺、激肽、缓激肽、肿瘤坏死因子 - α(TNF - α)、白介素、血管内皮生长因子等均参与炎症反应,发挥独特作用。

伤口愈合的炎症反应启动了一连串的连锁反应,刺激整个免疫系统的参与。伤口对微循环的损伤引起血管收缩,周围组织的氧合受到抑制。血液内的血小板及纤维蛋白沉淀形成局部血凝块而止血。血管收缩的初期,白细胞、红细胞及血小板使血管壁皱缩。血小板释放局部作用的生长因子,刺激细胞分裂增殖、组织再生。损伤的组织释放缓激肽及组织胺引起血管舒张,增加了血管的渗透性。正常的血管腔内的液体、蛋白及酶经血管壁漏入细胞外间隙引起水肿、发红。白细胞移行到受伤区以增强伤口对感染的抵抗能力。

两类白细胞,即多形核粒性白细胞及单核粒性白细胞开始进入伤口。多形核粒性白细胞开始消化伤口中的细菌,消化细菌后的多形核白细胞寿命很短,2 ~ 3 天后成为伤口中的部分渗出物。单核粒性白细胞寿命较长,与多形核粒性白细胞一起进入伤口发挥功能,提高巨噬细胞清除伤口内异物功能并释放蛋白,刺激成纤维细胞的生长。这类蛋白与血小板生长因子一起,促进局部血管内皮细胞的生长,并形成新生的血管。

③增生期:增生期也称增生阶段,约在创伤后 1 周内开始。经过炎症期之后,伤口周围组织细胞开始快速分裂增生,填充受伤部位,即增生阶段。此期以成纤维细胞的快速增生、血管新生、肉芽组织形成和开始上皮化为特征。

成纤维细胞的主要功能是合成胶原纤维,在创伤愈合中胶原大致经历细胞内合成、细胞外沉积和被再吸收的动态过程。巨噬细胞来源及血小板来源的生长因子刺激成纤维细胞的生长。伤后的 3 天,成纤维细胞开始合成胶原蛋白,形成新生组织基质。1 ~ 3 周,胶原蛋白快速合成。胶原蛋白的合成需要两种氨基酸的氧化,即脯氨酸和赖氨酸,它们对胶原蛋白基质强度有重要作用。伤口愈合中,无这类氨基酸时,基质的结合力变得很弱,张力强度不够,因而伤口发生裂开的危险性很大。最佳结果应该是胶原蛋白纤维交叉连接结合在一起。胶原蛋白酶分解胶原蛋白,而成纤维细胞合成胶原蛋白,故其处在一边产生一边溶解的动态过程中。这种过程有助于组织结构的重塑与形成,纤维变得更有序、牢固,基质更坚固。胶原蛋白产生及胶原蛋白分解之间必须保持平衡,以避免过度增生或不适当的生成,从而造成肥大或形成萎缩性瘢痕。创伤后1～2周是胶原蛋白合成的高峰,之后经过重塑的胶原蛋白纤维增加了张力强度,胶原蛋白的生成逐渐减慢。

肉芽组织是一种特殊形式的结缔组织,发生在伤口愈合过程中的增生阶段。肉芽组织包括成纤维细胞、巨噬细胞、细胞外基质和丰富的毛细血管。在发生组织缺损、伤口愈合的过程中,肉芽组织主要形成于增生期,起到填充缺损部位的作用。由于肉芽组织中含有丰富的毛细血管,伤口中出现的肉芽组织是鲜红色的。上皮细胞的延伸与生长均在肉芽组织上进行。当增生期结束时,肉芽组织生长减缓甚至停止,随后进入组织的重塑期。

④重塑期:重塑期又叫成熟期,伤后约21天开始,可持续1年以上。当新生组织快速增生基本完成以后,新生组织开始发生结构的调整和功能的完善,以恢复原有的形态和功能。

重塑早期,成纤维细胞不再增加、血管新生减慢甚至停止、胶原纤维继续合成与降解,通过这些途径,组织结构、血管和血管网络及细胞外基质进行空间结构的调整和完善。多余的组织细胞通过细胞凋亡而消失;多余的血管通过自身的修剪、退化、细胞凋亡而降解、消失;细胞外基质也要发生重塑,比如胶原蛋白通过降解与新生的动态过程实现恰当的比例、合理的空间结构。通过结构的重塑,新生组织的功能也逐步得到完善。

根据受伤程度、治疗手段不同,伤口愈合的结果会有很大的差异。以烧伤为例,Ⅰ度及浅Ⅱ度烧伤一般通过常规的护理就能够较快较好愈合,不留瘢痕;而深Ⅱ度及Ⅲ度烧伤,通常需要植皮,并经过精心的治疗和护理才能基本恢复原来的结构和功能。在结构上,形成真皮样组织,少瘢痕或无瘢痕。在功能上,也能发挥保护机体的屏障作用。但是,由于神经、汗腺和毛囊等还不能完全再生,故感觉、排汗及散热等功能还不能完全恢复。值得注意的是,在此过程中一旦处理不当,就会造成伤口挛缩或形成瘢痕而非真皮样组织,无论在结构还是功能上,均是异常的。

(3)影响伤口愈合的因素。创伤伤口经正常处理多能很快愈合,但临床上也经常见到伤口迁延愈合的情况,这多与下列因素有关:

①伤口创面皮肤缺损过大。外科常见的Ⅱ度以上的烫伤,颈痈、背痈切开引流后的大块皮瓣坏死,下肢静脉曲张引起的腿部慢性溃疡及糖尿病患者的软组织感染坏死等。如果皮肤缺损大于$5cm^2$以上,常规换药是难以实现创面愈合的,只有采用点状植

皮的措施,才能促进伤口的愈合。

②伤口感染。创面感染是影响伤口愈合最常见的原因。除了一般性的金黄色葡萄球菌、链球菌、大肠杆菌感染外,还存在着绿脓杆菌、结核杆菌及真菌感染的可能。故长期难以愈合的伤口,要清洗创面,去掉坏死组织,并进行创面分泌物细菌培养,然后根据药敏实验,有针对性地局部或全身使用抗生素,以促进伤口愈合。

③伤口内有异物。机体被锐利的钉、木刺、玻璃等物伤害后进行清创时(尤其在急诊包扎处理时)很可能有细小异物遗留于伤口内。这种留有异物的伤口很难愈合,虽经反复换药,但创面的红、肿、疼痛无好转,分泌物也不减少,如能及时清除伤口异物,再配合抗生素处理,创面伤口可很快愈合。

④肉芽水肿。反复多次的换药,特别是不正规的换药操作,很容易导致伤口肉芽水肿。水肿的肉芽呈淡白或淡红色,分泌物多,且高出皮肤,使伤口迁延愈合。剪除高出皮肤的不健康肉芽,再以33%的硫酸镁(镁离子可使肉芽脱水,并促进皮肤细胞再生)外敷,必要时进行局部植皮,正常情况下,2~4天换药1次,1个月左右伤口多可愈合。

⑤全身营养不良。患有肿瘤、糖尿病、结核等慢性消耗性疾病者,多数全身营养差,机体抵抗力弱,因此影响伤口的愈合。特别是经化疗、放疗的肿瘤患者,伤口愈合更为困难。对此类病人要在局部处理创面的基础上,进行全身的营养支持疗法,以提高其机体的营养水平,增强组织细胞的再生能力,这样才能促进伤口愈合。

⑥类固醇治疗。类固醇抑制伤口愈合,创伤初期使用类固醇时,炎症性反应受到抑制。肉芽组织及成纤维细胞、毛细血管增生都迟延。因此,建议在创伤后4~5天内杜绝使用类固醇药物以保证炎症性反应的过程良好进行。全身或表面应用维生素A,发现有对抗局部类固醇抗炎效果的作用,然而无加速伤口愈合的效果。

⑦敷料。伤口需要应用不同的敷料,在选择敷料前必须仔细地考虑到应用敷料的目的。伤口敷料的作用有:防止污染、防止创伤、压迫止血及肿胀保护、药物应用、吸出引流液及清除坏死组织等。外科手术的切口都要求用纱布保护伤口,防止环境污染。因此,这种类型的伤口在6h后就有纤维蛋白封闭,因此6h以后可以不用敷料。

开放性伤口不仅要求敷料保护,而且也是为了维持并促进伤口生理性的完整愈合,如伤口结痂或焦痂形成,很自然地为二期愈合提供保护。二期愈合的清洁伤口,在愈合中建议第一层使用细眼纱布,一般认为肉芽组织不会长入细眼纱布的间隙内。因此,在拆除敷料时不损伤肉芽组织。细眼纱布应完全展开放入伤口内,这样可接触到已开放伤口的整个表面,包括所有的裂缝。如果伤口切面早闭合产生死腔,容易形成脓(血)肿。必须保持切口开放,并需要大量的敷料,可在细眼纱布上放入数层粗纱布。

这样既可吸收引流,又可防止伤口再受创伤。

特殊情况下,如伤口大,闭合困难,可用另外的纱布松松地做敷料垫或用腹部敷料垫覆盖,用胶布或绷带卷固定以确保安全。需要清创的伤口,伤口表面使用稍粗的敷料。因为在换药时粗眼纱布可供坏死组织吸附在敷料上得到清除。伤口内有坏死组织时不能愈合,要清除无活力的组织后伤口才开始愈合。最快速地去除坏死组织的方法是外科清创术。如果不适宜外科快速清创的伤口,必须采取长期换药的方法。坏死性伤口引流少的可以采取湿—干技术换药清除,这种方法是用无菌生理盐水浸湿更换的纱布并拧干排除多余的液体紧贴于伤口放入。定时更换纱布,以便坏死组织碎片透过湿润的纱布渗入敷料内,当拆除纱布时,即达到清创的目的。

开放的伤口不应使其完全干燥,脱水容易损伤伤口底部的组织。并且,上皮细胞在湿润的伤面上移行更容易。因此,覆盖伤口、防止表面脱水、促进上皮再生也是使用敷料的主要目的。

⑧生物材料对伤口愈合的影响。生物材料引发机体的宿主反应程度还应考虑材料因素对机体的影响,比如原材料的生物相容性,生物材料的形态(固体,凝胶,薄膜还是粉末),生物材料的宏观结构(平均孔径,孔隙率和连通性),微观结构(表面的拓扑结构,微结构的微米或纳米尺度),pH值高低以及有无缓释特殊成分(生长因子,氧气,一氧化氮等)的功能等。这些因素都可能影响到生物材料对损伤组织的修复效果,因此,生物材料对组织的修复效果是材料整体性能的表现,是各种因素综合作用的结果。

如果材料结构合理,无毒性,无致敏性,无致畸性,有利于组织细胞的黏附(adhesion)、迁移(migration)、增殖(proliferation)和分化(differentiation),我们认为这种材料的生物相容性(biocompatibility)好,不会加重机体的炎症反应及免疫应答。如果机械性能也满足要求,那么修复效果就会比较理想,这样的生物材料就是我们所期望的。以真皮组织修复为例,如果新生组织具有与真皮相同或相似的结构与功能,则认为这种生物材料能够满足临床应用要求,修复效果良好。反之,如果生物材料引起严重的宿主反应,导致胶原纤维异常增多,材料周围发生严重纤维囊化,最终形成瘢痕疙瘩而不是真皮组织,则认为这种生物材料生物相容性不好,不能满足修复需要。

除此以外,在伤口愈合过程中,其他因素如伤口内的血肿、引流不畅、缝合口皮肤对合不良等,亦是导致伤口难以愈合的原因。因此对于延迟愈合的伤口,要正确分析其原因、仔细检查,然后进行针对性的处理,才能使其早日康复。在必要的时候,对伤口的特殊护理,如对整体进行处理的同时,做好局部处理,消除影响伤口愈合的内外因素,并努力改善这些因素,创造有利伤口愈合的最佳环境等,也可以大大缩短伤口愈合的时间,提高伤口愈合的质量。

2.2　生物医用材料引发的宿主反应

正常情况下,生物体各系统之间精妙配合、良好运转,以保证机体正常的新陈代谢。但是,由于各种疾病、意外伤害或者手术等造成组织、器官结构的破坏和功能的丧失,尤其在损伤严重的情况下,可能需要利用各种各样的生物材料辅助或替代来进行修复。

目前,生物材料和医疗器械已经普遍应用于心血管外科、矫形/整形外科、眼科和牙科等各个领域。大部分的植入体能够很好地为病人服务,缓和病情、减轻病人的痛苦。然而,移植物也可能引发并发症或副作用,器械的失效可能导致修复失败甚至病人死亡。并发症的产生主要来自生物材料与机体组织的相互作用,无论是生物材料对机体组织的影响还是组织对生物材料的影响,在产生并发症或器械失效方面,它们的作用是同等重要的。

2.2.1　宿主反应

除了机体自身的创伤,生物材料植入体内的过程本身就是一次损伤过程,也会引发机体的病理性反应,包括对手术创伤和植入体的应答,即宿主反应(host reactions/host response)。这种反应主要是指机体对植入物及植入过程的应答,包括非特异性炎症、特异性免疫反应、全身反应和血液—材料相互作用等。在文献中,也有提到外体反应(foreign-body reaction, FBR)一词,实际上,外体反应归于炎症反应,是其一种特殊形式。外体反应中的主要功能细胞是巨噬细胞,试图吞噬植入体,但是很难完全地清除或降解。在生物材料植入以后,活化的巨噬细胞可以分泌细胞因子,从而引起炎症或纤维化。多核巨细胞在植入体周围的存在被认为是严重的外体应答的征兆。故生物材料的生物相容性越好,这种反应就会越小。

此外,移植物其他的物理或化学方面的因素,在很大程度上也会影响外体反应的程度。对于大部分的惰性生物材料,最终的结果是被纤维组织囊包裹,即纤维囊化。然而,可以通过生物材料表面的化学修饰,比如接枝化学基团或者生物活性成分,改变表面粗糙程度或孔隙率等方式来改善外体应答。

2.2.2　生物相容性

上面提到了生物相容性的概念,由于生物材料可以植入体内的不同部位、发挥不同的作用,故对生物相容性的描述有所差异。通常而言,生物相容性包括组织/细胞相容性(tissue compatibility, cell compatibility or cytocompatibility)和血液相容性(hemocompatibility)。前者是指生物材料对细胞的黏附、迁移、增殖、分裂或分化等是否有利的特性;而血液相容性则主要强调生物材料对血液成分的相容性,即不会导致血栓形成、不会破坏或消耗血液成分、不会激活凝血因子、不会激活血小板及补体系统成分的特性。植入某特定部位发挥作用的医疗器械,其生物相容性通常有所侧重。如人造血管、人工心脏、人工肺和人造瓣膜等,其生物相容性主要考虑其血液相容性。对于人工皮肤而言,则主要考虑其细胞/组织相容性。

2.2.3　炎症反应

不同于活体器官移植,生物材料通常不会被排斥。器官被排斥是由于特异性的免疫应答,会引起组织死亡。然而对于合成的生物材料而言,一般不会产生这样的反应。天然组织来源的生物材料,由于可以表达外体组织相容性抗原,具有抗原性,故会引起特异的免疫应答。然而,机体对合成生物材料最常见的应答是非特异性的炎症应答。

2.2.4　感染

在接受移植手术的病人当中,5% ~ 10%的病人会发生感染。感染也是引起死亡和其他并发症的主要原因。与医疗器械相关的感染,抗生素和宿主防御反应通常是不起作用的,除非将植入物移出体外。植入早期的感染,最大可能是手术过程的污染,比如空气、未彻底消毒的手术器械、不规范操作等,或者早期的伤口感染。相反,晚期的感染可能来自血液途径,常常来自牙科疾病或泌尿生殖系统感染。

器械移植会为感染创造有利的条件:微生物会通过手术创伤进入循环系统和深层组织。而且,移植物可能会限制巨噬细胞迁移至受感染组织,并通过表面相互作用而干扰炎症细胞的吞噬机制,从而允许细菌在移植物附近存活。

2.2.5　栓塞

血栓形成(thrombosis)或栓塞(embolism),是引起心血管系统器械失效或宿主发病、死亡的主要原因。当血液接触到一种人造表面的时候,可能引起血栓形成、栓塞、血小板和血浆凝血因子的消耗、凝血反应和补体系统的激活、血小板活化等。当然,很明显,目前还没有一种合成表面或经过修饰的生物表面能够具有同血管内皮同样优秀的抗凝及抗血栓性能。

当非生理性表面接触血液,会发生三件事情:血浆蛋白沉积、血小板和白细胞黏附、大量的纤维蛋白形成(即凝血)。所有的体外材料接触到血液以后,其表面都会快速、自发地吸附一层血浆蛋白,主要是纤维蛋白原。随后细胞成分沉积上来,当血流速度十分缓慢的时候,微血栓就形成了。

2.2.6　生物环境对生物材料的影响

除了生物材料对伤口愈合的影响,实际上,当生物材料植入体内以后,不可避免地受到体内环境对其的反作用,包括腐蚀、压迫、弯曲、扭曲、牵拉、水解等。这些因素对生物材料发挥作用的持久性、有效性均有重要影响,甚至可以决定修复的成败。其中,可降解生物材料的降解性能对组织修复的结果尤为重要。

2.3　生物医用材料的降解

生物材料植入体内以后,不仅会引发机体产生宿主反应,并且材料本身也要受到机体的反作用,比如各种压力、张力、扭曲、腐蚀、水解、酶解等。在这种环境下,生物材料必然会发生变形、损坏、甚至破坏而失效。

2.3.1　生物降解的概念

降解(degradation,bidegradetion)几乎发生在各种生物材料中,包括金属、聚合物、陶瓷和其他化合物。因此,降解所涉及的范畴很广。同样,生物降解的概念也很广泛,可以用于发生在几分钟甚至几年时间的反应,也可以指经过工程化控制、发生在植入体内以后特定时间内的反应,或者可能是指生物材料长期处于苛刻的生物环境中所发生的意外结果。在生物环境下,植入物可能溶解、破碎、变为橡胶似的,或者随着时间的推移而变得僵硬。这一系列事件或者现象,我们均可以归纳在生物降解的范畴之内。

简言之,生物降解是指在生物环境的作用下,生物材料化学分解的过程,伴随物理性能的改变,包括生物环境中代谢废物(包括微生物)的分解、宿主诱导的植入物的崩解等。生物降解又是一个准确的术语,暗示着特定的生物学过程在生物材料分解过程中是必需的。

2.3.2　生物环境及其作用

通常而言,生物环境的 pH 值是中性的、含盐量低,具有正常的体温 37℃,因此,一般认为体内的生物环境是温和的。然而事实上,体内的生物环境是十分苛刻的,能够导致许多生物材料快速或逐渐损坏。在这种水溶性的离子环境中,金属和高聚物均会受到不同程度的影响,比如腐蚀和软化,加之如果生物材料接触持续的或者周期性的张力,磨损和屈曲也可能发生。对金属材料而言,蛋白质吸附到材料表面,可增加金属的腐蚀速率。植入材料周围的细胞能够分泌强氧化物和酶,用以消化植入的生物材料。

为了理解移植材料的生物学降解,应该考虑各种影响因素之间的协同作用,这种协同作用能够增强对生物材料的降解作用。比如,张力导致的裂缝就为化学反应增加了新的表面积。而膨胀和吸水也可能增加反应的位点。降解产物能够改变局部的 pH值,刺激进一步的反应。聚合物的水解能产生更多的亲水物质进入聚合物中,导致聚合物膨胀。破裂也可能为钙化提供发生位点。

2.3.3 聚合物的降解过程

聚合物的组成取决于预期的使用寿命、对原材料的仔细筛选及广泛的预临床试验。通过对聚合物组成的了解,可获得对材料功能性及耐用性的认识。当然,对于长期内置的生物材料而言,在使用的数年或数十年里,不可能同时满足所有的移植要求。

植入体内的聚合物,总会受到机体的化学及力学因素影响。一般情况下,高分子生物材料的降解是由于机体组分对生物材料直接或间接的作用,有时还受外部因素的影响。

聚合物从合成到应用于体内,要经过很多程序(表2-3)。在此阶段,各种物理的或化学的因素均可导致聚合物的降解(表2-4),它们可以单独发挥作用或者协同发挥作用,最后导致生物材料的功能丧失。

当生物材料植入以后,吸附和吸收过程立即发生。与体液接触的聚合物表面会立即吸附蛋白成分,大块材料吸收可溶性成分如水分子、离子、蛋白和脂类。各种细胞成分随后贴附上来开始化学反应。随着体液的吸收,聚合物可能发生尺度(体积)和力学性能的改变。在表面,细胞和许多化学物质,比如氧化剂和酶开始发挥作用。随着这种急性炎症的缓和,纤维囊可能在材料表面形成,活化细胞释放强作用的化学因子的速率逐渐降低。

就聚合物遭遇体内化学降解而言,很少有报道全面地描述这样一个多步骤的过程和各种作用机制之间的相互作用。通常都是分析取出的生物材料,偶尔在特定的阶段评价其代谢产物以推测反应通路。这种分析几乎总是暗示水解或氧化是降解的重要步骤。

表2-3　注塑成型的聚合物生物材料经历的加工程序(Buddy D, 2006)

项　目	加　工　程　序
聚合物	合成,挤压,成颗粒
颗粒	包装,储存,运输,干燥
配料	注塑成型,整理,清洗,检验,包装,保存
器械	预消毒,检验,包装,储存(包装后),灭菌,无菌储存,运输,植入前存放,移植

表2-4　聚合物降解的影响因素(Buddy D, 2006)

物理因素	吸附、膨胀、软化、溶解、矿化、浸出、结晶、去结晶、张力破裂、疲劳断裂、充饥断裂	
化学因素	热分解	光裂解
	自由基裂解	可见光裂解
	去聚化	紫外线裂解
	氧化	辐射裂解
	化学氧化	伽马射线裂解
	热氧化作用	X射线裂解
	溶剂分解作用	电子束裂解
	水解	断裂导致的自由基反应
	醇解	
	氨解等	

　　仔细筛选聚合物用于植入性生物材料时,需要经过恰当的加工、充分讨论材料与宿主之间的相互作用。这样,在预期的寿命里,它们通常可以很有效地发挥作用。然而,在某种很局限的条件下,水解或氧化性降解会自然发生。这可以由宿主直接导致或经由器械或外部环境介导发生。对于容易受到影响的材料而言,必须采取保护性措施以确保其较长的使用寿命。期待将来可能研发出的抗生物降解的聚合物不需要或只需要较少的保护。对生物降解机制的研究及恰当的防止降解的对策的提出,将大大促进用于植入性生物材料的聚合物合成和使用的持续进步。

2.3.4　生物环境对金属及陶瓷的影响

　　金属对腐蚀天生敏感,在体内使用金属器械的时候需要万分小心。通常而言,陶瓷不太会降解,但是,仍然需要注意陶瓷的老化现象。实际上,人体对所有的生物材料都是具有"侵略性的"。

2.3.5　生物材料的钙化

　　生物材料的钙化是一个重要的病理过程,不论天然组织来源材料还是合成材料,钙化均影响着它们功能的发挥。在大量的动物模型帮助下,目前对钙化的病理生理学已经有了一些认识,发生钙化的一个重要的、共同的特点是死细胞及细胞碎片的参与。尽管目前临床上还没有安全而有效的方法可以预防钙化,但是材料修饰和局部用药,在某种程度上而言,似乎可以防止钙化。

2.3.6　可降解生物材料降解性能的评价

　　对可降解生物材料而言,其降解性能不仅与其力学性能密切相关,而且,其降解速率与组织再生速率之间的协调程度更是影响伤口愈合速率与愈合质量的重要因素。故而,对可降解生物材料降解性能的调控及评价日益引起人们的重视。

可降解生物材料降解性能的评价,可分为定量评价和定性评价。按照实验所实施的环境或生物材料所处的环境,又可分为体内评价和体外评价。

目前,在体外环境下,采用模拟体内生理环境的方法,可以对生物材料在某种或几种酶溶液中的降解性能进行定量的分析,比如常用的失重法,可以通过称量不同降解时间的残余生物材料的质量,来间接地了解其降解速率。对于胶原蛋白和丝素蛋白这样的生物材料,还可以采用蛋白质电泳、质谱分析等方法,对降解产物进行定量分析。然而,毕竟体内外环境存在着极大的差异,体外的实验结果并不能完全说明体内的实际情况。

考察植入体内的生物材料的降解性能,目前多采用组织切片染色观察的方法进行定性的描述。此外,也可通过扫描电子显微术(scanning electron microscopy, SEM)来观察生物材料植入体内以后,材料尺寸、材料表面所发生的变化。当然,也可以采用尺寸排除色谱法(size exclusion chromatography, SEC)通过对聚合物相对分子质量变化的分析,间接地考察生物材料体内降解情况。目前尚无较好的方法直接定量地评价生物材料在体内的降解情况。

因此,目前对于可降解生物材料的降解速率与组织再生速率的评价,也少有快速、简便、客观、准确的方法,多为组织切片的染色观察、定性判断。如果能够建立一种定量或者半定量的评价方法,在开发可降解生物材料、调控其降解速率以适应组织再生速率的研究中,将大大降低实验成本、缩短实验时间。

2.4 生物医用材料的生物学评价

生物医用材料的生物学评价按照中华人民共和国国家标准《医疗器械生物学评价》执行,代号:GB/T 16886(对应国际标准化组织拟定的标准 ISO 10993)。该标准由中华人民共和国国家质量监督检验检疫总局发布,由下列部分组成:

第1部分:评价与试验

第2部分:动物保护要求

第3部分:遗传毒性、致癌性和生殖毒性试验

第4部分:与血液相互作用试验选择

第5部分:细胞毒性试验:体外法

第6部分:植入后局部反应试验

第7部分:环氧乙烷灭菌残留量

第8部分:生物学试验参照材料的选择与限定(生物学试验参照样品的选择和定性指南)

第 9 部分:潜在降解产物定性与定量框架

第 10 部分:刺激与致敏试验

第 11 部分:全身毒性试验

第 12 部分:样品制备与参照样品

第 13 部分:聚合物医疗器械的降解产物定性与定量

第 14 部分:陶瓷降解产物的定性与定量

第 15 部分:金属与合金降解产物的定性与定量

第 16 部分:降解产物与可沥滤物的毒性动力学研究设计

第 17 部分:可沥滤物允许限量的建立

第 18 部分:材料化学定性

第 19 部分:材料物理、机械和形态特性

第 20 部分:生物医学材料免疫毒理学试验原理和方法

第 21 部分:生物医学材料生物学评级标准编写指南。

本节以及 2.5 和 2.6 节所介绍生物学评价的总则和基本概念、与血液相互作用试验选择及体外细胞毒性试验三部分内容,相当于国家标准第 1、第 4 和第 5 部分的内容。

2.4.1　医疗器械生物学评价基本原则

本节参考国家标准医疗器械生物学评价第 1 部分:评价与试验(标准编号 GB/T 16886.1—2001/ISO 10993—1:1997)。本节主要介绍指导医用材料生物学评价的基本原则、医疗器械的分类及有关试验的选择等内容。

(1)预期用于人体的任何材料或器械的选择与评价需遵循一定的评价程序。在设计过程中,应对衡量各种所选材料的优缺点和试验程序进行判断并形成文件。为了保证最终产品安全有效地用于人体,这一程序应包括生物学评价。

生物学评价应由具有理论知识和实践经验、能对各种材料的优缺点和试验程序的适用性进行判断的专业人员进行策划、实施并形成文件。

(2)选择制造器械所用材料时,建议首先考虑材料特性对其用途的适宜性,包括化学、毒理学、物理学、电学、形态学和力学等性能。

(3)器械总体生物学评价建议考虑以下方面:

①生产所用材料。

②添加剂、加工过程污染物和残留物。

③可沥滤物质。

④降解产物。

⑤其他成分以及它们在最终产品上的相互作用。

⑥最终产品的性能与特点。

如果合适,建议在生物学评价之前对最终产品的可沥滤化学成分进行定性和定量分析(GB/T 16886.9—2001/ISO10993 - 9:1999)。

(4)用于生物学评价的试验与解释建议考虑材料的化学成分,包括接触状况和器械及其成分与人体接触的性质、程度、频次和周期。为简化试验选择,根据以下原则对器械分类,来指导对材料和最终产品进行试验。

潜在的生物学危害范围很广,可能包括:

①短期作用,如急性毒性,对皮肤、眼和结膜表面刺激,致敏,溶血和血栓形成。

②长期或特异性毒性作用,如亚慢性或慢性毒性作用、致敏、遗传毒性、致癌(致肿瘤性)和对生殖的影响,包括致畸性。

(5)对每种材料和最终产品建议要考虑所有潜在的生物学危害,但这并不意味着所有潜在危害的试验都必须进行。

(6)所有体外或体内试验都应根据最终使用情况,由专家按实验室质量管理规范(GLP)进行,并尽可能要先进行体外筛选,然后再进行体内试验。试验数据应予以保留,数据积累到一定程度就可得出独立的分析结论。

(7)在下列任一情况下,应考虑对材料或最终产品重新进行生物学评价:

①制造产品所用材料来源或技术条件改变时。

②产品配方、工艺、初级包装或灭菌改变时。

③储存期内最终产品中发生任何变化时。

④产品用途改变时。

⑤有迹象表明产品用于人体时会产生不良作用。

(8)按 GB/T 16886 的本部分进行生物学评价,建议对生产器械所用材料成分的性质及其变动性、其他非临床试验、临床研究及有关信息和市场情况进行综合考虑。

2.4.2 生物学评价试验概述

(1)总则。除上面规定的基本原则外,医疗器械的生物学试验还应注意以下方面:

①试验应在最终产品或取自最终产品或材料的有代表性的样品上进行。

②试验过程的选择应考虑以下几点:

a. 器械在正常使用时,与人体作用或接触的性质、程度、时间、频次和条件。

b. 最终产品的化学和物理性能。

c. 最终产品配方中化学元素或成分的毒理学活性。

d. 如排除了可沥滤物的存在或已知可沥滤物的毒性可以接受,某些试验(如评价全身作用的试验)可以不进行。

e. 器械表面积与接受者身材大小的关系。

f. 已有的文献、非临床试验和经验方面的信息。

g. GB/T 16886 的本部分的主要目的是保护人类,其次是保护动物,使动物的数量和使用降至最低限度。

③如果是制备器械浸提液,所用溶剂及浸提条件应与最终产品的性质和使用相适应。

④试验建议有相应的阳性对照和阴性对照。

⑤试验结果不能保证器械无潜在的生物学危害,因此器械在临床使用期间还建议进行生物学研究,仔细观察对人体所产生的不希望有的不良反应或不良事件。

（2）基本评价试验。

①细胞毒性。该试验采用细胞培养技术,测定由器械、材料和/或其浸提液造成的细胞溶解（细胞死亡）,以及对细胞生长的抑制和对细胞的其他影响。GB/T 16886.5—2003/ISO 10993 – 5:1999 中描述了细胞毒性试验。

②致敏。该试验采用一种适宜的模型测定器械、材料和/或其浸提液潜在的接触致敏性。该试验较为实用,因为即使是少量的可沥滤物的使用或接触也能引起变应性或致敏性反应。GB/T 16886.10—2005/ISO 10993 – 10:2002 中描述了致敏试验。

③刺激。该试验采用一种适宜的模型,在相应的部位或在皮肤、眼、黏膜等植入组织上测定器械、材料和/或其浸提液潜在的刺激作用。要测定器械、材料及其潜在可沥滤物的刺激作用,试验的进行建议与使用或接触的途径（皮肤、眼、黏膜）和持续时间相适应。GB/T 16886.10—2005/ISO 10993 – 10:2002 中描述了刺激试验。

④皮内反应。该试验评价组织对器械浸提液的局部反应。该试验适用于不适宜做表皮或黏膜刺激试验的情况（如连向血路的器械）,还适用于疏水性浸提物。GB/T 16886.10—2005/ISO 10993 – 10:2002 中描述了皮内反应试验。

⑤全身毒性（急性毒性）。该试验将器械、材料和/或其浸提液在 24 h 内一次或多次作用于一种动物模型,测定其潜在的危害作用。该试验适用于接触会导致有毒的沥滤物和降解产物吸收的情况。

该试验还包括热原试验,用于检测器械或材料浸提液的材料本身导致的热原反应。单一试验不能区分热原反应是因材料本身还是因内毒素污染所致。GB/T 16886.11—1997/ISO 10993 – 11:1993 中描述了全身毒性试验。

⑥亚慢性毒性（亚急性毒性）。该试验在大于 24 h 但不超过试验动物寿命的 10% 的时间（如大鼠是 90 日）内,测定器械、材料和/或其浸提液一次或多次应用或接触对试验动物的影响。有慢性毒性资料文字说明的材料可免做这类试验,免试理由建议在最终报告中说明。试验建议与器械实际接触途径和作用时间相适应。GB/T 16886.11—1997/ISO 10993 – 11:1993 中描述了亚慢性毒性试验。

⑦遗传毒性。该试验采用哺乳动物或非哺乳动物的细胞培养或其他技术,测定由器械、材料和/或其浸提液引起的基因突变、染色体结构和数量的改变,以及 DNA 或基因的其他毒性。GB/T 16886.3—2008/ISO 10993 – 3:2003 中描述了遗传毒性试验。

⑧植入。该试验是用外科手术法,将材料或最终产品的样品植入或放入预定植入部位或组织内(如特殊的牙科应用试验),在肉眼观察和显微镜检查下,评价对活体组织的局部病理作用。试验建议与接触途径和作用时间相适应。对一种材料来说,如还评价全身作用,该试验等效于亚慢性毒性试验。GB/T 16886.6—1997/ISO 10993 – 6:1994 中描述了植入试验。

⑨血液相容性。该试验评价血液接触器械、材料或一相应的模型或系统对血液或血液成分的作用。特殊的血液相容性试验,还可设计成模拟临床应用时器械或材料的形状、接触条件和血流动态。溶血试验采用体外法测定由器械、材料和/或其浸提液导致的红细胞溶解和血红蛋白释放的程度。

ISO/DIS 10993 – 4 中描述了血液相容性试验。

(3)补充评价试验。

①慢性毒性。该试验是在不少于试验动物寿命10%(如大鼠是90日以上)的时间内,一次或多次将器械、材料和/或其浸提液作用于试验动物,测定其对动物的影响。试验建议与接触途径和作用时间相适应。GB/T 16886.11—1997/ISO 10993 – 11:1993 中描述了慢性毒性试验。

②致癌性。该试验是在试验动物的整个寿命期内,一次或多次将器械、材料和/或其浸提液作用于试验动物。测定潜在的致肿瘤性。在单项实验研究中,该试验还可检验慢性毒性和致肿瘤性。只有在从其他方面获取到提示性资料时才进行致癌性试验,试验建议与接触途径和作用时间相适应。GB/T 16886.3—2008/ISO 10993 – 3:2003 中描述了致癌性试验。

③生殖与发育毒性。该试验评价器械、材料和/或其浸提液对生殖功能、胚胎发育(致畸性),以及对胎儿和婴儿早期发育的潜在影响。只有在器械有可能影响应用对象的生殖功能时才进行生殖/发育毒性试验或生物测定。试验建议考虑器械的应用位置。GB/T 16886.3—2008/ISO 10993 – 3:2003 中描述了生殖与发育毒性试验。

④生物降解。在存在潜在的可吸收和/或降解时,相应的试验可测定器械、材料和/或其浸提液的可沥滤物和降解产物的吸收、分布、生物转化和消除的过程。GB/T 16886.9—2001/ISO 10993 – 9:1999 中描述了生物降解试验。

2.4.3　生物学评价试验选择

评价可包括有关经验研究和实际实验。如果设计中器械的材料在具体应用中具有可论证的使用史,采用这样的评价,可能不必再进行试验。

表 2 – 5 用于确定各种器械和作用时间应考虑的基本评价试验,表 2 – 6 用于确定各种器械和作用时间应考虑的补充评价试验。

由于医疗器械的多样性,对任何一种器械而言,所确定的各种试验并非都是必需的或可行的,要根据器械的具体情况考虑应做的试验。表2-5、表2-6中未提到的其他试验也可能是必须做的。

应对所考虑的试验、选择和/或放弃试验的理由进行记录。

表2-5 基本评价试验指南

器械分类			生物学试验							
人体接触		接触时间 A:短期(≤24h) B:长期(24h~30日) C:持久(>30日)	细胞 毒性	致敏	刺激或 皮内 反应	全身 毒性 (急性)	亚急性 毒性	遗传 毒性	植入	血液相 容性
表面 器械	皮肤	A	×	×	×					
		B	×	×	×					
		C	×	×	×					
	黏膜	A	×	×	×					
		B	×	×	×					
		C	×	×	×		×	×		
	损伤 表面	A	×	×	×					
		B	×	×	×					
		C	×	×	×		×	×		
外部介 入器械	血路, 间接	A	×	×	×	×				×
		B	×	×	×	×				×
		C	×	×	×	×	×	×		×
	组织/ 骨/牙	A	×	×	×					
		B	×	×				×	×	
		C	×	×				×	×	
	无	A	×	×	×	×				×
		B	×	×	×	×		×		×
		C	×	×	×	×	×	×		×
植入 器械	组织/ 骨	A	×	×	×					
		B	×	×				×	×	
		C	×	×				×	×	
	血液	A	×	×	×	×			×	×
		B	×	×	×	×		×	×	×
		C	×	×	×	×	×	×	×	×

注 本表是制订评价程序的框架,不是核对清单。×表示应考虑做该项试验,后文同此。

表2-6 补充评价试验指南

器械分类			生物学试验			
人体接触		接触时间 A:短期(≤24h) B:长期(24h~30日) C:持久(>30日)	慢性毒性	致癌性	生殖与发育毒性	生物降解
表面器械	皮肤	A				
		B				
		C				
	黏膜	A				
		B				
		C				
	损伤表面	A				
		B				
		C				
外部介入器械	血路,间接	A				
		B				
		C	×		×	
	组织/骨/牙	A				
		B				
		C			×	
	循环血液	A				
		B				
		C	×		×	
植入器械	组织/骨	A				
		B				
		C	×		×	
	血液	A				
		B				
		C	×		×	

注 本表是制订评价程序的框架,不是核对清单。

2.4.4 医疗器械生物学评价流程

医疗器械的生物学评价是按照一定的流程依次逐步实施的,图2-16给出了一个直观的生物学评价流程图。按照这样的流程,我们便可以快速有效地对医疗器械进行生物学评价。

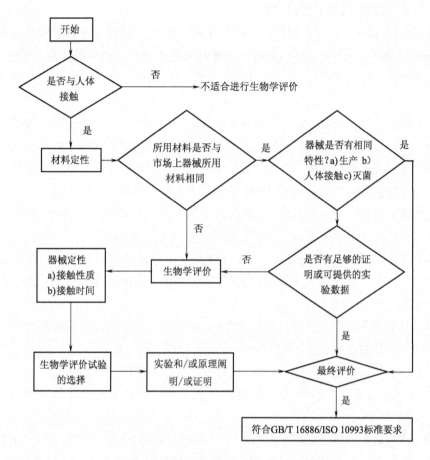

图 2-16 医疗器械生物学评价流程图

2.5 与血液接触医疗器械的生物学评价

与血液接触器械主要分为三类:

(1)非接触器械。如体外诊断器械。

(2)外部介入器械。这类器械与循环血液接触,作为通向血管系统的管路。如插管、延长器、血液采集及血制品储存和输注器械、心血管介入器械和心肺旁路回路等。

(3)植入器械。如人工或组织血管移植物、血管内植入物等。

本节以替代用人工血管/人造血管或血管腔内隔绝术用人造血管为例,主要介绍植入器械(如人工或组织血管移植物/血管内植入物)的生物学评价方法。

本节参考国家标准医疗器械生物学评价第4部分:与血液相互作用试验选择(标准编号 GB/T 16886.4—2003/ISO 10993-4:2002)。

2.5.1 血液相互作用特性

（1）图2-17列出了一个判定流程图，可用于确定是否需要进行血液相互作用试验。表2-7和表2-8列出了与循环血液接触器械举例和器械适用试验类别。

医疗器械如已有产品标准，标准中的生物学评价要求和试验方法优先于本部分的总则。

（2）如有可能，试验系统应模拟器械临床使用时的几何形状和与血液接触的条件，包括接触时间、温度、灭菌条件和血流条件。对有一定几何形状的器械，应评价试验参数与接触表面积（cm^2）之比。

只对血液接触部件进行试验，应根据当前技术水平选择方法和参数。

（3）试验应设立相应的对照，除非能证明这些对照可以省略。如有可能，试验应包括临床已应用过的相关器械或经鉴定过的参照材料。

所用参照材料应包括阴性对照和阳性对照。所有供试材料和器械应符合制造商和实验室的全面质量控制和质量保证规范，并应能识别出材料和器械的来源、制造商、等级和型号。

（4）对器械部件待选材料可能会进行筛选试验。但该类试验不能替代完整供试器械或器械部件在模拟或加严的临床应用条件下进行的试验。

（5）如不是模拟器械使用条件进行的试验，或许不能准确反映出临床应用中发生的血液/器械相互作用的性质，如一些短期体外或半体内试验难以预示长期的体内血液/器械相互作用。

（6）根据以上所述，预期用于半体内（外部接人器械）的器械应在半体内条件下进行试验，而用于体内（植入物）的器械则应在尽可能模拟临床使用的条件下，在动物模型上进行体内试验。

（7）体外试验也适用筛选外部介入器械或植入物，但不能准确预示长期、重复或永久接触的血液/器械相互作用。不接触血液的器械不需要评价血液/器械相互作用。与循环血液接触时间很短的器械（如手术刀、皮下注射针、毛细吸管）一般不需要进行血液/器械相互作用试验。

（8）各种用于采集血液和进行血液体外试验的一次性使用实验室器具均应进行评价，以证实对所进行的试验无明显干扰作用。

（9）如果是按标准所述的方法选择试验并在模拟临床应用条件下进行试验，这种试验结果能预示器械的临床性能，但物种差异和其他因素也可能会限制试验的预测性。

（10）由于物种间血液反应的差异性，试验应尽可能使用人血。在必须使用动物模型时，如用于评价器械的长期、多次或永久接触相互作用时应考虑血液反应中的物种差异性。人与其他灵长类动物的血液等级和反应性是非常相近的，使用家兔、猪、

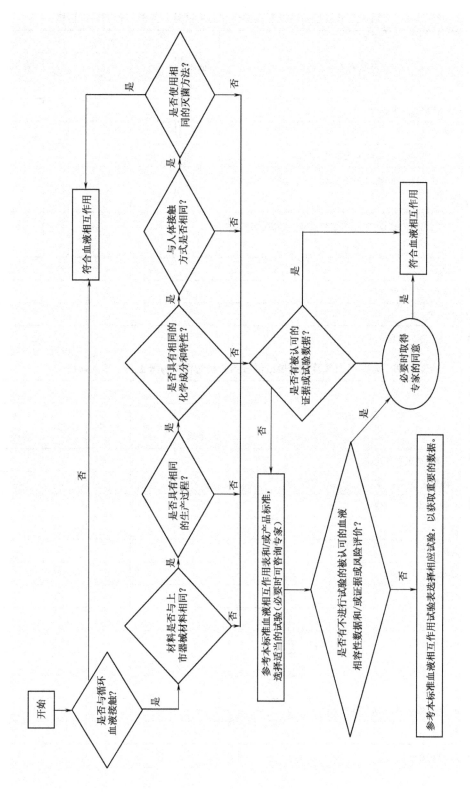

图 2-17　与血液相互作用试验选择判断流程

表 2-7　与循环血液接触器械或器械部件和适用试验分类——外部介入器械

器械举例	试验分类				
	血栓形成	凝血	血小板	血液学	补体系统
动脉粥样硬化切除术器械				×ª	
血液监测器	×			×ª	
血液储存和输注设备、血液采集器械、延长器		×	×	×ª	
体外膜式氧合器系统、血液透析器/血液过滤器、经皮循环辅助系统	×	×	×	×	×
导管、导丝、血管内窥镜、血管内超声器械、激光系统、冠状逆行灌注导管	×	×		×ª	
细胞储存器		×		×ª	
血液特异性物质吸附器械		×	×	×	×
血液成分采输器		×	×	×	×

注　a 只作溶血试验。

表 2-8　与循环血液接触器械或器械部件和适用试验分类——植入器械

器械举例	试验分类				
	血栓形成	凝血	血小板	血液学	补体系统
瓣膜成型环、机械心脏瓣膜	×			×ª	
主动脉内球囊泵	×	×	×	×	×
人工心脏、心室辅助器械	×			×	
栓塞器械				×ª	
血管内植入物	×			×ª	
植入式除颤器和复律器	×			×ª	
起搏器导线	×			×ª	
去白细胞滤器		×	×	×ª	
人工(合成)血管移植物(片)、动静脉分流器	×			×ª	
支架	×			×ª	
组织心脏瓣膜	×			×ª	
组织血管移植物(片)、动静脉分流器	×			×ª	
静脉腔滤器	×			×ª	

注　a 只作溶血试验。

牛、绵羊或狗等动物进行试验也能获取令人满意的结果。但由于物种间可能存在明显的差异性(如犬科类动物比人更容易发生血小板黏附、血栓形成和溶血),因此对所有动物研究结果均应予以谨慎的解释。试验所用动物和动物数目应予以证明是合理的(见 GB/T 16886.2—2000/ISO 10993 – 2:1992)。

(11)除非器械设计成在含抗凝剂条件下应用,一般在体内和半体内试验中应避免使用抗凝剂。由于抗凝剂的种类和浓度会影响血液/器械相互作用,因此应对所用抗凝剂的种类和浓度予以判定。在评价与抗凝剂一起应用的器械时应采用临床使用的抗凝剂浓度范围。

(12)对已经临床认可器械的更改应考虑其对血液/器械相互作用和临床性能的影响。这类变动包括在设计、几何形状方面的改变、表面的变化或材料主要化学成分的改变,以及在材质、多孔性或其他性能方面的改变。

(13)试验应反复进行足够的次数,包括适宜的对照试验,以能够进行数据的统计学评价。某些试验方法因具有波动性,所以要反复试验多次才有意义。对血液/器械接触的延期重复研究还可提供关于血液/器械相互作用的时间因素方面的信息。

2.5.2　试验与血液相互作用类别

(1)推荐的器械与血液相互作用试验。根据器械的类型,推荐试验分类见表 2 – 9 和表 2 – 10。

根据检测的主要过程或系统可将血液相互作用分为五类;

①血栓形成。

②凝血。

③血小板和血小板功能。

④血液学。

⑤补体系统。

表 2 – 9　外部介入器械试验方法

试验分类	评价方法	注　释
血栓形成	闭塞百分率	
	流速降低	
	重量分析(血栓重量)	
	光学显微镜(黏附的血小板、白细胞、聚集物、红细胞、纤维蛋白等)	
	器械产生的压降	
	血栓成分的标记抗体	
	扫描电镜(血小板黏附和聚集,血小板和白细胞形态,纤维蛋白等)	

试验分类	评价方法	注　释
凝血	PTT(非活化)	
	凝血酶生成,特异性凝血因子评价,FPA、D－二聚体、F_{1+2}、TAT	
血小板	血小板计数/黏附	
	血小板聚集	
	模板出血时间	
	血小板功能分析	
	PF－4、β－TG,血栓烷B_2	
	血小板活化标记	
	血小板微粒	
	放射性同位素^{111}In 标记的残存血小板伽马成像	^{111}In 标记推荐用于长期或重复应用(24 h～30 d)和永久接触(＞30 d)
血液学	白细胞计数(有或无分类计数)	
	白细胞活化	
	溶血	
	网织红细胞计数,外周血细胞活化特异性释放产物(如粒细胞)	
补体系统	C3a、C5a、TCC、Bb、iC3b、C4d2、SC5b－9、CH50、C3 转化酶、C5 转化酶	

注　PTT,部分凝血激活酶时间;FPA、D 二聚体,纤维蛋白肽 A、D－二聚体,特异纤维蛋白降解产物(因子ⅩⅢ交联纤维蛋白);F_{1+2},凝血酶原激活片段 1＋2;TAT,凝血酶—抗凝血酶复合物;PF－4,血小板因子4;β－TG,β－血栓球蛋白;C3a,C5a,从 C3 和 C5 裂解出的(活化的)补体产物;TCC,末端补体复合物;Bb,替代途径补体激活产物;iC3b,中央 C 补体激活产物;C4d2,经典途径补体激活产物;SC5b－9,末端途径补体激活产物;CH50,50% 溶血的补体。

表 2－10　植入器械试验方法

试验分类	评价方法	注　释
血栓形成	扫描电镜(血小板黏附和聚集,血小板和白细胞形态,纤维蛋白等)	
	闭塞百分率	
	流速降低	
	血栓成分的标记抗体	
	器械剖解(肉眼和显微镜下),组织病理学	
	末端器官剖解(肉眼和显微镜下),组织病理学	

试验分类	评价方法	注　释
凝血	特异性凝血因子测定,FPA、D - 二聚体、F_{1+2}、PAC - 1、S - 12、TAT	
	PTT(非活化)、PT、TT,血浆纤维蛋白原,FDP	
血小板	PF - 4、β - TG, 血栓烷 B_2	
	血小板活化标记	
	血小板微粒	
	放射性同位素[111]In 标记的残存血小板伽马成像	
	血小板功能分析	
	血小板计数/黏附	
	血小板聚集	
血液学	白细胞计数(有或无分类计数)	
	白细胞活化	
	溶血	
	网织红细胞计数;外周血细胞活化特异性释放产物(如粒细胞)	
补体系统	C3a、C5a、TCC、Bb、iC3b、C4d、SC5b - 9、CH50、C3 转化酶、C5 转化酶	

注　PTT,部分凝血激活酶时间;FPA、D 二聚体, 纤维蛋白肽 A、D - 二聚体,特异纤维蛋白降解产物(因子 X Ⅲ交联纤维蛋白);F_{1+2},凝血酶原激活片段 1 + 2;TAT,凝血酶 - 抗凝血酶复合物;PF - 4,血小板因子 4;β - TG, β - 血细胞球蛋白;C3a, C5a,从 C3 和 C5 裂解出的(活化的)补体产物;TCC,末端补体复合物;Bb,替代途径补体 激活产物;iC3b,中央 C 补体激活产物;C4d,经典途径补体激活产物;SC5b - 9,末端途径补体激活产物;CH50, 50% 溶血的补体。

（2）非接触器械。这类器械不要求进行血液/器械相互作用试验。一次性使用试验器具应经过确认,以排除材料对试验精确性的影响。

（3）外部介入器械。对照表 2 - 7 和表 2 - 8 确定出具体器械的血液相互作用类别后,表 2 - 9 可作为指南用于选择外部介入器械的适用试验,以合理地评价血液相互作用。试验选择标准根据所评价的具体器械而定。

（4）植入器械。对照表 2 - 7 和表 2 - 8 确定出具体器械的血液相互作用类别后,表 2 - 10 可作为指南用于选择植入器械的适用试验,以合理地评价血液相互作用。试验选择标准根据所评价的具体器械而定。

（5）说明与限定。目前已有适用于人血试验的免疫测定法,但通常不适用于其他物种。人体试验器具一般不与其他物种血液交叉反应,但有些非人灵长类动物除外。在设计试验系统时,应注意确保实际测得的激活作用是试验材料所引起,而不是试验系统产生的假象。使用人血的体外和半体内模拟试验常需要测试用的血浆,应根据试验条件进行低、中、高度稀释,以确定免疫测定法的有效范围。仅在有效检测范围内测得的结果在出具报告时应谨慎解释,还应注意要确保供试样品的稀释范围是可测得的。

由于材料特性不合格或血液试验前的不正确操作,在评价血液/器械相互作用中可能会出现与实际不相符之处。例如,在研究只依赖于一种试验模式时,或试验中可能带入与试验材料或器械无关的异物。此外处于低流速(静脉)环境中的材料与处于高流速(动脉)环境中的材料与血液的相互作用有较大差异,改变试验方案或改变血流条件会使材料体内血液相容性表观发生改变。

2.5.3 试验类型

(1)体外试验。体外试验方法应考虑的因素包括血细胞比容、抗凝剂、样本采集、样本年龄、样本储存、供氧,以及 pH 值、温度、试验与对照试验的顺序、表面积与体积之比和血流动力条件(特别是壁剪切率)。试验应尽快进行,一般在 4 h 内,因为采血后血液的某些性能会迅速发生改变。

(2)半体内试验。半体内试验适用于半体内器械,如外部接入器械。半体内试验也适用于像血管移植物这样的体内器械,但这种试验不能替代植入试验。半体内试验系统适用于检测血小板黏附、栓子形成、纤维蛋白原沉积、血栓重量、白细胞黏附、血小板消耗和血小板激活。用多普勒或电磁流量探测头可测量血流速度。血流变化可指示血栓沉积和栓塞形成的程度和过程。

许多半体内试验系统应用放射性同位素标记血液成分以检测血液/器械相互作用,血小板和纤维蛋白原是最常用的放射性同位素标记血液成分。通过严格控制试验步骤,可将标记过程引起的血小板反应性变化控制在最低程度。

半体内试验与体外试验相比,其优点在于使用流动的本体血(提供了生理血流条件),由于能改变试验容器,故能评价多种材料,还可对一些状况进行实时监测。缺点则是各试验之间的血流条件不一致,动物间血液的反应不同,可供评价的时间间隔相对较短。建议在试验中采用同一动物进行阳性与阴性对照试验。

(3)体内试验。体内试验是将材料或器械植入动物体内。用于体内试验的器械有血管补片、血管移植物、瓣膜环、心脏瓣膜和辅助循环器械。

对于大多数体内试验,测定血液管道是否开放是衡量试验成败的最常用方法。器械取出后测定闭塞百分率和血栓重量,应通过肉眼及显微镜仔细检查器械下游器官,评价器械上形成的血栓梗塞末端器官的程度。此外,周围组织和器官的组织病理学评价也是有价值的。肾脏特别易于滞留肾动脉上游的植入器械(如心室辅助器械、人工心脏、主动脉人工移植物)形成的血栓。目前已有无须试验结束即可评价体内相互作用的方法,如用心动图测定移植物开放性或器械上的血栓沉积,放射成像技术则可用于监测体内各个时期血小板的沉积情况。血小板存活与消耗可提示血液/器械相互作用和由新内膜形成或蛋白质吸附引起的钝化反应。

有些体内试验系统中材料特性可能不是血液/器械相互作用的主要决定因素,确切地说,就是血流参数、柔顺性、多孔性及植入物设计可能比材料本身的血液相容性更为重要。比如,对同一种材料,流速的高与低会导致截然不同的结果。在这种情况下,体内试验系统性能要比体外试验结果更重要。

2.6　生物医用材料的体外细胞学评价

生物材料的体外生物学评价具有通用性,因此,本节按照国家标准 GB/T 16886.5—2003/ISO 10993 – 5:1999(体外细胞毒性试验),提出一个试验方案,而不是具体的试验方法。根据被评价样品的性质、使用部位和适用特性选择这些试验中的一类或几类。

试验分成三类:浸提液试验、直接接触试验和间接接触试验。

生物材料对细胞的影响,可分为 4 种评价类型:按形态学方法评价细胞破坏;细胞损伤的测定;细胞生长的测定;细胞代谢特性的测定。

2.6.1　样品制备

2.6.1.1　总则

供试品可选用:材料浸提液;材料本身。样品制备应符合 GB/T 16886.12—2005/ISO 10993 – 12:2002。

2.6.1.2　材料浸提液的制备

(1)浸提原则。为了测定潜在的毒理学危害,浸提条件应模拟或严于临床使用条件,但不应导致试验材料发生诸如熔化、溶解或化学结构改变等明显变化。

注意:浸提液中任何内源性或外源性物质的浓度及其接触试验细胞的量取决于接触面积、浸提体积、pH 值、化学溶解度、扩散率、溶质度、搅拌、温度、时间和其他因素。

(2)浸提介质。哺乳动物细胞检测中应使用下列一种或几种溶剂。对浸提介质的选择应进行验证。

①含血清培养基。

②无血清培养基。

③生理盐水溶液。

④其他适宜的溶剂。

注意:溶剂的选择应反映出浸提的目的,并应考虑使用极性和非极性两种溶剂。适宜的溶剂包括纯水、植物油、二甲基亚砜(DMSO)。在所选择的测试系统中,如

DMSO 浓度大于 0.5%（体积分数），则有细胞毒性。

（3）浸提条件。

①浸提应使用无菌技术，在无菌、化学惰性的封闭容器中进行，应符合 GB/T 16886. 12—2005/ISO 10993 – 12:2002 的基本要求。

②推荐的浸提条件是：

a. 37 ℃ ±2℃下不少于 24 h。

b. 50 ℃ ±2℃下为 72 h ±2 h。

c. 70 ℃ ±2℃下为 24 h ±2 h。

d. 121℃ ±2℃下为 1 h ±0. 2 h。

可根据器械特性和具体使用情况选择推荐的条件。当浸提过程使用含血清培养基时，只能采用 a. 规定的浸提条件。

③浸提液用于细胞之前，如果进行过滤、离心或其他处置方法，最终报告中应予以说明，对浸提液 pH 值的调整也应在报告中说明。对浸提液的处理，例如对 pH 值的调整会影响试验结果。

2.6.1.3　直接接触试验材料的制备

（1）在细胞毒性检测中，多种形状、尺寸或物理状态（即液态或固态）的材料未经修整即可进行测试。

固体样品应至少有一个平面。其他形状和物理状态的样品应进行调整。

（2）应考虑试验样品的无菌性。无菌器械试验材料的试验全过程应按无菌操作法进行。

试验材料如取自通常在使用前灭菌的器械，应按照制造商提供的方法灭菌，并且试验全过程应按无菌操作法进行。

用于试验系统前，制备试验材料时应考虑灭菌方法或灭菌剂对器械的影响。

试验材料如取自使用中不需要灭菌的器械，则应在供应状态下使用，但在试验全过程中应按无菌操作法进行。

（3）对液体进行试验应直接附着或附着到具有生物惰性和吸收性的基质上。

注意：滤膜是适用的基质。

（4）对高吸收性材料，如果可能，试验前应用培养基将其浸透，以防止吸收试验器皿中的培养基。

2.6.2　细胞系

（1）优先采用已建立的细胞系并应从认可的储源获取。

（2）在需要特殊敏感性时，只能使用直接由活体组织获取的原代细胞、细胞系和器官型培养物，但需证明其反应的重现性和准确性。

（3）细胞系原种培养储存时,应放在相应培养基内,在 − 80℃ 或 − 80℃ 以下冻存,培养基内加有细胞保护剂,如二甲基亚砜或甘油等。长期储存(几月至几年)只能在 − 130℃ 或 − 130℃ 以下冻存。

（4）试验应使用无支原体污染细胞,使用前采用可靠方法检测是否存在支原体污染。

2.6.3　培养基

（1）培养基应无菌。

（2）含血清或无血清培养基应符合选定细胞系的生长要求。

注意:培养基中允许含有对试验无不利影响的抗生素。

培养基的稳定性与其成分和储存条件有关。含谷氨酰胺和血清的培养基在 2 ~ 8℃ 条件下储存不超过一周,含谷氨酰胺的无血清培养基在 2 ~ 8℃ 条件下储存不超过 2 周。

（3）培养基的 pH 值应为 7. 2 ~ 7. 4。

2.6.4　细胞原种培养制备

（1）用选定的细胞系和培养基制备试验所需足够的细胞。使用冻存细胞时,如加有细胞保护剂应除去,使用前至少传代培养一次。

（2）取出细胞,用适宜的酶分散法和/或机械分散法制备成细胞悬浮液。

2.6.5　试验步骤

2.6.5.1　平行样数

至少采用三个平行试验样品数和对照数。

2.6.5.2　浸提液试验

（1）该试验用于细胞毒性定性和定量评价。

（2）从持续搅拌的细胞悬浮液中吸取等量的悬浮液,注入与浸提液接触的每只培养器皿内,轻轻转动培养器皿使细胞均匀地分散在器皿的表面。

（3）根据培养基选择含或不含 5%(体积分数)二氧化碳的空气作为缓冲系统,在 37℃ ±2℃ 温度下进行培养。

试验应在近汇合单层细胞或新鲜悬浮细胞上进行。

如仅是检测克隆形成,应采用较低的细胞密度。

（4）试验前用显微镜检查培养细胞的近汇合和形态情况。

（5）试验可选用浸提原液和以培养基作稀释剂的系列浸提稀释液。

试验如采用单层细胞,应弃去培养器皿中的培养基,在每只器皿内加等量浸提液或上述稀释液。

如用悬浮细胞进行试验,细胞悬浮液制备好后立即将浸提液或上述稀释液加到每只平行器皿中。

(6)采用水等非生理浸提液时,浸提液用培养基稀释后应在最高生理相容浓度下试验。

注意:建议在稀释浸提液时使用浓缩的(如2倍、5倍)培养基。

(7)加等量的空白试剂和阴性及阳性对照液至其他平行器皿中。

注意:如需要,还用新鲜培养基做对照试验。

(8)器皿按(3)中所述同样条件进行培养,培养间期应符合选定方法的要求。

(9)经过至少24 h的培养后,按2.6.5.5确定细胞毒性反应。

2.6.5.3 直接接触试验

(1)该试验用于细胞毒性定性和定量评价。

(2)从持续搅拌的细胞悬浮液中吸取等量的悬浮液,注入与试验样品直接接触的每只器皿内。轻轻水平转动器皿,使细胞均匀地分散在每只器皿的表面。

(3)根据培养基选择含或不含5%(体积分数)二氧化碳的空气作为缓冲系统,在37℃±2℃温度下进行培养,直至培养细胞生长至近汇合。

(4)试验前用显微镜检查培养细胞的近汇合和形态情况。

(5)弃去培养器皿中的培养基,加新鲜培养基至各器皿内。

(6)在每只器皿中央部位的细胞层上各轻轻放置一个试验样品,应确保样品覆盖细胞层表面约十分之一。

操作时应注意防止样品不必要的移动,否则可能会导致细胞的物理性损伤,这可从被移动细胞的碎片来判断。

如果可能,在细胞加入前将样品放入培养器皿内。

(7)同法制备阴性和阳性对照材料平行器皿。

(8)器皿按(3)中所述同样条件进行培养,培养间期(最少24 h)应符合选定方法的要求。

(9)去除上层培养基,按2.6.5.5确定细胞毒性反应。

2.6.5.4 间接接触试验

(1)琼脂扩散试验。

①该试验用于细胞毒性定性评价,该方法不适用于不能通过琼脂层扩散的可沥滤物或与琼脂反应的物质。

②从持续搅拌的细胞悬浮液中吸取等量的悬浮液,注入每只试验用平行器皿内。轻轻水平转动器皿,使细胞均匀地分散在每只器皿的表面。

③根据培养基选择含或不含5%(体积分数)二氧化碳的空气作为缓冲系统,在37℃±2℃温度下进行培养,直至对数生长期末细胞近汇合。

④试验前用显微镜检查培养细胞的近汇合和形态情况。

⑤弃去器皿中的培养基,然后将溶化琼脂与含血清的新鲜培养基混合,使琼脂最终质量浓度为 0.5% ~ 2%,每只器皿内加入等量的该混合液。只能使用适合于哺乳动物细胞生长的琼脂。该混合琼脂培养基应为液态,温度应适合于哺乳动物细胞。

注意:各种不同相对分子质量和纯度的琼脂可通用。

⑥将试验样品轻轻放在每只器皿的固化琼脂层上,样品应覆盖细胞层表面约十分之一。吸水性材料置于琼脂之前先用培养基进行湿化处理,以防止琼脂脱水。

⑦同法制备阴性对照和阳性对照样品器皿。

⑧按③中所述的同样条件培养 24 ~ 72 h。

⑨从琼脂上小心地取下样品之前、之后检测细胞毒性。

用活体染色剂如中性红有助于检测细胞毒性。活体染色剂可在培养前或培养后与样品一起加入,若在培养前加,应在避光条件下进行细胞培养,以防因染色剂光活化作用而引起细胞损伤。

(2)滤膜扩散试验。

①该试验用于细胞毒性定性评价。

②在数只试验用培养皿内,各放置一枚孔径 0.45 μm、无表面活性剂的滤膜,并加入等量持续搅拌的细胞悬浮液,轻轻水平转动培养皿使细胞均匀地分散在每只滤膜的表面。

③根据培养基选择含或不含 5%(体积分数)二氧化碳的空气作为缓冲系统,在 37℃ ±2℃ 温度下进行培养,直至对数生长期末细胞近汇合。

④试验前用显微镜检查培养细胞的近汇合和形态情况。

⑤弃去培养器皿内的培养基,将滤膜细胞面向下,放在固化的琼脂层上。

⑥轻轻将试验样品放到滤膜无细胞面的上面,滤膜上放置不产生反应的环,用以保留浸提液和新加入的成分。

⑦同法制备阴性和阳性对照样品滤膜。

⑧按③所述方法培养 2 h ± 10 min。

⑨轻轻从滤膜上取下样品,并从琼脂面上小心分离开滤膜。

⑩采用合适的染色程序确定细胞毒性反应。

2.6.5.5　细胞毒性判定

(1)可采用定性或定量方法检测细胞毒性。

①定性评价:用显微镜检查细胞(如果需要,使用细胞化学染色),诸如一般形态、空泡形成、脱落、细胞溶解和膜完整性等方面的变化,一般形态的改变可描述性地在试验报告中记录或以数字记录,以下是给试验材料计分的有效方法。

细胞毒性计分	含　义
0	无细胞毒性
1	轻微细胞毒性
2	中度细胞毒性
3	重度细胞毒性

试验报告中应包括评价方法和评价结果。

②定量评价：测定细胞死亡、细胞生长抑制、细胞繁殖或细胞克隆形成。可以用客观的方法对细胞数量、蛋白总量、酶的释放、活体染料的释放和还原或其他可测定参数进行定量测试，使用的方法和测试结果应在试验报告中记录。

注意：有些检测细胞毒性的特殊方法，可能需要零点或基线细胞培养对照。

（2）应慎重选择评价方法，试验样品如果释放对试验系统或对检测有影响的物质时，试验结果可能无效。

注意：若评价细胞活力，释放甲醛的材料须经过可靠的试验验证。

（3）各平行培养器皿的检测结果若有显著差异，则判定试验不当或无效。

（4）阴性、阳性及任何其他对照物（参照、培养基、空白、试剂等）在试验系统中如无预期的反应，则应重新检测。

2.6.6　试验报告

试验报告应详细包括以下所有内容：

（1）样品的描述。

（2）细胞系并对选择进行论证。

（3）培养基。

（4）评价方法和原理。

（5）浸提步骤（如必要），如可能，报告沥出物质的性质和浓度。

（6）阴性、阳性和其他对照物。

（7）细胞反应和其他情况。

（8）结果评价所需的其他有关资料。

2.6.7　结果评价

应由合格的专业人员根据试验数据对试验结果进行总体评价。结果若没有说服力或者无效，应重做试验。

参考文献

[1]金丽琴.生物化学[M].杭州:浙江大学出版社,2007.

［2］吴赛玉．生物化学［M］．合肥:中国科学技术大学出版社,2005.

［3］厉朝龙．生物化学［M］．杭州:浙江大学出版社,2004.

［4］翟中和,王喜忠,丁明孝．细胞生物学［M］．北京:高等教育出版社,2000.

［5］韩贻仁．分子细胞生物学［M］.3 版.北京:高等教育出版社,2007.

［6］雷亚宁．实用组织学与胚胎学［M］．杭州:浙江大学出版社,2005.

［7］高英茂．组织学与胚胎学［M］．北京:科学出版社,2005.

［8］吴平,刘秦玉,由少华,田青.GB/T 16886.1—2001/ISO 10993—1:1997 医疗器械生物学评价——第 1 部分:评价与试验［S］.北京:中国标准出版社,2001.

［9］由少华,史弘道,吴平,刘欣.GB/T 16886.4—2003/ISO 10993—4:2002 医疗器械生物学评价——第 4 部分:与血液相互作用试验选择［S］.北京:中国标准出版社,2003.

［10］由少华,王昕,黄经春,钱承玉,郝树彬.GB/T 16886.5—2003/ISO 10993—5:1999 医疗器械生物学评价——第 5 部分:体外细胞毒性试验［S］.北京:中国标准出版社,2003.

［11］Buddy D. Ratner, Allan S. Hoffman, Frederick J. Schoen, Jack E. Lemons. Biomaterials science:an introduction to materials in medicine［M］. second edition . 影印版.北京:清华大学出版社,2006.

［12］王正国．创伤愈合与组织修复［M］.济南:山东科学技术出版社,2000.

第3章 生物医用纤维材料

3.1 概 述

生物医用纤维材料是生物材料的一维存在形式。生物材料可以被加工成三维的块状,二维的膜状,一维纤维状和零微的纳米粉末状。其中纤维状生物医用材料即生物医用纤维具有长径比大、比表面积大、易于批量生产等特点,因此在生物医用材料中具有重要意义。

生物医用纤维材料有多种分类方法,按照来源分为金属医用纤维材料,无机非金属生物医用纤维材料和高分子生物医用纤维材料,其中高分子生物医用纤维材料按照来源又可以分为两类:

(1)天然高分子生物医用纤维。如胶原纤维、纤维素及其衍生物、蚕丝、甲壳素及其衍生物纤维等。迄今为止,由棉花或木浆得到的纤维素纤维是生物医学方面最重要的天然纤维。近年来有许多甲壳素纤维在医疗方面应用的报道。例如,日本 Unitika 公司在用甲壳素纤维做可吸收缝合线方面取得了新进展。东华大学和上海高纯生物材料有限公司用甲壳素纤维制造的医用敷料已投放市场。由再生骨胶原纺制的胶原蛋白纤维的应用已有几十年的历史。这些纤维主要用于生产可吸收性缝合线。蚕丝是一种天然多肽,主要用于编织型手术缝合线。

(2)合成高分子生物医用纤维。目前有四种主要用于生物医学的合成聚合物材料,它们是聚乙交酯(PGA),聚丙交酯(PLA),聚乙交酯—丙交酯(PLGA),聚对二氧杂环己酮(PDS)。另几种已工业化生产的聚合物,虽然不是专门为生物医学应用而生产的,但是用专门技术加工后也可以制成生物医用纤维。它们是聚四氟乙烯(PTFE)、聚丙烯(PP)、聚氨酯(PU)等。

依据材料与活体之间形成化学键合的方式,生物医用纤维材料可以分成三类:生物惰性纤维材料(bioinert materials)、生物活性纤维材料(bioactive materials)和生物可降解纤维材料/可吸收纤维材料(biodegradable/bioresorble materials)。

(1)生物惰性纤维材料:生物惰性纤维材料是指在生物体内能保持稳定,几乎不发生化学反应的纤维材料,例如聚酯(PET)、聚四氟乙烯(PTFE)、聚丙烯(PP)、聚氨酯(PU)等生物惰性纤维植入体内后,基本上不发生化学反应和降解反应,它所引起的组织反应是围绕植入体表面形成一层包被性纤维膜,与组织间的结合主要是靠组织长入其粗糙表面或孔中,从而形成一种物理嵌和。

（2）生物活性纤维材料：生物活性代表材料参与特殊生物反应的固有性能。生物活性纤维材料是指能在材料—组织界面上诱导出特殊生物或化学反应的纤维材料。这种反应导致纤维材料和组织之间形成化学键合。

（3）生物吸收性纤维材料：生物吸收性纤维材料又称为可降解纤维材料。植入人体后经2~3个月或稍长时间，能被人体吸收的是生物可降解纤维材料。这类材料在体内逐渐降解，其降解产物被肌体吸收代谢，在医学领域具有广泛用途。如胶原、甲壳素、聚乙交酯、聚丙交酯、聚己内酯（PCL）、聚对二氧杂环己酮（PDS）等。

3.2 天然高分子纤维材料

天然高分子纤维材料可分为多糖和蛋白类两种，多糖类包括纤维素、甲壳素、透明质酸等；蛋白类包括胶原蛋白、丝素蛋白、明胶等。天然高分子自身含有大量羟基、氨基、羧基等亲水基团，具有类似于细胞外基质的结构。另外天然高分子一般都含有特殊信息（如特殊的氨基酸序列），可促进细胞的黏附、增殖和分化，因此是一种重要的组织工程支架材料。同时，由于其特有的生物相容性，使其作为生物材料有着广泛的应用前景，以下将分别讨论。

3.2.1 纤维素及其衍生物纤维材料

纤维素（cellulose）是由葡萄糖组成的大分子多糖，不溶于水及一般有机溶剂，是植物细胞壁的重要成分，纤维素是自然界中分布最广、含量最多的一种多糖，资源丰富，原料易得，价格低廉，是地球上最大的一类天然高分子。

以纤维素为原料的医用产品在医疗卫生行业的应用已经有很长的历史。例如纱布和手术服等。此外，棉和粘胶类纤维有较好的吸水性，适合于制备创面敷料。而醋酸纤维素也是亲水性的，易成膜且生物相容性好，广泛用作血液透析和血液过滤膜。氧化纤维素是一种可吸收性纤维，它可用作医学上可吸收止血剂。既能止血又能被身体吸收，可被制成絮状、海绵状及针织物等。羧甲基纤维素（sodium carboxy methyl cellulose，CMC）是一种水溶性纤维素衍生物，它是在碱性条件下用氯乙酸处理纤维素得到的。羧甲基化处理可以用来将棉和粘胶纤维制成具有高吸湿性的羧甲基纤维素纤维，这种改性处理使传统的以棉或粘胶纤维为原料的医用敷料的结构性能得到了很大的改善，对脓血的伤口护理具有很好的实用价值。以 Aquacel™ 为品牌的水溶性纤维敷料由羧甲基纤维素制备而成，是以溶剂法生产的 Tencel（天丝）纤维为原料用氯乙酸处理后得到的部分羧甲基化 Tencel 纤维制成的针刺非织造布。羧甲基化纤维保持了Tencel 纤维的强度和柔软性，有很好的手感。当与水接触时，由于纤维结构中的羧甲基团能将大量的水分吸入纤维的内部，之后整个敷料形成一种水凝胶，因而敷料具有低黏合性,在伤口愈合后可以很方便地从伤口上去除。因为这类敷料具有高吸湿性以及能成胶体的能力,所以可以应用在渗出液比较多的伤口上,包括溃疡、手术伤口、植皮伤口、Ⅰ度和Ⅱ度烧伤以及其他伤口。

3.2.2 甲壳素及其衍生物纤维

3.2.2.1 甲壳素及其衍生物概述

甲壳素(chitin)又名几丁质、甲壳质、壳多糖,广泛存在于节足动物的翅膀或外壳以及真菌和藻类的细胞壁中。自然界中,甲壳素的年生物合成量约 100 亿吨,是地球上除纤维素以外第二大有机资源。甲壳素经浓碱处理脱乙酰基即制得壳聚糖(chitosan, CS)。壳聚糖又称脱乙酰甲壳素、可溶性甲壳素、甲壳胺。

甲壳素是由 2 - 乙酰葡萄糖胺以 β - 1,4 苷键连接而成的线形氨基多糖。甲壳素及壳聚糖的结构式如图 3 - 1 和图 3 - 2 所示。

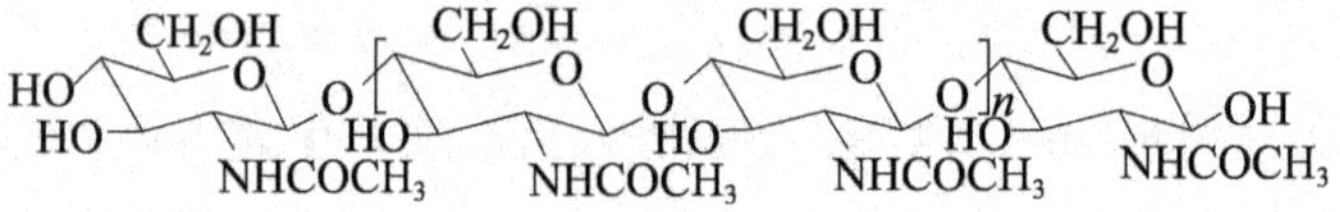

图 3 - 1　甲壳素的结构式

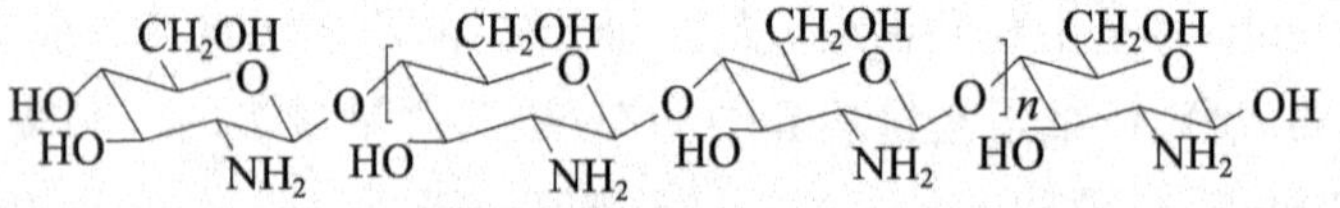

图 3 - 2　壳聚糖的化学结构

由于甲壳素的分子间存在 O—H$\cdots$O 型及 NH$\cdots$N 型的强氢键作用使大分子间存在着有序结构。甲壳素在自然界中是以多晶形态出现的。其结晶形态有三种,即 α、β、γ。其中 α - 甲壳素存在于虾、蟹、昆虫等甲壳类生物及真菌中。其结晶结构最稳定。在自然界中的含量也最丰富。β - 甲壳素存在于鱿鱼骨,海洋硅藻中,在其结晶中含有结晶水,故其结构稳定性较差。γ - 甲壳素很少见,仅在甲虫的茧中发现。

甲壳素含有乙酰基和羟基,壳聚糖含有羟基和氨基,二者通过羟基、氨基的酰化、羟基化、氰化、醚化、烷化、硫酸酯化、接枝与交联等化学改性生成系列衍生物,这为甲壳素和壳聚糖的化学改性提供了方便。通过化学改性,甲壳素和壳聚糖分别引入了不同性质的基团,可得到不同性能和功效的甲壳素类物质,从而拓宽了甲壳素及壳聚糖的应用领域,提高了它们的应用价值。

甲壳素/壳聚糖及其衍生物具有良好的生物降解性能。它们可以被甲壳素酶、脱乙酰甲壳素酶、溶菌酶、蜗牛酶等生物降解。酶解部位发生在甲壳素或壳聚糖分子中的 $\beta-1,4$ 糖苷键上。酶解的最终产物是氨基葡萄糖,一般对人体无毒副作用,在体内不会有累积作用,产物也不与体液反应;对组织无排异反应,因此有良好的生物相容性。由于这种特征,它们是良好的生物材料,可以制成各种医疗产品。

甲壳素及壳聚糖都有良好的生物活性,现已证实,壳聚糖具有广谱抑菌作用,这可能是因为壳聚糖分子中的氨基与细胞壁结合,从而抑制了细菌生长。壳聚糖对植物病原菌也有抑制作用。甲壳素及壳聚糖具有刺激免疫细胞释放出生长因子的功能,能抑制纤维细胞生长,促进上皮细胞的生长,从而促进伤口愈合。壳聚糖带有正电荷,可以从血清中分离出血小板因子 -4,增加血清中 PH6 的水平,或促进血小板聚集,有止血功能。壳聚糖能增强巨噬细胞的吞噬作用和水解酶的活性,刺激巨噬细胞产生淋巴因子,启动免疫系统,且不增加抗体的产生。

3.2.2.2 甲壳素及其衍生物的应用

甲壳素、壳聚糖及其衍生物的组织相容性和血液相容性好,在医药及医疗领域有广泛的应用。

20 世纪 80 年代初,国外就有人利用壳聚糖水解生产氨基葡萄糖。它是很好的药物原料。目前,壳聚糖及其水解的壳聚糖(2~10 个单糖以苷键连接而成的糖类)、氨基葡萄糖等已用作生产药物的中间体、载体。用壳聚糖的盐酸盐合成的水溶性抗癌药物——氨脲霉素,对黑色素瘤、结肠癌、胃癌、肺癌等有一定的疗效。

甲壳素及其衍生物安全无毒,无皮肤和眼刺激,对人体有良好的相容性,作为新型的药用辅料已收载于《药剂辅料大全》及《药用辅料应用技术》。它们可以用作刺激的填充剂、分散剂、黏结剂、崩解剂、包层剂、制粒剂、稳定剂等;植入剂在体内具有可降解性;控释剂的赋形剂和控释膜材料;抗癌药物的复合物;片剂的稀释剂等。同时,甲壳素及其衍生物也是制备缓释及智能药物的较好的膜材料之一。

研究表明,用甲壳素、壳聚糖等原料制成的人工皮肤(医用敷料)吸水性、透气性、组织相容性良好,具有抑制细菌生长和止血作用,而且能促进创面愈合。若与乙酸合用,还有镇痛、抗感染等功效。用甲壳素和壳聚糖制作的外用撒粉,配合各种药用或生物活性物质制成的粉剂、药膏及填充物已广泛用于外科敷料的生产,其效果均较佳。国外已有甲壳素非织造布人工皮肤商品,用于整形外科皮肤科,作为烧伤(I 度、II 度)和植皮等。我国关于甲壳素、壳聚糖医用敷料已有多项专利问世。东华大学以甲壳素、壳聚糖制成纤维再加工成非织造布医用敷料已于 1998 年投放市场,青岛等一些单位以甲壳素、壳聚糖直接铸膜再打孔生产的医用敷料也已投放市场多年。在甲壳素及壳聚糖在医用敷料的应用方面,无论是研究范围之广或是临床病例之多,我国均居世界先进水平。

用甲壳素材料制成的可吸收型外科手术缝合线,在湿态下伸长率为 17% ~20%,

与天然肌肉组织相当。与羊肠线比,具有柔软、易打结、机械强度高、易吸收、不改变皮肤胶原羟脯氨酸含量、无炎症反应等特点,可用常规方法消毒,增加伤口抗张强度,加速愈合。20世纪80年代末,杜邦公司就有高强力甲壳素纤维的专利问世。日本联合制药厂已计划大量生产甲壳素及其衍生物医用缝合线,并准备销往全世界。东华大学研制的甲壳素缝合线已用于临床,做消化道外科、整形外科等手术缝线。

甲壳素、壳聚糖的硫酸酯化衍生物结构与肝素相类似,体外有15%～45%的肝素活性,可做抗凝剂。甲壳素的止血作用在我国的医学经典里早有记载。目前,外科手术中已采用壳聚糖做止血材料。这种止血材料比常规止血剂的止血效果好,且操作简便,不易感染。与常规的凝血酶的止血机理不同,壳聚糖在创伤处与带负电的红细胞结合形成止血栓从而达到止血的目的。

壳聚糖制造微胶囊进行细胞培养和制造人工生物器官是其重要的应用方面。壳聚糖既可以避免微生物的污染,也容易对产物进行分离和回收,使培养高浓度细胞成为可能,为制备人工器官提供了较好的材料。用甲壳素及其衍生物的中空纤维分离膜制成的人工肾于1983年、1984年分别申请了欧洲和日本专利,这类膜不仅可以经受高温消毒,而且有较大的机械强度。在对血液透析时,其克服了长期使用醋酸纤维和铜氨纤维膜制成的人工肾对中、低分子有毒物质透过率低的缺点。由壳聚糖配以适当的无机盐制造的"骨钉",在骨外科手术中用于取代钢板以骨钉骨骼,提高了治疗效果,为减轻病人痛苦、缩短治疗时间提供了方便。甲壳素、壳聚糖若作为药物载体,可大大提高药物的利用效率,延长药物的有效作用时间,充分减少其毒副作用。用壳聚糖和其他聚阴离子化合物制作的微胶囊的壁膜,具有pH值响应性,并具有一定的定位释放作用,可增加微胶囊芯材的稳定性和生物利用度。制成的这种微胶囊颗粒在胃内(pH = 1.2)形成凝胶层,此时药物的释放量很小,且壳聚糖本身又具有抗酸和抗溃疡活性,所以这些可以有效地防止药物对胃的刺激作用。当这些药物到达pH值接近中性或微碱性的肠道内时,微胶囊膜具有较大的药物释放量。目前,壳聚糖本身已被用作制备微胶囊的膜材料。另外,用微胶囊包封生物器官的活细胞(如胰岛细胞、肝细胞等)可构成人工器官,这种微胶囊能有效阻止动物抗体蛋白,允许营养物质、代谢产物和细胞分泌的激素等生理活性物质进出,保证了细胞的长期存活。

甲壳素可制成骨缺损支架材料。壳聚糖植入家兔前肢骨缺损实验证实骨细胞可在其支架上爬行替代,生长良好。壳聚糖与氧化钙、氧化锌及β – 磷酸三钙混合制成的填充材料,可调整氧化物含量、凝固时间、pH值及抗压强度。

甲壳素类物质还是制备硬性或软性接触眼睛的理想材料。所得产品透气性能优异且能促进眼内伤口或创面愈合作用。若加入染色剂还可制作新颖的彩色接触镜。

3.2.2.3 甲壳素类纤维的制备技术

早在 20 世纪 20 年代，就有人寻找甲壳素的溶剂并且纺制甲壳素纤维。1926 年，Kunike 首先用冷硫酸配制 6% ~8% 的甲壳素纺丝溶液纺制成了甲壳素纤维。1936 年，G. W. Rigby 得到了用壳聚糖生产薄膜和纤维的专利。但进入 20 世纪 40 年代后，由于合成纤维的发展，甲壳素纤维失去了生产的价值，其研究也自然终止。直到 70 年代，当人们逐渐认识到甲壳素纤维的独特性能后，其研究和开发才又成为热点，并且至今不衰。目前，国内外许多单位在从事甲壳素及其衍生物基纤维(我们将它们统称为甲壳素类纤维)的研究和开发，新的壳素类纤维在不断问世。

(1)甲壳素类纤维纺丝溶液的制备。甲壳素及其衍生物是长链大分子，分子中极性基团较多，分子间作用力较强，热分解温度低于其理论上的熔融温度，因此就目前的技术而言，其制造不可能采用熔体纺丝方法。

制造甲壳素类纤维的甲壳素类物质较多，用不同的原料制备纺丝溶液的方法不同。一般情况下，以壳聚糖为原料时，多选用 5% 以下的醋酸水溶液作为溶剂，配制成浓度为 3% ~7% 左右的纺丝溶液。甲壳素纺丝溶液的制备多采用溶解性能优异的有机溶剂，如二甲基乙酰胺、二氯甲烷、三氯乙酸和氯代烃的混合物、二氯乙酸和氯代烃混合物以及 N - 甲基吡咯烷酮等。考虑到甲壳素比较难溶，在溶解时一般加适当的氯化锂(LiCl)助溶。混纺中，原液的助溶剂 LiCl 的浓度控制在 5%(质量分数)左右。甲乙酰化甲壳素制备纺丝溶液时，多以三氯乙酸和二氯甲烷作为溶剂，二者的质量比控制在 60:40 左右。

甲壳素及其衍生物纺丝溶液中聚合体的质量分数一般为 0.5% ~20%，衍生物取代基团的大小、取代度的高低以及不同的溶剂体系会影响其溶解性能。一方面，纺丝溶液中聚合体含量过高，溶液黏度过大，流变性能变差，丝条成型困难，给纺丝带来麻烦；另一方面，如果聚合体含量过低，则纤维固化困难，初生纤维结构疏松，其物理和力学性能较差。

(2)甲壳素类纤维的成型。概括起来，制备甲壳素类纤维可采用干法纺丝、湿法纺丝和干湿法纺丝等不同的工艺。原料及溶剂不同，其成型工艺也不尽相同。甲壳素纤维的干法纺丝工艺是以易挥发物质作为溶剂，如丙酮等。二丁酰甲壳素纺丝时，由于在甲壳素中 C_3 和 C_6 位上分别引入了两个较大的丁酰基团，使得二丁酰甲壳素在易挥发有机溶剂丙酮中有着较好的溶解性能，制备的二丁酰甲壳素—丙酮的纺丝溶液，浓度可达 26% 以上，此类纤维的成型方法可采用干法纺丝。

在甲壳素类纤维湿法纺丝中，不同的衍生物的纺丝原液采用不同的凝固方法。凝固浴所用的试剂一般有几类：丙酮、二乙基甲酮等有机酮类；二氯乙烷、四氯化碳、三氯乙烷等氯代烃类；环己烷、己烷、石油醚等烃类；甲醇、乙醇、异丙醇、正丁醇等醇类；醋酸酯等酯类；N - 甲基吡咯烷酮、二甲基乙酰胺等酰胺类；水。由于大多数有机溶剂较易挥发且价格较贵,一般湿法纺丝时凝固浴多选用乙醇或水作为凝固剂。根据湿法纺丝成型的机理,当甲壳素及其衍生物的纺丝溶液进入凝固浴后,细流中的溶剂和凝固浴中的凝固剂进行双扩散,最终固化成型。凝固剂和溶剂的双扩散系数的大小将直接影响凝固速度。有时,为了避免纺丝溶液在凝固浴中固化过快,凝固浴内常加入适当的溶剂,以降低挤出细流的固化速度。

甲壳素类纤维的干湿法纺丝将干法纺丝和湿法纺丝的特点结合起来,纺丝溶液从喷丝头压出后,先经过一段有气体包围的空间(间隙),然后再进入凝固浴。控制气隙长度是干湿法纺丝的重要工序之一。干湿法纺丝凝固浴的组成以醇、水为主。凝固浴的温度依据凝固剂的种类、原料及生产工艺的不同而不同,一般控制在 $-11 \sim 30℃$。

(3)甲壳素类纤维的后处理。甲壳素类初生纤维的物理和力学性能较差,必须经过适当的后处理才能达到实用的目的。甲壳素类纤维的后处理包括拉伸和还原等工序。拉伸一般在制成初生纤维后进行,拉伸倍数一般选择在 $1.5 \sim 5$ 倍。拉伸工艺可采用一段拉伸,也可采用二段拉伸或多段拉伸。拉伸一般在湿态下进行,拉伸介质多以醇、水为主,拉伸温度控制在 $20 \sim 95℃$。拉伸后的纤维需水洗或在沸水中处理,以除去残余的凝固剂、溶剂。热处理后即可得到甲壳素类纤维成品。对于某些甲壳素衍生物纺制的纤维,可将该类纤维直接应用,也可根据需要选用合适的方法将其还原成甲壳素纤维。例如,二丁酰甲壳素纤维可进行非均相碱水解,在不破坏被处理纤维结构的情况下,使其还原成甲壳素纤维。壳聚糖纤维可在醋酸酐的溶液中还原成甲壳素纤维。

3.2.3 胶原蛋白纤维

3.2.3.1 胶原蛋白的概述

胶原是蛋白质中的一种,英文名"collagen"由希腊文演化而来,意即"生成胶的物质",它主要存在于动物的皮、骨、软骨、牙齿、肌腱、韧带和血管中,是结缔组织极重要的结构蛋白,起着支撑器官、保护机体的功能。胶原是哺乳动物内含量最高的蛋白质,占体内蛋白质总量的 $25\% \sim 30\%$,相当于体重的 6%。

不同组织中的胶原,其化学组成和结构都有差异,所以分成纤维状胶原(在生皮及肌腱中),玻璃状胶原(如骨组织的骨素),软骨质胶原(在软骨中),弹性胶原(如鲨鱼鳍)和鱼卵磷状胶原(如鱼鳔)等几种,一般按胶原的所在组织称之为皮胶原、骨胶原、齿胶原等。

蛋白质是由氨基酸组成的,一般都含有碳、氢、氧、氮和硫五种元素,还有一些蛋白含有微量的磷、卤族元素或金属元素,如铁、铜、锌等,见表 $3-1$。

表 3 – 1　胶原的元素组成(质量分数,%)

材料来源	C	H	N	其他
羊皮、猪皮、马皮、骆驼皮	50.2	6.4	17.8	O + S 25.6
山羊皮、鹿皮	50.3	6.4	17.4	O + S 25.9
绵羊皮	50.2	6.5	17.0	O + S 26.3
猫皮	50.1	6.5	17.1	O + S 25.3

胶原与其他蛋白质一样,是由 α – 氨基酸组成的。表 3 – 2 列出了几种胶原的氨基酸组成。胶原蛋白含有的氨基酸中,脯氨酸、甘氨酸和赖氨酸的含量较高。

表 3 – 2　几种胶原的氨基酸组成 (残基个数/1000 个残基)

蛋白质	材 料 来 源			
	小牛皮胶原	公牛皮胶原	小牛皮酸溶胶原	猪皮胶原
丙氨酸	112	105	115.1	110.8
甘氨酸	320	334	341	326
缬氨酸	20	19	19.0	21.9
亮氨酸	25	25	24.0	23.7
异亮氨酸	11	11	10.4	9.6
脯氨酸	138	129	113.3	130.4
苯丙氨酸	13	13	11.8	14.4
酪氨酸	2.6	4.7	2.8	3.2
丝氨酸	36	38	39.7	36.5
苏氨酸	18	17	18.2	17.1
胱氨酸	—	—	—	—
蛋氨酸	4.3	6.6	5.1	5.4
精氨酸	50	48	47.1	48.2
组氨酸	5.0	4.6	1.9	60
赖氨酸	27	25	24.0	26.2
天冬氨酸	45	48	44.6	46.8
谷氨酸	72	72	73.3	72.0
羟脯氨酸	94	92	102.3	95.5
色氨酸	—	—	—	—
总氮量	—	—	—	—

胶原是细胞外基质的结构蛋白质,胶原分子在 ECM 中聚集为超分子结构。胶原也与其他蛋白一样,具有四级结构。胶原的四级结构,对它的分子大小、形状、化学反

应性、生物功能起着决定性作用。蛋白质的一级结构揭示的是某种蛋白质中有多少种氨基酸,每种氨基酸有多少个,这些氨基酸是怎样连接成多肽的。一般把蛋白质的一级结构叫化学结构。蛋白质的二级结构是指其多肽链主链骨架中的若干肽段所形成的有规则的空间排布(如 α - 螺旋,β - 折叠,β - 转角)或无规则的空间排布。蛋白质的三级结构则描述了整个肽链,包括主、侧链在内的空间排布。对于只有一条肽链的蛋白质来说,三级结构就是分子本身的特征主体结构,而对于两条以上肽链的蛋白质来说,三级结构是指多肽链中的主链和侧链的空间排布。蛋白质的四级结构指的是多肽链单位的空间排布。

3.2.3.2　胶原蛋白的应用

(1)烧伤治疗。胶原膜为表皮细胞的迁移、增值铺垫了支架,并提供了良好的营养基础,有利于上皮细胞的增生修复、因而能促进创面的愈合。目前已经研制了一种YCWM 胶原膜,通过对 50 位病人的 59 个烧伤创面的临床试验表明,该膜使用方便,能缓解伤口疼痛,价格便宜,疗效显著。20 世纪 80 年代用微纤维取向法制得胶原纤维,机械强度高出普通纤维 2～10 倍,完全可以满足手术缝合的需要。第二军医大学从猪皮中提取胶原,配成溶液用于深Ⅱ度烧伤创面及残余肉芽面的治疗,不仅创面愈合快,且愈合后创面平整。90 年代初人们成功研制了胶原霜,可使表皮细胞代谢延长,脱屑减少,促进上皮细胞增殖和创面愈合,用于烧伤愈合创面的治疗护理。同时试制出戊二醛交联的胶原人工皮,其内层为冻干的胶原海绵,具有吸水作用,体外实验有抑菌和杀菌作用,它无排异反应,是当今较理想的人工皮。将胶原蛋白和壳聚糖并用制造人造皮肤,可降低成本,改善性能。

(2)创面止血。胶原的天然结构,尤其是足够发达的四级结构,是使胶原蛋白具有凝聚能力的基础,胶原可以与血小板通过黏合、聚集形成血栓起到止血作用。胶原蛋白海绵在临床上具有很好的止血作用,能使创口渗血很快凝固,被人体组织逐渐吸收,一般用于内脏手术时毛细血管渗出性出血。军事医学科学院研制的胶原海绵止血材料亲水性强,吸水率大,具有止血快、黏附创面能力好、创面干燥、不易发生感染、愈合迅速等特点。

(3)治疗骨质疏松。研究表明骨质疏松症是多基因调控、强遗传性、以低骨量和高骨折危险性为特点的疾病。有证据显示,骨质疏松时存在胶原(尤其是Ⅰ型胶原)结构、含量及稳定性异常。骨质疏松的实质是合成骨胶原的速度跟不上需要,也就是说,新的骨胶原的生成速度低于老的骨胶原发生变异或老化速度。中国科技大学黄碧霞等人研究发现,服用食用明胶后,少年儿童实验组和成人组的发钙水平都明显提高。因此,蒋挺大等人提出,补钙应先补胶原蛋白,摄入足够的胶原蛋白,健康人就会对钙质有正常的需要,就会有正常的摄取钙质的能力,因而食物里所含的钙质完全能满足人体对钙质的需要。因此,在维生素 D 供应足够的情况下,最好的补钙剂,是结合了钙的胶原蛋白制剂,这样的补钙剂摄入人体后,消化吸收比较快,且能较快达到骨骼部位而沉积。摄食胶原多肽可促进骨形成,增强低钙水平下的骨胶原结构,从而提高了骨强度,即达到预防骨质疏松症的作用,胶原多肽还可用作新陈代谢促进剂,促进生物体胶原生物合成,改善随年龄增长导致的生物组织衰老和功能减退。胶原多肽还对关节炎症等胶原病具有很好的预防及治疗作用。

(4)眼角膜疾病的治疗。胶原分子具有高度的黏附性、亲水性、溶解性、化学趋向性及影响细胞的迁移、分化和生物合成等功能。在临床上可作为药物载体治疗各种眼病,并能促进眼角膜上皮损伤的修复和促进角膜上皮细胞的生长,促进角膜伤口的愈合。眼用胶原膜由苏联 1984 年研制成功,随后美国博士伦公司研制了干燥眼用胶原膜,并在临床治疗中取得良好的疗效。胶原不仅可以保护和促进角膜上皮的生长,而且还可以作为"药膜"使药物在结膜囊内逐渐释放入眼内,从而在短时间内使眼内药物达到较高浓度,并维持较长时间,还可减少药物的全身毒性。

(5)制造人造代血浆。胶原蛋白经过纯化,除去热源,把相对分子质量控制在50000～100000,大约相当于白蛋白的相对分子质量(69000),这种相对分子质量的胶原蛋白可维持血液必要的渗透压,更接近于血浆的天然属性,效果很好。国外已大量使用,我国也正在推进其产业化。

(6)作为固定化酶载体和胶囊。胶原蛋白可作为固定化酶载体,因为胶原蛋白分子肽链上具有多种反应基团,易于吸收和结合多种酶和细胞,实现固定化,它具有与酶和细胞亲和性好、适应性好的特点。另外,由于胶原蛋白的生物相容性,在体内可被逐步吸收,因此,胶原蛋白固定化酶特别适合于人工生物医用材料。胶原蛋白还可用于生产药用胶囊和微胶囊,近年来研究在明胶溶液中加入一定量的壳聚糖溶液制成药用胶囊,具有易于生产、产品质量好的优点。用明胶与壳聚糖配合制备微胶囊是近年来的事,既降低了成本,又提高了产品质量,目前,该产品已广泛用于医药、食品等多种领域。

3.2.3.3　胶原蛋白纤维的制备

胶原蛋白是一种纤维状蛋白质,具有棒状螺旋结构,物理和力学性能很优越。胶原蛋白纤维的制备技术主要有分子自组装、湿法纺丝和静电纺丝。

(1)分子自组装。胶原分子本身可以配制成特殊的有组织结构。首先,多个胶原分子头尾相连,聚集成很稳定的、韧性很强的原纤维。在骨等组织中,5 根原纤维轴向平行地聚集在一起,形成直径约为 4nm 的微纤维。微纤维进一步组装成直径在 10～300nm 的胶原纤维,具体直径或厚度取决于原料的类型和年龄。原纤维也可以直接聚合成胶原纤维。

(2)湿法纺丝。将胶原蛋白溶于水制成纺丝溶液,然后通过湿法纺丝工艺固化为纤维,这是制备胶原纤维的主要方法。目前,有多种方法用于纺丝溶液的准备。例如,美国专利提出:将牛皮或肌腱置于纯碱中分解,再放到乙酸中软化,制得纺丝溶液,此溶液通过挤压、纺丝、捻制、干燥即制成再生胶原纤维。

（3）静电纺丝。静电纺丝近年来广泛地应用于组织工程支架中。Matthews 等将原蛋白溶液在六氟异丙醇中，采用静电纺技术成功地制备了胶原蛋白纤维膜。该膜中的胶原蛋白纤维直径与天然的细胞外基质中的胶原纤维直径接近，比较适合作为细胞培养支架。初步研究表明，该纤维支架对平滑肌细胞的生长和繁殖有促进作用，是一种较理想的组织工程支架材料。

3.2.4 丝素蛋白及丝素纤维

3.2.4.1 蚕丝及丝素蛋白概述

丝，通常是指由昆虫或蜘蛛所产生的纤维，也称"天然丝"。自然界中大约有 30000 种蜘蛛及 113000 种昆虫纲鳞翅目，大部分物种以及昆虫纲的其他几个物种可以吐丝。但时至今日，人们仅仅研究了少数几种蜘蛛、蚕类（包括桑蚕和柞蚕）和某些螨幼虫所吐出的丝类纤维和丝素蛋白，其中研究最多的是桑蚕丝（bombyx mori silk）和金丝蜘蛛络新妇（nephila clavipes）的拖牵丝（dragline）和捕获丝（capture thread）。然而，直到现在人们还没有成功地开发蜘蛛丝，主要因为蜘蛛同类相食的本能致使人们不能对其进行高密度饲养。桑蚕是人类最早驯化的饲养的昆虫，蚕丝也是人类利用最早、目前产量最大的天然纤维之一，其蛋白质是迄今为止利用最早、研究最广泛的天然纤维蛋白。

中国是蚕丝的故乡，发现并使用蚕丝已近有 5000 年的历史。蚕丝是一种具有优良特性的天然蛋白质纤维，它因具有独特的光泽、悬垂性、手感等而成为一种"高雅"的纺织纤维，素有"纤维皇后"的美誉。蚕丝中的丝素蛋白是一种天然蛋白质，且具有良好的生物相容性，在生物医学领域，除已用于外科手术缝线、食品添加剂和化妆品外，由于它独特的力学性能，使得蚕丝在临床上有着广泛的应用。

（1）蚕丝及丝素蛋白的化学组成。蚕丝蛋白是由丝素蛋白（silk fibroin）和丝胶蛋白（sericin）两部分组成，疏水性的丝胶包覆在丝素蛋白的外部，约占重量的 25%，而亲水性的丝素蛋白是蚕丝中的主要组成部分，约占重量的 70%，蚕丝中还有 5% 左右的杂质。在丝素蛋白中含有 18 种氨基酸，以甘氨酸、丙氨酸和丝氨酸为主。丝素中含有的氨基酸种类具体可参见表 3 - 3。

表 3 - 3 丝素蛋白氨基酸组成

名　　称	每 100g 蛋白质中的氨基酸克数（g）	
	柞蚕丝素	桑蚕丝素
甘氨酸（gly）	25.85	42.8
丙氨酸（ala）	44.11	32.4
缬氨酸（val）	1.52	3.03

续表

名　　称	每100g蛋白质中的氨基酸克数（g）	
	柞蚕丝素	桑蚕丝素
亮氨酸（leu）	0.40	0.68
异亮氨酸（ile）	0.38	0.87
丝氨酸（ser）	12.89	14.7
苏氨酸（thr）	0.47	1.51
蛋氨酸（met）	0.50	0.10
半胱氨酸（cys）	0.23	0.03
酪氨酸（tyr）	9.01	11.8
苯丙氨酸（phe）	0.47	1.15
脯氨酸（pro）	0.47	0.63
色氨酸（trp）	1.75	0.36
赖氨酸（lys）	0.21	0.45
精氨酸（arg）	5.13	0.90
天门冬氨酸（asp）	8.22	1.73
谷氨酸（glu）	2.12	1.74
组氨酸（his）	1.56	0.32

由于蚕丝种类不同，柞蚕丝和桑蚕丝的丝素蛋白中氨基酸含量具有明显的差别，所用的仪器和测定方法不同，不同季节、不同产地蚕丝蛋白的氨基酸也会稍有差异。从表3-3中可以看出，柞蚕丝素蛋白组成中，甘氨酸、丙氨酸、丝氨酸的含量占氨基酸总量的82%以上，桑蚕丝素蛋白中以上三种氨基酸含量占氨基酸总量的85%以上。

除了碳、氢和氮元素外，丝素蛋白还含有多种其他元素，如钾、钙、硅、锶、磷、铁、铜等，这些元素与丝素蛋白的性能及蚕吐丝的机理等有直接关系。

（2）丝素蛋白的相对分子质量。丝素蛋白属于纤维蛋白质，由于其分子结构和分子间作用力极其复杂，人们采用不同的方法对丝素蛋白分子的相对分子质量进行了多次测定，但是结果相差较大，而且早期对丝素蛋白分子链是由单一分子链组成还是由多个亚单元组成的复合体的问题也存在分歧。随着基因技术和测试技术的发展，近年比较统一的结论是，丝素蛋白由三个亚单元组成的复合蛋白质：包括重链（H链）蛋白亚单元，H链主要由甘氨酸、丙氨酸和丝氨酸等组成，是由5263个氨基酸残基所组成的长链状分子，平均分子量为3.5×10^5；轻链（L链）亚单元，由262个氨基酸残基所组成，平均分子量为2.5×10^4；重链和轻链之间通过二硫键相连的蛋白，平均分子量为2.5×10^4，与L链大小相近，但氨基酸组成则完全不同，并且不与H链共价结合，只是通过其他非共价键结合方式作为丝素蛋白的微量成分存在。

（3）丝素蛋白的结构。丝素蛋白主要由甘氨酸，丙氨酸和丝氨酸等氨基酸组成。组成重链的 12 个结构域形成了蚕丝纤维的结晶区。但是由于这些结晶区被无重复单元的主序列打散，所以纤维中只有少数有序的结构域。纤维中的结晶结构域由甘氨酸－X 氨基酸的重复单元组成，X 代表丙氨酸、丝氨酸、苏氨酸和缬氨酸。在蚕丝纤维中，一个结晶结构域平均由 381 个氨基酸残基组成。每个结构域又包含多个六缩氨酸组成的次结构域。这些六缩氨酸包括 GAGAGS,GAGAGY,GAGAGA 或 GAGYGA（G 是甘氨酸，A 是丙氨酸，S 是丝氨酸，Y 是酪氨酸）这些次级结构域以四缩氨酸结尾，比如 GAAS 或 GAGS。丝素重链里较少结晶形成的区域，也被称为连接区，长度在 42～44 个氨基酸残基之间所有的连接区都有一个完全相同的 25 个氨基酸残基（非重复序列），这些氨基酸残基由结晶区所没有的带电荷的氨基酸组成。主序列是形成具有天然共嵌段共聚物类似结构的疏水蛋白的主要原因。

丝素蛋白结晶形态主要包括 Ⅰ型丝素和Ⅱ型丝素：Ⅰ型丝素分子链是按 α－螺旋和 β－平行折叠构象交替堆积而成；Ⅱ型丝素呈反平行 β－折叠层状结构。在温度和溶剂影响下，Ⅰ型丝素易向Ⅱ型丝素转变。存在于蚕丝素溶液—空气界面上的一种新的丝素结晶形态，称之为Ⅲ型丝素，其肽链的立体构象为 β－折叠螺旋。Ⅰ型丝素的结构是水溶态，通过加热或者物理纺织可以轻易转变成Ⅱ型丝素结构。当Ⅰ型丝素暴露在甲醇或氯化钾溶液中的时候，在体外液态环境里可以观察到Ⅰ型丝素的结构转变为 β－折叠结构。β－折叠结构是由一侧为甘氨酸的氢和另一侧为丙氨酸的疏水性的甲基形成的非对称结构，β－折叠排列导致氢和甲基相互作用在晶区形成内折叠；强有力的氢键和范德华力产生的结构是热力学稳定的。氨基酸的分子内和分子间氢键垂直于分子链和纤维。Ⅱ型丝素不溶于水，同时还不溶于多种溶剂，包括弱酸和碱性溶液以及一些离子液体。

3.2.4.2 丝素蛋白在生物材料方面的应用

丝素蛋白是很早就为人类所重视的天然生物高分子，但自古以来，它的主要应用是在纺织业上。丝素蛋白是从蚕丝中提取的天然高分子纤维蛋白，从蚕丝中提取的丝素蛋白具有独特的分子结构，优异的力学性能、良好的吸湿和保湿性能以及抗微生物性能，同时可以方便地做成粒状、纤维状及膜状等形态，具有良好的生物相容性、无毒、无污染、可生物降解，为丝素蛋白在生物材料方面的开发利用提供了依据。

（1）丝素蛋白作为固定化酶载体的应用。在研究液状蚕丝素蛋白纤维化机理的过程中，人们发现，丝素蛋白的二次结构将会随着一定的物理或化学作用，如拉伸、剪切、加热、甲醇浸泡等，发生不可逆转的转化，即水溶性的丝素蛋白可通过物理或化学过程变成非水溶性的，这就为酶在丝素蛋白中的固定提供了可能。此类酶的固定化类似于凝胶包埋法，但其具有明显的优点：丝素蛋白变性的程度可以控制，因而减少了酶的渗漏和挤出,提高了固定酶的效率。另外,在固定化的过程中,只涉及极少的化学试剂并且不产生自由基,能较好地避免在普通凝胶包埋中所存在的化学试剂和自由基对酶产生的失活作用,大大增加了活性酶的利用效率。

酶的固定化是指通过物理或化学方法将酶固定在某种载体上,使其成为仍具有催化活性的酶或酶的衍生物的过程,从而大大提高酶的使用效率。制备丝素固定化酶主要有包埋法和交联法。采用包埋法将葡萄糖氧化酶固定于丝素膜上,并以甲醇和戊二醛处理的丝素膜作为对照,结果表明:80%的甲醇处理的丝素膜比用戊二醛处理的丝素膜有更强的酶活性,且酶的活性可保持98%以上,酶的热稳定性和 pH 值稳定性都比自由状时增加。丝素膜的红外图谱显示,固定葡萄糖氧化酶(GOD)后,丝素膜的结构发生变化,甲醇处理前的丝素膜结构含有80%的无规卷曲和20%反向平行的 β – 折叠结构,这两种结构分别在丝素膜内部和外表面,根据核磁共振、傅立叶红外光谱等测得丝素膜为不均匀的结构,此结构可防止酶的溶出,这种结构使得丝素膜可保持酶活性一个月以上,在40℃时,酶性质稳定,而且由于葡萄糖在丝素膜内具有更高的扩散性,使酶也具有更高的活性恢复率。还有用丝素固定过氧化物(POD)和脂肪酶、果胶酶、青霉素酰化酶等制成酶固定化膜,这些酶固定化膜除具备各种高水平酶活性外,其保存时间较长,在酶不失活的情况下可保存两年以上,使酶膜难保存的缺点得以克服。由于采用丝素作为酶固定化材料,获得了更高的灵敏度和响应速度,这些对酶电极是十分重要的。

(2)丝素蛋白在药物释放上的应用。药物缓释技术是当前药剂学研究的热点之一,其目的在于寻求提供理想血液药物浓度的途径,提高药物的安全性和有效性。目前采用的控释基材大多用合成高分子材料,但其有许多弊端,而以丝素蛋白高分子材料作基材的控释体系具有明显的性能优势和应用优势,它们包括:

①丝素蛋白具有良好的力学性能和理化性质,如良好的柔韧性和抗拉伸强度、透气透湿性、缓释性等。

②天然生物材料作为主要原料应用于医药行业的程序上有更多的便利条件。

③原料丰富、成本低廉。

④丝素蛋白为可生物降解材料,不造成环境污染。

⑤独特的氨基酸组成,可以通过某些氨基酸的氨基或侧链的化学修饰改变蛋白的表面性能。

⑥丝素蛋白在可控条件下可以顺利实现水溶性与非水溶性的双向转化,这是丝素材料独有的优越性能。

⑦丝素蛋白材料能够便利地为人体吸收,对人体无任何毒副作用。

基于丝素蛋白作为缓释材料主要有以下几个缓释系统:

①微球/微囊药物缓释系统。目前,基于丝素蛋白作为缓释微球/微囊的材料主要

集中于利用丝素蛋白与其他天然高分子材料复合制成缓释微球/微囊。比较常用的有丝素蛋白—壳聚糖微球/微囊,丝素蛋白—海藻酸盐微球/微囊等。复凝聚法是制备复合微球/微囊最常用的方法。复凝聚法制备的微囊药物包封率明显好于单凝聚法。同时复凝聚法包药微囊的缓释效果也优于单凝聚法。原因是复凝聚法制备的微囊是双层膜微囊,囊膜增厚,药物扩散距离增大;另外由于双层膜层间的存在,具有释药缓冲室功能;外层丝素膜可使内层壳聚糖膜的孔隙部分堵塞从而使释药减慢。丝素微球/微囊的理化性能及药物缓释的行为主要与制备工艺有关。溶液的浓度、乳化条件、交联剂用量、溶液的 pH 值等条件对微囊的性能均有较大的影响。另外,微囊的形成及粒度大小的均匀性与乳化条件(乳化剂用量、乳化温度、搅拌速度)等密切相关。

②水凝胶药物缓释系统。在水凝胶药物释放系统中,药物通常以包埋或吸附的方式固定在凝胶中。当环境(如温度、pH 值或离子强度等)改变时,由于溶胀作用,凝胶表面的孔洞变大,凝胶内外水分扩散途经打开,药物被释放。丝素蛋白的胶凝化过程是诸如疏水性相互作用、氢键、静电相互作用和微晶体的形成等多种因素综合作用的结果。作为一种天然蛋白质溶胶,丝素溶液在一定条件下会发生凝胶化,在这一过程中,丝素蛋白分子由无规卷曲转化成 β-折叠构象。随着 β-折叠构象比例的增大,结晶度增加,丝素蛋白溶液成为稳定的凝胶。温度、pH 值也是凝胶形成及其结构和性能的重要影响因素。相同浓度的丝素溶液在不同的温度条件下,凝胶化的时间、凝胶孔的尺寸以及力学性能均有所差异。当 pH 值接近于丝素蛋白的等电点时,丝素溶液凝胶化过程加快。

③载药膜缓释系统。丝素蛋白膜是一种天然的具有两性荷电性能的聚氨基酸膜。由于其本身具有特殊的多孔网状结构,因而具有优良的吸附及缓释功能。载药膜有单层药物丝素膜、复层药物丝素膜、涂层药物丝素膜。复层药物丝素膜比单层丝素膜在释放液中的初始释放浓度大,总释放时间延长。由于复合药膜中药物扩散途径较长,外层的丝素膜对药物的扩散有一定的阻挡作用进而延长释药时间,因而更符合药物缓释的要求。涂层药物丝素膜经涂层后,药物固定效果显著增强,"暴释"现象有了明显改善,药物释放趋缓。因而,涂层是提高丝素膜缓释效果的好方法。改变丝素膜外部pH 值,可以调控离子化药物在丝素膜上的透过速度。当丝素膜电荷与药物离子电荷不同时,药物的渗透速度变慢;当丝素膜的电荷与药物电荷相同时,药物的透过速度加快。

(3)丝素蛋白在抗凝血物质上的应用。动物内脏中肝磷脂具有较强的抗凝血活性,它是一种硫化多糖,其分子中的磺酸基对抗凝血活性起重要作用。而丝素中含有许多由 6 种氨基酸残基交替排列的结构(Gly – Ala – Gly – Ala – Gly – Ser –),当用浓硫酸处理丝素水溶液时,在规定时间内恒温下搅拌,使之发生反应,经 NaOH 中和反应并透析脱盐,冷冻干燥后获得硫酸化丝素粉末。然后用傅立叶红外光谱(FT – IR)和核磁共振(^1H-NMR)检测硫酸处理的丝素导入磺酸基的情况,结果表明丝素分子中的酪氨酸或丝氨酸的羟基被硫酸酯化,形成的硫酸酯基在 $1100\sim1400cm^{-1}$ 处有强烈吸收峰,说明丝素中被导入磺酸基。硫酸处理丝素与无处理丝素相比,显示出抗凝血活性。且使用氯化硫酸来代替浓硫酸,得到的抗血液凝固活性高约 100 倍,使活性提高到肝细胞的 20% 左右。由于这种物质可低价制造,不仅可作为防止血液凝固的试用药,也可利用其来提高人工血液的抗凝固机能。丝素具有抗凝血性能,可以此开发人造血管和抗血栓药物。采用低温等离子体技术,可以在材料表面引入特定的官能团以赋予材料优良的表面性能。采用二氧化硫等离子体处理在丝素蛋白膜引入磺酸基团,或丝素蛋白膜用氨气等离子体处理后,利用 1,3-丙磺酸内酯与氨基的反应在材料表面接枝磺酸基团。采用 X 光电子能谱和全反射红外光谱分析材料的表面性质,结果表明两种处理方法均能在丝素蛋白膜表面有效地接枝磺酸基团,而且材料的抗凝血性能有显著提高。经过等离子体处理并和交联剂反应后抗体可以有效地接枝到丝素蛋白膜上去,并且接枝上去的抗体经多次冲洗后仍然保持相当的数量,这表明抗体以共价键的形式牢固地接枝上去。一般说来,这样制成的硫酸化蚕丝使血液在 2h 内也不会凝固,并且成本大大降低。从而使人造血管的制造与应用具有广阔的前景。如将丝素溶液干燥成膜时,把具有抗血凝固性能的药品加入其中,就有可能制造人造血管。蚕丝还被制成微粒作为血管栓塞的栓塞剂在临床上广泛应用。

(4)丝素蛋白在组织工程支架上的应用。

①皮肤组织工程。因丝素蛋白具有良好的柔韧性、透水性、透气性、与创面的黏附性以及与人体很好的相容性,可用作人工皮肤。人的皮肤由表皮层和真皮层构成,表皮层在外层,真皮层在内层,当真皮层被破坏后,皮肤不会再生,这时需要进行皮肤移植,除了患者本人自己的皮肤,移植来的皮肤一般极难生长愈合,因此,现在人工皮肤的开发研究也仅能用来治疗真皮尚存的情况。目前研制的丝素创面保护膜,具有良好的柔韧性、透水性、透气性、与创面的黏附性以及与人体的生物相容性,可将药物从膜中先快后慢地释放出来,具有抑菌杀菌作用和创面覆盖材料保护创面的作用。静电纺丝素蛋白纳米纤维膜仿生天然细胞外基质具有高的孔隙率和高的表面积,研究结果表明,静电纺丝素蛋白纳米纤维对细胞的黏附、增殖、分化和迁移会产生重要的影响。以甲酸为溶剂静电纺制备的丝素蛋白纳米纤维膜能促进人体角质细胞和成纤维细胞增殖、分化,用于伤口敷料和皮肤再生。

② 肌腱与韧带组织工程。韧带由束状致密结缔组织构成,能介导正常的关节运动及维持关节稳定。由于蚕丝的强度和弹性系数与生物的肌腱有近似的数值,又具有良好的生物亲和性、弹性及韧性,且用丙烯酸处理蚕丝,使其分子结构发生改变后能很容易地吸收钙。因此,丝素蛋白可望用于开发人工肌腱与人工韧带。一种方法是直接将蚕丝纤维用于人工十字韧带(anterior cruciate ligaments, ACL)的制作:将 30 根单丝组

成1根复丝,每6根复丝成1根线,再3根线成1股,6股成一束,然后直接用作ACL基质。经扫描电子显微镜(SEM)、DNA定量以及胶含量等测试显示,这样做成的支架能支持成人骨髓基质干细胞(BMSCs)的生长和扩散、分化。蚕丝纤维具有良好的力学性质、生物相容性以及缓慢的降解性,是制作人工韧带的良好支架材料。丝蛋白纤维上引入磷酸基团时,能够吸收钙离子,从而可用于制造人工肌腱。因为其能够吸附在羟基磷灰石(骨头的主要成分)上形成很强的结晶,钙的凝集量比未处理的丝素蛋白有大幅度的增加,而且这些经过修饰的丝纤维有良好的拉伸性能。另一种方法是采用交替浸泡法使得磷灰石沉淀到丝纤维上,从而得到这种很有潜力的生物材料。

③软骨和骨组织工程。由于软骨、骨组织形态、结构的多样性,长期以来软骨、骨缺损的修复都是再生医学的难点之一。近年来大量的研究报道了应用丝素蛋白支架修复多样的软骨、骨缺损。丝素蛋白水凝胶、静电纺纳米纤维膜、多孔三维支架等都可以引导软骨、骨缺损的修复。采用静电纺的方法制备的纳米纤维膜能促进老鼠前成骨细胞(MC3T3 - E1)黏附、增殖、分化,培养14d后,细胞和丝素膜完全成一个整体,并且丝素膜植入到有颅盖骨缺陷的新西兰白兔的体内,丝素膜能诱导骨钙素的产生,促进骨组织修复和再生。将人骨髓基质干细胞种植于丝素蛋白做成的三维多孔丝素蛋白支架植入鼠头盖骨创伤模型,说明丝素蛋白可用于骨重建和再生,表现出机械稳定性和持久性。并且通过用不同孔隙直径的丝素蛋白支架培养人骨髓基质干细胞,分别比较 112 ～ 224 μm 和 400 ～500 μm 两种孔隙直径的丝素蛋白支架材料,发现可通过支架几何学形状控制骨组织工程构建。如果在丝素蛋白中导入带电化合物,可加速其与钙、磷酸根的凝集,进一步将带有负电荷的羟基磷灰石结晶中的基团紧密凝聚,其钙凝集量比未处理的丝素蛋白有显著增加,用这种方法在丝素表面形成结晶物,经 X 射线透射验证含有人骨的主要成分,证明丝素蛋白具有骨结合性和附着性。

④神经组织工程。周围神经损伤是临床常见疾患,致残率非常高,给病人、家庭和社会带来巨大的经济损失和精神负担。因此,如何促进神经的再生、恢复靶器官的功能一直是人们关注的热点。利用生物材料构建的神经再生支架,不仅可以为神经细胞获取营养、生长和代谢提供了一个有利的空间,还具有减轻缝合口的张力,引导神经纤维的生长,提高神经束对合的精确度,防止瘢痕组织侵入再生的神经纤维等优点。南通大学顾晓松课题组将丝素蛋白纤维与老鼠背根神经节及老鼠坐骨神经中提取的雪旺细胞共培养,发现丝素蛋白与它们有很好的生物相容性,在细胞表型和功能方面无显著的细胞毒性,可支持大鼠背根神经细胞生长。同时,丝素蛋白基神经导管用于老鼠体内桥接 10mm 长的坐骨神经缺损,种植 6 个月后的周围神经修复的结果表明,丝素蛋白支架能促进周围神经的再生并接近自体神经移植的结果。同时丝素蛋白可负载神经生长因子,从含有神经生长因子(NGF)的水溶液中,采用冷冻干燥的方法制备负载 NGF 的神经导管,NGF 的释放可以至少 3 周以上,缓释液能促进 PC12 的增殖和

分化,保持生长因子的生物活性。

⑤血管组织工程。因丝素蛋白具有良好的生物相容性和一定的抗凝血性能,常用于研究血管组织工程支架。将丝素涂覆在聚酯纤维的表面,然后将这种材料注入活犬的大腿静脉中进行活体试验,结果对血栓的形成有抑制作用。用丝素蛋白纤维制备的三层小口径血管桥接到老鼠的腹部动脉,发现内皮细胞和平滑肌细胞迁移到支架上,随着时间的增加,逐步形成了组织。为了提高丝素蛋白管状支架的力学性能,通过静电纺丝法构建了 PLA/丝素明胶复合管状支架,丝素明胶层由直径为(143 ± 36)nm 的不规则取向的纳米纤维组成,纤维之间有大量孔隙存在,孔隙的平均直径为(161 ± 55)nm;PLA 层由($1\,337 \pm 427$)nm 的微米级纤维组成,纤维排列取向较好,平均孔径达(1223 ± 374)nm,整个复合管状支架的孔隙率达(82 ± 2)%,具有较高的强度和较好的柔软性,其断裂强度和伸长率分别为(1.28 ± 0.21)MPa 和(41.11 ± 2.17)%,且具有非常好的抗内压能力,已远高于人体的正常血压,且随管壁厚度的增大,其爆破强度成倍地增加,并接近隐静脉的抗内压能力。人脐静脉内皮细胞(HUVECs)可在复合管状支架上黏附、增殖,培养 21 天后连成整体,细胞呈纺锤形并以单细胞层排列在复合管状支架内层表面。通过在丝素蛋白的水溶液中加入聚乙二醇二缩水甘油醚制备成血管支架,这种支架具有高的孔隙率和良好的柔韧性,具有很好的拉伸和抗压性能及细胞相容性。

(5)丝素蛋白在生物酶防护剂上的应用。有机磷农药可通过抑制人体中的乙酰胆碱酯酶的水解而侵害人体。用丝素蛋白溶液为材料合成生物酶防护剂后,它可直接和有毒物质发生反应,结合成稳定的磷酰化胆碱酯酶而阻断毒剂对人体的侵害。以乙酰胆碱酯酶为材料,以丝素蛋白溶液为载体制得防护剂,并测定了经防护剂保护后酶的活性,经过 9 个月后,丝素溶液保存的乙酰胆碱酯酶仍然具有活性,而以蒸馏水为防护剂载体的乙酰胆碱酯酶则完全丧失活性。这表明以丝素蛋白溶液作为生物防护剂是可行的,它具有较好的防毒效果,可使酶具有较长的保存寿命。

3.2.4.3 丝素蛋白纤维的制备

目前常用的丝素蛋白纤维的制备方法有蚕丝脱胶法和丝素蛋白溶液静电纺法。

(1)蚕丝脱胶法。如前所述,蚕丝由丝素蛋白纤维、丝胶蛋白和杂质组成,当人们采用化学或生物的方法去除杂质和丝胶蛋白后,即可获得丝素蛋白纤维。一般的脱胶参数是:碳酸钠溶液,浓度为 0.5g/L,时间 30min,温度(94 ± 2)℃。脱胶效果可采用苦味酸着色来评价。苦味酸与丝胶蛋白反应显示红色,与丝素蛋白反应显示黄色,故脱胶后蚕丝纤维用苦味酸着色,若显红色,说明脱胶不彻底。当然,还可以采用一些物理—化学的检测法来判定丝胶去除的效果。

(2)丝素蛋白溶液静电纺法。将已经制备好的纯丝素蛋白溶液,以甲酸为溶剂,由静电纺制备成丝素蛋白纤维膜。或通过静电纺法构建丝素蛋白与其他生物可降解材料的复合支架,如 3.2.4.2(4)中 PLA/丝素明胶复合管状支架具有潜在的应用价值。

3.3　合成高分子纤维材料

合成高分子纤维材料是经聚合反应得到的,主要包括自由基聚合反应得到的不可降解性聚合物,缩聚反应得到的可降解性聚合物。前者主要有聚氨酯(PU)、聚四氟乙烯(PTFE)、聚乙烯(PE)。后者主要有聚乙醇酸(PGA)、聚乳酸(PLA)、聚己内酯(PCL)。本节主要介绍 PGA、PLA、PCL 和 PU 纤维材料。

3.3.1　聚乙醇酸

聚乙醇酸又称聚羟基乙酸,聚乙交酯,作为医用的生物可吸收高分子材料,是目前生物降解高分子材料中最活跃的研究领域,是生物降解材料类高分子中结构最简单的一个,也是体内可吸收高分子最早商品化的一个品种。

3.3.1.1　聚乙醇酸的制备

常见的 PGA 合成工艺有羟基乙酸的直接缩聚法、二步法合成、卤代乙酸/卤代乙酸盐的缩聚工艺以及一氧化碳和甲醛的酸催化反应工艺等。

直接缩聚法一般情况下是乙醇酸的直接脱水缩聚,其聚合工艺短,对聚合单体的要求与普通缩聚单体的要求一致,但所得聚乙醇酸相对分子质量小,产品性能差,易分解,没什么实用价值。如果将乙醇酸先熔融缩聚而后再固态缩聚,就可得到高相对分子质量的聚乙醇酸,但相对分子质量不容易控制。

二步法合成先用乙醇酸(或氯乙酸)环化合成乙交酯,再由乙交酯均聚。乙交酯开环聚合二步法工艺路线长,产品收率低,合成 PGA 医用材料的成本较高。

氯乙酸溶剂法合成 PGA,以氯乙酸为原料,在等物质量浓度的三乙胺的作用下,溶剂为丙酮,加热温度为 65℃,在冷凝回流的条件下进行反应,生成可降解聚合物聚羟基乙酸。通过红外光谱、X 射线衍射、差热分析等方法对合成产物进行表征。结果表明,氯乙酸溶剂法合成工艺流程短,操作简单,有利于降低合成 PGA 的成本。

3.3.1.2　聚乙醇酸的结构和性能

PGA 是半晶型的聚合,X 射线衍射显示结晶度为 45 % ～ 55 %,熔点为 220 ～ 225℃,玻璃化温度为 36 ～ 40 ℃。同其他的聚合物一样,PGA 的性能主要依赖于其受热历史、相对分子质量、相对分子质量分布及纯度等。用不同的制备方法,所得的聚合物的性能参数有所不同。由于其结晶度高,分子链能够进行紧密的堆积排列,所以它有很多独特的化学、物理和力学性能。PGA 的密度可高达 1.5 ～ 1.7 g/m³。PGA 只溶于高氟代的有机溶剂,如六氟代异丙醇。PGA 纤维具有高的抗张强度和弹性模量。聚合物链上酯键的水解是 PGA 降解的根本原因,其端羧基对水解起自催化作用。其降解受结晶度、温度、样品相对分子质量、样品形态、降解环境及缓冲溶液 pH 值等的影响。

3.3.1.3　聚乙醇酸的应用

PGA 是一种医用的生物可吸收高分子材料,由于羟基乙酸是体内三羧酸循环的中间代谢物,且吸收和代谢机制已经明确并具有可靠的生物安全性,因而聚羟基乙酸作为第一批可降解吸收材料被美国 FDA 批准用于临床。PGA 越来越广泛地应用于生物体吸收性缝合材料、骨折固定材料、缝合补强材料及组织工程支架材料等。

(1)生物体可吸收缝合线。生物体可吸收性缝合线最初使用的是肠线,它是羊或牛肠黏膜排除杂质后得到的纯胶原纤维,该纤维初期弹性小,平滑性优良,结节部位稳定性能好,但其组成不均匀,生物反应强烈,分解速度过快,吸收不稳定,易发生体内排异反应,产生炎症,而 PGA,PLGA 和其共聚物等合成纤维,则可弥补这些缺陷。

目前国外可吸收缝合线主要由 PLA、PGA 和 PLGA 等合成聚合物制成。这类缝合线大多是由复丝编织而成,具有较为柔韧的性能,而眼科手术用的小号缝合线可由单丝制成。由这些纤维制成的缝合线具有组织反应性小、抗张强度大、柔韧性好及可被体液水解吸收等优异性能,因此在整形外科、显微外科、眼科和妇科中得到系统应用。早在 1962 年美国 Cyanamid 公司开发出商品名为"Dexon"的 PGA 手术缝合线,目前,还有商品名为"Vicryl"、"Polysorb"以及日本开发的 Medfit 等以 PGA 为原料的手术缝线等。

(2)骨折固定材料。目前使用的骨折固定材料主要是金属材料和高分子材料。金属材料存在与骨组织的力学性能不匹配的缺点,须二次手术取出,且易感染。Tormala P 等发现超高强 PGA 棒适合没受过高的机械应力的松质骨骨折、截骨和骺板骨折的固定。早在 20 世纪 80 年代,美国赫尔辛基大学中心医院就开始采用自增强 PGA 棒治疗松质骨骨折。

(3)缝合补强材料。心脏外科、血管外科缺损部位及脆弱部分的补强和止血需使用聚四氟乙烯纤维编织布或非织造布,若有轻微炎症不取出埋入材料则无法治愈。而用 PGA 和 PLGA 替代,由于其具有良好的生物降解性,则避免了上述问题的出现。Nakamura T 等采用生物可吸收 PGA 非织造纤维膜治疗 103 例肺部手术病人,并研究了手术后的质感、适用性、引流时间及术后副作用,结果表明 PGA 膜适合肺科手术的缝合加固。Harenberg T 等第一次临床应用 PGA 膜加强修补远端气管、支气管大伤口,发现 PGA 膜大大降低了伤口缝合处的压力,能有效地增加缝合安全性。

(4)组织工程支架材料。构建组织工程人工器官需要三个要素,即"种子"细胞、支架材料、细胞生长因子。而生物材料在组织工程中占据非常重要的地位,聚羟基乙酸酯因具有无毒、合适的生物降解性和良好的生物相容性等,而广泛用于软骨、骨、肌腱、小肠、皮肤、泌尿管及心瓣膜等组织工程研究,并取得了初步成功。

第四军医大学研究发现,以 PGA 为支架材料同种异体软骨细胞在有免疫力的动物体内可形成工程化软骨,无明显免疫排斥反应。曹谊林等首次选用聚羟基乙酸作为支架材料进行细胞—生物材料复合物体外培养研究,结果表明 PGA 支架可以在体外成功构建口腔黏膜固有层组织。曹谊林等还采用 PGA 为培养支架,在体外静态培养模式下用组织工程方法构建出具有真皮、表皮的双层人工皮肤,这种皮肤具有和正常皮肤相似的组织学特征及生化成分。美国产品 Dermagraft 也是应用 PGA 构建的一种组织工程真皮替代物,已获 FDA 批准用于烧伤创面及慢性溃疡创面的修复。

3.3.2　聚乳酸

聚乳酸(PLA)的研究和开发历史则可以追溯到 20 世纪 30 年代,当时著名高分子化学家 Carot hers 曾对聚乳酸的合成做过报道。1944 年 Fil achiene 在 Lovey、Hodgin 及 Begji 研究的基础上,对聚乳酸的聚合方法进行了系统的研究。1954 年 DuPont 公司采用新的聚合方法制备出了高相对分子质量的聚乳酸。1962 年美国 C yanamid 公司用聚乳酸制成了性能优异的可吸收缝合线。20 世纪 70 年代,聚乳酸在人体内的易分解性和分解产物的高度安全性得到了确认,成为少数被美国食品及药物管理局(FDA)批准的生物降解医用材料。聚乳酸类材料因其具有良好的生物相容性和生物降解性,且降解产物能参与人体的新陈代谢,而成为生物医用材料领域中最受重视的材料之一,聚乳酸纤维在生物医学领域的应用尤其引人注目。

3.3.2.1　聚乳酸及其纤维的性能

(1)聚乳酸的性质。乳酸具有旋光活性,聚乳酸有聚 – D – 乳酸(PDLA)、聚 – L – 乳酸(PLLA)和聚 – D,L – 乳酸(PDLLA)等几种。这些聚乳酸的基本性能见表 3 – 4。

表 3 – 4　聚乳酸的基本性能

类　　型	PDLA	PLLA	PDLLA
固体结构	结构性	结晶性	非结晶性
溶解性	可溶于二噁烷、乙腈、氯仿、二氯甲烷等,不溶于脂肪烃、乙醇、乙醚等		
熔点(℃)	180	173 ~ 178	
玻璃化温度(℃)	55 ~ 60	60 ~ 65	
热分解温度(℃)	200	200	180 ~ 200
拉伸率(%)	20 ~ 30	20 ~ 30	
断裂强度(cN/tex)	35. 3 ~ 44. 1	44. 1 ~ 52. 9	
水解性(37℃生理盐水中强度减半时间)(月)	4 ~ 6	4 ~ 6	2 ~ 3

（2）聚乳酸纤维的性能。

①聚乳酸纤维的可生物降解性。聚乳酸纤维具有良好的可生物降解性,被废弃后可在自然界中完全分解为 CO_2 和 H_2O。两者通过光合作用,又可变成乳酸的原料——淀粉。聚乳酸纤维被埋入土中 2～3 年后,强度会消失。如果与其他有机废弃物一同掩埋,几个月内便会分解。

②聚乳酸纤维的安全性。由于聚乳酸纤维具有生物相容性,且服用舒适,可安全植入体内,无毒副作用。

③聚乳酸纤维的耐气候性。聚乳酸纤维在室外暴晒 500h 后,强度可保留 55 % 左右,耐气候性好。

④聚乳酸纤维的其他性能。聚乳酸纤维具有较好的亲水性和较低的密度,并且具有良好的弹性、卷曲性和记忆能力。其可燃性低,有一定的阻燃性;悬垂性、手感较好;卷曲性及卷曲稳定性良好;抗紫外线能力较好;具有优良的吸湿性及抗皱性。

3.3.2.2　聚乳酸的合成及其纤维的制备

（1）聚乳酸合成工艺。目前制造聚乳酸主要有以下三条路线:直接聚合法(简称一步法)、丙交酯开环聚合法(简称两步法)、丙交酯与其他单体的共聚合法。相比而言,聚乳酸的制备方法以两步法和一步法生产技术较为成熟且应用较为广泛。

①一步法(直接缩聚法)。一步法主要是指由精制的乳酸直接进行缩聚生产聚乳酸的方法。该法是最早、最简单的聚乳酸生产方法。但制得的聚乳酸平均分子量较低,因而难以满足制造高分子材料制品的加工要求,故不利于工业化生产。

②两步法(丙交酯开环聚合法)。使乳酸生成环状二聚体丙交酯,在开环缩聚成聚乳酸。这一技术较为成熟,美国 NatureWorks 公司生产聚乳酸的工艺即为该工艺。中国的海正与中科院共同研制的聚乳酸生产技术也与此相似,主要过程是原料经微生物发酵制得乳酸后,再经过精制、脱水低聚、高温裂解,最后聚合成聚乳酸。

③共聚法。共聚法主要是指丙交酯与其他单体(如乙交酯、乙酸内酯和乙二醇等)进行聚合。

（2）聚乳酸纤维的制备技术。聚乳酸纤维的制备方法,除溶液纺丝和熔融纺丝两种传统方法外,还有新型的静电纺丝、凝胶冻干法、相分离法等。

①溶液纺丝。溶液纺丝工艺流程为:溶液纺丝采用干法——热拉伸工艺,以二氯甲烷、三氯甲烷、甲苯作溶剂。工艺流程为:聚乳酸酯→纺丝液→过滤→计量→喷丝板出丝→溶剂蒸发→纤维成型→卷绕→拉伸→纤维成品。Fambri L. 等以氯仿为溶剂,获得拉伸强度为 1.1GPa 的 PLLA 纤维,纺丝过程中 PLLA 的黏均分子量只下降约 6%。但该方法使用溶剂有毒,环境恶劣,成本高,故不适合大规模生产。

②熔融纺丝。熔融纺丝采用二步法纺丝工艺,工艺流程为:聚乳酸酯→真空干燥→熔融挤压→过滤→计量→喷丝板出丝→冷却成型→POY 卷绕→热盘拉伸→上

油→成品丝。该方法污染小、成本低、便于自动化生产。Fambri L. 等采用熔融纺丝可降解聚乳酸纤维，发现相对分子质量损失有90%发生在熔融挤压过程，10%发生在热拉伸过程，挤压速率一定时，纤维特性明显与拉伸速度有关，当拉伸速度越高，弹性模量与拉伸强度越大，断裂伸长率越低。以聚乳酸切片为原料，通过熔融纺丝—热板拉伸二步法制得聚乳酸纤维，发现聚乳酸纤维有良好的成纤性，当拉伸倍率为 4 倍时，聚乳酸纤维的性能最好，即纤维的结晶度、取向度、断裂强度均表现出最佳值。

③静电纺丝。区别于传统纺丝方法，静电纺丝是指聚合物溶液或熔体在外加电场作用下的纺丝工艺。在电场力而非机械力的作用下，形成亚微米级纤维。这些纳米纤维因比表面积大，而具备优异的性能。采用二氯甲烷为溶剂，以滚筒为收集装置，利用静电纺丝法制备了聚乳酸纳米纤维，并进一步研究发现在质量分数相同的条件下，采用相对分子质量较大的聚乳酸切片所纺纤维直径细而均匀，控制收集滚筒的转速在一定范围内，可以获得排列取向较好的纤维。目前，已成功应用多种溶剂制得静电纺聚乳酸纳米纤维膜。

④凝胶冻干法。Ma Peter X. 等提出了制备组织修复聚乳酸纤维支架的新方法——凝胶冻干法。其制备方法是聚合物溶液经热致凝胶、溶剂交换及冻干处理，获得了纳米级纤维多孔支架，作为细胞间质实现对细胞的支撑，为细胞生长、增殖可提供良好的环境。研究发现，聚合物浓度、凝胶温度、溶剂及冷冻温度对纳米级纤维的结构有影响。当凝胶温度较低时，可形成平均直径为 160 ~ 170 nm 的纳米纤维状结构。其孔隙率高达98.5%，并随着聚合物浓度的增大而减小，强度（杨氏模量和拉伸强度）随着聚合物浓度增大而增大。将聚乳酸等可生物降解的脂肪族聚酯经凝胶冻干，制备了直径为 50 ~ 500 nm 的三维交错纤维网络，由此形成的多孔结构可用于模拟天然的细胞外的细胞间质体系。

⑤相分离法。Moriya A 等成功地应用相分离法制备中空聚乳酸纤维，通过制备条件（孔流体组成及添加剂）的控制，制得各种结构的中空纤维，形成两种相分离形式（液液相分离，固液相分离）。

3.3.2.3 聚乳酸纤维的应用

聚乳酸纤维作为生物降解材料在医药及医疗用品方面的开发应用受到了高度重视。聚乳酸纤维因其优良的生物降解性、低毒性，在医疗、医学领域具有广阔的应用前景，纤维可用作手术缝合线、伤口敷料、组织工程支架、生物传感器等。

（1）手术缝合线。在聚乳酸主链中引入了聚己内酯、聚乙醇酸等的分子链，使左旋聚乳酸（PLLA）大分子链的规整度下降，共聚物纤维的结晶度较低，力学性能有所下降，用作可吸收性手术缝合线，聚乳酸及其共聚物纤维做外科缝合线，由于其生物降解性，在伤口愈合后可自动降解并被吸收。特别对于体内伤口，使用可吸收性手术缝合线，不需二次手术拆线，减少了病人的痛苦。1962 年美国 Cyanamid 公司用聚乳酸制成了性能优异的可吸收缝合线。此后,大量研究报道了聚乳酸纤维手术缝合线的降解等各方面特性。

(2)伤口敷料。通过测试聚乳酸纤维的强伸性能、耐酸碱性、热学性能及降解性能,其模量介于聚酯纤维、聚酰胺纤维之间,较柔软,延伸性、舒适性好,且耐酸耐弱碱性好,可生物降解,具备制作医用敷料的可行性。

(3)组织工程支架。聚乳酸纤维因其生物相容性、生物降解性、良好的力学性能和成型性能,而广泛用于软骨、骨、肌腱、小肠、皮肤、神经等组织工程研究。Vincenzo Guarino 等采用相分离—颗粒沥虑法制备聚己内酯强化的聚乳酸纤维支架,制备的支架具有多孔性、降解速率可调性,有利于骨髓间质干细胞的黏附、增殖、分化,展现出良好的组织工程应用前景。Ma Peter X. 等采用相分离法制备聚乳酸纤维膜,结果表明该纤维有利于成骨细胞的分化增殖。Lu Ming chin 等用可降解的多层纬编聚乳酸纤维增强导管修复外周神经导管,PLA 导管作为引导神经生长通道,修复了 10 mm 缺口的大鼠坐骨神经,表明 PLA 纤维增强导管是一种很有前景的神经再生途径。

(4)生物传感器。静电纺纳米纤维膜具有孔径小、孔隙率高、比表面积大的特点,因而静电纺纳米纤维膜感应面积大,有利于感应位点污染物的检测。Dapeng Li 等采用静电纺聚乳酸纳米纤维膜作为生物传感器组件,能有效检测溶液分析物含量。

3.3.3 聚己内酯

早在 20 世纪 30 年代,Carothers 研究小组合成了聚己内酯(PCL)聚合物,并因其能被环境微生物降解而体现出巨大的商业应用价值。

3.3.3.1 聚己内酯的结构性能

(1)聚己内酯的物理和化学性能。聚己内酯是线性的脂肪聚酯,结构式为:

$$HO \underset{n}{\underbrace{\left[\!\!\!\begin{array}{c} \end{array}\!\!CH_2-CH_2-CH_2-CH_2-CH_2-\overset{\displaystyle O}{\overset{\|}{C}}-O \end{array}\!\!\!\right]}}R$$

高相对分子质量的 PCL 几乎都是由 ε - 己内酯单体开环聚合而成的。阳离子、阴离子和络合离子型催化剂都可以引发聚合。常规的聚合方法是用辛酸亚锡催化,在 $140 \sim 170℃$ 下熔融本体聚合。根据聚合条件变化,聚合物的相对分子质量可从几万到几十万。

PCL 是半结晶态聚合物,结晶度约为 45% 左右。PCL 具有共他聚酯材料所不具备的一些特征,最突出的是超低玻璃化温度($T_g = -62℃$)和低熔点($T_m = 57℃$),因此在室温下呈橡胶态,这可能是 PCL 比其他聚酯有更好的药物通透性的原因。此外它具有很好的热稳定性,分解温度为 350℃,其他聚酯的分解温度一般为 250℃左右。

PCL 室温下可溶于氯仿、二氯甲烷、四氯化碳、苯、甲苯、环己酮和 2 - 硝基丙烷,微溶于丙酮、丁酮、醋酸乙酯、二甲基甲酰胺和乙腈,不溶于酒精、石油醚和乙醚。

（2）聚己内酯的生物降解性。PCL 具有良好的生物降解性和相容性,是一种重要的生物降解材料。从分子结构看,PCL 分子中的酯基 —COO— 在自然界中易被微生物或酶分解,最终被完全分解成 CO_2 和 H_2O。如相对分子质量为 30000 的 PCL 制品在土壤中一年后即消失。

文献报道均聚物 PCL 总降解时间为 2 ~ 4 年(与植入装置的初始相对分子质量有关)。PCL 降解分为两个阶段:第一,酯基的非酶水解断裂;第二,当聚合物高度结晶且相对分子质量较低时(< 3000),低相对分子质量碎片可被吞噬细胞、巨细胞、成纤维细胞内吞,进行细胞内降解。

与聚乙醇酸及其他生物可降解聚合物相比,PCL 因具有降解慢的特性,从而更加适合制备降解时间长的植入装置。

（3）聚己内酯的生物相容性。选择医疗设备、支架和药物传递载体中使用的可生物降解聚合物时,生物相容性是首先考虑的一个重要因素。

Ahmat Yusup 等人进行了聚己内酯材料生物相容性与毒理学研究。主要包括六个基本评价实验:细胞毒性实验、全身急性毒性实验、Ames 实验、微核实验、肌肉刺激实验、热源实验。结果表明:PCL 对实验鼠及细胞生长均无毒副作用;Ames 实验与微核实验表明 PCL 对细胞染色体及 DNA 遗传物质无损害;热源实验与肌肉刺激实验同样显示 PCL 无免疫原性。因此,该实验表明 PCL 具有良好的生物相容性。孙磊等人也指出由于 PCL 降解析出物少,能够很快被组织吸收,不会导致长期局部积聚而刺激局部组织产生炎症反应,因而无迟发性、非特异性组织炎症发生。Hutmacher 及其合作者研究了聚己内酯支架在多种动物模型中的短期及长期生物相容性,发现 PCL 支架在15 周的短期移植至 2 年的长期移植均无不良生物相容性影响。

3.3.3.2　聚己内酯的应用

聚己内酯具有独特的生物相容性、生物降解性和对小分子药物的良好通透性,这使其在生物材料领域的应用极为广泛。目前该材料已获美国 FDA 的批准,广泛用于药物控释、医疗设备、组织工程等领域。

（1）药物缓释载体。PCL 具有良好低温形状记忆特性和小分子药物渗透性,可用作药物缓释载体。PCL 比其他聚合物降解慢,可达到 1 年以上的长效缓释,并可通过与其他聚合物共混改变其降解动力学,从而达到最佳缓释效果。PCL 作为药物缓释载体,其药物释放率取决于配方、微胶囊制备方法、PCL 含量、尺寸及加载药物百分比。PCL 作为控制药物释放的载体,一般是通过扩散的机理来起作用的。利用扩散控制有两种形式,一种是 Reservoir(即容器)型,另一种是 Matrix(既基体)型。PCL 与其他聚合物共混可以提高渗透率,改善应力与抗裂能力,从而有利于染色性能和药物可控制释放。近十年,把 PCL 聚合物用于蛋白质与肽等药物可控释放已成为重要的研究方向。

（2）聚己内酯在医疗设备中的应用。

①外科缝合线。医用缝合线是外科手术中应用的十分频繁的材料，它必须满足以下条件：可进行彻底的消毒和杀菌处理；有适当的强度和弹性，缝合后仍能保持一定的强度；操作方便；与人体具有组织适应性；无毒，最好能被人体吸收。己内酯与乙交酯的嵌段共聚物可以用作手术缝合线，并已商品化，商品名为 Monacryl。

②伤口敷料。20 世纪 80 年代初，Pitt 与其合作者成为可吸收聚合物 PCL 表征及应用的主要开拓者。后期研究了其体内体外降解与 PCL 微球皮下释放 L - 美沙酮，从此，PCL 开始被用作超薄皮肤伤口敷料。Ng Kee Woei 通过双向拉伸技术制备超薄 PCL 薄膜（5～15μm 厚）。采用 PCL 薄膜修复大鼠和猪的全层与部分层皮肤损伤，发现其作为体内伤口敷料时无免疫反应，支持全层与部分层伤口的正常愈合，表明 PCL 薄膜作为伤口敷料可行性好。

③避孕装置。PCL 具有降解慢、生物相容性好，并获得 FDA 批准应用，因而也是一种理想植入避孕材料。

早在 20 世纪 80 年代，美国北卡三角研究院用 PCL 胶囊制成可生物降解型埋植剂，临床研究证明植入一根可安全避孕至少一年。宋存先等用生物降解性 PCL 为载体制备女性抗生育药物左炔诺孕酮的长效皮下埋植胶囊，在 PCL 中加入固体水溶性大分子 Pluronic - F68 作为致孔剂。体外和动物体内药物释放的研究证明该埋植剂符合零级释放动力学，可在体内长期维持稳定的药物释放量，每根 3cm 长的埋植剂在体内每天释放约 21μg 药物，预期一次植入两根可有效地避孕两年。从而达到更有效的避孕和减少不良反应。该装置目前已被国家药监局批准进入第二阶段人体临床试验。

④固定装置。目前，有关纯 PCL 用于骨固定的研究不多。Lowry KJ 采用玻璃纤维增强型 PCL 和不锈钢分别修复固定兔肱骨截骨，结果发现 PCL 与不锈钢相比，虽应力阻挡减少，但没有足够的承重机械强度。然而，许多研究表明把 PCL 优良特性与其他材料混合后，可制备性能更为优良的共聚物或混合物，从而满足强弹性材料的应用要求。Rudd 等长期研究了 PCL 植入体用于修复颅面骨。还可通过原位聚合 PCL，采用多种不同纤维对植入体进行加强，包括针织 vicryl 网（针织 PLA/PGA 共聚物纤维网）、磷酸盐玻璃纤维及钠和钙磷酸盐玻璃纤维等。

⑤牙科。理想的根管充填材料应该提供有效的封闭，抑制或杀死残留的细菌，防止再次污染和促进根尖周炎愈合。Resilon™ 是一种根管充填复合材料，目前这种基于 PCL 的根管充填材料已经商品化。

（3）组织工程。组织工程支架的研究已成为人们关注的焦点。PCL 具有优异的生物降解性、生物相容性及流变性能，且能通过各种聚合物加工技术制备多样式排列支架。因而，PCL 在骨、软骨、肌腱、韧带、心血管、血管、皮肤、神经等组织工程领域得到了广泛的关注，其中部分已有商品供应。

①骨修复。Hutmacher D W 等研究表征了添加 20% β – 磷酸三钙的医用级 PCL 支架。新加坡国立大学也采用医用级 PCL 进行了体内体外骨修复研究,于 2008 年临床应用研究后批准商业化,商品名为 Osteopore™。Artlelon® 是唯一一种专利生物材料,由聚己内酯基聚氨酯组成,能为组织愈合提供临时支撑作用。Artelon® 可制成纤维、支架、膜状,可应用于骨科及其他治疗方面。

②软骨修复。由于先天性疾病或外伤引起的软骨病变会阻碍软骨组织自身愈合,因而成为临床上的一大难题。Huang Q 等研究了载转化生长因子 – β_1 的纤维蛋白胶与 PCL 的双相植入物,发现这种支架可有效黏附间质细胞,并在骨膜下植入时促进软骨再生。Wise 等通过静电纺获得有序 PCL 支架(纤维直径为 500 ~ 3000nm),在其上种植骨髓间充质干细胞。通过软骨标记的检测,发现纳米纤维支架(500μm)有利于干细胞分化成软骨细胞。Shao XX 研究发现在 PCL 混合型支架上种植骨髓基质细胞,可很好地修复成年新西兰白兔股骨内侧髁高承重位点处软骨(直径为 4mm、深 5.5mm)。

③肌腱与韧带组织工程。Kazimoglu C 研究发现,在大鼠肌腱重建模型中,PCL 膜具有良好的功能恢复作用。采用溶剂浇注制备 PCL 薄膜,并用于老鼠模型 Achilles 肌腱缺口的修复,发现有严重功能障碍的肌腱得到逐步改善。目前用于修复肌腱的产品有 Mesofol®,Artelon® 等,其主要应用材料均为 PCL。

④血管组织工程。血管组织工程是指利用血管壁的正常细胞和生物可降解材料来制备、重建和再生血管替代材料的科学。Pektok 等利用静电纺丝法制备小口径 PCL 血管支架,内直径为 2mm,实验以聚四氟乙烯支架为对照。研究发现 PCL 支架更利于血管内皮化和细胞外基质的形成,具有良好的愈合特性。还有人采用静电纺制备 PCL/胶原支架用于修复兔主髂动脉,支架植入一个月后,发现其在生理条件下可很好地支持血管细胞的黏附、增殖,并通过支架内皮化可阻止血小板黏附,从而保证支架的完整与畅通。此外,这些支架的生物力学性能与自体动脉性能相近,从而表明静电纺 PCL/胶原是血管重建的良好支架。

⑤皮肤组织工程。纳米纤维膜具有比表面积大,并通过一定的表面修饰有利于细胞黏附、调控细胞功能。Seeram Ramakrishna 利用静电纺制备 PCL 纳米纤维膜和 PCL 共混胶原纳米膜,发现纳米纤维多孔膜适合制备伤口敷料,且 PCL 混纺胶原蛋白纳米纤维膜有利于成纤维细胞的附着和增殖。因而,其在皮肤缺损和烧伤治疗中具有替代真皮的极大可能。Chen M 等人在 PCL 静电纺支架上真空种植 NIH3T3 成纤维细胞。为了形成双层皮肤,中间层种植成纤维细胞和顶层种植角质形成细胞。发现采用真空种植细胞,有利于细胞在不同深度成纤维细胞增殖,且细胞的黏附、增殖与真空压力和纤维支架直径呈函数关系。

⑥神经组织工程。随着种子细胞支架材料和神经因子的发展,组织工程学方法为神经损伤后的再生与修复带来了希望。早在 20 世纪 90 年代,Dendunnen WFA 等做了

PCL/PLLA 复合材料用于神经再生的研究。进行了大鼠坐骨神经细胞毒性试验、神经原位植入皮下降解等研究。按照 ISO/EN 标准,发现该神经导管共聚物无细胞毒性,显示出轻微的异物反应及完整的移植纤维封装效果。植入 1 个月后导管开始降解,植入18 个月后导管已完全破碎。静电纺纳米纤维具有高比表面积,有利于细胞黏附,也可引导细胞定向迁移,从而使该技术成了神经修复领域关注的焦点。

目前,FDA 批准可临床应用的神经导管 Neurolac®,是由 PDLLA – co – PCL(65/35)组成,在神经再生中可引导和保护轴突再生,并可防止组织纤维长入神经间隙,从而达到良好的修复效果。

3.3.4　聚氨酯

聚氨酯(Polyurethane,PU)以其结构易于设计加工而成为合成材料中发展较快的材料。因聚氨酯具有优异的力学性能和良好的生物相容性,在生物医学领域中占有相当重要的地位,广泛应用于植入生物体的医用装置及人造器官,如人工瓣膜人工心脏、人工心脏辅助装置、人工血管、介入导管、人工关节及人工软骨等。20 世纪 60 年代,美国 DuPont 公司生产出热塑性聚氨酯,它具有比硅橡胶更好的耐屈挠疲劳性。美国 Ethicon 公司将此技术开发出商标名为 Biomer 的聚氨酯,并且成功地应用在生物医学领域中。20 世纪 80 年代中期,美国 PTG 公司生产出性能更加优异的商标名为 Biospan 的聚氨酯,开始大量应用于临床中。但在长期应用过程中,研究学者们发现聚氨酯在和血液长期接触的情况下,其性能还不能满足生物医学上的需要。1981 年 Parins 等报道了采用聚醚型聚氨酯制造的心脏起搏器导线在体内的降解现象,体液进入材料内部,导致起搏器电路短路。许多研究学者认为炎症反应是诱发降解的根本因素,而提高聚氨酯材料的生物相容性可以使其不诱发或少诱发机体的炎症反应。通过采用物理或化学的多种方法对聚氨酯进行改性可以改进其生物学性能(包括抗凝血性、生物相容性)。

3.3.4.1　聚氨酯的结构特点及其合成进展

聚氨酯是大分子主链中含有重复氨基甲酸酯链段的高分子聚合物。可塑性聚氨酯主链通常是由玻璃化温度低于室温的柔软链段(即软段)和玻璃化温度高于室温的刚性链段(即硬段)嵌段而成。软段由低聚物多元醇(如聚酯、聚醚)构成,硬段由二异氰酸酯和小分子扩链剂(如二胺和二醇)构成。在聚氨酯的合成过程中,可以通过选择不同的嵌段和调节软硬段间的比例,对聚氨酯进行设计,从而合成出具有不同化学结构(如线性的、支形的、交联的)、力学性能(刚性的、柔性的)及热性能的聚氨酯,以适应不同的应用要求。

另外,在聚氨酯弹性体中,由于硬段的极性强,相互之间引力大,在热力学上具有自发分离的倾向,属热力学不相容体系,可引起微相分离。其微相表面结构与生物膜极为相似,由于存在着不同表面自由能分布状态,改进了材料对血清蛋白的吸附力,抑制了血小板的黏附,减少了血栓的形成,因此聚氨酯具有比其他材料更好的生物相容性。

聚氨酯硬段包括分子链中的氨基甲酸酯和扩链剂部分。由于硬段在极性、界面能等方面与软段的不相容性,因而容易与软段形成一种微观相分离结构,软段构成材料的连续相,硬段作为物理交联点分散其中,也正是这种微观相分离结构,赋予了聚氨酯材料良好的抗凝血性。常用的异氰酸酯有芳香族的二苯基甲烷 4,4′-二异氰酸酯(MDI)和甲苯二异氰酸酯(TDI),但这两种化合物合成出来的聚氨酯在生理条件下降解时易生成具有致癌作用的二胺类化合物,如 4,4′-亚甲基双苯胺(MDA)和对苯二胺。若采用脂肪族的六亚甲基二异氰酸酯(HDI)和 4,4一亚甲基二环己基二异氰酸酯(H,2MDI),还有新型的赖氨酸基二异氰酸酯(LDI)来合成生物聚氨酯材料,则可以保证聚氨酯的降解产物没有毒性,但同时损失了材料的力学性能,并且材料的热稳定性也降低。

聚氨酯扩链剂的选择主要集中在两类,二元醇和二元胺。一般来说,二元胺类扩链剂的活性相对于二元醇类更高,但二元胺的生理毒性则强于二元醇类。常用的有 1,4-丁二醇(BD)、乙二胺等。研究表明,当用偶数的二元胺作为扩链剂时,高分子链之间的氢键数目较多,硬段之间排列紧密,微观相分离明显,血液相容性好。同时氢键较多,也会起到一种屏蔽作用,降低氨基甲酸酯键之间断裂的概率。如果采用功能型扩链剂,还能为聚氨酯材料的表面改性提供一个简单方法。

3.3.4.2 聚氨酯在医用方面的发展背景

(1)聚氨酯树脂发展史。聚氨酯是在高分子结构主链上含有许多氨基甲酸酯基团(—NHCOO—)的聚合物,国际上称为 polyurethane,我国某些资料译为聚氨基甲酸酯、聚脲烷等。按行业习惯,目前我国将此类聚合物通称为聚氨酯,其系列产品统称为聚氨酯树脂,是合成材料中的重要品种,它已跃居合成材料第六位。聚氨酯树脂是一种新型的具有独特性能和多方面用途的高聚物,已有七十多年的发展历史。它以二异氰酸酯和多元醇为基本原料加聚而成,选择不同数目的官能基团和不同类型的官能基,采用不同的合成工艺,能制备出性能各异、表现形式多样的聚氨酯产品。有从十分柔软到极其坚硬的泡沫塑料,有耐磨性能优异的弹性橡胶,有高光泽性的油漆、涂料,也有高回弹性的合成纤维、抗挠曲性能优良的合成皮革、黏结性能优良的胶黏剂以及防水涂料和灌浆材料等,逐渐形成了一个品种多样、性能优异的新型合成材料系列。

(2)医用聚氨酯。大量动物实验和急慢性毒性实验证实,医用聚氨酯无毒、无致畸变作用,对局部无刺激性反应和过敏反应,聚氨酯在医学领域上应用具有较好的生物相容性。

自 20 世纪 50 年代聚氨酯首次应用于生物医学,四十多年来,聚氨酯在医学上的用途日益广泛,1958 年聚氨酯首次用于骨折修复材料,而后又成功地应用于血管外科手术缝合用补充涂层,70 年代开始,聚氨酯作为一种医用材料已备受重视。到了 80 年代,用聚氨酯弹性体制造人工心脏移植手术获得成功,使聚氨酯材料在生物医学上的应用得到进一步的发展,近年来,随着科技的进步和研究水平的提高,新的医用聚氨酯材料不断涌现,制品的性能也在不断完善。

聚氨酯是由软链段和硬链段交替镶嵌组成的,含有许多—NHCOO—基团的极性高聚物,通过选择适当的软、硬链段结构及其比例,就可合成出既具有良好的物理和力学性能,又具有血液相容性和生物相容性的医用高分子材料。聚氨酯之所以能广泛应用于生物医学领域,与它所具备的优异性能是分不开的。其主要性能如下:

①优良的抗凝血性能。

②毒性试验结果符合医用要求。

③临床应用中生物相容性好,无致畸变作用,无过敏反应,可解决天然胶乳医用制品固有的"蛋白质过敏"和"致癌物亚硝胺析出"两大难题,从而成为许多天然胶乳医用制品的换代材料。

④具有优良的韧性和弹性,加工性能好,加工方式多样,是制作各类医用弹性体制品的首选材料。

⑤具有优异的耐磨性能、软触感、耐湿气性、耐多种化学药品性能。

⑥能采用通常的方法灭菌,暴露在 X 射线下性能不变。

这些优势保证了使用聚氨酯产品无论是生产体内或体外的医疗用具都能使其发挥出良好的性能。

(3)医用聚氨酯的分类。

①按用途分类。聚氨酯产品包括人工心脏瓣膜、人工肺、骨黏合剂、人工皮肤、烧伤敷料、心脏起搏器绝缘线、缝线、各种夹板、导液管、人工血管、气管、插管、齿科材料、插入导管、计划生育用品等。

②按材料种类分类。医用聚氨酯产品可分为医用聚氨酯生物弹性体、医用聚氨酯泡沫、医用聚氨酯黏合剂、医用聚氨酯涂料以及医用聚氨酯水凝胶等。

3.3.4.3　聚氨酯的应用

(1)人工心脏及心脏辅助装置。人工心脏及其辅助装置可应用于心肌梗死、外伤、心脏手术后发生低心排而不能脱离体外循环的患者及心脏移植前,暂时代替自然心脏的功能,作为心脏移植的桥梁过渡,已大量应用在临床中。人工心脏及心脏辅助装置对材料的性能要求是多方面的:不引起血栓;不破坏血液细胞成分;不改变血浆蛋白,不破坏生物酶;不释放电解质;不引起有害的免疫反应;不损害邻近组织;不致癌;不产生毒素与变态反应;优异的耐屈挠性。临床实践证明,聚氨酯弹性体在血液相容性、生物相容性、耐久性等方面均优于天然橡胶、硅橡胶、烯烃橡胶,已成为国内外研制人工心脏及其辅助装置的首选材料。国内外主要研制单位有美国犹他大学(浇注型聚氨酯心室)、广州中山医学院(聚醚型聚氨酯弹性体—反搏、助搏气囊)、成都科技大学(反搏气囊、血管、血泵等),这些产品都已获得成功。

制备人工心脏过去大多采用聚四氢呋喃醚(PTMG)为软段与 MDI 反应生成预聚物,然后以小分子二醇或二胺为扩链剂来合成。鉴于对芳香族聚氨酯降解产物可能会产生对人体有害的芳胺,目前主要使用脂肪族聚醚型聚氨酯,为进一步提高聚氨酯材料表面的抗凝血性能,国内外对聚氨酯改性做了大量的研究,一般是在分子链上接枝硅和维生素等以进一步改善其生物相容性,也有研究在聚氨酯表面加附各种细胞黏附因子,如胶原、纤维粘连蛋白和白蛋白,使聚氨酯表面更加生物化。还有研究使用单层碳纳米管改性聚氨酯以提高其生物稳定性。

英国医疗装置生产商 Aortech 国际公司采用聚氨酯—硅烷嵌段共聚物 Elast – Eon 材料(TPU)制造新型人工心脏阀门,以提高生物相容性。第四军医大学西京医院心血管外科与中国医学科学院、山西省化工研究所合作,将 Si 原子引入聚氨酯硬段,实现对聚氨酯硬段改性,刘金成等对其进行血液相容性及毒理性研究,通过溶血试验、动态凝血时间试验、血小板黏附试验及全身急毒性试验,评价聚氨酯硬段改性材料作为人工心室辅助装置材料的血液相容性和全身毒性,结果显示硬段改性聚氨酯材料血液相容性优于未改性聚氨酯材料,无明显全身毒性反应。

(2)人造血管。第一个关于生物稳定聚氨酯人造血管的专利是 Covita 公司的聚碳酸酯型聚氨酯(商品名:Corethane™),这种聚氨酯植入人体或动物体内达 3 年时间,完全通过了人工血管的性能测试。聚氨酯是一种弹性良好的高分子材料,小径微孔 PU 血管具有好的血液相容性,与天然血管相匹配的顺应性,可大大减少新内膜增生。此外,合理的孔径和孔隙率的三维设计能增强内皮细胞在支架上的黏附、长入和铺展,加速内皮细胞化过程。潘仕荣等采用生物性能稳定的 PU 制备小径人工血管,曾先后报道过聚六亚甲基碳酸酯聚氨酯脲的合成和通过微观结构设计和内腔表面偶联重组水蛭素,来提高顺应性和抗凝血性,达到自然内皮细胞化和提高畅通率的目的。潘仕荣等通过选择材料和优化制备条件,可制得具有合适孔径和孔隙率,顺应性和其他性能与天然血管匹配的 PU 小径血管,达到提高小径血管长期植入的畅通率的目的。PU 小径血管内径 2 ~ 4mm,壁厚 0.6 ~ 1.2mm,密度 0.23 ~ 0.49g/cm³,孔径 42~95mm,孔隙率 56% ~ 80%。血管的径向顺应性 1.2% ~ 7.4% · 13.3kPa⁻¹,水渗透性 0.29~12.44g/(cm² · min),轴向抗张强度 1.55 ~ 4.36MPa,爆破强度 60 ~ 300kPa,缝线撕裂强度 19.5 ~ 96.2N/cm²。

据欧洲塑料新闻网消息,由 Jennifer West 教授领导的美国莱斯大学研究团队已经生产出了一种新型的聚氨酯材料,该材料可用于制造小直径的人造血管。其他的人造材料,如膨体聚四氟乙烯(ePTFE)已成功地应用于较大直径血管的制造,但对于直径小于 6mm 的血管,由于血液凝结或组织堵塞的原因,这些材料将无能为力。莱斯大学的研究团队经多次实验后发现,将一氧化氮生产的缩氨酸加入聚氨酯中,可增强聚氨酯抗血液凝结的能力。在生理状态下,这种聚氨酯释放的一氧化氮可以防止血液的凝结。

(3)矫形绷带。对骨折患者来说,进行石膏绷带外固定几乎是必不可少的治疗措施,但它也给患者带来了不少痛苦,特别是炎热的夏天,极易引起石膏内瘙痒及炎症,而且石膏笨重,不透气,干固后无弹性,活动时易折断,强度差、不耐磨及 X 线穿透性也差,绷带拆除时也容易污染环境等。因此,寻找一种既有石膏绷带固定的优点,又能克服其缺点的外固定材料,是临床上非常迫切需要解决的问题。我国在骨折外固定材料方面主要采用石膏绷带、石膏托等产品,据有关部门统计石膏绷带每年的使用量在 1.5 亿卷左右。但由于石膏绷带笨重、不透气、不透 X 线、遇水溶解、固化时间长等缺陷,导致其不断被其他新产品代替。医疗聚氨酯矫形绷带自 2001 年引入中国市场,经过 4 年的临床使用,证明其是使用方便、性能优良的一种外固定材料。目前国外 90% 骨折病人都选用医疗聚氨酯矫形绷带固定,而我国目前使用医疗聚氨酯矫形绷带固定的骨折病人还不到十分之一,全年的使用量在 40 万卷左右,因此医疗聚氨酯矫形绷带是我国未来 5 年内增长潜力最大的一种骨科耗材。韩国 PRIME MEDICAL INC 公司产品 PRIME 高分子绷带和夹板是由多层经聚氨酯、聚酯浸透的高分子纤维构成。聚氨酯材料具有较好的黏结性、固化速度快、固化后强度大且质量轻等优点。

桑井贵等在临床应用中采用浙江黄岩医用材料厂研制的医用聚氨酯绷带替代石膏绷带固定治疗四肢闭合性骨折多例,经过 10 余年的临床实践,取得了满意的临床治疗效果。医用聚氨酯绷带由基材和涂层复合而成,绷带基材是合成纤维织物,表面涂有聚氨酯树脂,既可避免潮湿而引起的并发症,又具有石膏绷带的特点,编者认为医用聚氨酯绷带是一种很好的外固定材料,值得各级医疗机构进一步推广应用。

(4)假肢。采用聚醚型聚氨酯—脲弹性体共聚物或聚醚型聚氨酯制造的人体假肢,和人体组织有很好的相容性。如聚酯—MDI 发泡所制得的聚氨酯海绵弹性体可制作假肢;水发泡聚氨酯弹性体可制作假肢护套,其耐磨性能超过乳胶护套;微孔弹性体可制作上肢肢体。

(5)可逆式输精管用聚氨酯栓堵剂。山西省人民医院与山西省化工研究所合作开发了可逆式输精管用聚氨酯栓堵剂,注入男性输精管内,固化为条形弹性栓塞,可阻止精子通过,达到避孕目的,一旦需要恢复生育能力时,取出栓塞,又可正常受精。此法经济、方便、有效,对局部组织无不良反应。黄真嘉等则报道了用聚氨酯铋作为栓堵材料,聚氨酯铋是一种 X 射线显影的单组分聚醚型聚氨酯,具有常温为固体、在某温度下为流体的特性,毒理研究表明,其具有良好的生物相容性、无毒、无腐蚀、无致突变作用,符合医用要求,在 142 例健康男性使用中节育有效率为 98.58%。方志薇等以三乙醇胺、乙二胺为扩链剂,采用预聚体法制得室温快速固化医用聚氨酯避孕栓,通过注射器将预聚体与扩链剂的混合物注入人体内,两者在人体内发生固化反应生成聚氨酯弹性体,形成避孕栓,可达到避孕的目的。研究表明制备的聚氨酯在室温条件下的固化时间为 25min;可在反应开始后 15min 内将混合物用注射器推动并可在人体内固化成型;生成的聚氨酯弹性体避孕栓的柔软性、环境适应性均较好。

(6)医用胶黏剂。医用胶黏剂可分为硬组织胶黏剂和软组织胶黏剂,医用胶黏剂需满足以下要求:与生物体良好黏合性;胶黏剂本身及其分解生成物无毒;对生物体适应性;在存在水的环境下能黏接;与被黏接体弹性等力学性能相近;具有消毒灭菌的功能。

李军等针对皮肤表面应用的压敏胶存在的问题,综合聚氨酯良好的黏结性、柔韧性和生物相容性等优良性能,制备了一种亲水性聚氨酯压敏胶。该压敏胶是由二异氰酸酯与多元醇的混合物进行反应生成预聚体,再经扩链制得的。通过在聚氨酯主链上引入亲水的聚乙二醇嵌段来赋予压敏胶亲水性。研究结果表明该聚氨酯压敏胶具有优良的黏结性能及反复揭贴性,具有良好的药物、皮肤相容性及良好的药物控释性能。美国 bristol - myers 公司研制成功的新型医用聚氨酯压敏黏合胶,是由聚醚多元醇、聚酯多元醇或两者的混合物与甲苯二异氰酸酯反应制成的。在该黏合剂中再加入杀菌药剂以及导电化学品,移除创伤渗出液的超级吸收剂和对创伤愈合具有有效再生能力的化合物。该黏合剂可用于制备医疗领域中自黏薄膜结构,尤其用于吻合器械、创伤橡皮膏、创伤包敷料及纱布绷带等。

(7)敷料。传统敷料如纱布、棉花等易粘连伤口、滋生细菌、更换时带来二次创伤。作为创面覆盖物的创伤敷料,除了有良好的生物相容性外,还要求具有良好的吸液、保液透湿和隔菌功能,既要避免积液,又要保持适当湿润的创面小气候,防止结痂,以利于创面的愈合,同时还要能起到隔菌作用,以防止创面的感染。随着科学技术的发展,各种新型敷料不断出现,其中重要的一种就是聚氨酯敷料。黄忠兵等研究设计采用双层复合材料,内层为与创面接触的亲水性聚氨酯软泡沫(PUF),它可以吸收创面的渗出液和载药;外层为改性的聚氨酯弹性体薄膜,具有透湿和隔菌功能,力学性能能满足敷料的使用要求。亲水性聚氨酯是由亲水性 PEG 与异氰酸酯在交联剂、催化剂存在下反应制得。通过控制聚乙二醇相对分子质量大小和交联剂用量来调节控制材料的网状结构的形态和交联相对分子质量,以满足敷料用 PU 亲水性要求。将上述预聚体配成乙酸乙酯、丙酮等溶剂的混合溶液,倒在聚四氟乙烯板上刮涂,而后在 0℃ 下固化干燥 4~5h 制得薄膜。再在这种预聚体中加入水和其他无毒发泡助剂,在催化剂作用下,反应生成细孔结构的软质 PUF。

该材料能满足敷料对材料的生物相容性的要求,而且也能大大改善传统聚氨酯材料的功能性,是一种具有良好应用前景的新型敷料用材料。程莉萍等以自制的亲水性聚氨酯软泡沫为载体制备抗菌创伤敷料,经动物实验和临床试验证明,此材料安全、无毒、无刺激、不致敏、无异物反应、创面愈合快、生物相容性好。他们对4种抗菌剂(超微二氧化钛粉末、磺胺嘧啶银、磺胺、硝酸银)进行了实验。采用预聚体法、填充法、浸渍法3种方法将抗菌剂加载于聚氨酯敷料中,测试了抗菌敷料的抗菌性能并进行了比较。结果表明,4种抗菌剂制备的敷料均有抗菌效能。综合考虑抗菌敷料的抗菌性能、手感、颜色、掉粉等因素,将超微二氧化钛粉末、磺胺嘧啶银和磺胺3种抗菌剂,以填充加载法制备抗菌创伤敷料,抗菌效果好。

(8)药物缓释载体。由于传统的给药方式使得药物成分在体内迅速吸收,往往会引起不可接受的副作用,引起不充分的治疗效果。因此,为了避免传统常规制剂给药频繁所出现的"峰谷"现象,提高临床用药安全性与有效性,从而增加药物治疗的安全性、高效性和可靠性,则一种良好的药物缓释辅料的应用在临床上具有重要的实际意义。刘育红等以木质素、改性木质素为原料代替多元醇合成聚氨酯,以硝苯地平为模型药物,利用悬浮缩聚法制备具有缓释性能的载药微球,微球药物释放性能好,且对温度湿度稳定。李天全等以嵌段聚醚型聚氨酯BiospanoR为基质,牛血清白蛋白(BSA)或聚乙二醇(PEG)为成孔剂,去离子水为缓释接受液,制得的环丙沙星抗菌缓释材料BBC和BPC均具有较好的药物缓释功能,在34h之内,能有效地抑制和杀灭绿脓杆菌。由于PEG比BSA价廉易得,而且容易加工,所得BPC材料表面光洁度好等特点,更具应用价值。

(9)接触眼镜。作为接触眼镜使用的材料,除了要求具备高含水量、高透明度及良好的机械性能之外,还必须具有良好的氧渗透性,否则易导致角膜炎。由于聚氨酯水凝胶与其他类型水凝胶相比具有良好的生物相容性、血液相容性及机械性能,早在1974年,Blair等人就提出将亲水性聚氨酯应用于接触眼镜中。之后Gould等人研究了用于接触眼镜的含有亲水性聚氨酯的聚氨酯—聚丙烯酸互穿网络水凝胶体系。Lai等人用新戊二醇(NPG)、聚丙二醇和异佛尔酮二异氰酸酯(IPDI)反应得到商品名为INP4H的预聚物,后与亲水性单体经紫外光固化得到聚氨酯薄膜,在缓冲溶液中溶胀至恒重得到PU水凝胶。INP4H通过紫外光固化制得的PU水凝胶的水接触角都在30°~40°,与用于制造接触眼镜的其他水凝胶相同,并表现出良好的抗蛋白质黏附性。

(10)医用人造皮。弹性较好的聚氨酯泡沫可制作人造皮。其优点是透气性好,能促使表皮加速生长,可防止伤口水分和无机盐的流失,阻止外界细菌介入,防止感染。

3.3.4.4 医用聚氨酯纤维的制备

目前常用的制备方法有干法纺丝、湿法纺丝、熔法纺丝和静电纺丝。

(1)干法纺丝。干法纺丝是指将黏性较高的纺丝液经喷丝后,通过加热的甬道,在热气流作用下溶剂挥发,溶液固化成丝的方法。其温度为200~230℃,速度在500m/min以上,甚至可以高达1000m/min。按聚合技术不同,干法纺丝又可以分为间歇聚合和连续聚合。经过多年的发展,干法纺丝技术已趋于成熟,该方法所制备的产品约占生产总量的80%,可以称得上是应用最为普遍的聚氨酯纤维制备方法。

(2)湿法纺丝。在工业生产中,可以将聚氨酯制成嵌段共聚物溶液,再将溶液通过喷丝头,最终在凝固浴中固化为聚氨酯纤维。凝固浴以温水(90℃以下)为凝固介质,速度一般不超过200m/min。用该方法纺的丝,具有皮层特征,纤维截面为圆形。

(3)熔法纺丝。熔法纺丝是指将热塑性聚氨酯嵌段共聚物切片,经螺杆挤压机加热熔融,以计量泵定量后,使熔体均匀地通过喷丝板小孔,经空气冷凝固化为聚氨酯纤维的方法,温度为160~220℃,速度为200~800m/min。该方法具有工艺简单、成本较低、生产效率高、无环境污染等特点。近几年,日本的日清纺、钟纺、可乐丽等公司已相继成功开发出熔纺聚氨酯产品。众所周知,熔纺聚氨酯纤维的弹性回复率不及干法制品,而通过添加适当的助剂,设置合理的工艺参数,其品质将有可能与干纺产品相媲美。例如,NOVEON公司生产的熔纺聚氨酯切片以预聚体作为添加剂,所获得的纤维具有较好的弹性回复率,与干法产品的质量指标较为接近。

(4)静电纺丝。采用静电纺丝技术,以四氢呋喃(THF)或二甲基甲酰胺(DMF)或二者的共混溶液为溶剂,可以成功地制备聚氨酯纤维膜。该制品具有三维结构、较高的比表面积和孔隙率、良好的柔软性和弹性,因此在组织工程、医用防护服装和医用辅料等方面将具有广泛的应用前景。

参考文献

[1]卢霞,应国清,应雪肖.壳聚糖在药物缓释中的应用[J].药物生物技术,2006,13(3):233-236.

[2]蒋挺大,张春萍.胶原蛋白[M].北京:化学工业出版社,2001.

[3]陈国梁,贺翠莲.胶原蛋白的研究进展[J].延安大学学报(自然科学版),2000,19(2):78-81.

[4]Fernandez MD, Montero P, Gome MC. Effect of freezing fish skins on molecular and rheological properties of extracted gelatin[J]. Food Hydrocolloids, 2003,17:281-286.

[5]任俊莉,付丽红,邱化玉.胶原蛋白的应用及其发展前景[J].中国皮革,2003,32(23):16-17.

[6]张慧君,罗仓学,张新申,等.胶原蛋白的应用[J].皮革科学与工程,2003,13(6):37-46.

[7]李彦春,程宝箴,靳立强.胶原蛋白的应用[J].皮革化工,2002,19(3):10-14.

[8]Nagai T, Suzuki N. Isolation of collagen from fish waste material - skin, bone, and fins[J]. Food Chemistry, 2000, 68:277-281.

[9]关静,武继民.胶原蛋白的医疗应用[J].军事医学科学院院刊,1997,21(4):305-308.

[10]任俊莉,付丽红,邱化玉.胶原蛋白的应用及其发展前景(续)[J].中国皮革,2004,33

（1）：36 – 38.

[11]Foelix, R. F. Biology of spiders[M]. Harvard University Press, Cambridge, MA, 1992.

[12]柞蚕丝绸染整技术编写组. 柞蚕丝绸染整技术[M]. 北京:纺织工业出版社, 1986.

[13]刘永成,邵正中,孙玉宇,等. 蚕丝蛋白的结构和功能[J]. 高分子通报,1998, 3:17 – 23.

[14]Zhou CZ, Confalonieri F, Medina N, et al. Fine organization of Bombyx mori fibroin heavy chain gene[J]. Nucleic Acids Research, 2000, 28: 2413 – 2419.

[15]Tashiro Y, Otsuki E. Dissociation of native fibroin by sulphydryl compounds[J]. Biochim Biophys Acta, 1970, 214: 265 – 273.

[16]Chevillard M, Couble P, Prudhomme JC. Complete nucleotide sequence of the gene encoding the Bombyx mori silk protein P25 and predicted amino acid sequence of the protein[J]. Nucleic Acids Research, 1986, 14: 6341 – 6342.

[17]梅士英. 国家家蚕丝素的化学组成研究[J]. 纺织学报,1981, 2:10 – 14.

[18]Marsh RE, Corey RB, Pauling L. An investigation of structure of silk fibroin[J]. Biochim Biophys Acta, 1955, 16: 1 – 5.

[19]Fossrey SA, Nemethy G, Gibson, KD. Conformational energy studies of beta – sheets of model silk fibroin peptides. I. Sheets of poly(Ala – Gly) chains[J]. Biopolymers, 1991, 31: 1529 – 1541.

[20]Takahashi Y. In Silk Polymers[J]. Materials Science and Biotechnology, 1994,15: 168 – 175.

[21]向仲怀. 蚕丝生物学[M]. 北京:中国林业出版社,2005.

[22]张雨青,顾仁敖,朱江,等. 固定化尿酸酶丝素膜的性质及其尿酸传感器[J]. 生物化学与生物物理进展,1998, 25(3): 275 – 278.

[23]黄晨,徐新颜,徐静斐,等. 丝素膜作为固定化酶载体的研究——丝素膜固定化青霉素酰化酶性质的研究[J]. 丝绸,1996, 8:13 – 15.

[24]Zhang YP, Zhu J, Gu RN. Improved biosensor for glucose based on glucose oxidase – immobilized silk fibroin membrane[J]. Applied Biochemistry and Biotechnology, 1998, 75: 215 – 233.

[25]陈建勇,刘冠峰,沈之荃. 丝素蛋白膜上 5 – 氟尿嘧啶的包埋及其释放[J]. 高等学校化学学报,1999, 19(10): 1646 – 1650.

[26]顾晋伟,杨新林. 丝素蛋白膜表面的等离子体磺酸化机体外抗凝血性能[J]. 高技术通讯,2001, 8:7 – 10.

[27]张幼珠,杨晓马,等. 中药丝素膜的研制及其性能[J]. 丝绸,1999, 8: 29 – 32.

[28]Altmana GH, Horan GL, Lu HH, et al. Silk matrix for engineered anterior cruciate ligaments[J]. Biomaterials, 2002, 23: 4131 – 4141.

[29]Furuzono T, Taguchi T, Kishida A, et al. Preparation and characterization of apatite deposited on silk fabric using and alternate soaking process[J]. Journal of Biomedical Materials Researsh, 2000, 50(3): 344 – 352.

[30]吴海涛,钟翠平,顾云娣,等. 蚕丝在软骨细胞立体培养中的应用[J]. 中国修复重建外科杂志,2000, 14(5): 301 – 305.

[31]宁丽,薛淼,黄海宁,等. 皮肤再生膜的生物相容性系列研究[J]. 中国修复重建外科杂志,

2000，14(1)：44 – 49.

[32]李明忠,卢神州,李丛新,等. 复合丝素膜的制备[J]. 纺织学报,1998,19(6):45 – 46.

[33]曹阳,王伯初,迟少萍,等. 基于丝素蛋白的药物缓释材料[J]. 中国组织工程研究与临床康复,2009，13(8)：1553 – 1536.

[34]于娟,万涛,李世普. 氯乙酸溶剂法合成聚羟基乙酸[J]. 武汉理工大学学报,2006，28(6)：38 – 42.

[35]陈莉,杜锡光,赵保中. 聚羟基乙酸及其共聚物[J]. 高分子通报,2003，2：18 – 25.

[36]吴颖. 生物降解聚酯—聚乙丙交酯的合成研究及应用[J]. 化工新型材料,2000，28(1)：22.

[37]Tormala P, Vasenius J, Vainionpaa S, et al. Ultra – high – strength absorbable self – reinforced polyglycolide (SR – PGA) composite rods for internal fixation of bone fractures: in vitro and in vivo study [J]. J Biomed Mater Res, 1991, 25(1)：1 – 22.

[38]Vainionpaa S, Kilpikari J, Laiho, J, et al. Strength and strength retention in vitro, of absorbable, self – reinforced polyglycolide (PGA) rods for fracture fixation [J]. Biomaterials, 1987, 8 (1)：46 – 48.

[39]Nakamura T, Shimizu Y, Mizuno, H, et al. Clinical study of bioabsorbable PGA sheets for suture reinforcement and use as artificial pleura [J]. Nippon Kyobu Geka Gakkai Zasshi, 1992, 40 (10)：1828 – 1831.

[40]Harenberg T, Menenakos C, Jacobi C A, Braumann, C. Distal trachea and bronchial large lesions and suture reinforcement with Polyglicol Acid (PGA) patch[J]. First clinical experience , G Chir, 2010, 31(1 – 2) : 10 – 5.

[41]孙安科,陈文弦,崔鹏程,等. 以 PGA 为三维支架同种异体工程化软骨的构建[J]. 解放军医学杂志,2001, 26(10)：748 – 749.

[42]周曾同,黄鹤,曹谊林. 用 PGA 支架体外构建人口腔黏膜固有层的实验研究[J]. 上海口腔医学,2004, 13(1)：30 – 33.

[43]杨光辉,崔磊,刘伟,等. 利用聚羟基乙酸构建组织工程皮肤的实验研究[J]. 中华实验外科杂志,2003, 20(11)：984 – 986.

[44]Mansbridge J, Liu K, Patch R, et al. Three – dimensional fibroblast culture implant for the treatment of diabetic foot ulcers: metablic activity and threapeutic range[J]. Tissue Eng, 1998,4: 403 – 414.

[45]张昊. 聚乳酸纤维及其应用[J]. 河北纺织,2009, 1: 29 – 34.

[46]李全明,邱发贵,张梅,等. 聚乳酸纤维的开发和应用[J]. 现代纺织技术,2008, 1: 53 – 55.

[47]孟龙,魏彩虹,张力. 聚乳酸纤维的研究进展[J]. 化工新型材料,2008,4(36):10 – 11.

[48]Fambri L , Pegoretti A,Fenner R. Biodegradable fibres of poly(L – lactic acid) produced by melt spinning[J]. Polymer, 1997, 1(38)：79 – 85.

[49]贾广霞,夏磊,张迪. 聚乳酸纤维的纺丝与拉伸[J]. 天津工业大学学报,2007,1(26)：21 – 22.

［50］Khan S. Carbon Nanotube based nanocomposite fibril for cartilage regeneration［D］. Drexel University, 2002.

［51］葛鹏飞, 葛明桥, 魏取福. 聚乳酸纤维的静电纺丝及其形态结构研究［J］. 合成纤维, 2007, 1:1-4.

［52］Ma P X, Zhang R. Synthetic nano - scale fibrous extracellular matrix［J］. J. Biomed. Mater. Res, 1999, 46(1): 60-72.

［53］Cutright, DE, Hunsuck, EE. Tissue reaction to biodegradable polylactic acid suture［J］. Oral Surgery Oral Medicine Oral Pathology Oral Radiology and Endodontics, 1971, 1(31) :134.

［54］Lou, CW, Yao, CH, Chen, YS, et al. Manufacturing and properties of PLA absorbable surgical suture［J］. Textile Research Journal, 2008, 11(78): 958-965.

［55］刘君妹, 吕悦慈, 贾立霞. 聚乳酸纤维制备医用敷料的可行性研究［J］. 上海纺织科技, 2009, 7(37): 5-7.

［56］Hu Jiang, Liu Xiaohua, Ma Peter X. Induction of osteoblast differentiation phenotype on poly(L - lactic acid) nanofibrous matrix［J］. Biomaterials, 2008, (29): 3815-3821.

［57］Lu Ming - Chin, Yao Chun - Hsu, Chen Yueh - Sheng. Evaluation of a multi - layer microbraided polylactic acid fiber - reinforced conduit for peripheral nerve regeneration［J］. Journal of Materials Science: Materials in Medicine, 2008, 5(20): 1175-1180.

［58］Van Natta FJ, Hill JW, Carruthers WH. Polymerization and ring formation, ε - caprolactone and its polymers［J］. J Am Chem Soc, 1934, 56: 455-9.

［59］Huang S. Biodegradable polymers. In: Mark F, Bikales N, Overberger C, Menges G, Kroshwitz J, editors. Encyclopedia of polymer science and engineering［M］. NewYork: JohnWiley and Sons, 1985: 220-243.

［60］俞耀庭, 张兴栋. 生物医用材料［M］. 天津:天津大学出版社,2000.

［61］孙磊,甘志华,徐莘香,等. 人工合成聚己内酯体内降解的研究［J］. 中国生物医学工程学报, 1999, 16(2): 169-174.

［62］Lam CXF, Hutmacher DW, Schantz J - T, Woodruff MA, Teoh SH. Evaluation of polycaprolactone scaffold degradation for 6 months in vitro and in vivo［J］. J Biomed Mater Res Part A, 2008, 90: 906-919.

［63］Lam CXF, Teoh SH, Hutmacher DW. Comparison of the degradation of polycaprolactone and polycaprolactone - (beta - tricalcium phosphate) scaffolds in alkaline medium［J］. Polym Int , 2007, 56: 718-728.

［64］Ng KW, Achuth HN, Moochhala S, Lim TC, Hutmacher DW. In vivo evaluation of an ultra - thin polycaprolactone film as a wound dressing［J］. Journal of Biomaterials Science - polymer Edition, 2007, 7(18): 925-938.

［65］宋存先,杨菁,孙洪范. 左炔诺孕酮长效缓释埋植剂 I. 结构特征的研究和体内外药物释放的长期观察［J］. 中国生物医学工程学报,1999, 18(1):22-29.

［66］Hutmacher DW. Scaffolds in tissue engineering bone and cartilage［J］. Biomaterials, 2000, 21:

2529 – 43.

［67］Huang Q, Hutmacher DW, Lee EH. In vivo mesenchymal cell recruitment by a scaffold loaded with transforming growth fac – tor beta 1 and the potential for in situ chondrogenesis［J］. Tissue Eng, 2002, 8: 469 – 82.

［68］Shao XX, Goh JCH, Hutmacher DW, Lee EH, Ge ZG. Repair of large articular osteochondral defects using hybrid scaffolds and bone marrow – derivedmesenchymal stemcells in a rabbitmodel［J］. Tissue Eng, 2006, 12: 1539 – 51.

［69］Ajili SH, EbrahimiNG, SoleimaniM. Polyurethane/polycaprolactane blend with shape memory effect as a proposed material for cardiovascular implants［J］. Acta Biomater, 2009, 5: 151.

［70］Pektok E, Nottelet B, Tille JC, Gurny R, et al. Degradation and healing characteristics of small – diameter poly(epsilon – caprolactone) vascular grafts in the rat systemic arterial circulation［J］. Circulation, 2008, 118: 2563 – 70.

［71］Tillman BW, Yazdani SK, Lee SJ, Geary RL, Atala A, Yoo JJ. The in vivo stability of electrospun polycaprolactone – collagen scaffolds in vascular reconstruction［J］. Biomaterials, 2009, 30: 583 – 8.

［72］Chen M, Michaud H, Bhowmick S. Controlled vacuum seeding as a means of generating uniform cellular distribution in electrospun polycaprolactone (PCL) scaffolds［J］. J Biomech Eng, 2009, 7(131): 074521/1 – 8.

［73］Dendunnen WFA, Schakenraad JM, Zondervan GJ, Pennings AJ, Vanderlei B, Robinson PH. A new PLLA PCL copolymer for nerve regeneration［J］. J Mater Sci – Mater Med, 1993, 4: 521 – 5.

［74］曾汉民. 功能纤维［M］. 北京:化学工业出版社,2004.

［75］眭建军,陈莉,陈苏. 功能聚氨酯材料在生物医学工程中的研究进展及应用［J］. 合成橡胶工业,2005, 28(2): 151 – 154.

［76］Chandran KB, Kim SH, Han G. Stress distribution on the cusps of polyurethane trileaflet heart valve prosthesis in the closed position［J］. Journal of Biomechanics, 1991, 24(6): 385 – 395.

［77］Min BG, Kim HC, Lee SH, et al. A moving – actuator type electromechanical total artificial heart – Part I: Linear type and mock circulation experiments［J］. Transactions on Biomedical Engineering, 1990, 37(12): 1186 – 1194.

［78］Szycher M, Griffin JC, Williams JL, McMenamy JP, Stagg D. Blood compatible polyurethane elastomers［J］. Journal of Biomaterials Apply,1987, 2(2): 290 – 313.

［79］Kaibara M, Kawamoto Y, Yanagida S, Kawakami S. In vitro of antithrombogenicity of hybrid – type vascular vessel models on analysis of the mechanism of blood coagulation［J］. Biomaterials, 1995,16 (16): 1229 – 1234.

［80］Blamey J, Rajan S, Unsworth A, Dawber R. Soft layered prostheses for anthritic hip joints: a study of materials degradation［J］. Journal of Biomedical Engineering, 1991, 13(3): 180 – 184.

［81］冯亚凯, 吴珍珍. 可生物降解聚氨酯在医学中的应用［J］. 材料导报,2006, 20(6): 115 – 118.

［82］姚莹. 聚氨酯弹性体材料现状与展望［J］. 化学推进剂与高分子材料,2003, 1(4):29 – 31.

[83]田春蓉,梁书恩. 聚氨酯弹性体性能的影响因素[J]. 合成橡胶工业, 2008, 31(6):
441－445.

[84]武卫莉. 硅橡胶与聚氨酯医用材料的生物学特性[J]. 中国临床康复,2006, 10(45):
217－219.

[85]许承威,李保强,胡巧玲,等. 组织工程用聚氨酯的研究进展[J]. 高分子通报,2003, 2:
1－7.

[86]王学敏. 医用聚氨酯材料的研究进展及发展方向[J]. 热固性树脂,2009, 24(4):47－49.

[87]刘金成,易定华等. 聚氨酯硬段改性材料心室辅助装置血液相容性及毒理学研究[J]. 北京生物医学工程,2005, 2:81－83.

[88]Bos GW, Poot AA, Beugeling T, et al. Small－diameter vascular graft prostheses:current status
[J]. Archives of Physiology and Biochemistry, 1998, 106(2): 100－115.

[89]潘仕荣,杨世方,易武,等. 小静微孔聚氨酯人工血管的制备条件对微观结构与性能的影响
[J]. 中国修复重建外科杂志,2005, 19(1): 64－69.

[90]刘益军. 聚氨酯弹性体在医疗制品上的应用[J]. 化工新型材料,1999,9:7－10.

[91]李军,龚志超,邓联东,董岸杰. 皮肤用亲水性聚氨酯压敏胶的制备及性能研究[J]. 化学工业与工程,2004, 21(4): 235－238.

[92]黄忠兵,李伯刚,胡英,等. 新型亲水性聚氨酯敷料表面界面性能的研究[J].航天医学与医学工程,2001,14(5): 355－359.

[93]程莉萍,胡英,郑昌琼. 聚氨酯抗菌创伤敷料的制备及其灭菌效果的研究[J]. 生物医学工程研究,2004, 23(4): 240－243.

[94]牛洪,谢兴益,何成生,樊翠蓉,钟银屏. 聚氨酯水凝胶在生物医学中的应用[J]. 聚氨酯工业,2004,19(5): 6－9.

[95]徐家福. 静电纺聚氨酯纳米纤维非织造布的制备[J]. 产业用纺织品,2009, 224(5):
15－20.

第4章　移植用制品

移植用制品,顾名思义,是人体内使用的医疗制品,它的安全程度和开发难度等要求极高,当然也是附加值极高的一类产品。

移植用制品国产化率仅 2% ~ 60% ,在国内市场上还是以进口产品为主。产品的价格居高不下,大力推动医疗器械制品的国产化,是我们在"十二五"以及更长一段时间内,必须面临的巨大挑战。

本章拟以人工血管、缝合线、补片、人工骨为例,介绍移植用制品发展的历史、分类和品种、成型和后整理、性能评估以及移植物的生物稳定性等的研究方法和相关技术。

所涉及的纺织管道设计和成型技术不仅适用于人工血管的开发,也适用于其他体内用管道产品的成型,具有一定的普适性。关于人工血管移植物的生物稳定性研究方法,同样适用于其他体内移植物移出物的分析研究,对进一步优化改进材料、制品的设计与加工技术以及临床手术技术等具有一定的指导意义。

4.1　人工血管

当人体的某部分器官或组织因病变或损坏而失去功能时,就需要进行器官移植。人工血管是具有代表性的移植于人体内部的人造内脏器官。如当血管由于动脉硬化、假性动脉瘤、血栓等原因而不能正常工作时,需采用血管替代物进行置换、搭桥或介入等外科手术进行治疗。血管替代物的主要来源为生物血管、人工血管及复合血管。生物血管含自体血管、同种异体血管和异种血管 3 种。自体血管在外周血管重建中,是小口径血管的优良代用品,但其来源少、口径和长度也受到限制。同种异体血管和异种血管由于通畅率低,易发生退行性病变及器官强烈的排异作用,目前临床已经很少应用。因此,临床上一般用人工血管及复合血管来作为理想的血管替代物,它们应该能够具有贴近人体血管的性能,并能保持长期通畅性和性能稳定性。

血管替代物的发展经历了以下几个阶段:

第一阶段:同种血管。这是指当人体某一部分血管发生病变而失去功能或可能产生病变的情况下,使用人的血管(如静脉)或动物的血管进行移植,这种血管曾经被公认为是理想的血管代用品。自 Gluck(1898 年)和 CaDel(1906 年)使用自体静脉替代动脉移植成功后,血管外科在血管代用品领域有了较大进展。

第二阶段:塑料管和其他管状物。早在 20 世纪 40 年代,Hdnaged 就开始研究生物体血管的移植,当时限于条件,只能用硬塑料管代替血管植入生物体内,由于严重的凝血反应,实验没有一例成功。

第三阶段:用高分子纤维材料采用机织、针织、编织或非织造的方法加工的人工血管。

最初应用织物制作人工血管的实验是美国的年轻外科医生 A. B. Voorhees 于 1952 年进行的,这在替代用血管的发展历史上是一个划时代的事件。A. B. Voorhees 在一次实验中偶然发现植入生物体内的真丝缝线上有一层细胞,他设想假定植入生物体内的织物也发生同样现象,就能避免血液和植入物的直接接触,从而防止凝血现象的发生,这就为人工血管的发展提供了新的思路。Voorhees 应用聚乙烯醇纤维人工血管做动物实验获得成功,并于第二年应用于临床后。人工血管在现代血管、肿瘤、创伤和器官再造等领域中已被广泛应用。对人工血管的材料、组织学、细胞生物学、血液流变学和免疫学等综合研究已成为近代生物医学工程的重要研究课题之一。

随着血管外科技术的发展,各种血管修补术、旁路术等对人工血管的需求越来越高,而用于制作人工血管的高分子材料种类也越来越多,其中最主要的材料是合成纤维,比如目前已采用聚酯、聚四氟乙烯、聚丙烯、聚氨酯和聚苯乙烯等纤维;在人工血管的形状上,有直管状、分叉状和锥形等;在结构上,有的带支撑环,也有的不带支撑环,基本满足了血管重建的需要。近 50 年来,血管移植物的研究有较大的发展,其中较为常见的是机织或编织涤纶人工血管以及膨体聚四氟乙烯血管。近年来,血管腔内技术出现了长足的进步,人工血管在血管腔内术中的应用也越来越多。

4.1.1　人体血管概述

4.1.1.1　血液循环系统

心血管系统由心脏(心房、心室)、动脉、小动脉、毛细血管、小静脉及静脉组成。血液循环系统如图 4 - 1 所示(彩图见封二)。对于血液循环,其运动的原动力是心脏的泵作用,血液流动的管路是血管。心脏和血管所组成的系统称为心血管系统。

动脉强而柔韧,它运载从心脏来的血液,并经受最高的血液压力(血压)。动脉血管的回弹性有助于维持两次心搏之间的血压。较小的动脉和小动脉壁的肌层能调节其管径以增加或减少流向某一区域的血液。毛细血管非常细小,其管壁极薄,它在动脉与静脉之间起桥梁作用。毛细血管管壁可允许血液中的氧气和营养物质进入组织,同时亦允许组织内的代谢产物进入血液。随后,这些血液流经小静脉、静脉,最后回到心脏。由于静脉的管壁薄且通常管径比动脉大,因此,在运送相同体积的血液时,其流速较慢,压力亦较低。

4.1.1.2　血液的压力、速度、切变率

(1)血液的压力。血管中血液对于单位面积血管壁的侧压力称血压,相应于心脏

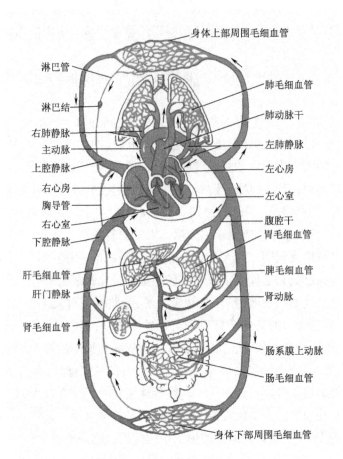

身体上部周围毛细血管

淋巴管

淋巴结

右肺静脉

主动脉

上腔静脉

右心房

胸导管

右心室

下腔静脉

肝毛细血管

肝门静脉

肾毛细血管

肺毛细血管

肺动脉干

左肺静脉

左心房

左心室

腹腔干

胃毛细血管

脾毛细血管

肾动脉

肠系膜上动脉

肠毛细血管

身体下部周围毛细血管

图 4-1　血液循环示意图

周期性的搏动,血管中各个部位的血压也作周期性变化,这就是脉搏,成人一般 75 次/min。一般来讲,正常人体的收缩压(systolic pressure)为 100~120 mmHg,舒张压(diastolic pressure)为 60~90mmHg。事实上,在人体血管的不同部位,其血压是不同的,一般血管压力随其直径的减小而减低(图 4-2)。

(2)血液的速度。表 4-1 为人体循环中各血管的直径,平均速度和雷诺数。其雷诺数是血液黏为 $3.5 \times 10^{-3} Pa \cdot s$ 计算出来的。

表 4-1　人的体循环血管血液的速度和切变率

血管种类	直径 (mm)	平均速度 (cm/s)	雷诺数	壁面上切 变率(s^{-1})	平均切变 率(s^{-1})
升主动脉	20~32	63	3600~5800	190	130
降主动脉	16~20	27	1200~1500	120	80
动脉	2~6	20~50	110~850	700	470
毛细动脉	0.005~0.01	0.05~0.1	0.0007~0.003	800	530

续表

血管种类	直径 （mm）	平均速度 （cm/s）	雷诺数	壁面上切 变率（s^{-1}）	平均切变 率（s^{-1}）
静脉	5 ~ 10	15 ~ 20	210 ~ 570	200	130
腔静脉	20	11 ~ 16	630 ~ 900	60	40

注　Whitemore, R. L.: Rheology of the Circulation, Pergamon Press, Oxford, 1968.

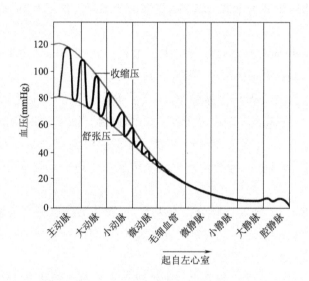

图 4 - 2　不同血管中的血压范围

成人静息条件下,心率平均每分钟 75 次,每次脉搏输出量约为 65mL(60 ~ 80mL),因此每分钟输出量为 4.9L(约 4.5 ~ 6L)。

4.1.1.3　血管壁的组成和一般结构

除毛细血管外,其余所有血管的管壁均可从内向外分为内膜、中膜和外膜三层结构(图 4 - 3)。血管壁内还有营养血管和神经分布。

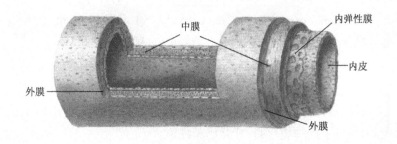

图 4 - 3　中动脉立体结构图

内膜(tunica intima)是管壁的最内层,有内皮和内皮下层组成,是三层血管中最薄的一层。内皮为衬贴于血管壁腔面的单层扁平上皮,表面光滑,利于血液流动。内皮细胞长轴与血液流动方向一致,细胞核居中,核所在部位略隆起。

中膜(tunica media)位于内膜和外膜之间,其厚度及组成成分因血管种类不同而有明显差异。如大动脉中膜以弹性膜为主,间有少许平滑肌;中动脉中膜主要由平滑肌组成。在动脉发育过程中,平滑肌纤维可产生胶原纤维、弹性纤维和基质。中膜的弹性纤维具有使扩张的血管回缩的作用,胶原纤维起维持张力作用,具有支持功能。

外膜(tunica adventitia)由疏松结缔组织组成,其中含螺旋状或纵向分布的弹性纤维和胶原纤维。血管壁的结缔组织细胞以成纤维细胞为主。

管径1mm以上的动脉和静脉壁中,都有营养血管壁的小血管,称营养血管(vasa vasorum)。这些小血管进入外膜后分支成毛细血管,分布在外膜和中膜。内膜一般无血管,其营养由腔内血液直接渗透供给。血管壁内还有网状的神经丛,主要分布在中膜和外膜交界处,有的神经伸入中膜平滑肌层。以中动脉和小动脉的神经丛最丰富。

(1)动脉(artery)。随着动脉分支有大到小,管壁结构也随之逐渐改变,一般根据管径的大小将动脉分为大、中、小、微四级,但它们之间没有明显的分界线。图4-4为全身动脉分布示意图。

大动脉(large artery)的中膜有多层弹性膜和大量弹性纤维,平滑肌则较少,故又称弹性动脉(elastic artery)。内膜的内皮下层较厚,内皮下层的内弹性膜与中膜的弹性膜相连续;中膜中的多层环形排列的弹性膜,其层数随年龄增大而增多,出生时约40层,到25岁左右分化完成,达70层左右。外膜由疏松结缔组织组成,内有营养血管和神经等,无明显的外弹性膜。

中动脉(medium – sized artery)管壁壁内的平滑肌相当丰富,故又称肌性动脉(mescular artery)。内膜的内皮下层较薄,内弹性膜明显;中膜主要由10~40层环形排列的平滑肌纤维组成;多数中动脉的中膜和外膜交界处有明显的外弹性膜。

小动脉(small artery)管径在0.3~1mm,其结构与中动脉相似,也属肌性动脉。内弹性膜明显;中膜的平滑肌纤维随管径变小而减少;外弹性膜不明显。

微动脉(arteriole)管径小于0.3mm。内膜无内弹性膜;中膜仅1~2层平滑肌,外膜较薄。

动脉的结构随年龄变化,至成年,动脉结构方趋完善。中年、老年后结构变弱,只有当其结构变化超过了标准变化时,才是病理现象。

(2)静脉(vein)。是将血液输送回心脏的一系列血管,循环血流内70%以上的血液存在静脉内。根据管径大小和结构的不同,静脉也分为微、小、中、大四级。静脉数

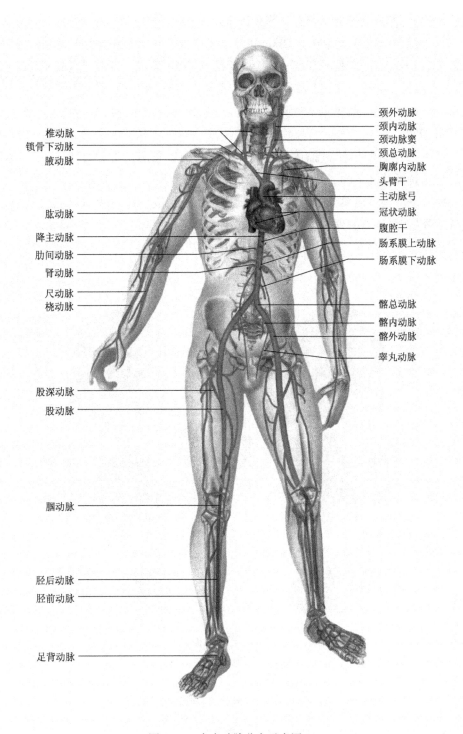

椎动脉
锁骨下动脉
腋动脉

肱动脉
降主动脉
肋间动脉
肾动脉
尺动脉
桡动脉

股深动脉
股动脉

腘动脉

胫后动脉
胫前动脉

足背动脉

颈外动脉
颈内动脉
颈动脉窦
颈总动脉
胸廓内动脉
头臂干
主动脉弓
冠状动脉
腹腔干
肠系膜上动脉
肠系膜下动脉

髂总动脉
髂内动脉
髂外动脉

睾丸动脉

图 4 - 4　全身动脉分布示意图

量较动脉多,管径较粗,管壁较薄、弹性较小。

微静脉(venule)管径在 0.2mm 以下。小静脉(small vein)管径为 0.2 ~ 1mm,有内皮、一层或几层平滑肌纤维和少量结缔组织组成。中静脉(medium - sized vein)管径为 2 ~ 9mm,管壁内膜薄,中膜较伴行中动脉的薄,外膜比中膜厚。大静脉(large vein)其内膜很薄,中膜不发达,有少量环形平滑肌,外膜很厚,含大量纵行平滑肌束。

图 4 - 5(彩图见封二)描述了动脉和静脉结构示意图。由此可知,人体动脉和静脉的结构是极其复杂的。要实现完全结构相同、性能相同的人工血管是个世界级的难题。但万事总是从简单开始。从人工血管,尤其是合成人工血管研究应用至今,主要是从工程学上,基本实现了模仿大血管的血液输送的基本功能。但 6mm 以下的人工血管在临床上还存在不少的问题,期待我们去解决。

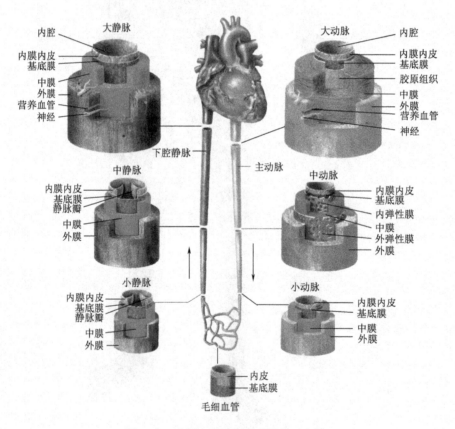

图 4 - 5　动脉和静脉的管壁结构示意图

4.1.1.4　人体血管(动脉)的基本力学性能

图 4 - 6 显示了不同类型动脉力学性能的差异。随着年龄的增加,一般其动脉的

弹性会减少,通常表现为断裂伸长会减少。

目前,临床所使用的高分子材料人工血管的顺应性远远低于人体动脉,图4-7显示了人工血管与人体血管在力学性能上的差异。从图4-7中可以看出,所有的人工血管的顺应性都无法与人体血管相匹配,前者的径向应力—应变曲线模量很大,且没有后者所具有的特征,即应力—应变曲线模量由低到高明显转变。

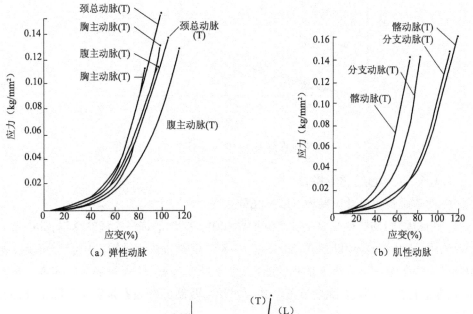

图4-6　20~29岁的人群动脉血管轴向(L)和周向(T)的应力—应变曲线

注　1kg/cm² = 0.098MPa

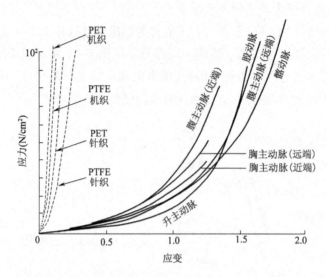

图 4 - 7　人工血管与人体血管径向应力—应变曲线

4.1.1.5　人体血管常见疾病

人体动脉血管的最常见疾病有以下几种：

（1）动脉硬化：动脉硬化是动脉管壁增厚和失去弹性的许多疾病的总称，其中最常见且最为重要的疾病是动脉粥样硬化（图 4 - 8），表现为在动脉壁内层脂质沉淀。就是动脉壁上沉积了一层像小米粥样的脂类，使动脉弹性减低、管腔变窄的病变。高血压、高血浆胆固醇、吸烟、糖尿病、肥胖、缺少运动以及高龄等因素是发生动脉粥样硬化的危险因素。

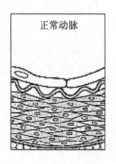
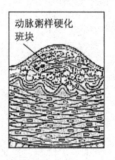

图 4 - 8　动脉粥样硬化示意图

（2）动脉瘤：是指动脉壁因局部病变（可因薄弱或结构破坏）而向外膨出，形成永久性的局限性扩张。可分为真性、假性和夹层动脉瘤，多为动脉硬化或创伤所致。动脉粥样硬化为主动脉动脉瘤最常见的病因，它可使主动脉壁变弱，使其扩张。高血压和吸烟与主动脉壁退行性变有关。

（3）血栓：是血流在心血管系统血管内面剥落处或修补处的表面所形成的小块。其与家属史有一定关系。

血管疾病与高血压、高血脂病、吸烟、糖尿病和肥胖等有密切关系，值得大家引起注意。

在早期发现疾病时，一般采用药物治疗，中后期则采用开放移植手术或近年发展迅速的微创介入腔内隔绝术手术，但应指出，目前血管微创腔内隔绝术手术类型尚有限制。

4.1.2 人工血管的性能要求

（1）抗血栓性。人工血管的内膜层是通过血栓组织的器质化而形成的，内膜层形成的同时内腔变窄，血栓层薄的地方膜就薄。内膜如果薄到 $200\mu m$ 就能由血流营养保持长期使用状态。

（2）具有适当的多孔结构和合理的孔隙度。人工血管管壁的孔隙对于内膜的持续存在起着重要的作用，如果血管管壁无孔隙，就无内膜与外被之间的结合组织的往来，内膜的营养只能通过血流来供应。而且，内膜不固定，就容易脱落。如果脱落，反复形成的血栓层就使内皮层肥厚起来，从而引起血管堵塞。人工血管具有合理的孔隙度对其内外膜长成非常重要。孔隙过大，血液渗出量大，容易造成休克；孔隙太小，又不利于血液渗入，影响假内膜生长和外膜营养的供应。

（3）应具有一定强度。人工血管在人体内部经过长期承受脉动的血压，仍然必须保持其强韧性。

（4）管道内部应力的形变响应性。真动脉血管在收缩压下，管壁将膨胀；在舒张压下，管壁将弹性回缩，其膨胀性对稳定血流起着重要的作用。如果移植管缺乏膨胀性，这将限制血液动力学效果并且减少末端的灌注，同时会造成移植管道内腔狭小。

（5）抗弯折能力。为使血液能顺畅流通，人工血管弯曲、扭转时应不易被压扁，使内腔狭窄。

（6）应具有与人体血管很好地缝合在一起的柔软性。

4.1.3 人工血管材料的选择

4.1.3.1 高分子材料

对人工血管材料的选择首先要考虑其生物相容性和生物稳定性。生物相容性是生物体对材料的生物反应，主要是指对血液的反应（血液相容性）、对生物组织的反应（组织相容性）和免疫反应等。血液相容性主要是指高分子材料与血液接触时，不产生凝血和溶血。组织相容性是指与材料接触时活体组织不发生炎症和排拒，而材料表面不产生钙沉积。生物稳定性是指材料在人体内不会因物理或化学作用而降解失效。

　　根据这些要求,五十多年来人们对人工血管的材料不断进行研究选择。目前应用最多的人工血管材料是聚对苯二甲酸乙二酯(polyethylene terephthalate, PET)和膨化聚四氟乙烯(expanded polytetrafluoroethylene, ePTFE)。

　　对于直径低于6mm的人工血管的设计,为了保证长期通畅性,还需特别注重材料的弹性和良好的抗血栓性。因此在进行中小直径人工血管设计时较多采用ePTFE。由ePTFE制造的人工血管出现于1975年,当前进行人体外围动脉手术,缺乏自体静脉血管时,这种人工血管是最常用的,但临床资料表明其通畅率尚不令人满意。

　　近年来,聚氨酯(polyurethane, PU)材料由于具备良好的顺应性、弹性和优良的抗血栓性而备受关注。国外研究者探索了使用该种材料生产小直径人工血管的各种加工方法,并采用所生产的产品进行动物实验,发现与ePTFE血管比较,PU可在更短的时间内实现内皮化,新生内膜薄而均匀,血管通畅率好。值得注意的是,常规聚氨酯材料在长期植入体内的条件下,其生物稳定性目前仍受到怀疑,但有一些改性聚氨酯产品抗降解能力很强。为此,在进行人工血管设计之前要特别注意原料的选择,并考虑采用化学方法对材料性能进行必要的改性。

4.1.3.2　纤维和纱线

　　自从1952年Voorhees及他的工作人员证明了可以通过在动物体内植入织物来修复损伤的动脉血管以来,人们便展开对适于制造人工血管的最佳纤维、纱线种类和最佳组织结构的探求。

　　1957年,达可纶(Dacron)和特氟纶(Teflon,聚四氟乙烯材料)被广泛地认定为最佳的制造材料,自此人工血管在美国开始了商业化生产。

　　然而,由于特氟纶的纤维直径较粗,发生了大量的体内顺应性意外,又因手术操作与缝合不方便,故特氟纶的纤维材料的人工血管不得不终止了生产。

　　现在,聚酯纤维人工血管在全球许多国家内制造和生产,其中包括美国、英国、德国、斯洛伐克、阿根廷、印度和中国。其中美国的产品主要以已获得FDA的生产许可的达可纶为生产材料,大多数美国人工血管中的纱线是由有普通强力、圆形截面的56tex常规长丝或56tex变形长丝等组成。

　　早期,也采用了含有三叶草截面的62tex达可纶长丝。三叶草长丝所拥有的较大体表面积会增加人工血管在预凝阶段的表面凝块数量,但同时也发现此类长丝在体内更容易出现疲劳现象,故三叶草截面纤维目前几乎不再使用。

　　一些人工血管上有一条或数条黑色或深色的指示线,它是为了让医生在手术时能够保证植入时人工血管不发生任何扭曲而保持伸直状态。深色指示线通常是在血管织造、编织过程中完成,也可采用在后加工中印制上去。有报道称,一些品号的人工血管其深色指示线处在体内更加容易降解,而缩短了人工血管的使用寿命。为此,深色指示线处的原料选择、加工制备以及临床使用均值得特别的注意。

4.1.4 人工血管管壁纺织结构的工程设计

如前所述,直径小于6mm 的人工血管临床使用问题较多,本节拟重点讨论针对小直径人工血管的管壁结构工程设计。

现今大部分纺织型人工血管,尤其是大中直径人工血管的新型设计,只是进行"适应性的设计",如选用合适的纱线和织物结构以提高强力,进行表面起绒以提高愈合性能,对管壁进行波纹化提高纵向柔顺性和抗弯折的能力,管壁进行外支撑以提高抗弯折和抗皱缩能力等,对以前产品的基本设计思想改进不大。但对于小直径人工血管的设计,仅仅进行这种"适应性设计"是远远不够的,必须在充分研究小直径人工血管在体内失败的原因的基础上,另辟蹊径,在原有产品的基础上进行"发展型设计"。这需要进行大量的研究工作,需依据对小直径人工血管的性能要求,全面考虑设计规范,设计不同于大中直径人工血管的全新的纺织结构。

4.1.4.1 力学性能

在进行小直径人工血管设计时首先要考虑的是力学性能,这直接关系到患者的安全,人工血管在体内的力学应力和化学应力的作用下,其寿命应达到或超过其受体者的期望寿命。小直径人工血管的管壁较薄,抗张强力低,在进行材料选择时更应注意材料本身的强力和生物稳定性。所采用材料的强力比动脉组织的强力要高得多,以保证人工血管植入后,在体内生物降解作用和每年近 4×10^7 次周期变形作用下,不发生破裂和失效。

4.1.4.2 过流表面

传统的大中直径的人工血管大都采用机织或针织结构,由于纱线相互交织,织物表面呈凹凸形,再加上多采用了波纹化的工艺,造成血液的过流表面非常不均匀,如图 4 - 9、图 4 - 10 所示。粗糙的表面一方面会导致流动阻力的增加;另一方面加速了纤维素和其他分子物质的沉积,且最终沉积厚度会大于突起的厚度,这将大幅度降低管道的内腔直径,对于小直径人工血管,这种影响更为明显。所以在设计小直径人工血管时,为了防止血栓的形成,保证长期通畅性,应设计"光滑"的内表面。

设计小直径人工血管一般不宜采用机织和针织工艺,而采用整体成型法或非织造生产工艺,如溶剂铸塑法,静电纺丝法和喷丝成型法等。图 4 - 11 为采用整体成型法生产的 ePTFE 管壁的微观内表面结构图,在裸眼观察下内外表面是光滑的。采用聚氨酯为材料生产的各种小直径人工血管都可认为是光滑管,不会对血液的流动产生较大影响。并可采用等离子体(plasma)等表面处理方法对传统材料的表面进行修饰,进一步改善其抗血栓性能。

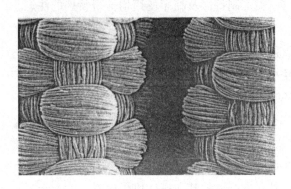

图4-9　机织型人工血管内表面结构

图4-10　针织经编型人工血管内表面结构

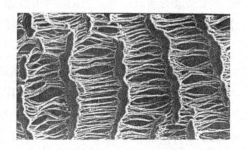

图4-11　ePTFE型人工血管内表面结构

4.1.4.3　孔隙率

1952年,Voorhees首先研究将维纶制成多孔性管道作为人工血管,并于1953年开始用于临床,带有网孔的人工血管的研制是血管代用品发展史上的里程碑,在此基础上,大中直径人工血管的研究和应用已取得满意的效果。对于小直径人工血管来说,在我们找到一种完全抗血栓的材料之前,大部分开发工作还是集中于生产具有多孔管壁的管道。尤其需要注意的是,在小直径人工血管设计时,更应注意孔径的大小和孔径的分布情况,它们对人工血管的组织反应起着重要的作用,影响内腔"新内膜"的形成,还会影响宿主纤维组织向管壁内生长的深度,从而影响移植物的愈合性能和顺应性。这些都会影响移植后人工血管的远期通畅性。

4.1.4.4　顺应性

人体动脉具有黏弹特性,这在心血管的功能中起着重要的作用,心脏收缩时,血管充盈,管壁将膨胀,这种膨胀性起到重要的稳定血流的作用。所谓顺应性是指人工血管对管道内部应力的形变响应性。现在临床所使用的人工血管的顺应性远远低于人体动脉组织,也许正是由于小直径人工血管与宿主动脉的顺应性不匹配,造成在脉动压力下接合处横截面不连续,影响血流的稳定性和流动产生的切变应力的大小,最终导致内膜增生,造成移植失败。

这种顺应性不匹配现象对较大直径、血流速度较高的人工血管的通畅性的影响并不严重,而对小直径人工血管可能是导致血管栓塞的最重要的原因之一。为解决这一问题,一要选取弹性较好的材料,如聚氨基甲酸乙酯类材料,大致与人体动脉组织的顺应性相同。二要改变制造工艺,用非织造生产方法,如将挤压出的聚氨基甲酸酯长丝卷绕到一个旋转的芯轴上形成管状结构,通过长丝的卷绕角度和密度来控制径向顺应性。或在进一步研究人体真动脉的物理和力学性能的基础上,研制各种纺织复合型材料,以模拟人体生物组织特殊的生物力学特性,生产具有高顺应性的复合型人工血管。

4.1.4.5　抗弯折能力

小直径人工血管用于外围动脉搭桥时,随植入位置的不同(如用于腋弯和腿弯部搭桥),人工血管必然要承受一定的弯折作用,如果其抗弯折能力差,肢体弯曲时就会发生血管闭塞,最终形成血栓栓塞,导致移植失败。为了提高抗弯折能力,采用在小直径人工血管外表面连续缠绕长丝或均匀熔接长丝圈的方法,均可提高人工血管的径向刚度,能较好地抵抗受弯时截面的扁平化。应注意的是,这种工艺提高了人工血管的抗弯折和抗压缩变形能力,同时对其顺应性有负面作用,这是一对矛盾。实践证明,对于弯曲频繁的部位进行搭桥手术时,采用外部支撑的人工血管,通畅性优于波纹形人工血管。

4.1.4.6　几何形状

依据病变血管的不同形态,人工血管应设计为各种不同的形态结构,如图 4 – 12 所示。虽然人体动脉都具有一定锥度,但一般人工血管设计为圆柱形,其设计长度一般在30cm 以上,移植长度取决于需要置换或搭桥的动脉的切除长度。为了避免由于流动横截面积的突然变化造成血流的紊乱,形成血栓和内膜过度增生,所选择的人工血管直径应尽量与宿主动脉直径相同,还要考虑植入后内腔表面所形成的假性内膜的厚度对内腔直径的影响,这一点对小直径人工血管

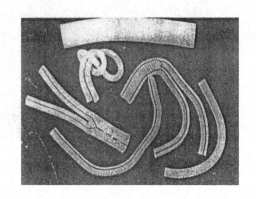

图 4 – 12　不同类型人工血管的形态结构

非常重要。进行小直径人工血管的设计时,还应注意在末端肢体搭桥术中,近侧血管(一般股动脉直径为 6 ~ 8 mm)和远侧血管(腿弯部和胫部动脉的直径为 2 ~ 4mm)的直径差异,为了使人工血管的直径与宿主动脉直径匹配,一般可采用锥形管设计。这种设计可提高血流的压力梯度和平稳性,减少血管栓塞的可能。

4.1.5　人工血管的种类及特点

4.1.5.1　不同材料的人工血管

人工血管最主要的材料是高分子材料,目前应用最多的人工血管材料包括涤纶和膨体聚四氟乙烯,天然桑蚕丝也是一种生物相容性很好的人工血管材料。

(1)涤纶人工血管。涤纶人工血管植入人体后,血液立即深入管壁微孔形成一凝血层,然后外周肉芽组织包绕吻合口及管壁纤维束,并深入血管内壁形成肉芽内膜面,供内皮细胞和平滑肌细胞生长、爬行和覆盖。

(2)桑蚕丝人工血管。桑蚕丝是纯动物纤维,与人体组织有很好的亲和性。桑蚕丝的弹性、强度及透通性等也符合要求。织制成管状组织织物易吸瘪变形,如果经过合理的热定形后具有较高的弹性,能基本上满足血管要始终保持圆形截面以保证血液畅通的要求。

(3)聚四氟乙烯人工血管。进行外围小直径动脉搭桥手术时,膨体型聚四氟乙烯(ePTFE)是最常使用的材料。此外,由于聚四氟乙烯人工血管可以长期在尿液环境中,化学性能稳定,安全疗效确切,也可以作为替代输尿管的理想材料。

4.1.5.2　不同几何形态的人工血管

(1)直筒形。许多学者认为,血管本身固有的锥度角很小,只有1°左右,因此,它对血液流动的影响可以忽略。所以对较大直径人工血管,仍可采用直筒形设计。图4－13为直筒形人工血管。

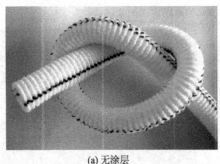
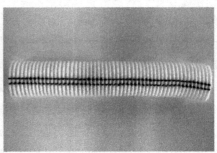

(a) 无涂层　　　　　　　　　　　　　　(b) 有涂层

图4－13　直筒形人工血管

(2)圆锥形。一些学者的研究表明,由实测等截面的圆直血管血流速度分布与锥形圆直血管血流速度分布的比较可知,两者的速度分布剖面是完全不一样的。为了使人工血管的直径与宿主动脉直径匹配,在末端肢体的动脉搭桥手术中,更应采用圆锥形设计。如近侧血管(一般股动脉直径为6～8 mm)和远侧血管(腿弯部和胫部动脉的直径为2～4mm)的直径差异,采用锥形管设计。这种设计可提高血流的压力梯度和平稳性,减少血管栓塞的可能。

(3)分叉形。人体许多血管部位如主动脉与髂动脉连接处都为分叉,分叉形人工血管早期设计是将平面织物经缝合而成。现在可以通过逐渐改变与纬纱交织的经纱根数来达到分叉的目的或在双针床经编机上通过梳栉的不同运动来实现。图 4 – 14为分叉形人工血管。

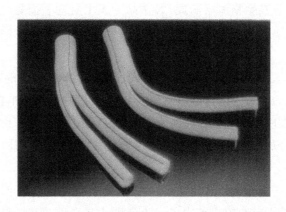

图 4 – 14　分叉形人工血管(bifurcation vascular prosthesis)

4.1.5.3　不同制备工艺制成的人工血管

人工血管经过近 50 年的发展,其管壁结构成型已从单一的机织逐步发展到机织、针织、编织、非织造、注塑法、复合法、组织工程血管等多种制备工艺。

(1)机织人工血管。由于机织平纹人工血管管壁结构紧密、稳定且变形小,适用于血流速度较高的位置(如胸主动脉)或用于患有血液凝结机制损伤的患者。平纹织物相对易获得较高的紧密度,从而具有最小的水(血)渗透率,使植入前无须预凝,适用于各种紧急情况中,如急需减少血液流失的主动脉瘤切除手术等。但这种组织结构的负面特征表现为血管刚度大和易散边,造成手术不易操作和缝合困难。此外,此类血管的顺应性较小,与宿主血管的顺应性差异较大,有可能导致缝合线处的应力集中、在缝合处平滑肌增生,最终导致血管堵塞。

(2)针织人工血管。针织人工血管在一定程度上改善了机织人工血管的缺点,可生产出柔软有弹性的人工血管,便于医生处理和缝合。针织人工血管的加工方法又分为纬编工艺和经编工艺。纬编人工血管易产生周向永久扩张,此类工艺血管现基本不用。经编人工血管大部分采用经平绒组织,由双针床多梳栉经编而成。它的优点是结构尺寸稳定性好,不会产生纵向脱丝、卷边和脱散,易于手术处理和缝合,顺应性较高,有利于提高植入后的长期通畅性。缺点是结构紧密度、管壁厚度较大。

(3)整体成型法及非织造人工血管。对于小口径人工血管,由于血液流速低,血液内的纤维蛋白在人工血管腔内易形成附壁血栓,血栓层不断增厚,最终导致人工血管闭塞。采用非织造工艺,管壁设计成微孔结构表面,利于内皮细胞在内表面上依附、生长,增加了抗血栓性。采用膨化聚四氟乙烯(ePTFE),经整体成型法生产的人工血管,常用于进行人体外周动脉搭桥手术。

(4)复合型人工血管。复合型人工血管由几层不同的材料组合而成,试图发挥各组分的优点。可通过将几个二维的编织层织在一起、黏在一起或缝在一起形成,也可在人工血管表面黏合高聚物薄层而成,如在涤纶人工血管表面黏合聚四氟乙烯薄层。复合血管亦可由生物和人工血管拼合而成,如脐静脉外层加涤纶网,自体大隐静脉与人工血管拼合等。

(5)组织工程人工血管。组织工程血管是一种用组织工程学的方法构建的具有良好的生物相容性和力学特性的血管替代物。组织工程血管的基本构件是血管支架和种子细胞,血管支架以可降解吸收材料为主,目前常用的有聚乙二醇酸(PGA)、聚乳酸(PLA)、聚乙醇酸(PLLA)等。以静电纺技术为代表的支架成型技术是近年来的热门研究课题。

一种典型的组织工程血管的构建模型为:用降解材料通过一定的纺织技术加工成三维支架,再将血管平滑肌细胞和内皮细胞分别或联合种植在支架管壁上,体外培养一定时间后,支架材料降解,但血管平滑肌细胞分泌形成了新的血管基质,这样就形成了具有两层结构(中膜和内膜)的组织工程血管。再在此血管的外层种植成纤维细胞作为外膜,这就构建了典型三层结构的血管。

近年来,组织工程研究进展明显,但多数还在实验室阶段,也有少量的动物实验研究报道。组织工程血管的构建是一项有意义的研究工作,应该有很好的临床应用前景,但还需大量的基础研究和进一步的临床研究。

4.1.5.4　不同手术方式所用的人工血管

(1)移植型人工血管:指进行置换或搭桥外科手术使用的人工血管。这类人工血管一般对管壁厚度没有严格要求,大都需要经过致密化、波纹化和防渗涂层处理,采用开放外科手术直接替换病变的人体血管[图4-15(彩图见封二)]。

传统手术　　　腔内支架修复

图4-15　传统开放手术与腔内支架
修复手术示意图

(2)隔绝型(支架型)人工血管:指进行介入外科手术(或称腔内隔绝术)使用的人工血管。腔内疗法的原理是通过在血管内植入金属支架—人工血管复合体移植物(stent-graft,SG),从而将病变段血管隔绝于正常循环血流之外,主要用于腹主动脉瘤和深层动脉瘤的治疗,具有创伤小、恢复快、并发症小、简捷和疗效确切的优点。手术时,医生将超薄超强纤维织物(人工血管)和金属支架的复合体置入导管内,然后在腹股沟的股动脉处开一小口,通过导管将带有支架的人工血管植入腹主动脉瘤处。在 X 光机下,可以清晰地看到导管的位置,医生可以通过导管内部的活塞将带有支架的人工血管在合适的位置推出。人工血管在支架的作用下打开,贴附在腹主动脉瘤内,可以有效地防止腹主动脉瘤的突发性破裂(图 4 – 16)。图 4 – 16(a)彩图见封二。

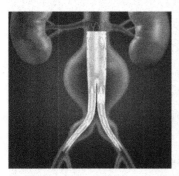

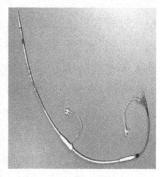

(a) 腹主动脉瘤腔内隔绝术治疗模拟图　　　　(b) 复合体移植物　　　　(c) 导入系统

图 4 – 16　腹主动脉瘤腔内隔绝术治疗和移植物与导入系统的示意图

作为腔内隔绝术用人工血管,除具有一般人工血管的性能外,还应具有以下特点:

①更小的厚度。血管腔内隔绝术需要将金属支架人工血管的复合体移植物,通过导管导入病变部位以达到治疗的作用。由于人体股动脉直径的限制,导管的直径不能太粗,否则会在植入的过程中损伤动脉壁;腔内隔绝术对金属支架的刚度有很高的要求,支架在移植后支撑在病变血管的两端(其直径比血管的直径大 10% ~20%),如果其刚度过低,则植入人体内后会由于血液的流动而产生滑移,由此而导致手术的失败,而提高金属支架刚度,除了提高金属支架材料本身的刚度外,只有提高支架用金属丝的直径,这样在导管细度一定的情况下,对织物厚度进一步进行限制,所以腔内隔绝术用人工血管的厚度应该控制在一定的范围之内。一般欧洲人种腔内隔绝术用人工血管的厚度不超过 0.16mm,而亚洲人种腔内隔绝术用人工血管的厚度一般不超过 0.1mm。

②更低的通透性。用于腔内隔绝的人工血管的主要目的是隔绝血流,通透性较高时,则人工血管易出现血液渗漏。置换型人工血管在厚度没有严格要求的情况下,可以通过在表面涂覆胶原蛋白等可生物降解涂层来解决通透性较高的问题。而腔内隔绝术用的人工血管由于受到厚度以及手术操作方面的限制,如涂层织物柔软性降低、不利于缩进导管中等,只能通过提高织物的密度来解决。通常用规定的压力下液体水透过织物样本的给定面积上的流量或透过整个人工血管壁或其代表性管段的质量的大小来表征织物的渗透性能。一般要求隔绝型人工血管的透水性能低于 300mL/(cm² · min),严格要求的隔绝型人工血管的透水性能要低于 200mL/(cm² · min)。

4.1.6　人工血管的纺织成型制备技术

4.1.6.1　针织人工血管

针织人工血管在一定程度上改善了机织人工血管的缺点,可生产出柔软有弹性的人工血管,便于医生处理和缝合。针织人工血管的加工方法又分为纬编和经编两种。

(1)纬编。最早的针织人工血管用纬编工艺生产,与机织型相比,其管壁中的纱线有更大的移动性,顺应性更接近于人体血管。这种结构管壁的孔隙率较高,为了防止植入过程和植入后渗血,在使用之前必须预凝。预凝是指利用病人自身的血液,来浸渍人工血管管壁,使其管壁中的空隙由凝固的血液封闭而达到管壁防渗漏的目的。纬编人工血管的缺点是容易卷边,造成缝合困难;易发生纵、横向脱丝,造成缝合开裂等临床并发症的发生;弹性恢复性很差,在植入后会发生缓慢的径向和长度方向的蠕变,导致假性动脉瘤。当改变纱线线密度、针织密度和织物结构,如采用两个或两个以上系统纱线织制纬编的绒面人工血管,在一定程度上改善了纬编血管的抗抽丝和愈合性能。但是,结构特征造成的难以避免的径向尺寸不稳定等缺点,使此类血管受到限制。

(2)经编。随着经编技术的出现和不断的改进,所制的经编人工血管能综合机织和纬编人工血管的优点,成为目前临床中应用最多的一种置换型血管。经编人工血管大部分采用经平绒组织(locknit),由双针床多梳栉经编而成。与纬编人工血管相比,这种结构尺寸稳定性好,长期植入后不会发生过度扩张,不易发生假性动脉瘤等并发症;不会发生纵向脱丝、卷边和脱散,易于手术处理和缝合。与机织人工血管相比,它的顺应性较高,且不易散边,有利于提高植入后的长期通畅性(图4-17)。

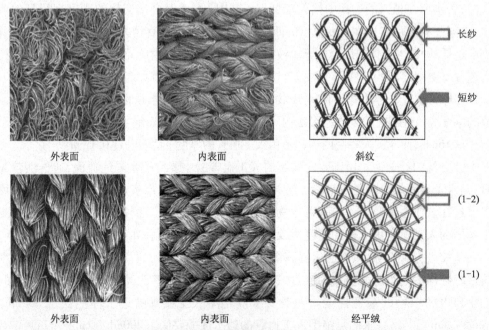

| 外表面 | 内表面 | 斜纹 |

长纱

短纱

(1-2)

(1-1)

| 外表面 | 内表面 | 经平绒 |

图4-17　经编人工血管内外管壁实物图

人工血管(尤其是有分叉管的人工血管)的生产比简单的管状织物的生产需要更多数量的梳栉。用于加工该类人工血管的针织机器需安装 16 把梳栉,两个针床上舌针的配置皆为 20 枚/2.54cm(20 枚/英寸)。16 把梳栉的排列如图 4 - 18 所示,主要是由满穿梳栉和安置在用以减少横移量的集聚装置上的花纹梳栉组成。

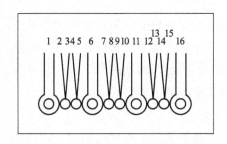

图 4 - 18　用于加工人工血管的 16 把梳栉的排列图

图 4 - 19 则以图例的形式详细介绍了这 16 把梳栉的位置以及其在针织过程中所扮演的角色:梳栉 1 ~6 主要用以生产前片组织,11 ~ 16 生产后片组织。3、10、14 负责左叉管 A 左侧的连接,2、9、15 则负责左叉管右侧的连接。同样,梳栉 5、8、13 和 4、7、12 分别完成了右叉管 B 左侧和右侧的连接。梳栉 3、10、14 和 4、7、12 则分别负责完成 C 部分的左侧和右侧的连接。

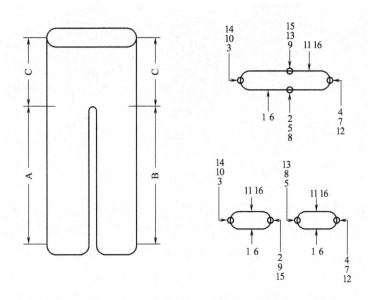

图 4 - 19　16 把梳栉的排布及其作用示意图

用于生产产品不同部位的两个提花滚筒分别工作,它们之间的转换是通过第三个计数滚筒来实现的。加工整个产品时的垫纱运动十分复杂,此处暂略。

4.1.6.2 非织造人工血管

非织造人工血管生产技术可采用喷丝成型法或静电纺。将聚合物溶液挤出细小的喷丝孔,形成纤维,再将纤维以螺旋线的形式卷绕在一个旋转的芯轴上,卷完一层后沿螺旋线的方向反向,直至达到所需的壁厚。但这些小口径人工血管远未达到令人满意的程度。

近年来出现了用凝固工艺以共聚醚氨甲酸酯脲为原料生产的内径为4mm的人工血管,首先将一根直径为4mm的玻璃棒浸入聚醚氨甲酸酯脲溶液中,再浸入水中使聚合物沉淀,干燥后,玻璃棒形成一层可移动的网状物。重复以上过程,最后将制成具有海绵般空洞结构的类似非织造型的人工血管。

4.1.6.3 机织人工血管

最早商品化生产的人工血管采用了平纹组织,并一直沿用至今。由于机织结构人工血管管壁结构紧密、稳定且变形小,适用于血流速度较高的位置,如胸主动脉,或用于患有血液凝结机制损伤的患者。

机织结构人工血管的制备在纺织专业上属于管状织物的织造。管状织物要求引入的纬纱连续,因此只能通过梭子在梭口中往复引纬,才能实现引入的纬纱连续,其运动状态如图4-20所示。

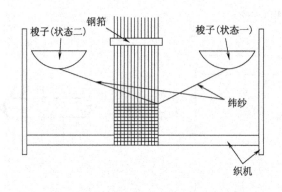

图4-20 机织结构管状织物的制织

管状织物织造的关键之一是管状组织的设计。管状组织是双层织物中的一种。双层组织是由两组经纱与纬纱交织形成相互重叠的上下(或表里层)的织物,上层的经纱和纬纱称为表经、表纬,下层的经纱和纬纱则称为里经、里纬。在双层组织中,用一组纬纱,在分开的表里两层经纱中,以螺旋形的顺序,相间地自表层投入里层再自里层投入表层而形成的圆筒形管状组织,制成的织物下机后展开即为管状织物(图4-21)。应用该原理可制备管壁为单层的、外形为直筒形的一般管状织物,也可制备管壁为多层的、外形为多分叉形的管状织物。

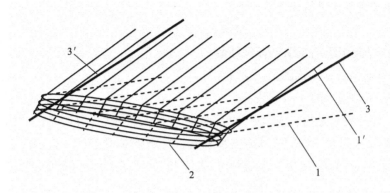

图 4 - 21　机织管状织物制织原理
1—里层经纱　1′—表层经纱　2—机织管状织物　3,3′—特线

（1）单层直筒形管状织物的设计。

①管状织物应选用同一种组织作为表、里两层的基础组织。在满足织物要求的前提下，为了简化上机工作，基础组织应尽可能选用简单的组织。管状织物的基础组织可按以下两种情况确定：

a. 如果要求管状织物折幅处组织连续，则应采用纬向飞数 S_w 为常数的组织作为基础组织，如平纹、纬重平、斜纹、正则缎纹等均可。

b. 如果对管状织物折幅处组织连续的要求不严格时，则可采用 $\frac{2}{2}$ 方平、$\frac{2}{2}$ 破斜纹、$\frac{1}{3}$ 破斜纹等作为基础组织。

②管状组织表、里层经纱的排列比通常为 1:1，表、里纬投纬比应为 1:1。

③制织管状织物时，织物的表层和里层的相连处如果要求织物组织连续，则经纱总根数的确定很重要，不能随意增加或减少，否则管状织物的两侧边缘组织要受到破坏。根据管状织物的用途和要求，先设计管状织物（管子）的直径，再根据直径计算折幅和总经根数。基本步骤如下：

a. 总经根数的初步确定。

$$W = 2\pi R \div 2 = \pi R \qquad\qquad (4-1)$$
$$M_j = 2WP_j \qquad\qquad (4-2)$$

式中：W——折幅；

　　R——管子半径；

　　M_j——总经根数（上下两层总经根数）；

　　P_j——经密。

b. 总经根数的修正。为保持管状织物边缘部分组织的连续性，式（4-2）所得的总经根数必须按下式进行修正。

$$M_j = R_j \cdot Z \pm S_w \tag{4-3}$$

式中：R_j——基础组织的组织循环经纱数；

    Z——表、里层基础组织的个数；

    S_w——基础组织的纬向飞数。

当第一纬的投纬方向和表里顺序分别为自左向右投表纬或自右向左投里纬时，采用 $M_j = R_j Z - S_w$；当第一纬的投纬方向和表里顺序分别为，自右向左投表纬或自左向右投里纬时，采用 $M_j = R_j Z + S_w$。投表纬时，表综开口，里综下停，即形成表层梭口；投里纬时，里综开口，表综上升，即形成里层梭口。图 4－22 是基础组织为 $\frac{2}{2}\nearrow$ 的顺穿法管状织物上机图，图 4－23 是基础组织为 $\frac{3}{1}\nearrow$ 的顺穿法管状织物上机图，两个图中表、里层经纱的排列比都为 1:1，表、里纬投纬比也为 1:1。

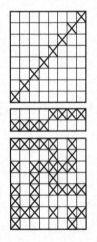
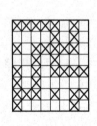

图 4－22　基础组织为 $\frac{2}{2}\nearrow$ 的顺穿法
管状织物上机图

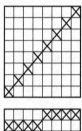
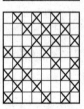
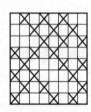

图 4－23　基础组织为 $\frac{3}{1}\nearrow$ 的顺穿法管状
织物上机图

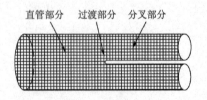

图 4－24　单层双分叉管状织物的结构

（2）单层双分叉管状织物的设计。单层分叉管状织物制备时可分解为三个部分，即直管部分、过渡部分和分叉部分，如图 4－24 所示。其设计要点在于分叉部分的经纱要相对独立穿在不同的综框内，而在织造直管部分和过渡部分时分叉部分的经纱要做相应联动。为使直管部分和过渡部分的织物外观匀整,分叉部分的穿综方法应该为:一个分叉的经纱穿在奇数页综框,另一个分叉的经纱穿在偶数页,图 4 – 25 是以 $\frac{2}{2}\nearrow$ 为基础组织的单层分叉管状织物的穿综图。以此为基础,可设计出各部分的提综图。

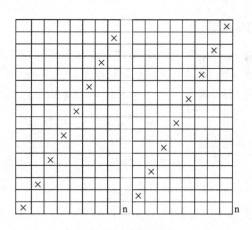

图 4 – 25　穿综图的设计

①直管部分的设计。为了能够得到一个完整的直管,需要 1、2 页综框运动一致,3、4 页综框运动一致,5、6 页综框运动一致……的综框运动规律。$\frac{2}{2}\nearrow$ 基础组织的单层分叉管状织物的直管部分的提综图,如图 4 – 26 所示。

②过渡部分的设计。当分叉部分向两边分开时,由于经纱的挤压作用,有可能在分叉部分的底部出现与直管相同的孔洞。为了解决这一问题,特在管状部分与分叉部分间设计一过渡组织。该组织可使纬纱呈" ∞ "字形的投纬过程,即从一个叉管的表经投纬到另一叉管的里经,然后从另一叉管的表经投纬到先前叉管的里经。图 4 – 27 为 $\frac{2}{2}\nearrow$ 基础组织的单层分叉管状织物的过渡部分的提综图。为保证组织的连贯,同时又不显著影响分叉管的整体结构,过渡部分的纬纱循环数以织出一个完全基础组织即可。

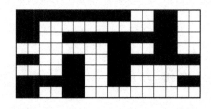

图 4 – 26　直管部分的提综图

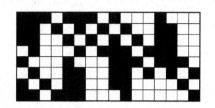

图 4 – 27　过渡部分的提综图

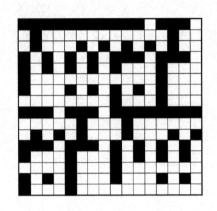

图4-28 分叉部分的提综图

③分叉部分的设计。分叉部分的设计思路为：两个分叉管交替引纬，以保证张力、密度均匀；每一根叉管内表里经排列比为1:1；织一根叉管时，另一根叉管的综框不运动，反之亦然；每一根叉管单独用1把梭子。图4-28为$\frac{2}{2}\nearrow$基础组织的单层分叉管状织物的分叉部分的提综图。

(3)双层直型人工血管的设计。

①基础组织选择。将双层直型管状织物沿经向剪开后就是一块普通的双层组织织物。管状织物的经纱循环数必定是上(下)层织物的2倍，如果双层织物的基础组织都相同，则双层管状组织的经纱循环数必定是基础组织的经纱循环数的4倍。设双层织物的基础组织相同，暂不讨论基础组织的经纱循环中有相同运动规律经纱的情况，则在综框数不超过20页时，双层直型管可选的基础组织的经纱循环数≤5；在综框数不超过24页时，可选的基础组织的经纱循环数≤6。

②接结组织选择。根据接结纱的不同，双层组织之间有2种接结方法：自身接结和接结纱接结。自身接结又分为里经接结法、表经接结法和联合接结法三种。接结纱接结又可分为接结经接结法和接结纬接结法。一般双层组织采用里经接结法(又称下接上法)作为接结组织。

里经接结法是织表层时，里经提起与表纬交织构成接结。为使织物表层不暴露里经，织物反面不暴露表纬，故对其各基础组织有如下要求：表组织应有一定长度的经浮长遮盖里经(接结点)；里组织的反面应有一定长度的纬浮长遮盖表纬(接结点)；接结组织的接结点要配置在表经浮长线的中央。

③引纬顺序与经纬纱排列比的确定。为制得双层直型管状织物，在织机引纬过程中，引纬次序应该如图4-29所示，才能保证各层纬纱都处于相应的位置上，不出现层与层之间纬纱交叉的现象。由此可知，双层管织物组织的上下层纬纱排列次序必须是采用1:1，而经纱排列次序，也以1:1为好。至于形成管壁的双层织物的经纱排列次序，也应尽量采用1:1排列。

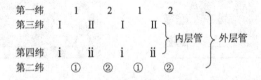

图4-29 多层管引纬次序示意图

图 4 - 30 为选定双层管的表里基础组织均为 $\frac{2}{2}\nearrow$，上下层经、纬纱排列次序为 1:1，管壁内外层经、纬纱排列次序也为 1:1 的双层直型管状织物的组织图和横截面图。

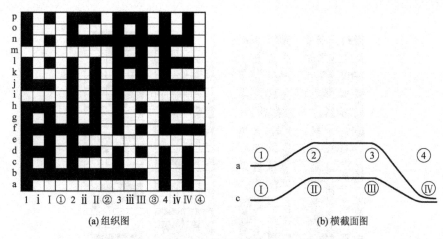

(a) 组织图　　　　　　　　　　　(b) 横截面图

图 4 - 30　双层直型管状织物的组织图和横截面图

(4)双层分叉管的组织和上机设计。将双层分叉管也分为直管部分、过渡部分、分叉部分。结合双层直型管和单层双分叉管的设计原理，可以设计出双层分叉管。设计过程与双层直型管的差异在于：

①由于双层管分叉部分织造时将直管分成了相对独立的两个部分，因此不同运动规律的经纱数应该是 8 与基础组织经纱循环数的乘积，也就是说，所需的综框页数是 8 的整数倍。在织机综框页数有限的情况下，显然会对基础组织的经纱循环数有更大的限制。同样设双层织物的基础组织相同，也暂不讨论基础组织的经纱循环中有相同运动规律经纱的情况，则在综框数不超过 20 页时，双层分叉管可选的基础组织的经纱循环数只能等于 2；在综框数不超过 24 页时，可选的基础组织的经纱循环数 ≤3。

②单层分叉管在过渡部分采用"∞"形交叉引纬设计，以提高结合部位的抗撕裂性能，双层分叉管若采用相同方式，则会出现结合部位双层组织内外交错、过渡不均匀的现象。为克服这一问题，可采用内层"∞"形交叉引纬，外层正常引纬的设计(图 4 - 31)。

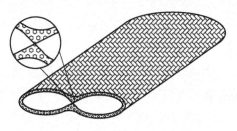

图 4 - 31　过渡部分引纬设计

图 4-32 为 $\frac{2}{2}$ 经重平作为基础组织,选定双层组织的表里经、纬纱排列比为 1:1,管状组织上下层的经、纬纱排列比也为 1:1,双层分叉管的直管部分、过渡部分和分叉部分的组织图。

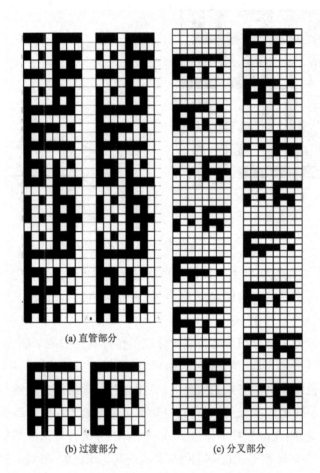

(a) 直管部分

(b) 过渡部分　　　　　(c) 分叉部分

图 4-32　双层分叉管各部分组织图

4.1.7　人工血管的成型整理制备技术

一般来讲,直接由纺织成型的人工血管,其管壁的结构和力学性能,尚不能满足临床使用的要求,故后整理加工是必需的。

一般情况下,在起始的纱线加工阶段可能会加入添加剂。添加剂会产生细胞毒素,且添加剂与生物组织接触时会发生不利反应。因一些添加剂(如二氧化钛)在纤维的内部,在整理过程中,是不能被去除的。另外,其他表面活性剂如纱线润滑剂,经过合适的清洗和煮练加工是能去除的。这种表面活性剂一般含有无机油基,需经特别设计的含水基的水洗过程或者含有有机溶剂的干洗技术以确保被完全去除。若想使纱线表面光滑，还可在经纱织造之前上浆，形成一种浆膜。上浆可防止纱线表面磨损和长丝在织造时断裂。因为每一种聚合物和织物的加工工序不一样，所以后整理设备必须是特定的设备。后整理包括清洗、热定形、漂白、紧密化、检验、包装和消毒。后整理会影响生物医用纺织品的最终性能，图4-33是典型人工血管移植物后整理图解。在后整理中，生物医用纺织品所用化学药剂与工业生产用化学药剂不同，且制造商拥有生物用化学药剂所有权。如果洗练过程设计得合理，后整理过程中所有表面添加剂都能去掉。为确保在包装和消毒之前所有表面添加剂从织物表面去除掉，一般都要检测织物经整理后的细胞毒素量和表面添加剂的残留量。

各整理工序的目的和主要加工技术如下：

4.1.7.1　清洗(washing)

清洗的目的是去除每道加工中可能带来的一些油迹和不净物，可用70℃热水、净洗剂清洗，采用超声波清洗效果更佳。

4.1.7.2　紧密化(compaction)

紧密化加工的主要目的是使管壁的孔隙变小，结构紧密，减少管壁的液体渗漏性，改善力学性能。紧密化加工一般通过化学收缩剂(如亚甲基氯化物)处理和热收缩。

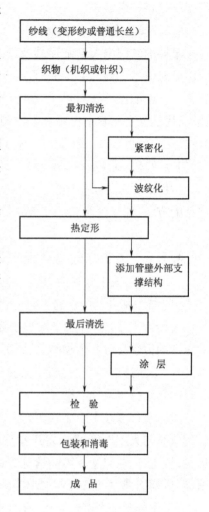

图4-33　典型纺织结构移植物后整理的一般过程

刚织好的针织物线圈通常是松散的，水渗透值范围为1200～3500mL/$(cm^2 \cdot min)$，需要经过紧密化加工处理使线圈结构紧密，以降低它的渗透性能。

4.1.7.3　波纹化(crimping)

波纹化的主要目的是加强人工血管的纵向顺应性和径向刚度，一般通过物理的方法来实现，如采用模压成型法。

4.1.7.4　热定形(thermosetting)

热定形的主要目的是稳定人工血管的管壁结构，当然对管壁的波纹形态的固定，具有重要的作用。其通常采用的方法是利用高温对人工血管进行热定形，所用的温度则视材料特性而定。

4.1.7.5 涂层(coating)

早期的纺织型人工血管,是采用病人自身的血液,手术前进行预凝处理,达到管壁的防渗漏效果。近二十年来,商业人工血管产品主要在制备过程中采用管壁涂层法,解决了管壁的血液渗漏问题。由于管壁的多孔性有促进人工血管体内愈合的作用,为此,所用的涂层材料不仅要求生物相容性好,而且应是可降解的。目前常用的涂层剂有:白蛋白(albumin)、胶原(collagen)和凝胶(gelatin)。

4.1.7.6 灭菌(sterilizing)

常用的灭菌方法有环氧乙烷法和γ射线辐射法,应视人工血管所用的材料来确定灭菌的方法,如涤纶产品,一般采用γ射线辐射法。

4.1.8 人工血管结构及其基本性能

4.1.8.1 人工血管的力学性能表征

(1)纺织基人工血管的生物力学性能表征现状。

为使人工血管在生命体中能够顺利愈合、保持长期的开放性以及承受长期周期性的脉动的力学疲劳和生物酶、酸碱环境的化学疲劳,人工血管必须具备一定的生物力学特性,寻找这些特性的合适的表征体系和相应的测试方法是研究者长期的工作,其研究内容十分丰富和复杂。

国际上许多在人工血管研究方面处于前沿的国家,对人工血管的生物力学性能测试的研究与人工血管的研究开发是同步进行的,在每一个研究机构中都具有纺织工程、机械工程、放射学等不同学科背景的各种专门人才,从事对人工血管的机械性能测试、测试模型建立、测试的数字模拟等各方面的研究。他们与外科医师、生物研究人员、人工血管制造者密切合作,有力地促进了人工血管的研究开发,为外科医师选择合适的产品提供了有力的参考。同时值得提出的是,随着人工血管的生产、贸易和使用的不断扩大,迫切需要制定相应的标准对其进行规范,因此人工血管的主要生产国都制定了一系列标准对本国的人工血管产品进行规范。在此基础上,1998 年国际标准化组织推出了国际标准 ISO 7198,即心血管移植物—管状人工血管(Cardiovascular Implants – Tubular vascular prostheses),在本书第十章中,详细地论述了各种表征指标的测试原理和测试方法,然而标准中尚存在若干规定不够明确的部分。

近几年血管替代物领域的发展,如用于腔内隔绝术的支架型人工血管的出现、小直径人工血管的不断开发及生物组织工程的发展,为人工血管的性能表征和测试不断提出新的研究课题。在国内外,这方面的研究仍在不断开展和深化,在对已有的表征指标和测试方法不断进行完善的基础上,探索新的表征方法和测试手段,研制新的数字化的测试仪器。国际标准化组织在 2003 年推出了 ISO 25539—1,此标准对于内置型血管移植物的标准化建设具有很好的推进作用,但是,标准中的许多内容规定不够明确,值得进行进一步的研究。

我国2004年11月发布(2005年11月实施)的中华人民共和国医药行业标准心血管植入物人工血管,YY 0500—2004/ISO 7198:1998,对推动我国的产品开发具有重要的意义,但对于腔内隔绝术用的人工血管,我国至今尚无标准发布,尽管近十年,腔内隔绝术用的人工血管在国内的临床上使用快速上升,但主要使用的是进口产品,国产化率还比较低。

(2)人工血管的生物力学性能表征。

①渗透性和孔隙率。其中人工血管的渗透性由截面水渗透性、总体水渗透性和水进压力三个指标来表征,而人工血管的孔隙率有面积仪法和称重法两种表征手段。

②人工血管的强度。人工血管的强度指标主要有径向拉伸强度、纵向拉伸强度、顶破强度几种指标来表征。

③人工血管的几何特征。人工血管的几何特征一般由人工血管管壁厚度和松弛内径来表征。

④人工血管对管道内部应力的形变响应性。人工血管对管道内部应力的形变响应性主要由承压内径、纵向顺应性、径向顺应性和弯折半径/直径等几种指标来表征。

4.1.8.2 人工血管加工工序对管壁结构性能均匀性的影响

本节以一种经编涤纶人工血管为例。鉴于一些经编人工血管长期植入后的管壁特殊部位纵向断裂的事实,我们将分析注意力集中于管壁的特殊部位与常规部位的结构和各种性能的对比。本部分内容,可作为一种分析问题的方法来参考。

(1)人工血管的制备。经编涤纶人工血管的制备过程通常可分为5个工序,见表4-2。沿人工血管的周向,可将管壁分为3部分,即基础部位(BL)连接部位(RL)和指示部位(GL),如图4-34所示。指示部位指在经编过程中加入一些有色纱线编织而成的线圈纵列,其目的是为了在外科手术时避免人工血管的扭曲。连接部位是指管道在双针床加工中,把前、后针床所完成的前后两片状织物,通过专用梳节和纱线连接所产生的线圈纵列。基础部位则指在整个管道结构中除RL和GL外的线圈纵列。

表4-2 人工血管主要制备工序 (成品直径为10mm)

工序代号	名 称	目 的	备 注
A	经编	形成管道	经平绒组织
B	洗涤	去除油迹和不净物	70℃热水,净化剂
C	紧密	减少结构孔隙	化学助剂,高温,高压
D	波形化	加强纵向顺应性和径向刚度	压模压波形
E	热定形	稳定波形等	高温热定形

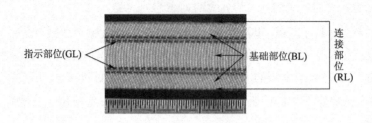

图 4 - 34　人工血管的 3 个部位

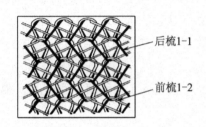

图 4 - 35　经平绒组织示意图
（对应人工血管内层视图）

所选择的涤纶人工血管,在基础部位和连接部位由 1 - 1 后梳运动的 44 根圆形常规复丝（名义线密度为 52dtex）和具有 1 - 2 前梳运动的 88 根圆形的变形复丝（名义线密度为 105dtex）构成（文中分别用 BL1 - 1,RL1 - 1 和 BL1 - 2,RL1 - 2 表示）;GL 部位由 44 根黑色圆形复丝（名义线密度 107dtex）进行前梳运动（1 - 2）而构成（文中用 GL1 - 2 表示）,如图4 - 35 所示。

（2）结构参数与拉伸性能测试。

①线圈结构和线密度:单位线圈长度和纱线的线密度参照纺织标准测量。单纤维的名义线密度由复丝线密度除以复丝根数而得。从人工血管上被分离的复丝和单丝在接受性能测试时,至少需在恒温恒湿中平衡 24 h。为满足统计要求,用于测量线圈长度和线密度的纱线取自同一批号的 3 个人工血管样本。

②血管周向拉伸性能:参照 ISO 7198:1998,在 MTS 多功能强力仪上完成,拉伸速度 100mm/min。夹头中的半圆形支架直径与所测试样的直径相适应,其测试样本在初始拉伸时所受应力为零。每个试验需 3 个样本。

③单纤维拉伸性能:参照相关标准,在单纤维强力仪上实行,样本为 30 根分离自 3 只人工血管的单纤维。

（3）管壁结构性能均匀性。测试结果来自 3 个部位,即基础部位（BL）、连接部位（RL）和指示部位（GL）。鉴于一些经编人工血管长期植入后的管壁 RL 和 GL 部位纵向断裂的事实,下面将分析注意力集中于 RL 和 GL 与基础部位 BL 的结构和各种性能的对比,以验证所涉及的经编血管管壁的均匀性。

①线圈结构和线密度。线圈长度能反映经编线圈的紧密程度,其大小与线圈横列间距、纵列间距和延展线横移过的针距数等有关。线圈长度随工序和管壁部位（BL、RL 和 GL）的变化如图 4 - 36 所示。经紧密工序（工序 C）的处理,线圈长度明显减小,

BL1 - 1 和 BL1 - 2 的线圈长度分别下降了 22% 和 16% 。对于连接部位,在经编工序后,RL1 - 2 的线圈长度较基础部位 BL1 - 2 小,这说明经编加工使连接部位纺织结构较基础部位紧密。经洗涤松弛后,RL1 - 2 的线圈长度仍比 BL1 - 2 的短。然而,紧密处理对于 RL1 - 2 的回缩贡献相对较小,使 RL1 - 2 的线圈长度比 BL1 - 2 的长,但此处理对于 RL1 - 1 与 BL1 - 1,线圈长度未发现明显差异。对于指示部位,在紧密工序后,GL1 - 2 的线圈长度相对 RL 和 BL 明显为短,说明此工序使黑色纤维有更大的收缩。

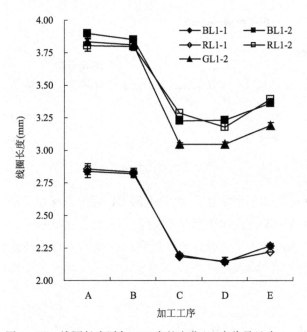

图 4 - 36　线圈长度随加工工序的变化(工序代号见表 4 - 2)

纱线线密度与线圈长度一起构成影响管壁孔隙率的主要因素。孔隙率将决定人工血管移植时血液的损失率、移植后宿主细胞在管壁上的生长状况以及内腔的通畅性。紧密工序对线密度的提高贡献最大,这种现象在指示部位更为凸显,如图 4 - 37(a)所示。

图 4 - 37(b)为从不同部位的线圈中取出的单纤维的线密度,表明黑色纤维的线密度比其他纤维大得多。此外,常规纤维和变形纤维在工序 A 和 B 的线密度差异较后续工序 C、D 和 E 的线密度差异小,说明常规纤维和变形纤维对于紧密、波形化和热定形等物理处理具有不同的响应。以紧密处理对变形纤维与常规纤维的线密度提高的差异最为明显。

从以上的结果可以看出,人工血管的制备过程对线圈结构有很大的影响。经编血管成型加工在连接由前后针床分别形成的平面织物的部位上,引入了一定程度的线圈

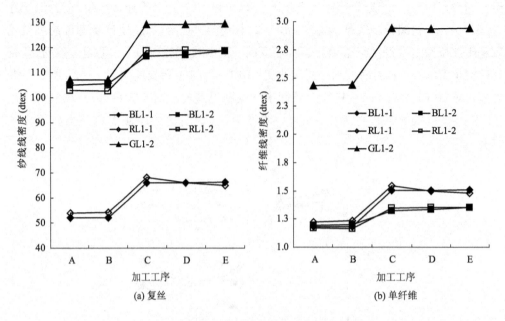

图 4 - 37　复丝和单纤维的线密度与工序的关系

结构不均匀性。在经其他工序处理后,BL、RL 和 GL 部位均存在一定的不均匀。对织物线圈结构以及纱线和单纤维的线密度的改变,紧密处理贡献最大。

②力学性能。通过对人工血管整体的周向拉伸以及来自不同部位单纤维的轴向拉伸来探讨力学性能(图 4 - 38)。

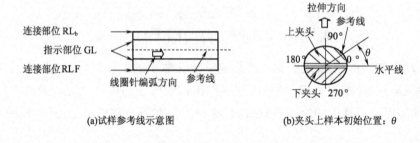

图 4 - 38　周向拉伸实验时样本的初始位置示意图

周向拉伸习惯上用来衡量样本的断裂伸长及断裂强度。然而,由于前述关于线圈结构沿血管周向的不均匀性,特改变血管试样的参考线(指位于两根指示线之间的线圈纵列)相对于水平方向的夹角(记为初始位置 θ),如图 4 - 38 所示(彩图见封三),以检验试验的断裂部位。由拉伸试验发现,所有工序的样本断裂部位与样本的周向拉伸的初始位置有关联,见表 4 - 3。另外,试验中可观察到对于工序 C、D 和 E,样本断裂位置系统地发生在连接部位。这个结果表明对于本文所涉及的人工血管,RL 是明显的薄弱环节。在周向拉伸过程中,借助摄像和图像分析的手段,已经证实人工血管在 RL 部位的线圈结构变化不同于基础部位 BL 的变化[7]。而相对于 BL 部位,GL 部位的变化并未发现特殊性。

表 4-3　周向拉伸时不同工序的人工血管样本的断裂位置与其初始位置的关系

θ 样本初始位置(°)	断裂部位				
	工序 A	工序 B	工序 C	工序 D	工序 E
0	BL	BL	RL$_b$	RL$_b$	RL$_b$
45	RL$_b$	RL$_b$	RL$_a$	RL$_a$	RL$_a$
135	RL$_a$	RL$_a$	RL$_a$	RL$_a$	RL$_a$
180	LF	BL	RL$_a$	RL$_a$	RL$_a$
225	RL$_a$	RL$_a$	RL$_a$	RL$_a$	RL$_a$
315	RL$_a$	RL$_a$	RL$_a$	RL$_a$	RL$_a$
RL 部位断裂的百分率(%)	67	67	100	100	100

下面将进一步从纤维层面来考察 3 个部位的单纤维性能的均匀性。

③单纤维的拉伸特性。纤维拉伸应力应变曲线由若干特征参数来表征:初始模量 M、屈服点应力 ε_y、屈服点应变 σ_y、屈服功 W_y、断裂应变 ε_r、断裂应力 σ_r 和断裂功 W_r。

实验表明在 RL、GL 和 BL 纤维间的确存在着不均匀的力学特性。在 RL、GL 和 BL 部位,纤维的性能差异随加工工序、原始纤维特性(变形处理与否)、线圈结构等呈复杂的变化。从统计角度,在各工序上,有证据表明了在 RL 和 GL 部位的薄弱现象。

紧密工序对人工血管整体以及构成线圈纤维的力学特性有显著的影响。周向拉伸显示断裂主要发生在连接处,这个周向断裂的定位性在紧密处理后更加明显。这种现象表明紧密处理加速了一些宏观线圈结构的不均匀性。所以应该特别注意保持经编针织加工过程中的线圈结构均匀性。

(4)总结。纵观经编人工血管及其纤维经过各工序处理后的特性,管壁的结构和力学性能发生了明显的变化,其中紧密处理对性能的影响最大。研究发现在经编加工后线圈结构在连接部位已存在一定的不均匀性,这是人工血管在周向拉伸中该部位具有高断裂的主要原因。从纤维层面,RL、GL 和 BL 位置上的纤维在拉伸特性上所表现出的不均匀性也被证实。可以预测人工血管在体内承受反复脉动等生理负荷下,破损可能首先出现在相对薄弱的部位,缩短了人工血管的使用寿命。

4.1.8.3　常用人工血管的纺织结构与性能

表 4-4~表 4-7 列举了几种人工血管的结构与力学性能。对外科医生来说,决定选择机织人工血管是一个艰难的过程,但值得注意的是外科医生选择时,通常是基于产品的"手术易处理性"和"易缝合性",而不是所说的长期性能。相对针织织物,平

纹机织物可以织得更薄(0.1mm),这样,它成了许多内置人工血管选择的材料。

表4－4　机织人工血管的结构和力学性能

移植物	织物组织类型	经密（根/英寸）	纬密（根/英寸）	顶破强力（N）	水渗透值(mL/cm²·min)	缝合线保持力（N）	120mmHg静水压下的膨胀(扩张)性(%)
Twill 机织物	$\frac{1}{1}$平纹	42 地经 22 纹经	48	280	330	25	0
Debakey 柔软机织物	$\frac{1}{1}$平纹	52	32	366	220	35	0.2
Debakey 超低孔隙机织物	$\frac{1}{1}$平纹	55	40	439	50	40	—
Vascutek 机织物	$\frac{1}{1}$平纹	56	30	227	80	30	0.5
Meadox 双绒机织物	6/4 缎纹 + $\frac{1}{1}$平纹	36 缎纹经 36 平纹经	38	310	310	48	1.2
Meadox cooley verisoft	$\frac{1}{1}$平纹	58	35	211	180	30	0.2
Intervascular Oshner 200	$\frac{1}{1}$平纹 （纱罗）	42 地经 14 纹经	21	268	250	22	0.5
Intervascular Oshner 500	$\frac{1}{1}$平纹 （纱罗）	42 地经 14 纹经	21	259	530	26	1.2

注　1 英寸 = 2.54cm,1mm Hg = 133.3Pa。

表4－5　针织人工血管的纺织结构与纱线特性

性　　质	Dialine®	Cooley Ⅱ®	Vasculour Ⅱ®	Triaxial®	Microvel®
经编类型	双梳栉	双梳栉	双梳栉	双梳栉	双梳栉
织物组织	经平绒组织	经平组织	经平绒组织	经平绒组织	经平组织
纵密（横行/cm）	17	15	14	11	19
横密（纵列/cm）	28	31	31	20	32
线圈密度（个/cm）	492	474	430	233	608
单位面积克重（g/cm²）	265	229	224	270	182
厚度（mm）	0.55	0.55	0.57	0.76	0.55
孔隙率（%）	65	70	72	74	76
纱线类型	常规丝 & 变形丝	变形丝	变形丝	变形丝	常规丝 & 变形丝

续表

性　　质	Dialine®	Cooley Ⅱ®	Vasculour Ⅱ®	Triaxial®	Microvel®
纱线线密度（dtex）	65/130	105	110/76	100/200	48
纱线中单丝根数	44/88	54	54/40	54/108	27
长丝线密度（dtex）	1.5	2.0	2.0	1.9	1.8
长丝截面形态	圆形	圆形	圆形	圆形	圆形
长丝直径（μm）	11.5±0.9	13.2±0.6	13.4±0.9	13.2±0.9	12.8±0.9

表 4－6　针织人工血管的力学性能

商品名	水渗透值（mL/cm²·min）	顶破强力（N）	120mmHg 静水压下的膨胀（扩张）性（%）	固位强力（N）		
				0°	90°	45°
Dialine®	1050	257±17*	4.1	26.5±6.5*	29.6±8.3	25.1±5.5
Cooley Ⅱ®	1730	191±12	6.5	20.3±3.9	29.8±5.9	27.0±3.2
Vasculour Ⅱ®	2150	229±8	7.6	27.6±5.5	22.8±2.3	26.2±2.0
Triaxial®	1310	303±35	5.4	40.6±5.3	32.1±1.7	34.2±1.7
Microvel®	2890	80±3	9.3	19.5±1.0	18.5±0.6	17.7±1.0

注　＊表示 ±SD。

表 4－7　针织人工血管的热学性能

商品名	熔点（℃）	△H(J/g)	结晶度指数
Dialine®	258	58.4	0.42
Cooley Ⅱ®	257	52.4	0.37
Vasculour Ⅱ®	253	52.5	0.38
Triaxial®	255	55.7	0.40
Microvel®	253	56.5	0.40

4.1.9　人工血管体内移出物的生物稳定性

对于人工血管来说,生物相容性、生物功能性和生物稳定性三者缺一不可。本节将就生物稳定性的有关研究方法作一简介。生物稳定性是指移植物植入体内后,其结构、力学性能、化学性能的稳定性,一般研究可以从三个层面来开展:宏观（macro）、介观（meso）和微观（micro）层面,对应人工血管,可以是人工血管的整体层面、纤维层面以及分子结构层面。

　　为了对从体内取出的人工血管的样本进行生物稳定性的研究,首先,需要对样本取样进行病理学分析,然后对纤维样本进行非损伤性的清洗。

　　可通过化学方法去除移植物表面和内部附有的血液、组织等附属物,以保证对血管本身评价的准确性。清洗中所使用的化学试剂及处理过程参照有关标准,并借鉴国内外经验,从而保证对血管性能无损伤。

　　样品的清洗程序如下:

　　(1)鉴于实验样品的珍贵性,在清洗前先对其拍照,尽可能记录更多的信息。

　　(2)使用精度为 0.1mg 的电子秤称量样品的原始重量。

　　(3)在浓度为 5% 的 $NaHCO_3$ 溶液中沸煮 5min,之后取出血管,用蒸馏水清洗数次,将其冷却至室温。

　　(4)在浓度为 7% 的 NaClO 溶液中浸泡 30min,之后取出血管,用蒸馏水清洗数次。

　　(5)室温下,在浓度为 3% 的 H_2O_2 溶液中浸泡 48h,之后取出血管,再用蒸馏水清洗数次。

　　(6)在精度为 0.1mg 的电子秤上称量血管的重量,记录减少的重量,使用冷冻干燥机进行干燥;之后在 10 倍光学显微镜下观察织物和金属架上是否有残余物质。若仍有残余物质。重复第(2)~(5)步,直至重量不再减少,在显微镜下观察没有其他物质存在为止。

　　(7)清洗结束后,使用普通数码相机拍照,记录血管整体结构特征和表面信息;再用光学显微镜观察表面情况,记录破损位置及特殊部位。

　　最后,根据人工血管总体特征,选取特殊部位用电子显微镜深入观察人工血管的表面信息。

　　人工血管移出物的主要表征内容有四个方面:

　　(1)表观性能稳定性:通过运用光学显微镜、扫描电子显微镜观察人工血管表面不同程度的破损孔洞,根据孔洞的大小、位置、形态以及断裂纤维横截面,分析人工血管破损的原因。

　　(2)结构稳定性:常用测试方法主要测试移出物的厚度、织物密度、单位面积重量、孔隙率以及血管中单纤维的直径等指标。

　　①厚度的测试同普通移植用人工血管的测试方法相同,使用 KES - G5 织物风格测试仪。将织物压平,使用测试面积为 $2cm^2$ 的圆形探头,结果可以得到织物厚度随压力的变化,然后根据 ISO 建议,取 981Pa 压力下的厚度作为测试结果。

　　②织物的密度可以反映出人工血管在植入体内一段时间后发生的松弛程度,可采用 CH - 2 型光学显微镜在 40 倍放大后观察其经纬向纱线密度。

　　③单位面积重量使用精度为 0.1mg 的电子秤对一定面积的人工血管织物进行称量,并计算出单位面积上的平均重量。

④孔隙率使用 ISO 7198:1998 规定的孔隙率计算公式计算所得。

⑤单纤维直径可以从微观角度反映人工血管在植入人体内一段时间后发生的变化,可选用 CH-2 型光学显微镜在 400 倍放大后,对单根纤维直径进行测量。

(3)力学稳定性:力学性能包括人工血管的整体拉伸、顶破性能,以及纱线中纤维的拉伸力学性能等。

整体拉伸、顶破性能的测试方法详见第 10 章。纤维拉伸测试时,需特别注意预加张力不能过大。建议测试条件可依据"GB/T 14337—2008 化学纤维短纤维拉伸性能试验方法"来确定:由于纤维的平均长度 <35mm,所以夹持距离为 10mm,预加张力为 0.75cN/tex,拉伸速度为 20mm/min,各组试样测试 50 次,取平均值为相应指标。

(4)化学特性稳定性:常用测试方法有如下几种,可对比分析移植前后的样本的各项化学性能,研究影响样本老化的化学因素。

①傅里叶转换红外线光谱分析(FTIR)。运用傅里叶转换红外线光谱分析仪(NEXUS-670)对试样进行定性分析。将试样平铺在全反射衰减系统控制台上观察各个试样的吸收峰。光谱图运用软件 OMNIC 6.0 进行筛检和分析。

②X 射线光电子能谱分析(XPS)。使用 X 射线光电子能谱分析仪(PHI 5600)对试样进行表面分析。用 Al Kα 激发试样表面进行分析,未使用其他电荷补偿。

③临界溶解时间测试(CDT)。纤维从开始接触苯酚溶液直至被溶解的时间称为临界溶解时间(CDT),可根据涤纶在苯酚中的溶解时间,得出涤纶超分子结构的改变情况。

为了使各组试样的实验数据更准确地与对照样进行对比,在选取纤维时避开了磨损和孔洞区域,为避免纤维的意外拉伸对测试的准确性所造成的影响,应小心地从织物上取下经纬向纤维,防止影响 CDT 测试的准确性。测试的方法如下,每组试样测试 30 次,结果取平均值。

a. 用双面胶黏住纤维两端,使之呈环状。

b. 将纤维上的双面胶部位固定在铁丝上。

c. 在纤维环的下端悬挂张力钩(图 4-39),预加张力为 0.05cN/tex。

图 4-39　CDT 测试示意图

d. 将装有 100% 苯酚的烧杯放在恒温水浴锅中,温度为 65℃。

e. 将铁丝置于烧杯口,令纤维完全浸没在苯酚之中,同时开始计时,直至纤维溶解,张力钩坠落瞬间,即为临界溶解时间,烧杯内放有温度计以严格监视温度。

④热学性能测试(DSC)。运用差示热扫描分析仪(如 NETZSCH 204F1)对试样的热学性能进行测试分析。取 3~4mg 试样放入铝锅并封口。以 20℃/min 的速率,将试样从 50℃ 升至 300℃ 后,从 300℃ 降温至 50℃ 后冷却 15min,再升温至 300℃,速率仍为 20℃/min。运用 Proteus 热学分析软件计算出试样的初始熔融温度、熔融峰温度、熔解热、热焓值等。

以上对体内人工材料移出物 explant 的研究方法,可以作为其他体内人工材料移出物的生物稳定性的研究参考。

4.1.10　人工血管的疲劳预测

自人工血管临床使用以来,就有报道人工血管的各种失效案例,学者们一直关注着失效人工血管的分析研究,其体内机械疲劳和化学疲劳是人工血管老化失效的一个重要因素。学者们一直努力进行人工血管的体外疲劳研究,并期望得到较准确的性能预测。下面就腔内隔绝术用人工血管的疲劳预测研究作一介绍。

近十年来,腔内隔绝术用人工血管(SG)在临床上被更广泛地接受,但是临床观察报道以及回收的人工血管体内移出物观察发现,其在植入人体一段时间以后,在脉动压力的作用下会产生不同程度、不同类型的破坏,比如腔内隔绝术用人工血管的织物覆膜出现了破洞、变形、磨损(图 4-40),金属支架的破损,缝合线的断裂等。

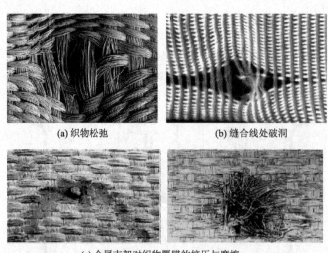

(a) 织物松弛　　　　　　　　　　(b) 缝合线处破洞

(c) 金属支架对织物覆膜的挤压与摩擦

图 4-40　腔内隔绝术用人工血管从人体回收后的疲劳破坏情况

　　然而,人工血管植入人体后的生物力学机理尚不明确,外科医生、人工血管生产商以及卫生机构都迫切希望能够尽快弄清楚其长期破坏机理,为其耐久性预测研究提供科学依据,并在此基础上进一步指导人工血管在材料、生产工艺、组织结构等方面的优化设计。一般对人工血管的力学性能研究(如顺应性、拉伸强度、顶破强度、水渗透性等)多为静态,并未模拟血液流动的真实情况。东华大学课题组首次实现了模拟血液流动的情况下对织物覆膜的动态力学性能研究,为进一步预测人工血管的疲劳耐久性奠定了基础。

　　美国 EnduraTec 公司生产的人工血管加速疲劳测试仪也可对腔内隔绝用人工血管样品进行疲劳测试。为了实现加速测试,选择该仪器的脉动频率为 100 Hz,其对试样提供的脉动压力范围为 18.7 ~ 26.7 kPa(140 ~ 200 mmHg),该范围代表了高血压病人的舒张压和收缩压值,压力的波形为正弦曲线。该疲劳测试仪内置与血液相对密度相似的 37 ℃的水。试样套装在两端固定在测试仪上的弹性乳胶管上并呈松弛状态,疲劳时间可选。然后比较疲劳前后样本的结构与性能变化。

　　一般织物覆膜的疲劳由宏观、介观、微观三个方面表现出来。宏观表现为管壁的破洞、撕裂、织物结构以及经纬密度的变化,介观表现为组成人工血管的纱线及纤维的破损,而微观则表现为高聚物中大分子结构的变化。

　　在疲劳试验的每个时间点前后,分别测试人工血管织物覆膜试样的管径,织物覆膜的轴向和周向密度(系指沿织物周向或轴向单位长度内纱线排列的根数)、水渗透性,单纤强度、模量等相关的纤维物理力学性能。

　　针对人工血管移出物的各种破坏现象,东华大学人工血管课题组还进行了腔内隔绝术用人工血管的体外疲劳弯折实验研究和体外扭转实验研究,用来证实体外疲劳实验与体内疲劳的相似性,为人工血管的疲劳预测奠定基础。

4.1.11　人工血管的发展趋势

　　(1)基于血管功能的人工血管设计和制备技术。从形态仿真—结构仿真—功能仿真,实现不同使用部位具有不同功能的人工血管系列化产品。

　　(2)新材料的应用。在可降解材料作为涂层材料成功使用后,学者们已经开始研究将可降解材料应用于人造血管主要管壁结构上;也有学者采用高弹性的纤维材料并结合特殊的管壁设计以改善管壁的顺应性。

　　(3)新结构人造血管的设计。利用组织工程和组织再生技术,研究支架材料、结构与细胞间的相互作用机制,期待再生人工血管尽早实现在临床上的应用。

　　(4)腔内隔绝术用人工血管的优化。人工血管的开窗程序,人工血管的分支结构,人工血管的分支小血管的抗血栓问题,高弹性材料和可降解材料的应用等,均是当下和未来研究的重点。

（5）表面改性和接枝。采用物理、化学或生物改性技术以及选择性的接枝技术，以提高人工血管的表面特别是小口径人造血管管壁的抗血栓能力和促内皮生长。表面改性和接枝是个永久的话题，应该还是一个改善管壁性能的有效途径。

4.2 手术缝合线

手术缝合线（suture），又称医用缝合线或缝合线，广泛用于各类外科手术中的伤口缝合，把撕开的组织固定在一起，直到伤口愈合。手术缝合线一般配针制备、销售和使用。

根据美国药典，手术缝合线按其直径大小制定有标准的型号规格。外科惯例公认，应选用能使组织安全对合的最细型号缝合线，使缝合所致的创伤减至最低限度。缝合线的型号以数字表示："0"号以上，数码越大，缝线越粗，如3号粗于1号；"0"号中，0越多缝合线直径越细，如2-0、3-0、4-0、11-0的直径依次减小。缝合线的规格与直径见表4-8。

表4-8 缝合线的规格与直径

Ⅰ类（天然材料）			Ⅱ类（合成材料）		
规　格	公制规格	直径（mm）	规　格	公制规格	直径（mm）
12-0	—	—	12-0	0.01	0.001~0.009
11-0	—	—	11-0	0.1	0.010~0.019
10-0	—	—	10-0	0.2	0.020~0.029
9-0	0.4	0.040~0.049	9-0	0.3	0.030~0.039
8-0	0.5	0.050~0.059	8-0	0.4	0.040~0.049
7-0	0.7	0.070~0.099	7.0	0.5	0.050~0.069
6-0	1	0.10~0.149	6-0	0.7	0.070~0.099
5-0	1.5	0.15~0.199	5-0	1	0.10~0.149
4-0	2	0.20~0.249	4-0	1.5	0.15~0.199
4-0/T	2.5	0.25~0.299	—	—	—
3-0	3	0.30~0.399	3-0	2	0.20~0.249
2-0	3.5	0.35~0.399	2-0	3	0.30~0.399
0	4	0.40~0.499	0	3.5	0.35~0.399

Ⅰ类(天然材料)			Ⅱ类(合成材料)		
规 格	公制规格	直径(mm)	规 格	公制规格	直径(mm)
1	5	0.50～0.599	1	4	0.40～0.499
2	6	0.60～0.699	2	5	0.50～0.599
3	7	0.70～0.799	3和4	6	0.60～0.699
4	8	0.80～0.899	5	7	0.70～0.799

注 4－0/T 规格缝合线标准非等效采用美国药典第 24 版中的标准,而采用欧洲药典 97 版。

4.2.1　手术缝合线的基本要求

理想的手术缝合线不应带给受伤后愈合的组织以凹陷、裂口、血凝块及细菌黏附,必须具有以下性能:

(1)强度高且保留率与组织愈合同步。

(2)良好的柔韧性、弹性、操作性、打结性及持结性。

(3)一定的延伸性以适应伤口组织水肿,伤口愈合后能恢复原状。

(4)横截面直径尽可能最小,尽可能减少组织反应。

(5)生物相容性良好,组织反应小,不影响人体组织的生长。

(6)可进行彻底消毒、灭菌处理而不变性。

(7)对于不可吸收缝合线,要求伤口愈合后抽线时尽量无拉力;对于可吸收性缝合线,伤口完全愈合前保持足够大的强度而不至于断裂,在组织修复后应完全被吸收,不在人体内留下异物。

(8)在体内无毒副作用。

4.2.2　手术缝合线的分类与主要产品

手术缝合线有多种分类方法。

(1)根据原料种类可分为:天然高分子材料、合成高分子材料和金属材料。天然高分子材料缝合线有天然多糖(棉线)、天然多肽(羊肠线、胶原线、蚕丝)等。合成高分子材料缝合线有聚酯(PET)、聚丙烯(PP)、聚酰胺(PA)、聚羟基乙酸(PGA)、聚乳酸(PLA)、己交酯—丙交酯共聚(PGLA)纤维等。金属材料有不锈钢缝合线、银线、钛线等。

(2)根据缝合线的结构可分为:单丝型、加捻型、编织型等。

(3)根据生物降解性能可分为:可吸收缝合线和不可吸收缝合线。可吸收缝合线在身体组织内可以降解成为可溶性产物,通常在 2～6 个月后消失;不可吸收缝合线在体内不降解,如不取出则作为身体异物留在组织中,较容易引起组织感染。

以下主要按照手术缝合线的吸收性对产品进行分类介绍。

4.2.2.1 不可吸收缝合线

天然和合成纺织用纤维已被成功地用作医用不可吸收缝合线。

(1)棉缝合线:棉纤维是最早用于制作缝合线的原料之一,它与其他合成纤维缝合线相比强度较低,且身体组织对它的反应性较大。

(2)丝缝合线:一般指蚕丝缝合线。蚕丝是一种天然的丝朊蛋白,因吸收过程相对要慢得多,被认为是不可吸收缝合线。蚕丝富含氨基酸,但由于丝胶等杂质必须经过脱胶处理。其主要应用于普通外科、心血管、眼科和神经手术。在日本,很多腹部手术缝合仍然使用丝线。

(3)聚酰胺缝合线:有单丝和编织线,常以单丝形式出现。其强度高,弹性适当,组织反应小;缺点是持结性差。适用于各种手术的缝合、结扎,包括眼科及显微外科等精细手术和皮肤手术。

(4)聚酯缝合线:是强度最大的非吸收缝合线。以复丝为主,模量高、刚性好、弹性比锦纶线差,为获得最佳操作性能,常使用编织型缝合线,在生物环境中具有出色的稳定性。适用于普通外科、心血管外科、眼科、神经外科、瓣膜置换及整形外科的缝合,尤其适用于制作人工血管以及大动脉的移植和缝合手术。

(5)聚丙烯缝合线:以单丝为主,强度大,相对密度小,不吸水、抗酸碱,不被体内组织降解,组织反应小,具有良好的化学稳定性和生物惰性,并具有适当的柔韧性。适用于心血管手术及需要广泛对合的伤口。

(6)金属缝合线:主要有不锈钢、银、钛缝合线。强力好,柔韧,不生锈,呈中性,几乎没有组织反应,银缝合线还有抗菌特性。主要用于腹部伤口缝合、疝修补、胸骨对合及肌腱修补。

4.2.2.2 可吸收缝合线

天然材料可吸收缝合线有如下几种:

(1)羊肠线:主要成分为羊肠黏膜和牛肠黏膜中的胶原。缝合线由处理得到的1～5根胶原细带条合在一起经拉伸和加捻而成,然后进行磨光处理,以改善外观和使用性能,经浸泡处理增强其柔韧性。羊肠线组织反应较大,因而逐步被新型的生物吸收性缝合线所替代。

(2)胶原缝合线:主要成分为高等动物骨胶原,胶原纯度比羊肠线高,可通过调节分子交联程度来调整体内吸收速度,有良好的生物相容性及可吸收性。这种缝合线不仅伤口愈合好,疤痕小,且结节性好,操作方便,在五官科、口腔科、眼科等面部精细手术中尤为适用。

(3)甲壳质缝合线:主要成分为乙酰葡萄糖胺,有良好的生物相容性及可吸收性,并且抗炎、无毒、抗菌、不过敏、能促进伤口愈合,在体内 25 天左右可被吸收。对胰液、胆液等碱性消化液有良好的耐力,较柔软,易于打结,但强度不够高,尤其是勾结强度太低。

合成高分子可吸收缝合线主要有均聚、共聚和复合三种形式。均聚型如聚乙交酯(PGA)、聚乳酸(PLA)、聚对二氧环己酮(PDS)等;共聚型如乙交酯(GA)和乳酸(LA)共聚物、乙交酯与对二氧环己酮(DS)的嵌段共聚物单丝缝合线等;复合型是一种从结构上复合,使其充分发挥不同组分组合功能的缝合线,如聚左旋乳酸/聚乙交酯(PLLA/ PGA)皮芯复合纤维。

常用的合成高分子可吸收缝合线有:

(1)PGA 缝合线:美国氰氨公司采用 PGA 纤维制备的 Dexon 是最早投放市场的合成可吸收缝合线。PGA 纤维强度与聚酯纤维相近,植入人体 7 ~ 11 天后仍保持较高强度,30 ~ 60 天后被吸收,对人体反应较纤维素纤维和聚酯纤维小,特别适合于肠胃、泌尿道、妇科和眼科手术。PGA 的缺点是柔性较差,作为手术缝合线可能会给人体组织带来损伤,加上在体内强度下降快,目前除快吸收缝合线使用 PGA 纤维外,大多采用聚乙交酯—丙交酯(PGLA)手术缝合线替代。

(2)PLA 缝合线:是一种新型环保纤维,无毒、无刺激性,具有良好的生物相容性和生物可吸收性,强度高,可聚性好,制成的缝合线无色而有光泽,有蚕丝手感,体积较小,与周围组织的接触比表面积大,降解酸性产物能在降解后迅速被周围的组织吸收,不会造成感染。但存在亲水性不够,对细胞黏附性弱,降解产物偏酸性,不利于细胞的生长等问题。

(3)PGLA 缝合线:根据 GA 和 LA 共聚比例的不同,PGLA 纤维具有不同的降解性能。美国强生 ETHICON 公司采用 PGLA 纤维制备的微乔(Vicryl)有很高的市场占有率,美国强生公司、上海天清生物材料有限公司等生产的 PGLA 缝合线,其 PGA:PLA 为90:10。该缝合线强度和手感比普通合成纤维好,具有良好的抗张强度、生物相容性及生物可降解性,在人体内可保持强度 3 ~ 4 个星期,吸收周期为 2 ~ 3 个月,且对人体无毒、无积累,不留任何痕迹,特别适用于体内伤口的缝合,例如:肝、脾、肠胃吻合手术,妇产科、筋膜缝合及整形外科、眼科、黏膜表层手术和脉管缝合手术等。

(4)PDS 缝合线:该缝合线一般为单丝结构,组织反应小,单丝的抗张强度比聚酰胺和聚丙烯缝合线大,在生物体组织中强度保留率较大,在植入体内 4 周后可保留50% 的强力,特别适合于缝合愈合时间较长的伤口。

4.2.3　手术缝合线的制备

手术缝合线的制备工艺流程:缝合线的结构制备→涂层→消毒灭菌→包装。

(1)手术缝合线的结构制备。手术缝合线的结构有:单丝型、加捻型和编织型。

单丝缝合线由于表面光滑,穿透组织时摩擦小,不会引起毛细作用,可减少感染,但弹性较差,不易打结,打结安全性差,用海岛型纺丝方法纺得的海岛型纤维可以改善单丝的打结安全性。

加捻型缝合线是将两根或两根以上单丝在加捻机上并合加捻而成,这种缝合线内部结构呈单一的 Z 向或 S 向螺旋状,由于内应力的作用,不能定形或者定形不良的缝合线则易打扭变形。

编织型缝合线是在锭式编织机上编织的,股线的捻向是正反双向,相互作用趋于平衡,受到外力时,基本趋于稳定,不会随内应力的变化而变化。

(2)手术缝合线的涂层。一般加捻型和编织型缝合线表面不够光滑,较粗糙,缝合时容易与组织产生摩擦,拖拽力比较大,需对其进行聚合物浸渍或涂层处理。缝合线涂层不仅改善了缝合线的表面性能,而且提高了原料的性能,大部分涂层起到润滑剂的作用。

浸渍法便于掌握浸渍层的厚薄,以保留芯线原有的力学性能。涂层法改善了打结过程,却会降低结的安全性,另外,如果涂层脱落而进入周围组织中,还可能引起组织炎症,所以涂层材料应与缝合线有亲和力。

加入硅、特氟纶和硬脂酸钙等物质可改善缝合线的润滑性。涂层或加入适当的增塑剂可改善其柔性,如三醋酸甘油酯、苯甲酸乙酯、邻苯二甲酸二乙酯等。加入合适的抗微生物组分可改善缝合线的抗微生物性,如硫酸新霉素、盐酸四环素、青霉素等。处理后的缝线不但柔性和光滑性有了很大程度的提高,有些还具有一定的生物活性,可起到止痛、止血、抗菌等多种作用。临床应用发现硅涂层后的缝合线缝合大脑内膜比非涂层的要好。

(3)消毒灭菌。缝合线的消毒灭菌处理非常重要。常用的手术缝合线消毒灭菌方法有:干态加热法、蒸汽压力釜法、环氧乙烷法和钴同位素法(^{60}Co)。

有人用甲醛熏蒸、压力蒸汽、苯扎溴铵溶液浸泡、煮沸等方法对缝合线进行了消毒,消毒后缝线最大拉力都有不同程度下降,水煮沸消毒对其影响较大。临床应用证明,用 50 ℃左右的热盐水浸泡丝线,浸透快又不影响使用效果。用辐射灭菌方法处理后,缝合线的轴向拉力强度和打结拉力并无明显改变,且无硬化产生,效果较好,与高压蒸汽消毒灭菌、化学熏蒸灭菌等方法相比,灭菌更彻底,不污染环境,无残留,耗能低,并且可在常温下进行处理,特别适用于热敏材料的消毒。

4.2.4 手术缝合线的性能指标

手术缝合线的性能包括使用性能、物理和力学性能、生物学性能等。表 4－9 列出了手术缝合线的性能指标。

表 4 - 9 手术缝合线的性能

性　　能	评价指标
使用性能	柔韧性 打结牢度 是否容易穿过身体组织
物理和力学性能	抗拉强度 打结抗拉强度 模量或柔量 伸长和弹性 摩擦因素或粗糙度 吸湿性
降解性能	主体的吸收和保持 强度的保持
生物学性能	在活组织内的短期和长期效应 安全性(生物相容性)

4.2.5 手术缝合线的发展趋势

4.2.5.1 国外新开发的医用缝合线

(1)"智能"手术缝合线。德国与美国科学家利用一种合成材料制作出了一种新型伤口缝合线。当医生做完手术后,只需将这种缝合线放置在伤口的合适部位并进行适当的加热,缝合线就能自行打结并相互拉紧,进而达到缝合的效果。用于制作缝合线的合成材料具有一种"形状记忆"功能,可以根据加热到的不同温度恢复到之前曾经给定的形状。此外,这种合成材料对人体无毒,不会产生任何不良反应,并且可以在一段时间之后自行降解,不会在人体内留下残留物质。

(2)可吸收的双向倒钩缝合线。1992 年,Duke 大学医学中心的 Gregory Ruff 博士开始从事研究应用于美容领域的带倒钩缝合线。Ruff 博士采用了缝合线带倒钩这一想法,将之运用到一种由聚二噁烷酮(Polydiaxanone)制成的可吸收缝合线材料。使用这种缝合线的优点是:它不需要被拆除,也不用打结稳固。由于这种无结设计没有由节点引起的重大异体排斥反应,因此在减少创伤组织中有重大潜力。缝合线倒钩配置能够将缝合组织锚定,并提供足够的组织支持,从而使伤口在最小残余张力和压力下愈合。这种可吸收的双向倒钩缝合线能应用于真皮组织缝合、内部器官伤口缝合以及肌腱修复等。

(3)抗菌外科缝合线。乌克兰国家科学院材料学院用酚类聚乙烯醇缩醛胶"波福-6",对聚乙内酰胺外科缝合线(捻合线和编织线)进行涂层改性,使其具有仿外科单丝缝合线结构,并有抗菌抗霉性。"波福-6"中含有特殊抗菌物质,可以减少伤口感染。抗菌物质溶液浓度在1%时,可出现最佳抗菌效果。在对金黄色葡萄球菌、大肠杆菌和霉菌进行的试验中,在外科缝合线上抗菌物质达到1.7%~2.0%即显示出其抗菌性。"波福-6"涂层对外科缝合线的一般力学性能没有影响,仅仅对缝合线的毛细管作用有某种减弱影响。对缝合线进行辐射性消毒后,缝合线上抗菌物质的成分和含量均不会变化。在经过12昼夜后,缝合线仍可保持抗菌效果。

4.2.5.2 缝合线的发展趋势

目前市场上可吸收缝合线占绝大部分,问题是吸收期较难控制,在这方面仍有大量的工作要做。缝合线的化学组成是引起感染的最重要的因素,应尽量开发与人体有良好适应性的材料。新型涂层和消毒材料的开发和应用也会在很大程度上提高外科手术的可操作性和安全性。另外,有关缝合技术、缝合方法(如单层连续缝合和双层间断缝合)和缝合材料的研究相对较少,仍需进一步努力。而各种新技术、新产品的开发和应用,必将给手术缝合线带来更大的市场潜力和前景。

4.3 医用补片

随着生物材料和医学的不断发展,越来越多的生物材料进入医学领域,以修复人体各部位的缺损,医用补片(Mesh)就是其中之一。目前,医用补片正越来越多地应用于下述各个领域,其中普外科应用最广。

(1)普外科:各类疝的修补,包括腹沟疝和切口疝等。

(2)胸心外科:胸壁重建、膈肌和心包的修复等。

(3)妇产科:女性盆底重建、压力性尿失禁等。

(4)泌尿外科:膀胱膨出、直肠膨出、肾下垂等。

(5)脑外科:硬脑膜的修补。

(6)口腔科:牙周手术治疗。

本节将主要介绍疝修补片和牙周补片。

4.3.1 疝修补片

疝(hernia)是临床常见病和多发病,包括腹股沟疝、股疝、脐疝和腹壁切口疝等。文献报道北美和欧洲腹股沟疝的发病率为1‰~5‰,美国每年原发性腹股沟疝手术超过70万例,其中复发疝5万例,英国约8万例,德国约25万例;我国上海地区2001年普查结果显示腹股沟疝的发病率大约3.6‰。腹部切口疝则是腹部手术后常见并发症,发生率2%~11%。据上海华东医院在上海市健康体检普查中的调查,60岁以下人群腹股沟疝的发病率为 0.16‰,60 岁以上人群腹股沟疝的发病率为 11.8‰。

疝不可自愈,只能手术治愈。疝修补外科手术分为传统的组织对组织疝修补技术(tissue - to - tissue hernia repair)和无张力疝修补技术(tension - free hernia repair)两大类。传统疝修补术由于是高张力缝合,病人往往术后伤口剧烈疼痛,恢复时间较长,且疝复发率高达 15% ~ 30%,给病人带来了极大的痛苦和不便。自 1989 年 Lichtenstein 在《美国外科杂志》提出无张力疝修补概念,该技术已在全世界范围内广泛应用,其优点在于用假体材料取代局部组织缺损,符合正常生理解剖,无缝合张力,手术损伤小,患者术后不必限制体力活动、恢复快、疼痛缓和,并发症发生率低,疝复发率低于 1%。

4.3.1.1　疝修补片的基本要求

理想的外科手术用疝修补片(hernia mesh)的生物性要求是:

(1)理化性质稳定,不引起炎症和异物反应,安全无毒,无致癌性,组织相容性好,利于组织再生、抗老化。

(2)物理性能要求其耐张力优于腹壁组织,能抵抗人体腹压及缺损体压,弹性略小于腹壁,耐机械疲劳。

(3)能按需要进行裁剪,使用方便。

(4)目前最新的观点更强调材料具有抗感染性、柔软和服帖性,最小的手术痛苦以及相对最小的补片植入量等。

4.3.1.2　疝修补片的分类与主要产品

外科用疝修补片按用途分为腹股沟疝、股疝补片(约占用量的60%),腹壁疝补片(包括切口疝、腰疝等,约占用量的18%),造口旁疝补片,脐疝补片等。疝修补片按材料成分、组合方式不同,可分为不可吸收、可吸收和复合型补片。

(1)不可吸收材料在疝修补中所占比重较大,有金属和非金属之分。金属材料因柔软性差而不再使用。目前常用的非金属材料疝修补片有:

①聚丙烯类(polypropylene, PP)补片。目前该类补片的应用最为广泛,主要用于筋膜缺损修复、腹股沟疝修复、切口疝/脐疝腹膜外修复。其代表产品有美国巴德 Marlex、Kugel,美国强生 Prolene,美国美外 Surgipro,德国贝朗 Optilene,意大利赫美 HerniaMesh 以及德国 DynaMesh - PP 补片。聚丙烯类补片的优点是:强度大,异物反应较小,组织相容性较强,抗感染能力较强,出现感染也无须移除补片。缺点是:质地较硬,易导致肠粘连。

②膨化聚四氟乙烯(expanded polytetrafluoroethylene, e - PTFE)补片。微孔性生物材料,防粘连作用较聚丙烯补片强。但刺激纤维组织增生作用小,微孔结构使纤维细胞与巨噬细胞不能很好长入,因而修补的牢固性和抗感染能力不及聚丙烯和聚酯补片,当出现感染时常需要移除补片。代表产品有美国巴德 Dulex、美国 Gore 的 Mycromesh 补片,其中 Mycromesh 补片为 Gore 公司针对 e - PTFE 补片固定位差的弱点,

对其孔型做了一定改进,增加了大孔眼和脊状结构,使之固定性有一定改善。

③聚酯(polyester,PET)补片:柔韧性较好,但强度差,抗张性不理想,现在国内较少使用。代表产品有法国的 Mersilene 和美国美外的复丝聚酯补片。

(2)可吸收疝修补片的突出优点是抗感染能力强,并可促进组织胶原的增值,但由于吸收周期短,一般不作为疝修补的永久材料,主要为组织提供暂时性支撑,保留破损实质脏器(肝、脾、肾等),可用于伴有污染或感染腹壁切口疝和缺损的暂时性修补。该类补片材料一般采用 PGA、PLA 和 PLGA,代表产品有美国强生的薇乔等。

(3)复合型疝修补片是将多种材料综合起来,充分利用各种材料的优点,使补片性能更趋完善。由于其他材料的加入,使聚丙烯成分比例相应变化,而使补片的重量也出现不同,以此可分为:含聚丙烯 70% 以上的重量聚丙烯补片(如 Marlex, Prolene 补片)、含聚丙烯 40%~50% 的轻量聚丙烯补片(如 Proceed 补片)、含聚丙烯 17%~30% 的超轻量聚丙烯补片(如 Mpathy 补片)。现在的观点倾向于减少聚丙烯的比例,有助于术后康复和减少并发症。以下是几种复合型疝修补片:

①聚丙烯 + 不吸收材料。该类产品主要有两大类,一类为"聚丙烯 + e - PTFE"的补片:代表产品有美国巴德切口疝修复专用 Composix 补片、带精索护垫的 SpermaTex 补片、脐疝专用 Ventralex 补片、食道裂孔疝专用 CruraSoft 补片、造口旁疝专用 Parastomal 补片;法国 Cousin 生物技术公司的 Intramesh T1 补片, 爱尔兰 Medchannel 公司的 motifmesh 补片。这类材料融合了聚丙烯补片和 e - PTFE 材料的优点,外层的聚丙烯补片结构组织生长性好,内侧的 e - PTFE 材料有较好的防粘连作用,常作为巨大腹壁切口疝的修补材料。其缺点是材料较厚,固定后腹壁的顺应性差。另外,因含有 e - PTFE 成分,抗感染能力低下,一旦创面有感染常需要移去补片。另一类是"聚丙烯 + 聚偏二氟乙烯(polyvinylidene fluoride, PVDF)":PVDF 纤维、力学性能类似聚丙烯纤维,而组织相容性、抗老化性明显优于聚丙烯纤维,PVDF 补片的远期皱缩情况也好于聚丙烯补片。代表产品有 DynaMesh - IPOM(腹壁疝修复专用,支持开放和腔镜手术,腹膜外和腹腔内均可放置)和 DynaMesh - IPST(造口旁疝专用,可预防性应用)。

②聚丙烯 + 可吸收材料。这类材料的设计是以聚丙烯网为骨架,再用可吸收材料的补片进行复合,从而将不可吸收材料和可吸收材料的优点综合起来。其目的是:减少聚丙烯异物的用量,起到防粘连和抗感染作用。根据所选用的可吸收性材料的不同,可分为三种,第一种是"聚丙烯 + PLGA"复合补片,轻量型,部分为可吸收补片,低永久性植入物,网孔大,组织嵌入后不形成大块疤痕,代表产品有美国强生的 Vypro mesh、VyproⅡ mesh 补片和美国巴德 Sepramesh IP 补片等;第二种是"聚丙烯 + 再生氧化纤维素(Oxidized Regenerated Cellulose,ORC)"复合补片,组织分离式网片,大网孔,较少异物残留,ORC 为植物性原料,可最大限度减少组织的黏附,代表产品有美国强生的 Proceed 补片;第三种是"聚丙烯 + Omega - 3 脂肪酸(Omega 3 fatty acid,O3FA)"复

合补片,组织分离式网片,防粘连效果好。

4.3.1.3 疝修补片的制备

疝修补片的生产流程为:纺丝制备→编织网片制备→定型→消毒→包装。

疝修补片的组织结构以经编为主,其中各个品牌使用较多的组织结构为经缎组织。以下介绍几种疝修补片的组织结构。

(1)Prolene®疝修补片:选用聚丙烯单丝和经平组织制成。该组织线圈结构和垫纱运动规律如图4－41所示,可以由闭口线圈、开口线圈或开口和闭口线圈相间组成。该结构特点是:在纵向或横向受到拉伸时具有一定的延展性,当一个线圈断裂并受到横向拉伸时,易分成两片。

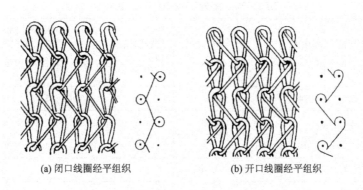

(a) 闭口线圈经平组织　　　(b) 开口线圈经平组织

图4－41　经平组织

(2)Marlex®疝修补片:选用聚丙烯单丝和经缎组织制成。该组织线圈结构和垫纱运动规律如图4－42所示。与经平组织相比,当一个线圈断裂并受到横向拉伸时不会分成两片。

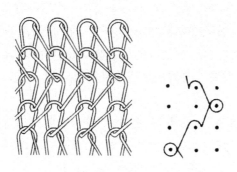

图4－42　经缎组织

(3)Surgipro® PP、Dexon® PGA 疝修补片:选用聚丙烯单丝和经绒编链组织制成。该组织两梳垫纱运动规律如图4－43所示,前梳编织编链,后梳编织经绒组织。这种组织初始强度和尺寸稳定性更高。

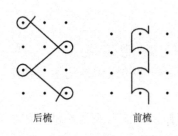

图4-43 经绒编链组织

4.3.1.4 疝修补片的性能指标

作为疝修补片,所必需的重要性能指标有强度、厚度、孔隙率和弹性模量。强度、厚度、弹性模量均关系到疝修补片在人体内的各向延伸性;适当的孔隙率可以确保良好的机械连接,为向内生长的连接组织提供连续不断的营养。表4-10是部分疝修补片的性能指标。

表4-10 部分疝修补片的性能指标

商品名	厚度(mm)	面密度(g/m²)	平均孔隙率(%)	顶破强度(10^2kPa)	缝合固位强度(N)	弹性模量(MPa)			
						纵向	横向	斜向45°	纵横比
Prolene®	0.65	94	87	55	53	23	15	14	1.5
Marlex®	0.73	107	84	33	40	8	3	5	2.7
Surgipro®	0.39	102	71	56	47	48	27	30	1.8
Dexon® 8	0.50	169	71	>103	53	84	49	54	1.7
Teflon®	0.95	409	83	22	40	8	4	4	2
Dexon® 2	1.10	149	89	52	52	15	12	7	1.3

4.3.1.5 疝修补片的发展趋势

目前,国外疝修补片产品多,品种丰富,种类齐全,可适于各种不同的疝外科手术治疗和修复。我国国内生产厂家少,产品品种单一,均集中在对单纯聚丙烯经编疝修补片产品的生产和销售,其余疝修补片仍以进口为主,价格昂贵。

疝修补片的发展方向是:附加值高的可吸收疝修补片、复合疝修补片、专一用途疝修补片以及代表着今后发展方向的轻量疝修补片、新材料疝修补片。而且在产品中更注重以下方面:

(1)超薄轻质疝修补片:材料更轻、更薄,部分可吸收,以确保相对最小的永久性植入物,柔韧性好、炎症反应轻、术后慢性疼痛减少、腹壁顺应性好,提倡使用轻量网状结构疝修补片(即补片面密度≤30g/m²)和复合疝修补片。

(2)高组织相容性,降低慢性感染、慢性排斥发生率。

(3)长效抗感染,以能应用于污染或感染部位。

疝修补片发展的终级目标是个体化疝修补片,针对不同体质或生物特征不同的病人选择修补材料,设计出"适当"的伤口愈合反应。

4.3.2 牙周补片

牙周引导组织再生技术(periodontal guided tissue regeneration,GTR)是当今先进的牙周手术治疗方法,自20世纪80年代初提出概念至今不到20年的时间里,不但持续发展和更新,而且已经在临床中被广泛采用,收到了良好的疗效。

从牙周组织的结构特点、组成成分和细胞生物学基础等方面分析,牙周组织损伤破坏后的修复细胞来源有4种,即上皮细胞、牙龈结缔组织细胞、牙槽骨细胞和牙周膜细胞。基础研究和动物实验结果表明:哪种细胞先附着在牙根面上对组织修复的预后有着决定性的作用;只有牙周膜来源的细胞先附着于牙根面才能形成理想的生理性修复。因此,如何保证由牙周膜细胞优先占据牙根面成为牙周再生治疗的关键和研究热点。80年代初,Nyman及Gottlow等人提出了引导性组织再生的概念,即采用一种引导性组织再生阻挡片(periodontal tissue regeneration barrier),简称牙周再生片、牙周补片(GTR barrier)或牙周片,作为屏障膜性材料放置于牙根和牙龈组织瓣之间,以达到物理性阻挡牙龈结缔组织细胞和上皮细胞与牙根先接触,保证由根方残余的牙周膜组织来源细胞和牙槽骨细胞优先占据根面并在其上生长和向冠方爬行(图4-44)。组织学、动物实验和临床研究均证实这种技术能达到较理想的牙周新附着。

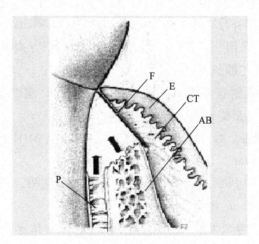

图4-44 牙周补片在牙齿中的位置

B—牙周补片 E—上皮细胞 CT—牙龈结缔组织细胞

P—牙周膜组织来源细胞(骨膜韧带细胞) AB—牙槽骨细胞

4.3.2.1 牙周补片的基本要求

理想的牙周补片应满足如下几点:

(1)理化性质稳定,不引起炎症和异物反应,安全无毒,无致癌性,组织相容性好,利于组织再生、抗老化,且具有良好的细胞阻隔性。

(2)物理性能要求:厚度0.25~0.35mm,临床使用和治疗过程中无塌陷,具有保形性。

（3）能按需要进行裁剪，使用方便。

（4）表面化学特性和表面微结构有利于细胞的黏附和生长。

4.3.2.2　牙周补片的分类与主要产品

从总体上分，牙周补片有膜结构和纺织骨架结构两大类。其中膜结构牙周补片按照膜材料又可分为不可吸收性生物膜和可吸收性生物膜。

不可吸收生物膜主要由聚四氟乙烯加工而成（如 Gore‐Tex 生物膜），其由上下两部分组成，上部的领圈含有微孔，既可允许结缔组织纤维穿过有利生物膜的固位，更重要的是能阻止结合上皮的根向迁移；下部的围裙是密闭型的，能完全阻止牙龈结缔组织与根面相接触。其优点是性能稳定，可根据病情灵活选择放置时间。另一种由新型的钛加强膜制成，能更好地抵抗和支撑牙龈组织，保证膜下再生空间的维持。上述两种不可吸收膜结构牙周补片，其缺点是需二次手术取出膜材料，增加患者痛苦和费用。

可吸收性生物膜，包括天然的胶原膜和人工高分子聚合物膜（包括常用的 PLA 膜、PGA 膜等），其优点在于能在体内随时间而逐渐降解，避免了二次手术，减少了损伤。应用实践表明：不可吸收和可吸收生物膜牙周补片均能显著增加牙周附着水平，二者之间并无明显差异。但在可吸收性膜之间比较，高分子聚合物膜效果更佳。

纺织骨架结构牙周补片以美国强生公司 Vicryl® Periodontal Mesh 和韩国 Samyang 公司 BioMesh 为代表，采用 PGA、PLA 和 PGLA 材料经针织方式制成。

4.3.2.3　牙周补片的制备

以 PGLA 牙周补片制备为例，其工艺流程为：PGLA 纤维制备→编织骨架→预定型→表面涂层→干燥→最终定型→消毒→包装。

（1）PGLA 纤维制备。采用熔融纺丝方法，以 GA∶LA（90∶10）共混纺丝制备 PGLA 长丝，纱线细度为 63.6tex。

（2）编织骨架。采用如图 4‐45 所示的针织纬平针结构，织物参数为：横密 60 纵行/5cm，纵密 77 横列/5cm，厚度 0.17mm。

（3）表面涂层。将编织骨架织物经温度 50℃和 15min 预定型后进行表面涂层。涂层剂采用成膜性能较好的壳聚糖，溶解在稀酸溶液中的质量百分比浓度为 3.5%（甲壳胺含量为 3.5%，醋酸 4%，水 92.5%）。涂层方式可采用手工涂层或如图 4‐46 所示的压辊涂层。涂层后织物经自然干燥，厚度达 0.25～0.35mm。

(a) 工艺正面　　　(b) 工艺反面

图 4‐45　纬平针组织

（4）最终定型。在最终定型中，可以采用冲模方法，先制作出牙周补片的模型（图

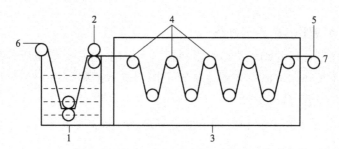

图 4 - 46　压辊式涂层

1—液槽　2—轧液辊　3—烘箱　4—导辊　5—卷取辊

6—骨架织物　7—涂层后织物

4 - 47),然后按照模型大小对牙周补片进行裁剪,最后消毒和包装入库。在实际手术过程中还可以根据临床需要,再进一步裁剪使用。

椭圆形　　　方形　　　邻面形　　　单齿形　　　包围形

图 4 - 47　牙周补片的模型

4.3.2.4　牙周补片的性能指标

牙周补片的性能包括使用性能、理化性能和生物性能。表 4 - 11 列出了牙周补片的主要性能指标。

表 4 - 11　牙周补片的性能

性　　能	评　价　指　标
使用性能	规格尺寸(厚度:0.25 ~ 0.35mm) 外观(表面光滑,无污渍,无结头,色质均匀)
理化性能	拉伸断裂强力 撕裂强力 降解率 重金属含量 酸碱度
生物性能	无菌 无热原 无过敏 遗传毒性(阴性) 细胞毒性(不大于一级) 皮下植入实验(无反应或轻微组织反应) 骨内植入实验(无反应或轻微组织反应)

4.3.2.5　牙周补片的发展趋势

单一的牙周补片仅起到了机械性阻挡和隔绝作用,对再生组织成分缺乏主动的诱导分化和加速生长作用。研究表明生长因子作为机体细胞生物学反应和功能的重要调节因子,能促进组织的修复和再生,今后的发展方向将是研究如何充分利用和调动牙周补片、生长因子和植入材料的综合效应来进一步提高临床疗效,达到理想的牙周组织功能性再生。

4.4　人工骨

由于创伤、肿瘤、感染造成的骨组织断裂、缺损、坏死等疾病严重影响着人类的健康,治疗骨类疾病最合理的做法是利用人体组织的再生功能,使其实现自身修复。然而在很多情况下,人体骨并不能够通过自发的过程来修复,比如骨组织坏死、骨关节创伤等。因此使用生物材料或器件等人工骨材料帮助修复是必不可少的。本节将介绍人体骨的组成与结构、人工骨的历史起源、材料分类及要求、骨组织工程等方面内容。

4.4.1　人体骨的组成和结构

骨(bone)是人体器官,主要由骨组织(骨细胞、胶原纤维和基质)构成,具有一定形态和构造,外被骨膜,内容骨髓,含有丰富的血管、淋巴管及神经,不断进行新陈代谢和生长发育,并有修复、再生和改建的能力。

成人有206块骨(图4-48),按部位可分为颅骨、躯干骨和四肢骨3部分。骨按形态分为4类:长骨、短骨、扁骨和不规则骨。

骨质的化学成分和物理性质:骨主要由有机质和无机质组成。有机质主要是骨胶原纤维束和黏多糖蛋白等,构成骨的支架,赋予骨以弹性和韧性。无机质主要是碱性磷酸钙,使骨坚硬挺实。两种成分的比例,随着年龄的增长而发生变化。幼儿骨有机质和无机质各占

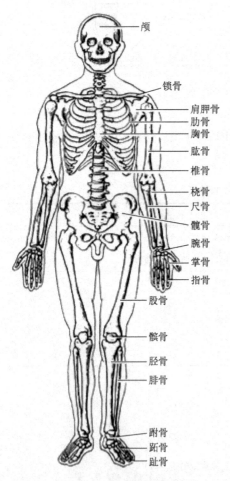

颅
锁骨
肩胛骨
肋骨
胸骨
肱骨
椎骨
桡骨
尺骨
髋骨
腕骨
掌骨
指骨
股骨
髌骨
胫骨
腓骨
跗骨
跖骨
趾骨

图4-48　全身骨骼

一半,故弹性较大,柔软,易发生变形。成年人骨有机质和无机质的比例约3:7,骨有很大的硬度和一定的弹性,较坚韧。老年人的骨无机质所占比例更大,脆性较大,易骨折。

成年人新鲜骨的生物力学性能为:弯曲强度 160 MPa,剪切强度 54 MPa,拉伸强度 120~150 MPa,杨氏模量18GPa。因此,骨属于黏弹性体。

骨骼是人体的支架,运动的支撑。骨骼具有独有的力学性质,不同部位人骨的弯曲力学性能具有较大的差异(表 4-12)。

表 4-12 人骨弯曲力学性能

骨性质	肱骨	桡骨	尺骨	股骨	胫骨	腓骨
弯曲破坏载荷(N)	1510	600	720	2770	2380	450
弯曲强度极限(MPa)	215	232	240	212	217	220
最大挠度(mm)	9.98	10.38	11.11	12.31	10.0	16.21
最大挠度比	0.039	0.053	0.055	0.036	0.035	0.056
弹性模量(GPa)	10.2	16.2	15.7	18.7	12.2	12.6

4.4.2 人工骨材料的要求

作为植入人体内的人工骨材料,要求其化学性能必须稳定,并有良好的生物相容性和力学性能,在同等条件下,其冲击、韧性、弯曲性能、强度及硬度等各项测试均值都应该不小于人体相应部位的真骨。具体来说,人工骨材料应满足以下几个条件:

(1)对宿主无毒、无害、无致敏性和致癌性,不引起免疫排斥反应。

(2)具有良好的生物相容性,要有足够的力学性能,起到支架的作用。

(3)若是替代材料,植入人体后应具有长期使用的稳定性,无明显的生物降解现象,结构和几何形状应无明显改变,以保证植入后与患者的生存期相适应,不会由于替代品的失效给病人造成新的痛苦,甚至造成生命危险。

(4)若是生物诱导材料,则要求其不阻碍新骨生长,最好是诱导新骨形成。

(5)易消毒、易成型、易加工。

4.4.3 人工骨的起源与发展

早在公元前,人类就开始尝试利用外界天然材料(如象牙)来替换修补缺损的骨组织;在 16 世纪,人们使用狗的颅骨来修补人的颅骨缺损,但是由于存在强烈的排异反应而失败,随后植入的各种异体骨均由于存在抗原性而不被宿主接受。到了 19 世纪,金属冶炼技术和陶瓷烧结技术发展较快,人们开始尝试使用这类材料发展硬组织替代物,但由于医学技术、材料加工工艺及材料本身的局限性,这些尝试多以失败告终。

随着科学技术的迅速发展,钴铬合金和钛合金在20世纪30年代相继研制成功;60年代初期,新型高分子材料问世;70年代以来,生物活性玻璃、玻璃陶瓷、羟基磷灰石也相继应用到硬组织生物材料领域并开始临床应用,硬组织生物材料的研究也随之开始了新的发展阶段。

4.4.4　人工骨的分类与主要产品

自人工骨问世以来,其应用材料也在不断发展,从最初的天然材料发展到现在的金属、陶瓷及各类合成材料。总结起来,主要包括以下几类:

4.4.4.1　天然材料

天然材料指自然界本身存在的一些材料,比如动物身上的硬组织。但异体的硬组织存在强烈的排异反应,多导致移植失败。天然材料中应用较为成功的是自体骨,由于来自同一生物体,不会发生排异反应,但是它的最大缺点就是要给患者带来新的创伤,对于大的缺损也无法满足修复要求。

另外,德国学者发现一种天然海草,该物质可形成含有碳酸钙的钙化骨骼,表面布满直径为 $5\sim10\mu m$ 的小孔,比较适合做成骨骼的替代物,尤其是假牙。

由此可以看出,天然材料可用于生物材料的种类较少,且取得的途径有限。因此,随着人类科技水平的提高,越来越多的合成材料被用于人体硬组织替代。

4.4.4.2　金属材料

包括医用不锈钢、Co-Cr合金、钛及钛合金等。Co-Cr合金主要包括Co-Cr-Mo合金和Co-Ni-Cr-Mo合金,主要用于牙科、人工关节连接件、关节替换假体连接件等。金属材料普遍具有很好的力学性能,但是作为植入材料时,金属材料的生物相容性是必须考虑的,因为在不利于它们的体液环境下会被逐渐腐蚀。体液腐蚀会导致金属植入材料逐步损失,从而影响材料性能,更重要的是腐蚀的产物从金属材料表面逸出进入生物体组织,导致毒性结果出现。

通过金属材料的临床研究,人们进一步发现硬组织替代材料不但要有足够的力学性能、生物相容性,还需要具备良好的力学相容性,即与宿主本体的硬组织有着相似的弹性模量。几种硬组织生物材料的力学性能见表4-13。金属及合金弹性模量较高,如不锈钢为200GPa,钛合金为110GPa。而骨组织的弹性模量只有 $10\sim30$ GPa,因而不能较好地匹配。金属材料的另外一个缺陷是植入人体之后缺乏生物活性,只是与机体组织进行简单的机械结合,不能与组织形成化学键,组织会形成一层包膜将植入的材料隔离出来,易造成松动和失效,使金属材料的生物应用受到很大的限制。因此,学者们开始致力于研究其他可用于修复硬组织的材料。

表 4 - 13　几种硬组织生物材料的力学性能

材　料	弹性模量(GPa)	抗弯强度(MPa)	断裂韧性(MPa·m$^{1/2}$)
钛合金	120	380	—
不锈钢	200	280	
钴铬合金	240	480	
羟基磷灰石	35~120	38~250	0.8~1.2
人体皮质骨	7~30	160~180	2~12
碳/碳复合材料	5~72	200~400	

4.4.4.3　生物陶瓷材料

陶瓷是一种难熔的无机化合物,通常为多晶体。常见的陶瓷包括硅酸盐、金属氧化物、碳化物、各种难熔氢化物、硫化物以及磷酸盐等。陶瓷材料由于具有优良的力学性能和生物相容性,同时具有对体液的生物惰性,已被广泛用于医用植入材料。

生物陶瓷作为硬组织的替代材料,根据临床使用的要求,可分为生物惰性和生物活性两大类。生物惰性陶瓷是指化学性能稳定、生物相容性好的陶瓷材料,主要包括氧化铝陶瓷、氧化钛陶瓷以及玻璃陶瓷等。生物活性陶瓷包括表面生物活性陶瓷和生物吸收性陶瓷。表面生物活性陶瓷通常含有羟基,还可做成多孔型,生物组织可长入孔隙并同其表面产生牢固的结合;生物吸收性陶瓷的特点是能被部分吸收或者全部吸收,同时在生物体内能诱发新生骨的生长。生物活性陶瓷有生物活性玻璃(P_2O_5 系)、羟基磷灰石陶瓷和磷酸三钙陶瓷等几种。

4.4.4.4　生物复合材料

通过对陶瓷材料的研究和金属表面涂层的尝试,人们进一步发现,单一成分作为硬组织的替换材料有着很大的局限性,而一种更加适合硬组织替换的材料——生物复合材料,在 20 世纪 90 年代后期逐渐出现,其中包括:金属基/陶瓷涂层体系;羟基磷灰石/聚合物体系。即通过对两种或两种以上的材料加以复合,开发出新的有良好综合性能的生物复合材料。

目前常用的人工骨产品主要有:聚四氟乙烯人工骨、钛钢合金人工骨、聚醚醚酮(PEEK)人工骨、碳化钛人工骨、羟基磷灰石人工骨、珊瑚羟基磷灰石人工骨、高纯羟基磷酸钙人工骨等。

4.4.5　人工骨的结构和性能

这里举例介绍与高聚物相关的人工骨的结构和性能。

4.4.5.1　骨复合材料

人的骨骼属多孔结构,血管和神经通过骨骼的孔隙向骨骼提供养分和控制骨骼的活动,一种多层多孔结构的金属陶瓷材料由日本学者率先开发出来,该金属陶瓷材料实际是高温烧结的多层多孔的碳化钛,其孔隙率为50%,比重比最轻的金属镁还要轻,因此这种多层多孔的碳化钛是用于人工骨骼较好的材料。

高性能碳纤维增强聚醚醚酮(PEEK)复合材料也因其优良的生物力学性能而被用于骨修复材料。PEEK是一种全芳香半结晶性高聚物,具有多种优良的综合性能:对氧高度稳定,具有坚韧、高强度、高刚性和耐蠕变的特点,有突出的抗疲劳性和生物相容性。纯 PEEK(聚醚醚酮)弹性模量为 3.86 ± 0.72GPa,经碳纤维增强可至 21.1 ± 2.3GPa,与骨组织十分接近(松质骨的弹性模量范围在 $3.2 \sim 7.8$GPa 之间,皮质骨弹性模量为 $17 \sim 20$GPa)。

碳/碳复合材料(即碳纤维增强碳基体复合材料)近年来也被广泛用于硬组织缺损修复。该材料增强基和基体均由碳构成,具有良好的生物相容性和化学稳定性,还有着高强度、高韧性的特点,其弹性模量为 $5 \sim 80$GPa,与人体骨骼的弹性模量($1 \sim 30$GPa)比较接近,是一种具有优良综合性能的硬组织缺损修复材料。

4.4.5.2 骨组织工程

骨组织工程是指将分离的自体高浓度成骨细胞、骨髓基质干细胞或软骨细胞经体外培养扩增后种植于一种天然或人工合成的、具有良好生物相容性、可被人体逐步降解吸收的支架(scaffold)或称细胞外基质(extracellular matrix,ECM)上,这种生物材料支架可为细胞提供生存的三维空间,有利于细胞获得足够的营养物质进行气体交换并排除废料。然后将这种细胞杂化材料(hybrid material)植入骨缺损部位,在生物材料逐步降解的同时,种植的骨细胞不断增殖,从而达到修复骨组织缺损的目的。

骨组织工程生物材料主要包括天然高分子材料、人工合成高分子材料、无机材料。其中天然高分子材料主要有胶原、纤维蛋白、丝素蛋白、藻酸盐、琼脂糖及壳聚糖,它们都具有良好的生物相容性及生物可降解性,但由于其相对分子质量都较大,也存在不易成型的问题;人工合成高分子材料主要有聚乙交酯(PGA),聚交酯(PLLA 和 PDL-LA),聚丙交酯—乙交酯共聚物(PLGA),聚己酸内酯(PCL),聚酸酐(polyanhydrides),反丁烯二酸丙酯(propylene fumarate,PPF),聚磷腈(polyphosphazenes)等,它们同样具有优良的生物相容性和生物可降解性,由于该类人工合成高分子在合成过程中能控制其相对分子质量的大小,其加工性能要远大于天然高分子材料,从而在骨组织工程中有着广泛的应用;无机材料具有良好的生物相容性,且其降解产物无害,但其存在脆性大、不易成型的特点,因此在骨组织工程材料研究中,经常与高分子材料复合使用,该类材料主要包括羟基磷灰石与 β-磷酸三钙,磷酸钙骨水泥,生物活性玻璃与生物微晶玻璃等。

参考文献

［1］段志泉，张强．实用血管外科学［M］．沈阳：辽宁科学技术出版社，1999．

［2］Tura A, ed. Vascular Grafts – Experiment and Modelling ［M］. Boston：WIT press publishes, 2003.

［3］K. Saladin. Anatomy Physiology（third edition）– The unity of form and function［M］. New York：McGraw – Hill, 2004.

［4］Whitemore, R. L. Rheology of the Circulation［M］. Oxford：Pergramon Press, 1968.

［5］Komuro K. Histometrical studies on the age changes of the human arteries［J］. J. Kyoto Pref. Med. Univ. , 1962, 71 ：65 – 98.

［6］How T V, R Guidoin, S K Young. Engineering design of vascular prosthesis［J］. Proc Instn Mech Engra, 1992, 206：61 – 69.

［7］Xu Lusong. Knitting vascular prostheses on raschel warp knitting machine［J］. Journal of east china institute of textile science and technology, 1985, 1：100 – 105.

［8］Edwards A. , Carson RJ. , Szycher M. , Bowald S. In vitro and in vivo biodurability of a compliant microporous vascular graft［J］. J. Biomater. Appl. , 1998, 13（1）：23 – 45.

［9］罗新锦，吴清玉.小口径人工血管的研究进展［J］.中国胸心外科临床杂志,2001,8(3)：193 – 196.

［10］薛冠华,张纪蔚,张柏根．人工血管内皮化的研究进展［J］.中国实用外科杂志, 2002,22(3)：174 – 175.

［11］王继亮,王国斌.人工血管基因修饰的研究进展［J］.国外医学生物医学工程分册,2001,24(4)：158 – 162.

［12］赵珺.血管腔内隔绝器具的研制与应用［D］.上海：第四军医大学博士学位论文,2002.

［13］刘太华,张炎,姜宗来.组织工程血管构建的研究进展［J］.医用生物力学, 2003, 18(9)：184 – 188.

［14］李刚、李毓陵、陈旭炜、丁辛、王璐．多层机织人造血管的设计与织造［J］.东华大学学报（自然科学版）, 2009, 35(3)：264 – 269.

［15］李毓陵,李刚,丁辛,王璐．刚性剑杆织机 1 × 4 多梭箱机构：中国,ZL 20071 0042827. 9［P］, 2010 – 05 – 19.

［16］ISO 7198, Cardiovascular implants － Tubular vascular prostheses［S］. 1998.

［17］ISO 25539 – 1, Cardiovascular implants – Endovascular devices – part1：Endovascular prostheses［S］. 2003.

［18］潘治,饶天健,陈其三.国产涤纶人造血管的研究［J］.中华外科杂志,1964,12(10)：945 – 948.

［19］潘治,饶天健,芮菊生,陈天明,李次兰,林震琼.机织涤纶毛绒型人造血管的研究［J］.中华外科杂志,1982,20(4)：209 – 211.

[20]Tian – Jian Rao, Chih Pan, Robert Guidoin, et al. Soft filamentous woven polyester arterial prosthesis from China[J]. Biomaterials, 1991, 12: 335 – 344.

[21]王璐,丁辛,DURAND B.人造血管的生物力学性能表征[J].纺织学报,2003,(1):3 – 6.

[22]Wang Lu, Ding Xin. Influence of manufacturing process of warp – knitted vascular prosthesis on the wall homogeneity[J]. Journal of Donghua University (Eng. Ed.), 2003, 20(2): 9 – 13.

[23]Raz S. Warp knitting production, Verlag Melliand Textilberichte GmbH Heidelberg, 1987: 21 – 498.

[24]金丕焕. 医用统计方法[M]. 上海：上海医科大学出版社,1997.

[25]余序芬.纺织材料实验技术[M].北京:中国纺织出版社,2004.

[26]孙铠,王慧娟,李申麟,庄梅芳,陈步宁.临界溶解时间(CDT)在生产上的应用[J].印染,1985,(01):37 – 41.

[27]J. Gacen, D. Cayuela, M. Tzvetkova. Critical Dissolution Time of Nylon 6 Yarns [J]. AATCC review, 2004, 4(10):21 – 24.

[28]Thurnher SA, Grabenwoger M. Endovascular treatment of thoracic aortic aneurysms: a review [J]. European Radiology, 2002, 12(6): 1370 – 1387.

[29]Chakfe N, Deival F, Riepe G, et al. Influence of the textile structure on the degradation of explanted aortic endoprostheses[J]. European Journal of Endovascular Surgery, 2004, 27: 33 – 41.

[30]Guidoin R, Marois Y, Douville Y, et al. First – generation aortic endografts: analysis of explanted stentor devices from the EUROSTAR Registry[J]. Journal of Endovascular Therapy, 2000, 7(2): 105 – 122.

[31]贾立霞. 人造血管水渗透仪的设计及其渗透性表征的实验研究[D]. 上海:东华大学纺织学院,2004.

[32]王璐,贾立霞. 纺织型人造血管水渗透性测试装置及其测试方法:中国, ZL03129179.1 [P], 2005 – 01 – 26.

[33]Guidoin R, Douville Y, Basle MF, et al, Biocompatibility studies of the Anaconda stent – graft and observation of nitinol corrosion resistance[J]. J Endovasc Ther, 2004, 11: 385 – 403.

[34]G W Bos, A A Poot, T Beugeling, et al. Small – Diameter Vascular Graft Prostheses: Current Status [J]. Archives of Physiology and Biochemistry, 1998, 106(2): 100 – 115.

[35]Martin W King. Designing fabrics for blood vessel replacement [J]. Canadian Textile Journal, 1991, 108(4): 24 – 30.

[36]Chandy T, Das GS, Wilson RF, et al. Use of plasma glow for surface – engineering biomolecules to enhance bloodcompatibility of Dacron and PTFE vascular prosthesis [J]. Biomaterials, 2000, 21(7): 699 – 712.

[37]Tiwari A, Salacinski H, Seifalian AM, et al. New prostheses for use in bypass grafts with special emphasis on polyurethanes[J]. Cardiovasc Surg, 2002, 10(3): 191 – 197.

[38]Pourdeyhimi B, Wagner D. On the correlation between the failure of vascular grafts and their structure and material properties: a critical analysis. J. Biomed. Mater. Res., 1986, 20: 375 – 409.

[39]Wang Lu. Contribution a l'etude du vieillissement des protheses vasculaires textiles [D].

France：University of Haute Alsace, ENSITM, 2001.

［40］Dieval, F. , Chakfe, N. , Wang, L. , et al. Mechanisms of Rupture of Knitted Polyester Vascular Prostheses：An In vitro Analysis of Virgin Prostheses［J］. European Journal of Vascular and Endovascular Surgery, 2003. 26：429 - 36.

［41］Chakfe N, Riepe G, Dieval F, etc. Longitudinal ruptures of polyester knitted vascular prostheses ［J］. Journal of Vascular Surgery, 2001, 33(5)：1015 - 1021.

［42］王璐,赵荟菁,金·马汀. 纺织形人造血管疲劳性能仿生测试装置及其测试方法：中国, ZL200710043812. 4［P］, 2010 - 07 - 28.

［43］TieyingYin, Robert Guidoin, Mark Nutley, et al. Persistant type Ⅱ endoleaks unrelated to an Anaconda aortic stent - graft fulfilling the 3Bs requirements of biofunctionality, biodurability and biocompatibility［J］. Journal of Long - term Effects of Medical Implants, 2008, 18(4)：205 - 225.

［44］赵荟菁,腔内隔绝术用人造血管体外疲劳耐久性能研究及仿生疲劳仪的设计［D］. 上海：东华大学纺织学院, 2009.

［45］林婧,沈高天,王璐, Guidoin Robert. 纺织基腔内隔绝术用人造血管(SG)的体外弯折疲劳研究［J］. 中国生物医学工程学报,2011, 30：21 - 25.

［46］丁辛,李毓陵,汪凌,王璐,杨旭东. 双层结构纺织型人造血管：中国,ZL200710041288. 7 ［P］,2010 - 04 - 27.

［47］沈新元. 生物医学纤维及其应用［M］. 北京：中国纺织出版社,2009.

［48］吕悦慈. 医用缝合线的应用和发展［J］. 上海纺织科技,2005, 33(7)：31 - 33.

［49］赵静娜. 医用手术缝合线的研究应用现状［J］. 国外丝绸,2008, (2)：26 - 29.

［50］Gregory Ruff. Technique and Uses for Absorbable Barbed Sutures［J］. Aesrhetic Surgery Jounal, 2006 , 620.

［51］N. P. Ingle, M. W. King. Optimizing the tissue anchoring performance of barbed sutures in skin and tendon tissues［J］. Journal of Biomechanics, 2009, 8：33.

［52］Chennakkattu Krishna Sadasivan Pillai, Chandra P. Sharma. review Paper：Absorbable Polymeric Surgical Sutures：Chemistry Production, Properties, Biodegradability, and Performance［J］. J Biomater Appl, 2010, 25：291 - 366.

［53］唐华,徐志飞. 医用补片在外科领域的应用［J］. 生物医学工程与临床, 2009, 13(4)：374 - 377.

［54］胡啷. 腹股沟疝修补的临床进展［J］. 岭南现代临床外科, 2008, 8(4)：258 - 261.

［55］Bartira M. Soares, Robert Guidoin, Yves Marois, et al. In vivo characterization of a fluoropassivated gelatinimpregnated polyester mesh for hernia repair［J］. Journal of Biomedical Materials Research, 1996, 32：293 - 305.

［56］王勤涛,吴织芬. 牙周引导组织再生技术的理论基础和临床应用［J］. 实用口腔医学杂志, 2002,17(1)：77 - 79.

［57］姜逊,王文祖. 针织涂层牙周再生片的开发及产业化研究［J］. 产业用纺织品, 2005, (6)：11 - 14.

［58］孙馨宇,王文祖,张佩华. 新型材料在牙周引导技术上的应用［J］. 国外纺织技术, 2004,（5）:14 – 16.

［59］伯树令,应大君. 系统解剖学［M］. 北京:人民卫生出版社, 2005.

［60］郭文锦,潘巨利. 骨组织工程支架材料的研究进展［J］. 北京口腔医学, 2009, 17(1):55 – 57.

［61］阮建明,邹俭鹏,黄伯云. 生物材料学［M］. 北京:科学出版社,2004.

［62］张祎,郝志彪,张晓虎等. 人体硬组织植入材料的研究概况［J］. 炭素技术,2006, 3(25):18 – 21.

［63］王建营,朱治国,孙家跃,胡文祥. 聚醚醚酮人造骨关节材料研究［J］. 化学世界, 2004（1）:53 – 54.

［64］Brandi C. Carr, Tarun Goswami. Knee implants – review of models and biomechanics［J］. Materials and Design, 2009, 30: 398 – 413.

［65］Chi H. Lee, Anuj Singla, Yugyung Lee. Biomedical application of collagen［J］. International Journal of Pharmaceutics, 2001, 221: 1 – 22.

［66］Kenneth S. Saladin. Anotomy & Physiology: the unity of form and function［M］ – 3rd ed. , McGraw – Hill, 2004, USA, 749.

［67］CV Brovarone, F Smeacetto, E Verne. Bioactive glass – ceramics materials for bone substitutes［J］. Cremic Engineering and Science Proceedings, 2002, 23(4): 839 – 844.

［68］Felicity R. A. J. Rose, Richard O. C. Oreffo. Bone tissue engineering: hope vs hype［J］. Biochemical and Biophysical Research Communications, 2002, 292: 1 – 7.

［69］John E. Davies. Bone bonding at natural and biomaterial surfaces［J］. Biomaterials, 2007, 28: 5058 – 5067.

［70］Gurappa. Development of appropriate thickness ceramic coatings on 316L stainless steel for biomedical applications［J］. Surface and Coatings Technology, 2002, 161 (1): 70 – 78.

［71］Soichiro Itoh, Masanori Kikuchi, Yosihisa Koyama et al. Development of an artificial vertebral body using a novel biomaterial, hydroxyapatite/collagen composite［J］. Biomaterials, 2002, 23: 3919 – 3926.

［72］Tadashi Kokubo, Hyun – Min Kim, Masakazu Kawashita. Novel bioactive materials with different mechanical properties［J］. Biomaterials, 2003, 24: 2161 – 2175.

［73］Tawfik T. Ajaal, Reginald W. Smith. Employing the Taguchi method in optimizing the scaffold production process for artificial bone grafts［J］. Journal of Materials Processing Technology, 209: 1521 – 1532.

［74］Yong – Shun Chang, Masanori Oka, Masanori Kobayashi et al. Significance of interstitial bone ingrowth under load – bearing conditions: a comparison between solid and porous implant materials［J］. Biomaterials, 1996, 17: 1141 – 1148.

［75］Hasegawa M, Azuma T. Mechanical Properties of Synthetic Arterial Grafts ［J］. Journal of Biomechanics, 1979, 12(4): 509 – 517.

第5章 体外治疗用制品

体外治疗用纺织品,一般指用于体表治疗用的纺织品。本章将详细介绍敷料、绷带等医用纺织品的医学要求、设计理念、设计方法、主要制备技术以及制品的质量检测方法和标准。

5.1 敷 料

5.1.1 概述

医用敷料(dressings)是用于医治皮肤损伤的医用制品,医用敷料的一般定义是"用以清洁或保护伤口的纱布、纱布块、棉花球和棉垫的总称"。敷料按原料来源可分成天然材料和人工合成材料两大类,前者又可分植物性敷料和动物性敷料两种。图5-1为几种纺织品敷料实物图。

图5-1 几种敷料

理想的医用纱布应具备以下性能:

(1)体液吸收性高。

(2)经无臭无味的材料制成,保证伤口处不受细菌感染。

(3)对人体无刺激性。

纱布吸收分泌物后,常会因渗出物的污染而引起伤口感染,并且揭除纱布时容易粘连伤口,不利于伤口愈合,严重时会引发病人感染,并可能在换药时增加病人痛苦。为了克服传统敷料粘连伤口、不隔菌、保温能力差的弱点,人们采用了各种技术来提高新型纱布的功能,如浸渍、涂层和化学或物理改性等技术。

纱布本义指的是布纹稀疏的棉织品,用来包扎伤口。随着技术的进步,尤其是非织造加工技术的发展,对纱布的定义和加工工艺又有了新的内涵。

5.1.2 纱布

5.1.2.1 织造纱布

传统的医疗纱布多用 12~28tex(21~50 英支)纯棉纱以平纹织成,它们具有吸湿性、散湿性和保温性优良、耐热性和耐碱性较好、强度高等特点,至今仍在医院的创伤治疗中扮演重要角色。另外,在织造医用纱布系列中,也出现了其他组织结构的产品,如具有松结构特征的复合组织。传统织造医用脱脂棉纱布(absorbent cotton gauze)的技术指标参照 YY0331—2006 的相关标准,表 5-1 是脱脂棉纱布的典型技术指标。

表 5-1　脱脂棉纱布的主要技术指标

类　型	经纱密度（根/10cm）	每 50mm 经向最小断裂力（N）	纬纱密度（根/10cm）	每 50mm 纬向最小断裂力（N）	面密度（g/m²）	说　明 经纱线密度[tex(英制支数)]	纬纱线密度[tex(英制支数)]
12	73±4	—	45±4		13.0	12(50)	12(50)
13 轻型	73±4	—	57±4	—	14.0	12(50)	12(50)
13 重型	70±4	35	60±4	20	17.0	15(40)	15(40)
17	100±5	50	70±4	30	23.0	15(40)	15(40)
18	100±5	50	80±4	30	24.0	15(40)	15(40)
20	120±6	60	80±4	35	27.0	15(40)	15(40)
22	120±6	60	100±5	40	30.0	15(40)	15(40)
24a	120±6	60	120±6	50	32.0	15(40)	15(40)
24b	140±6	70	100±6	40	32.0	15(40)	15(40)
24c	120±6	70	120±6	60	39.0	18(32)	18(32)
21c	110±6	80	100±5	50	45.0	28(21)	18(32)
22c	120±6	85	100±5	60	58.0	28(21)	28(21)
27.5c	150±7	105	126±6	75	72.0	28(21)	28(21)

注　1. 类型指每平方厘米原本的纱线根数。

　　2. 面密度指的是 1m² 的织物具有的重量克数,单位为 g/m²。

　　3. 表中类型 24 型后加 a、b 分别代表不同的经纬纱密度。

　　4. 表中类型中加 c 的是我国常用的纱布类型,而密度相对越大,表明纱布单位面积的吸水能力越大,这对棉花资源的损耗也偏大,且对棉花质量要求偏低。从合理利用资源、提高纱布质量的角度考虑,应提倡使用轻型纱布。

5.1.2.2　非织造纱布

非织造纱布主要采用水刺工艺,它具有良好的吸收特性和力学性能,而且生产工艺流程短、中转环节少、卫生安全、适合机械折叠与包装等。其可以由天然纤维或化学纤维为原料制成,如脱脂棉或高白粘胶纤维经非织造水刺方法加工成医用纱布,即经成网后的纤网在水刺机加固区受到由水刺装置(水刺头)射出的极细高压水流的喷射,使纤网中纤维相互纠结并紧密地抱合在一起,形成具有一定强度的水刺非织造布,其典型的原料配比为70%的粘胶纤维与30%聚酯纤维进行混合。

其典型工艺流程如下:

原料1
原料2 ┤→开松混合→梳理成网→纤网正反面水刺加固→烘燥→卷取→分切→折叠
加→包装→消毒杀菌→成品。

非织造水刺医用纱布通常分为平纹水刺型和网孔水刺型,网孔的目数在 18～22 目之间。由非织造方法得到的水刺医用纱布具有吸水性强、柔软、不含黏合剂和无纤维屑等优点。图 5-2 为常见的水刺医用纱布。

图 5-2　常见的水刺医用纱布

5.1.2.3　功能性纱布

(1)高吸水医用纱布:采用聚酯纤维和高吸收纤维混合,经过非织造针刺加固工艺而成的高吸水医用纱布。其中吸收纤维是由杂环碳酸酯与马来酸和异丁烯共聚而成,也有用丙烯酸纤维改性制成的。这种纤维制成的纱布吸水性能比传统纱布高出好几倍,可以吸附并锁定大量液体,适用于需大量吸收血液、体液、尿液等的环境中。该产品也用于外科包扎和吸附创口组织渗出液。

(2)止血纱布:早期的复合功能纱布即为止血纱布。该纱布是用止血剂(如止血剂S - 100)处理的纱布,在手术或外科使用时,通过具有止血作用的基团,迅速吸收血液中的水分,使血液黏稠,或者通过激活血液中的止血物质而达到止血目的。止血纱布遇血(或渗出液)可迅速吸附、溶胀、紧密附着创面,迅速溶解并促进凝血因子活化,黏附血小板,形成柔软的凝胶体蛋白纤维,有利创伤部位的快速康复,特别对凝血障碍者有显著疗效。另外,止血纱布单位面积质量(克重)需大于 $30g/m^2$ 且吸水量不小于 $8mL/g$。图 5-3 为典型的止血纱布片。

(3)手术显影纱布:手术显影纱布是在普通手术纱布上嵌织特殊的显影材料而制成。显影材料(显影丝线)在 X 光下能清晰显影,可为医护人员快速准确地诊断手术纱布是否遗留在病人体内,提供可靠的检测手段和方法。其可由以下三种方法制备:

①在每块医用纱布中织入至少 1 束显影金属丝或织入含有高硫酸钡物质的聚合

图 5 - 3　止血纱布片

物纱线,亦称钡线。

②在普通纱布上用冷挤压、热固化的方法涂一条或数条硅胶显影线。

③将 X 光显影浆料采用印花或喷涂方式覆在医用敷料的表面。

(4)灭菌凡士林纱布:灭菌凡士林纱布是外科常用的敷料之一,主要用于防治创口粘连、促进伤口愈合及控制二次感染方面。凡士林纱布的灭菌通常采用 160℃ 干烤 2h 来达到预期的效果。该产品主要由脱脂纱布、黄色凡士林和隔离纸组成,呈淡黄色的湿润状,无异味。表 5 - 2 为伤口护理用的灭菌凡士林纱布的规格和包装方式。

表 5 - 2　灭菌凡士林纱布的典型规格

尺寸规格	包 装 方 式
5cm×5cm	1 片/袋,50 片/盒,500 片/件
5cm×10cm	1 片/袋,30 片/盒,300 片/件
10cm×10cm	
15cm×20cm	
0.9cm×40cm	1 片/袋,20 片/盒,100 片/件
1.2cm×110cm	
1.2cm×160cm	
1.2cm×50cm	1 卷/袋,20 袋/盒,100 卷/箱
1.5cm×50cm	1 片/袋,20 片/盒,100 片/件

注　上述产品由绍兴振德医用敷料有限公司提供。

5.1.3　新技术

有一种新型医用纱布,它利用植物纤维素浆(如木浆)在凝结剂的作用下沉淀形成小的网格结构。这种新型医用纱布具有良好的透气性。常规的手术器消毒手段如蒸汽无菌等都可以在这种医用纱布上应用,防止细菌的性能明显优于网格粗大的棉纱布。

在染整过程中采用生化抗菌加工技术(ODF),将溶剂完全吸收,并在生化加工后产生生化抑菌磁场,可制成 ZEXON 纤维。ZEXON 纤维采用非织造工艺加工成的纱布对于金黄色葡萄球菌、白念球菌、伤寒杆菌、大肠杆菌、痢疾杆菌、绿脓杆菌等菌类可达到 99.9% 的杀灭率,并具有永久抗菌性。

5.2　绷　带

绷带(Bandage)传统上指的是包扎伤口用的长条纱布。绷带包扎是外伤救治中不可缺少的重要技术,绷带作为医用制品具有重要的意义:保护伤部,防止继发污染,避免再受损伤;止血,防止或减轻水肿;防止或减轻骨折段错位;保温,止痛;固定医用敷料。

绷带按照加工方法,可分为有纯棉机织绷带、非织造绷带以及复合绷带等。

5.2.1　纯棉机织绷带

由于棉纤维固有的吸湿、柔软且不过敏等特性,故采用结构稀疏、透气性较好的平纹纯棉机织物制备的绷带一直垄断着医用绷带市场。纯棉绷带虽然具有固有优势,但是也有其不可避免的缺点,如该类产品容易与伤口黏附,造成伤口周边环境恶劣;棉纤维易露出纱线主干,产生毛羽,影响伤口的愈合;拆掉绷带时易造成新的创伤等。

近十年来,随着针织技术的发展,针织工艺也广泛地应用于特殊绷带的加工。

5.2.2　非织造布绷带

非织造布由于工艺流程短,自动化生产程度高,以再生纤维为主要原料,相对比较安全、卫生。

采用非织造布制备的医用绷带具有更优越的性能,除了具有柔软、吸湿、柔韧、表面平整光滑等与棉绷带相同的特性外,还具有无黏着性(不黏附伤口),可使伤口皮肤表面干爽、清洁,避免再次感染等特性。

5.2.3　复合绷带

高分子聚合物复合绷带由基体和聚合物膜构成。例如,利用水解胶体制成绷带,其制备过程为:将亲水性粒子均匀地撒在一个弹性且带黏性的基体上,然后将基体与聚合物膜复合而制成。该类产品具有高吸湿性,可通过阻延水分蒸发而维持一个湿环境。

下面介绍几种典型的复合绷带:弹力网状绷带、自黏弹力绷带、驱血带、石膏绷带、树脂绷带等。

(1)弹力网状绷带。弹力网状绷带采用编织或针织工艺加工而成,并使用一定的弹性纤维或纱线,以提高绷带的回弹性能。其主要用于外科包扎护理,使用方便,包扎迅速,压力适宜,透气性好,不易感染,利于伤口快速愈合,不影响关节活动,如图5-4(a)所示;另外,弹力网状绷带可随意调节固定压力,尤其对身体不宜包扎的人群更为适宜,如图5-4(b)所示。

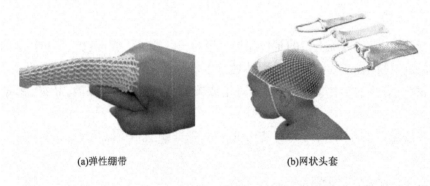

(a)弹性绷带　　　　　　　　　　　　　(b)网状头套

图5-4　各种弹力网状绷带

(2)自黏弹力绷带。自黏弹力绷带是指由纯棉或弹性非织造布与天然橡胶复合而成的材料经轴转、分切而成,供临床固定及包扎用,也可用于在运动中保护腕、踝等关节。它具有如下优点:

①柔软透气:柔软、安全,手感舒适,具有良好的伸缩性和透气性。

②自身黏合、不黏皮肤和毛发:依靠自身黏性可随时任意固定,不黏皮肤和毛发,揭除容易,不会由于黏性而对皮肤造成损伤。

③经济实用:产品始终可自身黏合、分开方便,经简单清洗、晾干后可重复使用,经济实惠。

④操作简易:操作方法简单,无须借助任何其他物件,便可自选包扎及调节松紧度。

(3)驱血带/止血带。驱血带是四肢创伤外科手术常用的器械,可明显减少手术中创口出血,给医生提供清晰的视野,减少术中备血和输血,减轻患者的经济负担。目前使用的驱血带由弹性良好的橡胶薄片制成,米黄色,宽约15cm,长度可根据规格自行裁剪,一般可裁剪成1m左右,使用前可经气体熏蒸或煮沸消毒。图5-5为市场上常见的驱血带。

(4)粘胶石膏绷带。粘胶石膏绷带用粉状煅石膏、聚乙烯醇、聚醋酸乙烯乳液制成一定浓度的浆料,均匀涂于纱布上,经烘干、切割而成。适用于骨科骨折固定,畸形矫正,炎症肢体制动,骨结核、骨肿瘤以及骨关节成型术,肢体固定及模具模型制作等。本产品固化时间可控,硬度强,干燥时间快,适应性强,耐高温和高寒环境。

(5)树脂绷带。树脂绷带是采用新型高分子树脂为主要原料,涂层于传统的纱布或特定的非织造布上,是一种网状热敏树脂绷带。其特点如下:

①重量轻,仅为石膏绷带的1/3。

②强度高,抗冲强度是石膏绷带的20倍。

③透气性好,有利于皮肤代谢。

④X光透视性好,透视摄片图像清晰。

⑤不怕水,易清洗及护理。可反复塑型、重复使用。

⑥无过敏反应。

⑦容易剪切,容易拆除。

树脂绷带适用于身体各部位的骨折、矫形手术的外固定;也可用于制作托板、假肢辅助工具以及各种支撑工具的辅助物,如图5-6所示。

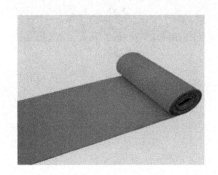

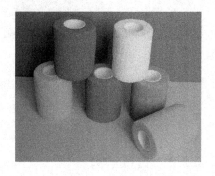

图5-5　驱血带　　　　　　　　　　　　图5-6　树脂绷带

5.3　医用防护口罩

5.3.1　医用自吸过滤式防护口罩

医用防护口罩(medical protective face mask)具有高效过滤空气中的微粒,阻隔飞沫、血液、体液、分泌物等功能,用于保护医务人员或病人不受空气中传染性微生物、细菌颗粒物,以及医疗过程中使用的器械、喷雾器或电激光手术中产生的一些有害的颗粒物等侵袭或污染。

根据 GB19083—2003《医用防护口罩技术要求》,医用防护口罩按其结构可分为平面口罩(plane mask)和密合拱形口罩(close co – arched mask)。目前医院普遍使用的医用自吸过滤式(non – powered)防护口罩的类型主要有图5 – 7中所示的四种。

平面口罩和密合拱形口罩均属于自吸过滤式防护口罩,它们阻隔性能好,吸气阻力小,制造成本低,佩戴方便。

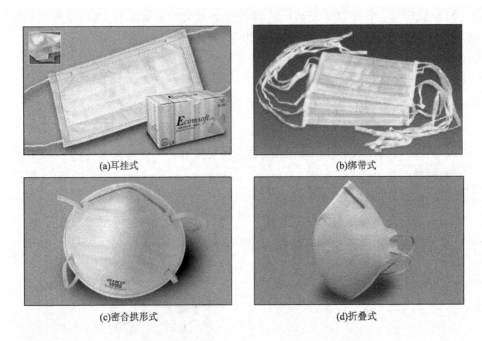

(a)耳挂式　　　　　　　　　　　　　　　(b)绑带式

(c)密合拱形式　　　　　　　　　　　　　　(d)折叠式

图5 – 7　医用自吸过滤式防护口罩

资料来源:上海港凯净化制品有限公司。

5.3.2　口罩结构

医用防护口罩采用多层不同工艺或结构的非织造布组合而成,典型结构是面层为抗湿功能非织造布,芯层为超细纤维熔喷非织造高效过滤材料,内层为具有皮肤亲和性的非织造布(即三层结构)。

平面口罩面层通常由聚丙烯纺粘法(spun bond)或热轧法(thermal bond)非织造布制成,图5 – 8为平面口罩结构。外层有白色、蓝色或绿色三种。中间芯层用熔喷聚丙烯超细纤维(平均纤维直径小于$4\mu m$)非织造过滤层制成,该过滤层具有优良的过滤性能,且透气性好,可保证较低的呼吸阻力。内层采用白色纺粘法非织造布。热轧法非织造布是合成短纤维经梳理成网后再热轧加固而成,相对于由长丝组成的纺粘纤网热轧非织造布,其布面上的短纤维毛羽与皮肤接触后易造成刺痒感,一般不宜用作口罩内层材料。

医用防护口罩上须配有可弯折的可塑性材料制成的鼻梁夹,如图5 – 8(b)所示,以利于根据各人脸型及鼻梁高低的需要加以密闭防护,鼻梁夹材料要求具备防锈功能。另外分有耳挂式和绑带式,其中耳挂式松紧带,不宜采用含乳胶松紧带。

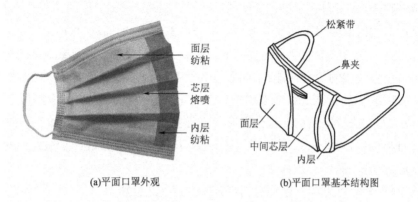

(a)平面口罩外观 （b)平面口罩基本结构图

图 5 - 8 平面口罩结构

密合拱形口罩的结构与成型复杂,根据人们的脸型特点,它需要形成较大的立体形状的"气腔"并配有鼻夹,内层还有防护用鼻垫,以增加口罩的密合性,参见图 5 - 9。

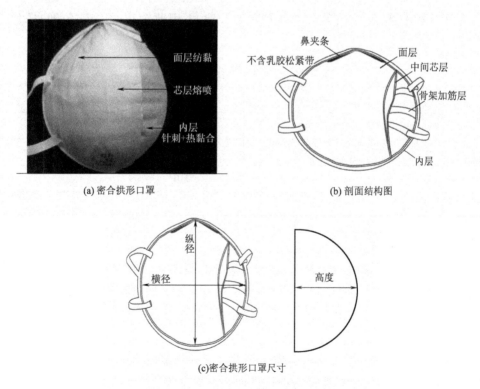

(a) 密合拱形口罩 （b) 剖面结构图

(c)密合拱形口罩尺寸

图 5 - 9 密合拱形口罩结构图

资料来源:上海港凯净化制品有限公司。

立体拱形结构是依靠模压成型制得。为保持模压口罩结构的稳定性,口罩的拱形气腔骨架材料均采用加筋结构设计,以保证口罩在自吸负压条件下拱形不产生坍塌变形,从而导致气腔变小。

密合拱形结构由四层不同非织造材料组合加工而成,即面层、中间芯层、骨架材料和内层。典型的拱形口罩面层采用聚丙烯纺粘非织造布或热轧法非织造布,它们具有较好的阻挡喷溅液体的抗湿性能;中间芯层为熔喷聚丙烯超细纤维(平均纤维直径小于2μm)非织造滤料;内层为针刺非织造材料或化学黏合非织造材料,需经热定形磨牙加工,形成拱形加筋骨架结构。密合拱形口罩要求硬挺,沿耳节两端,加筋结构可防止在张力或自吸负压作用下,口罩出现坍塌现象,从而破坏佩戴的防护效果和密合性。鼻垫层由海绵条制成。

除此之外,密合拱形口罩中还有携带方便的折叠式模压口罩。

人的脸型各异,由于人种、年龄、性别等因素,每个人适用的口罩尺寸各不相同,但为每个人量身定做一个尺寸的密合拱形口罩显然是不现实的。东华大学非织造材料研究发展中心根据中国相关医用防护口罩制造出口量的调查发现,亚洲人种所用的密合拱形口罩一般有大、中、小三种尺寸,可适应不同年龄和性别的人使用。见表5-3。由于欧美人种在体型、五官等各方面较亚洲人种大,因此销往欧美市场的口罩尺寸偏大。

表5-3 亚洲人密合拱形口罩尺寸

尺寸	横径(mm)	纵径(mm)	高度(mm)
大	140	117	50
中	133	115	50
小	130	110	50

5.3.3 加工过程

医用口罩主要由聚丙烯纺粘非织造布、熔喷非织造布、热轧非织造布和针刺非织造布加工而成,其中关键是中间芯层熔喷过滤材料。口罩的过滤效率和低呼吸阻力取决于熔喷材料的性能和驻极工艺,故以下仅介绍熔喷工艺及驻极处理。

5.3.3.1 熔喷工艺

医用防护口罩芯层的过滤非织造布,采用熔喷非织造成网工艺加工而成。它经高温、高压的非稳态热气流对聚合物进行拉伸并形成平均直径小于2~4μm的超细纤维,使喷出后的超细纤维形成多层纵横交错的网状结构,纤维呈随机三维分布,使得纤网材料中含有大量微小孔隙,纤维的随机和隔层交叉排列成型,构成熔喷非织造布多弯曲通道结构,这类结构可以大大提高过滤时空气中颗粒物与纤维产生碰撞而被滞留的概率。

熔喷工艺是将聚合物树脂经螺杆挤压熔融后,通过计量泵的精确计量送入熔体分配腔再通过整流后进入纺丝组件,经纺丝板中的纺丝微孔挤出成丝,在高速热气流的喷射拉伸下制得超细纤维,并以极高的速率随机沉积在网帘上形成纤网,经自身热黏合或其他方法加固后形成非织造过滤材料。

医用防护口罩选用的聚合物是聚丙烯树脂或改性聚丙烯树脂,其典型的聚丙烯熔喷工艺流程为:

空气压缩机→空气加热器　　　驻极体装置

↓　　　　　　↓

聚丙烯树脂→螺杆挤出机→纺丝板→热空气拉伸→成网→卷取→分切→包装。

熔喷超细纤维过滤非织造布的纤维细度直接影响医用防护口罩的过滤效率:

(1)纤维越细,纤维比表面积越大,在相同纤维质量的条件下,由于纤维比表面积增加,颗粒物与纤维发生碰撞的概率增加,过滤效率增加。

(2)纤维细度越细,纤维间形成的孔隙直径越小,纤网构成弯曲通道越多,颗粒物穿透非织造布的概率降低,过滤效率增加。

(3)纤维越细,纤维比表面积越大,在进行驻极处理时,能附着到纤维表面的电荷越多,静电效果越明显,过滤效率越高。

虽然纤维越细,医用防护口罩的过滤效率越高,但过细会使口罩的呼吸阻力随之大幅增加。对于医用防护口罩来说,过滤效率和呼吸阻力都是重要的性能标准。而过滤效率与呼吸阻力是成正比关系,即过滤效率增加,呼吸阻力也会相应增加。对于医用防护口罩的使用者,特别是医务工作者,每天至少要佩戴口罩 $6 \sim 8h$,研究表明,口罩呼吸阻力 $\geqslant 343.2Pa(35mm\ H_2O)$,将影响使用舒适性,严重时会导致呼吸困难。因此材料设计和加工时,在保证医用防护口罩具有高过滤效率的同时,应考虑到口罩的呼吸阻力指标,力求在过滤效率和呼吸阻力二者之间找到一个平衡点。

5.3.3.2　驻极处理

为保证医用口罩的过滤性能,同时保证低的呼吸阻力指标,驻极处理(electret)是关键。实验表明普通的超细纤维熔喷非织造布过滤材料当呼吸阻力 $\leqslant 343.2Pa$ 时,未对纤维网进行驻极处理条件下,其过滤效率最高仅能达到 $60\% \sim 70\%$,无法用于医用口罩。

口罩用过滤材料的驻极体电荷的机理:当电流通过介质时,空间电荷在纤维晶粒的 2 个端面上积聚。纤维的结晶区及结晶区和非结晶区之间产生的界面极化。驻极体电荷效应对熔喷非织造过滤材料的过滤效率影响可根据库仑定理来解释,用 EQq 表示因库仑力而产生的捕集系数:

$$EQq = 4Qq/3\eta \cdot df \cdot dp \cdot U_0 \qquad\qquad (5-1)$$

式中:q——微粒电荷;

  Q——纤维每单位长度的电荷;

  dp——微粒直径;

  df——纤维直径;

  U_0——流体速度;

  η——动力黏度。

由上式可知,纤维每单位长度的电荷与捕集系数成正比关系,与纤维直径成反比关系。

过滤材料经驻极处理后纤网中的每根纤维就携带上了正极或负极电荷。当空气过滤时,气流中的带电微粒尤其是亚微米级粒子通过纤维间的孔隙时,在电场力的作用下被阻挡或捕获。由于纤网电场力是长程力,在保证同样的过滤效率时,驻极熔喷过滤材料孔隙的几何尺寸比无驻极过滤材料的几何尺寸大,显著减少了过滤时的气流阻力,因此驻极熔喷过滤材料制成的防护口罩可大幅度地减轻人体在吸气时的体能消耗。另外细菌和病毒具有天然的驻极态(带负电),通常依附于粉尘或液滴上,当它们通过驻极体滤材孔隙时,由驻极体产生的强静电场和微电流会刺激细菌使蛋白质变异,损伤细菌的细胞质及细胞膜,破坏细菌的表面结构,导致细菌死亡。与此同时,驻极体形成的强电场还对各类细菌具有明显的抑制其繁殖的功能。

总之,对聚丙烯熔喷非织造布材料进行驻极体改性,可以使其保持高效过滤性能,同时具有低气流阻力、杀菌和抑制细菌生长功能。

5.3.4　医用防护口罩基本性能及评价

5.3.4.1　技术要求

根据 GB19083—2003《医用防护口罩技术要求》对医用防护口罩基本性能的要求主要有性能指标和外观要求。其中性能指标中着重强调了过滤效率和呼吸阻力(表5-4)。

表5-4　医用防护口罩基本性能要求

	过滤效率	口罩滤料的颗粒过滤效率应不小于95%
性能指标	呼吸阻力	在气体流量为85L/min 的情况下,口罩的吸气阻力不得超过 343.2Pa(35mmH$_2$O)
	合成血穿透阻隔性能	合成血以 10.7kPa (80 mmHg)压力喷向口罩样品,口罩内侧不应出现渗透

性能指标	表面抗湿性	口罩沾水等级应不低于 GB/T 4745—2002 中 GB3 级的规定
	消毒和灭菌	标识为消毒级的口罩应符合 GB 15980—1995 中 4.3.2 的要求,即灭菌与消毒产品均不得检测出致病菌 标识为灭菌级的口罩应符合 GB 15980—1995 中 4.3.2 的要求,即灭菌与消毒产品均不得检测出致病菌
	环氧乙烷残留量	经环氧乙烷灭菌的口罩,其环氧乙烷残留量应不超过 10μg/g
	燃烧性能	所用材料不应为易燃性。移离火焰后继续燃烧应不超过 5s
外观要求	口罩基本尺寸	长方形口罩展开后中心部分尺寸:长度不小于 17cm、宽度不小于 17cm 密合拱形口罩尺寸:横径不小于 14cm,纵径不小于 14cm
	外观	口罩表面不得有破洞、污渍 口罩不应有呼气阀
	鼻夹	口罩上必须配有鼻夹 鼻夹由可弯折的可塑性材料制成,长度不小于 8.5cm
	口罩带	口罩带应调节方便 应有足够强度固定口罩位置。每根口罩带与口罩体连接点的断裂强力应不小于 10N

过滤效率(filtering efficiency)是保证口罩防护性能的关键指标,而气流阻力是决定医用防护口罩使用舒适性的关键指标,因此,医用防护口罩要求具有高过滤效率和低气流阻力。外观要求主要是对不同结构医用防护口罩的尺寸要求。如表 5 - 4 也列举了国标对于医用防护口罩具体的外观要求。

5.3.4.2　性能评价

(1)过滤效率。过滤效率是表征口罩对各类有害颗粒物的防护性能,是呼吸防护装备的关键性标准指标之一。

①过滤机理。超细纤维熔喷过滤材料由于其复杂的纤网结构和纤维随机三维排列,造成滤料中含有大量微小孔隙和不规则弯曲通道,微粒围绕纤维经过各种类型的弯曲通道或路径时,大大增加了浮悬于流体中的颗粒产生碰撞而将其滞留的概率。

从过滤原理分析,超细纤维熔喷滤料主要有五种空气过滤颗粒物机理,如图 5 - 10 所示。

a. 扩散效应(布朗运动):由于微粒的无规则布朗运动而吸附于纤维表面。

b. 直接捕获(拦截):微粒尺寸太大,无法穿透纤维的孔隙,进而由纤维表面直接捕获,对粒径越大的粒子,效果越好。

c. 惯性(沉积):不同质量的微粒,加上高速度,产生了不同的惯性,使微粒无法随

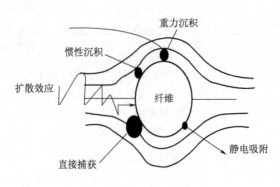

图 5 - 10　过滤机理图

空气流绕开滤料表面而离开流力线,碰撞纤维表面而掉落,对质量越大及速度越快的粒子,作用力越强。

d. 静电吸附:因纤维带电,诱使极细微粒吸附于纤维表面,对粒径较小、质量较轻的粒子来说,较易被吸引。

e. 沉降作用(重力沉积):由微粒自身的重力引起的直接沉降,而被滤料捕获。

其中在医用防护口罩过滤过程中起主要作用的是:直接捕获、惯性沉积和静电吸附。

②检测仪器。目前测试滤料过滤性能有两种仪器:TSI8130 型自动滤料测试仪及钠焰气溶胶滤料效率检测仪。

TSI8130 型自动滤料测试仪是普遍采用的口罩滤料过滤性能的检测仪器。检测仪器外观如图 5 - 11(a)所示。它有两台气溶胶发生器,一台为油性气溶胶邻苯二甲酸二辛酯(DOP)、石蜡油、DEHS 等油性物质介质发生器;另一台为氯化钠非油性气溶胶介质发生器。分别测试 R 系列、N 系列的口罩产品,过滤效率测试精度高达 99.999%。该仪器的测试方法满足美国职业安全与健康局(NIOSH 42 CFR,Part84)对呼吸器的测试标准和评价要求。该技术规格也符合 GB 2626—2006 对过滤效率的测试要求。

TSI8130 型自动滤料测试仪的原理如图 5 - 11(b)所示,首先将口罩滤料放置在夹具的下部,通过同时按下两个闭合按钮来关闭夹具。气压缸迅速将夹具上部压下封闭滤料,并开始检测。气溶胶从发生器产生经过上部夹具并穿过滤料进入滤料下游,两个固态激光光度计同时检测滤料上游和下游的气溶胶浓度。滤料的穿透率 k 通过上游、下游气溶胶的浓度 C_1 和 C_2 的比值得到,高灵敏度的电子压力计测定滤料的阻力和系统流量。

钠焰法气溶胶滤料效率检测仪原理与 TSI8130 型自动滤料测试仪相同,通过测试过滤元件两端的浓度比,记录相应数据,然后通过计算公式得出过滤效率。但钠焰法气溶胶滤料效率检测仪只能用来测低流速条件下非油性颗粒物的穿透性,不能用于测油性颗粒物。

(a)外观

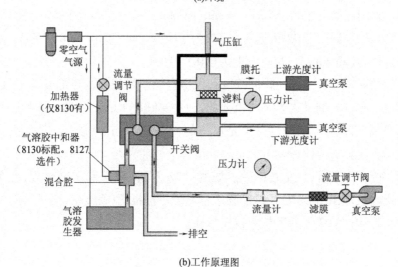

(b)工作原理图

图 5 - 11　TSI8130 型自动滤料测试仪

③过滤效率计算。过滤效率的计算是通过测量过滤材料两端颗粒物浓度得到颗粒物穿透率 k,从而得出过滤效率 η,计算公式为:

$$\eta = (1 - k) \times 100\% = (1 - \frac{C_1}{C_2}) \times 100\% \qquad (5 - 2)$$

式中:C_1——下游气溶胶浓度;

$\qquad C_2$——上游气溶胶浓度。

根据过滤效率水平不同,过滤元件的级别按表 5 - 5 分级。根据使用的过滤介质不同可分为油性颗粒物和非油性颗粒物。医用防护口罩过滤效率检测时使用的介质为氯化钠气溶胶,即非油性颗粒物,因此,油性颗粒物过滤效率分级对医用防护口罩不适用。

表5-5　过滤元件的类别和级别

过滤元件的类别和级别	用氯化钠颗粒物检测	用油性颗粒物检测
N90	≥90.0%	
N95	≥95.0%	不适用
N100	≥99.97%	
P90		≥90.0%
P95	不适用	≥95.0%
P100		≥99.97%

④检测参数。GB 2626—2006 对医用防护口罩,即非油性颗粒物的过滤性能检测有如下要求:非油性氯化钠颗粒物的浓度不超过 $200mg/m^3$,计数中位径为$(0.075 ± 0.020)\mu m$,粒度分布的几何标准偏差不大于 1.86,检测流量范围为 30~100L/min,医用防护口罩检测流量要求为$(85 ±4)L/min$,但测试多种过滤材料和单一过滤材料的颗粒物流量需根据不同要求做相应调整,常规的有 32L/min、55L/min 和 85L/min 三种。检测温度条件为$(25 ±5)℃$,相对湿度为$(30 ±10)\%$。

⑤粒径选择。空气中颗粒物的浓度和大小直接影响滤料的过滤效率,所以确定大小合适的气溶胶进行测试也是至关重要的,滤料穿透率 k 和粒径的关系如图 5-12 所示。实际环境中,颗粒物的粒度并不是单一的,而是呈一定的分布,不同的粒径,它的过滤穿透率也有显著不同。

大量实验研究发现,无论是机械过滤的拦截、碰撞、沉降和扩散机理,还是静电过滤的静电吸附机理,$0.3\mu m$ 粒径颗粒物永远是最难捕捉的(图 5-12),因此,$0.3\mu m$ 通常作为评价检测过滤效率的颗粒物粒径指标。

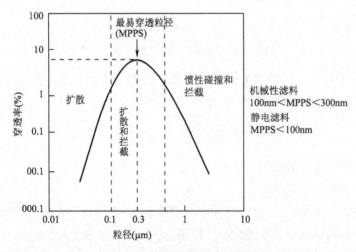

图 5-12　滤料穿透率和粒径关系

（2）密合性（sealing half – mask）。由于人的脸型各异，口罩设计与制造必须考虑与佩戴者的密合程度。佩戴时当口罩与人脸无法密合时，就易发生泄漏，这样，口罩的阻隔性能就会削弱，严重时会影响医务人员的安全。所以对于口罩泄漏率（inward leakage）的检测是保证口罩过滤性能的重要步骤。

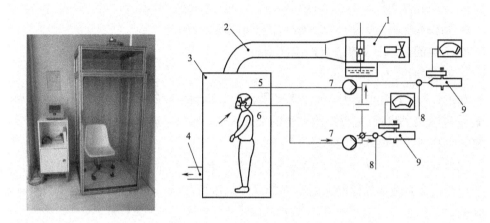

图 5 – 13　泄露性检测

1—气溶胶发生器　2—气道和导流板　3—检测仓　4—排气口　5—检测仓采样管样品

6—被测样品采样管　7—气泵　8—补充新鲜空气　9—颗粒物检测器

①检测设备。根据 GB 2626—2006 标准对口罩泄漏率检测的要求包括以下几方面：

检测仓：拥有大观察窗的可密闭仓，大小可容许受试者完成规定动作；应设计使颗粒物从仓内顶部均匀送入，并在仓的下部由排气口排出。检测仓如图 5 – 13 所示。

氯化钠颗粒物：发生气量不低于 100L/min，颗粒物浓度为（10 ± 2）mg/m^3，在检测仓有效空间内颗粒物的浓度变化不应高于 10%；颗粒物的空气动力学粒径分布应为 0.02 ~ 2μm，质量中位径为 0.6μm。

颗粒物检测器：检测器的动态范围为（0.001 ~ 200）mg/m^3，精度为 1%，检测器的响应时间不于 500ms。所以可以使用 TSI8127/8130 型自动滤料测试仪进行快速、简单的口罩泄漏检测。

②检测方法。准备被测样品，并安装好采样管，采样管的安装位置应尽可能接近使用者口鼻的正前方位置；对随弃式面罩（即一次性面罩，医用防护口罩均属于随弃式口罩），应采取必要措施，避免采样管在检测中影响面罩的位置。

将颗粒物导入检测仓内，使其浓度达到要求。

受试者在洁净空气区域佩戴好被测样品，并按使用方法检测佩戴气密性，然后连接采样管至颗粒物检测器，测定受试者在检测仓外呼吸时面罩内的本底浓度，测定五个数据,取算术平均值作为本底浓度。

令受试者进入检测室,并在避免颗粒物污染的情况下将采样管连接至颗粒物检测仪;然后受试者按时间要求,顺序完成以下动作:

a. 头部静止,不说话 2min。

b. 左右转动头部(大约 15 次)看检测仓的左右仓壁 2min。

c. 抬头和低头(大约 15 次)看检测仓顶和地面 2min。

d. 大声阅读一段文字或大声说话 2min。

e. 头部静止,不说话 2min。

在进行每个动作时,应同时检测检测仓和面罩内颗粒物浓度,一般只测定该动作的最后 100s 时间区段,避免检测动作的交叉区段。对每个动作,应检测 5 个数据,并计算算术平均值作为该动作的结果。

③泄漏率。其定义为:在实验室规定检测条件下,受试者吸气时从除过滤元件的面罩以外所有其他部件泄漏入面罩内的模拟剂浓度与从口罩吸入空气中模拟剂浓度的比值。

医用防护口罩在采用 NaCl 颗粒物检测时,总泄漏率 TIL 为每个动作所测的五个数据的算术平均值,计算公式为:

$$TIL = \frac{(C - C_a) \times 1.7}{C_0} \times 100\% \qquad (5-3)$$

式中:C——各动作时,被测面罩内颗粒物浓度;

C_a——被测面罩内颗粒物本底浓度;

C_0——各动作时,检测仓内颗粒物浓度。

医用防护口罩的 TIL 应符合表 5-6。

表 5-6　医用自吸过滤式防护口罩的 TIL

口罩级别	以每个动作的 TIL 为评价基础时,50 个动作至少有 46 个动作的 TIL	以每人的总体 TIL 为评价基础时,10 个受试者中至少有 8 个人的总体 TIL
KN90	<13%	<10%
KN95	<11%	<8%
KN100	<5%	<2%

(3)呼吸阻力。对于自吸过滤式口罩来说,过滤效率和呼吸阻力是由滤料、口罩结构、加工水平等因素综合决定的。其中滤料对呼吸阻力有直接的影响,口罩滤料的过滤效率与呼吸阻力成正比。

纤维越细,滤材的比表面积越大,过滤效果越好,但呼吸阻力也会随之增大。除此以外,口罩在使用过程中不断有颗粒物沉积在口罩表面,也会造成呼吸阻力的增加,长时间后会使人感觉呼吸困难。所以在保证过滤效率的同时也要考虑口罩的呼吸阻力。合格的医用防护口罩样品,每个样品的总吸气阻力应不大于350Pa,总呼气阻力应不大于250Pa。

呼吸阻力的测试分为吸气阻力测试和呼气阻力测试。其测试方法和检测装置是相同的。常见的检测方法是使用呼吸阻力上升检测仪,即将被测样品佩戴在匹配的试验头模上,调整面罩的佩戴位置及头带的松紧度,确保面罩与试验头模的密合。再将通气量调节至(85 ± 1)L/min,测定并记录口罩的吸气或呼气阻力。呼吸阻力测试如图5-14所示。

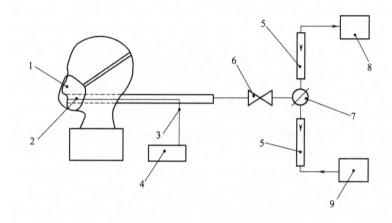

图5-14　呼吸阻力测试示意图

1—被测样品　2—试验头模呼吸管道　3—测压管　4—微压计　5—流量计　6—调节阀

7—切换阀　8—抽气泵(用于吸气阻力测试)　9—空气压缩机(用于呼气阻力测试)

TSI8130型自动滤料测试设备也可以用来检测呼吸阻力。其在测试过滤性能的同时,可检测过滤元件的呼吸阻力,操作简单方便,精确度高。

(4)死腔(dead space)。所谓"死腔"是指从鼻孔入口至各肺泡之间呼吸道的体积,其间的空气并没有参与呼吸,可以称为人体呼吸死腔。口罩的死腔是指口罩主体与人颜面接触的孔隙部分的体积。死腔大小会影响吸入空气的成分,死腔大,滞留在腔内的二氧化碳增多,减少了空气的含氧量。人体为了保持氧气的吸入量,被迫增加呼吸频率,长时间将会增加人体能量消耗。当吸入空气中二氧化碳含量超过2%时,就会发生呼吸障碍。因此死腔过大对人体的呼吸是不利的。

对于密合拱形口罩而言,死腔的检测同样是至关重要的,要求口罩内二氧化碳残留量≤1%。其检测仪器如图5-15所示。

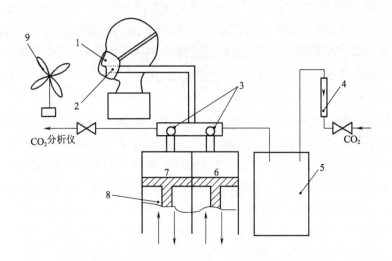

图 5 – 15　死腔检测装置示意图

1—被测样品　2—试验头模呼吸管道　3—同步运转的阀门　4—CO_2 流量计　5—CO_2 储气袋

6,7—结构相、同步运动气缸　8—呼吸模拟器　9—电风扇

①检测设备。呼吸模拟器模拟呼吸频率调节范围为$(10 \sim 40)$ 次/min,模拟呼吸潮气量调节范围为$(0.5 \sim 3.0)$ L。

二氧化碳气源,CO_2 的体积分数为(5.0 ± 0.1) %。

CO_2 流量计,量程不低于40L/min,精度为2 级。

CO_2 分析仪器,量程不低于12% ,精度不低于0.1% 。

②检测条件。检测应在室温环境下进行;室温范围为16 ~ 32℃。

呼吸模拟器的呼吸频率和潮气量应分别设定为20 次/min 和1.5L。

采用适当通风措施,使检测环境中CO_2 浓度不高于0.1% ,环境中CO_2 浓度检测点应位于被测样品正前方约1m 处。

应用电风扇在被测样品侧面吹风,使气流在面罩前的流量为0.5m/s。

只有当检测环境中CO_2 浓度不大于0.1% 时,测试才有效,并应扣除检测环境中CO_2 浓度,吸入气中CO_2 浓度检测结果取3 次测定的算术平均值。

参考文献

[1]中国医科大学. 实用医学词典[M]. 北京:人民卫生出版社,1991.

[2]郝新敏,张建春,杨元. 医用纺织材料与防护服装[M]. 北京:化学工业出版社,2008.

[3]Andrew M, Reed. Biomaterials Applications[J],1991, 6(1):3 – 45.

［4］Michael Szycher, et al. Biomaterials Applications［J］,1992, 7(2):142.

［5］李小兰. 医用纱布和绷带的现状及未来［J］. 北京纺织,1998(4):58 - 59.

［6］吕顺忠,贺西京. 手术显影纱布:中国,CN 2205191Y［P］. 1995 - 08 - 16.

［7］李宝玉. X 光显影手术纱布及其生产设备:中国,CN 1337215A［P］,2002 - 02 - 27.

［8］李建全,谢亚刚. 一种表面有 X 光显影的医用敷料及其制作方法:中国,CN 101244287A［P］,2008 - 01 - 28.

［9］毛雅琴,高雅文,夏秋欣. 凡士林纱布灭菌方法的研究［J］. 浙江预防医学,2001,(12):37 - 40.

［10］霍瑞亭. 高性能防护纺织品［M］. 北京:中国纺织出版社,2008.

［11］国家食品药品监督管理局. YY0331—2006 脱脂棉粘胶混纺纱布的性能要求和测试方法［S］. 北京:中国标准出版社,2006.

［12］国家质量检验检疫总局. GB 19083—2003 医用防护口罩技术要求,［S］. 北京:中国标准出版社,2006.

［13］靳向煜,殷保璞,吴海波. 新型医用防护口罩过滤材料的结构与性能［J］. 第二军医大学报,2003,24(6):625 - 628.

［14］陈钢进,肖慧明,王耀翔. 聚丙烯非织造布的驻极体电荷存储特性和稳定性［J］. 纺织学报,2007,28(9):125 - 128.

［15］靳向煜. 非织造工艺技术研究论文集［C］. 上海:中国纺织大学出版社,1996:203.

［16］石波,安树林. 熔喷法聚丙烯非织造布滤材［J］. 天津纺织科技,2000,41:25 - 28.

［17］国家质量监督检验检疫总局. GB 2626—2006 呼吸防护用品自吸过滤式防颗粒物呼吸器,［S］. 北京:中国标准出版社,2006.

［18］姚红. 防尘口罩过滤效率探析［J］. 技术论坛,2002(2):30 - 31.

［19］龚志凌. 对自吸过滤式防尘口罩标准死腔值的探讨［J］. 工业安全与环保,2003,29(6):19 - 20.

第6章 卫生保健医用纺织品

6.1 概 述

近十几年来随着非典型性肺炎(SARS)、肝炎病毒、甲流病毒等在全世界的广泛传播,人们对具有抗菌功能的服装及其相关纺织品给予了很大期望。具有抗菌功能的纺织品在医院、疗养院、学校及宾馆等公共场合作为防止交叉感染的防护品显得越来越重要。除了普通大众以外,对于经常接触病菌的医疗保健工作者,免予病菌交叉感染的纺织品的研究与开发已经变得非常迫切和重要。目前医生和护士的医疗保护装备包括医用长袍、面具和手套等,其对于病菌的传播只是起到阻隔作用,并不具有抗菌或杀菌作用。如果纺织品材料具有抗菌性,将会有效阻止病菌和病原体的传播。因此,研究和开发具有抗菌性能的纺织品具有非常重要的意义。

将纤维作为药物载体,在我国已具有悠久的历史。如古代传统常用的香囊/香袋或将中药装于布袋,通过缝缀佩戴或熬制膏药,附着于棉布、非织造布的方式是纤维纺织技术在药剂学中的原始应用。随着人类社会和现代科学技术的进步,特别是材料学与药学的发展,纺织技术在药剂学的应用正向纵深方向不断发展,使用的材料、涉及的药物、采用的纤维成型技术都在不断增多,研究内容也不断加深。近20年来,载药纤维作为一种新兴发展的药用剂型,其在药物装载/传递等生物医药领域受到众多学者的广泛关注,并已取得很多可喜的成果。"药用纺织品"被定义为一种由载药纤维组成的结构,它被设计应用于某一特定的生物环境中,其性能取决于它与细胞和体液间的相互作用,并用以衡量其生物相容性和生物稳定性。当药用纺织品附于人体或人体局部位置时,药物能通过织物和人体的直接摩擦,或者汗水溶浸,实现透皮吸收而发挥功效。它通过与人类关系密切的纺织品的应用,而在日常生活中完成用药的过程。这种织物有如下特点:

(1)用药的有效性:用服装织物大面积载持药物,可以积极地将药物吸入体内,减弱肝脏的解毒代谢作用。

(2)用药的舒适性:药物织物作为高档纺织品,其舒适性很好,这比口服、注射、植入、贴附任何一种用药方式,都能减少病人的痛苦程度。

(3)用药的持续性:药物织物在日常生活中逐步向人体渗入药物,能随时维持血液中的药物成分,减轻了每日服药和定时服药的烦琐性。这种长效施药的效果对许多慢性病的治疗和保健医学的发展尤为必要。

（4）用药的安全性：药物织物以透皮吸收为主，以呼吸刺激中枢神经为辅，充分体现体外用药和局部用药的安全性，减少了药物的副作用。

6.2 抗菌纺织品

细菌是人类裸眼所不能看到的最小生物体，其所包括的微生物品种主要有细菌、真菌、藻类及病毒等。细菌是一种在一定温度及湿度下繁殖能力非常快的单细胞生物体，包括革兰氏阴性菌和革兰氏阳性菌，一些细菌属于病原体，可引起交叉传染。大多数的致病细菌在医院环境中可以在纺织品上存活数周甚至数月，这些致病菌可能被医务工作者和病人传到医院外的公共社区中。如果医疗设备上的病菌具有抗药性，将会危及到医疗工作者和大众的安全。例如，具有抗药性的耐甲氧西林金黄色葡萄球菌（MRSA），能在医院所有的纺织品材料上存活很长时间。2003 年爆发的非典型性肺炎（SARS）说明医院的医疗防护设备缺乏有效的防护作用，即纺织材料没有阻止病菌从病原体传播。换言之，纺织品材料如果具有抗菌性，将会有效阻止病菌和病原体的传播。

抗菌纺织品根据其功能可以分为两类：杀菌纺织品和抑菌纺织品。杀菌纺织品具有杀菌功能，能够杀死病菌，阻止微生物的繁殖，防止病原体微生物的交叉传播，抑制微生物对人体的侵袭，从而达到保护纺织品穿着者免受病菌侵害的目的，这种能杀菌的材料我们通常叫做杀菌材料。抑菌纺织品可以抑制某些微生物及霉菌在纺织品上的繁殖，阻止纺织品材料被生物降解，保护纺织品免于沾污，褪色及其他品质下降。抑菌纺织品通常用在保护博物馆中的纺织艺术品或者气味控制材料，但其抗菌作用有限，不能防止病菌的传播，所以纺织品"抗菌"是相对广泛但不明确的概念，因此，公众经常会混淆抗菌纺织品的抗菌功能。一般来说，为了达到防护病菌传染及保护纺织品使用者免受病菌侵害的目的，抗菌纺织品特别是医院用纺织品，应具有快速和广谱的杀菌功能；而抑菌纺织品或只具有简单的抗菌功能的纺织品则不适合用于医用纺织品或专业的防护服等领域。

6.2.1 纺织品的抗菌剂分类

常用于纺织品的抗菌剂主要包括缩二胍类、酚类、卤素类、重金属衍生物类及季铵盐类抗菌剂等，具体分类如下：

（1）无机类抗菌剂。无机类抗菌剂是利用银、铜、锌等金属离子所具有的抗菌能力，通过物理吸附或离子交换等方法，将这些金属离子结合在载体（硅、磷灰石、泡沸石、磷酸锆等无机化合物）上制成抗菌整理剂，其中，银系抗菌效果最好，银离子杀灭或抑制病原体的活性按下列顺序递减：$Ag^{3+} > Ag^{2+} > Ag^{+}$，其最大优点是耐热性达 500℃以上，而且非常稳定和安全。

（2）季铵盐类抗菌剂。脂肪族类季铵盐抗菌剂的脂肪链碳原子个数为 12～16。由于其水溶性强，与纤维的结合力差，一般与反应性树脂并用，以提高其耐久性。如有机硅类季铵盐类抗菌剂可在纤维表面形成不溶于水及一般有机溶剂的高分子膜，使整理剂具有较好的耐久性。

（3）双胍类抗菌剂。常用于纺织品整理加工的双胍类抗菌剂为 1,1 – 六亚甲基双胍[5 –（4 – 氯苯基）]的盐或葡萄糖酸盐。双胍类抗菌剂是通过阻碍细胞溶菌酶的作用，使细胞表层结构变性而破坏细菌的，毒性较低，杀灭细菌效力很高，耐热性良好，但对真菌的抗菌性能较差，耐洗性也不理想。

（4）植物及动物类天然抗菌剂。植物类天然抗菌剂是从桧柏油、芦荟、甘草、茶叶、石榴果皮等中提取得到，其中很多抗菌剂（如芦荟等）已广泛应用于医药、化妆品和保健食品中。动物类天然抗菌剂如壳聚糖（Chitosan）及其衍生物具有很好的抗菌性，它们对大肠杆菌、枯草杆菌、金黄色葡萄球菌和绿脓杆菌均有抑制能力。矿物类天然抗菌剂如胆矾对化脓性球菌、痢疾杆菌和沙门氏菌均有较强的抑制作用。微生物天然抗菌剂如氨基葡萄糖苷 ST – 7 是一种由放射线菌发酵而得到的抗生物质，对革兰氏阳性球菌及革兰氏阴性杆菌都有较好的抗菌效果。最近，由海洋微生物产生的一种红色颜料也具有良好的抗菌性，由该颜料染色的羊毛纤维同样显示抗菌性。

（5）酚类抗菌剂。国外使用的酚类织物抗菌剂主要是 2,4,4′ – 三氯 – 2′ – 羟基二苯醚（2,4,4′ – Trichloro – 2′ – hydroxydiphenyl ether）（Triclosan），俗称三氯生，它是目前国际市场上最流行的广谱高效型抗菌剂之一，可通过整理加工附着在纤维上，产生抗菌性能。

（6）氯胺类抗菌剂。近几年一种新颖的可再生的抗菌整理方法引起了人们的兴趣。如将羟甲基 – 5,5 – 二甲基海因（MDMH）与纤维素纤维反应后，用次氯酸盐处理在纤维上结合的海因环中的酰胺键从而形成氯胺，氯胺结构具有很好的抗菌活性，杀菌后失去抗菌活性，但经次氯酸盐漂白后又形成氯胺而重新恢复抗菌活性。该整理剂处理的纺织品对革兰氏阴性菌、革兰氏阳性菌、病毒及孢子具有高效的杀菌性能。纺织品常用抗菌剂见表 6 – 1。

表 6 – 1　纺织品常用抗菌剂

抗菌剂	抗菌机理	缺点	举例
卤素（Cl_2，Br_2，I_2）	氧化	毒性和刺激皮肤	氯漂
H_2O_2/过硼酸钠	氧化	毒性和刺激皮肤	氯漂
季铵盐	功能性和渗透性	效果差和刺激皮肤	柔软剂、消毒剂
苯酚	功能性和渗透性	效果差和皮肤吸收	三氯生
重金属	络合	对孢子病菌缺乏有效性、水污染	含有银离子材料

6.2.2　纺织品抗菌整理方法

6.2.2.1　抗菌纤维

抗菌纤维主要是在纺丝过程中采用化学改性法(接枝或共聚)、把抗菌剂添加到纺丝原液及复合纺丝中赋予纤维抗菌性能。化学改性法具有持久的抗菌效果,如再生纤维素纤维通过引入磺酸基或羧基等阴离子基团,然后浸渍阳离子抗菌剂,使得阳离子抗菌剂通过离子键与纤维结合,而使纤维获得抗菌性;纺丝液中添加抗菌剂也是开发抗菌纤维的主要手段,具有抗菌效果好、耐久的优点,一些合成纤维如维纶和腈纶等,在湿纺或干纺前,在纤维中混入 0.5% ~ 2% 的有机硝基化合物(如 5 - 硝基糠醛),可以获得具有抗菌功能的纤维,但此方法控制整理剂颗粒的粒径较困难;复合纺丝是将抗菌剂制得的抗菌母粒和原料通过复合纺丝的方法制成皮芯结构的纤维,以抗菌母粒为皮层,原料为芯层,此法所得的抗菌纤维,抗菌剂只分布于纤维的皮层,因此与纺丝液中添加抗菌剂法相比,所需的抗菌剂少,从而可以减少因抗菌剂的引入对纤维力学性能和服用性能的影响,缺点是生产技术复杂,成本较高。

6.2.2.2　后整理加工法

后整理加工法是在纺织品印染、整理过程中,采用浸渍、轧烘焙、涂层、喷淋或泡沫等整理技术将抗菌剂施加在纤维表面,并使之固着在纺织品上而具有抗菌效果的一种方法,其优点是加工简单,缺点是抗菌剂只存在于纤维表面上,不耐洗涤,初期溶出量大,存在穿着安全性问题。近几年,也有将抗菌剂制成微胶囊整理到纤维上,使抗菌织物的耐洗性有所提高。

6.2.3　抗菌纺织品的抗菌机理

经过抗菌整理的纺织品,其抗菌机理主要有两种:缓释机理和表面触杀机理。缓释机理是指抗菌剂在一定的温度、湿度下从织物的表面或纤维内部不断释放出来,从而可以有效地杀死或抑制纤维表面或周围环境中的细菌,达到抗菌效果。表面触杀机理是指抗菌剂分子通过化学键与纤维表面结合,在纤维表面形成能与细菌直接接触的抗菌活性膜。当抗菌剂接触细菌后,杀死或抑制细菌的生长。如十八烷基氨基二甲基三甲氧基丁硅烷氯化铵,是一种可与纤维形成共价键结合的阳离子类抗菌剂,其在纤维表面可形成牢固的结合,使纤维获得有效的抗菌性。氯胺类抗菌剂可与纤维形成共价键结合后,保持氯胺结构在织物上具有很好的抗菌活性与耐久性。

纺织材料抗菌性可以通过化学或者物理的方法整理到纤维上。这些抗菌物质包括抗生素,甲醛,金属离子(银、铜),季铵盐(具有长的碳链),苯酚和氧化剂(如氯、氯胺、过氧化氢、碘和臭氧)。这些物质通过不同的抗菌机理降低微生物的活性,但是都具有一定的局限性。不少的杀菌剂如 Triclosan(三氯生)是通过抑制细菌再生酶来杀死细菌,但是这种生物功能容易对环境产生负面影响。某些酶很容易演变从而具有耐药性。因此过度使用这类杀菌剂将会刺激细菌的耐药性,从而对环境产生不利影响。季铵盐和酚类化合物通过影响细菌的渗透性来破坏细菌细胞,但这是一个很缓慢的过程。氧化剂通过与微生物的官能团发生反应从而很快将其杀死,但是大多数氧化剂对皮肤有刺激性而且有毒(表6-1)。然而,氧化剂的杀菌快速且无选择性。

缓释机理抗菌效果好,但耐久性差,最终会失去抗菌性,而释放到纤维表面或环境中的抗菌剂还会对人体及一些有益菌产生不利影响;Triclosan是一种广泛应用于医院和个人护理(如抗菌肥皂和牙膏等)的抗菌剂,由于其水溶性很低,在用于纺织品的抗菌整理时,应使用分散剂和黏合剂;采用树脂或黏合剂会使得织物手感下降,颜色改变;采用涂层法会大大降低织物的服用舒适性。作为一种理想的抗菌剂,应该具有即效、广谱、长效、稳定及安全的抗菌效果。然而,现有的抗菌剂无论是无机的、有机的,还是天然生物的,都没有达到理想的要求。开发耐久性、生态友好及服用舒适性的抗菌整理技术是纺织科学家目前研究的主要方向。

6.2.4 抗菌纺织品的抗菌耐久性

功能性纺织品的最大问题是其耐久性,特别是服用纺织品,如重复洗涤对抗菌功能性的影响。抗菌纺织品的抗菌效果可以分为两类:暂时性功能和耐久性功能。暂时性抗菌纺织品通过后整理的方法很容易获得,但是在洗涤时容易失去抗菌功能,这种抗菌纺织品只能用作一次性抗菌材料。

耐久性抗菌纺织品通常认为至少可以经受50次家庭洗涤而保持其抗菌功能,这种功能性的抗菌材料可通过普通的缓释技术而制得,主要用于防止材料的生物降解或减少气味。根据缓释抗菌机理,在湿整理过程中应该将足够多的抗菌物质整理到纤维或织物内部来延长其缓释抗菌功能。这种织物通过从表面缓释抗菌物质来达到杀菌的目的。然而,在纤维内部的抗菌剂如果没有与纤维形成共价键,其杀菌功能最终将会完全消失。

目前已经有很多利用缓释理论来成功制取抗菌纺织品的例子。如通过用过氧化锌处理纤维素纤维来制得耐久性抗菌纤维及其混纺织物。环己双胍氯化物、季铵盐和银离子也可用来处理纺织品达到杀菌目的。三氯生是一种酚类物质,广泛应用于液体和固体洗涤剂的细菌抑制剂,也应用于塑料制品和纤维中。然而,这些抗菌剂(图6-1)是不能够通过接触的方式快速而完全地杀死细菌,不适合医用纺织品的抗菌要求。例如,季铵盐和三氯生都要通过多于10h的接触时间才能达到最佳抗菌功效,因此限制了它们在医用纺织品上的应用。三氯生除了具有抗菌性缓慢的缺点外,还会引起细菌突变并产生抗药性,这也是其能否用作抗菌剂对纺织品进行抗菌整理的一个重要因素。缓释抗菌除了具有以上缺点外,耐久性也不好,抗菌功效不能再生(图

6 -2）。由于缓释抗菌方法的缺陷,为了获得耐久性的抗菌纺织品,需要研究新的抗菌方法。

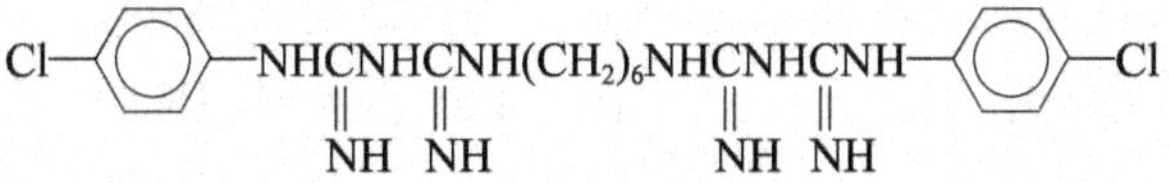

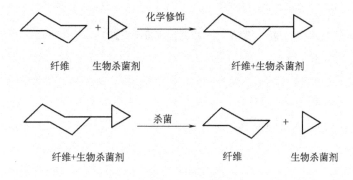

双氯苯双胍己烷 chlorhexidine

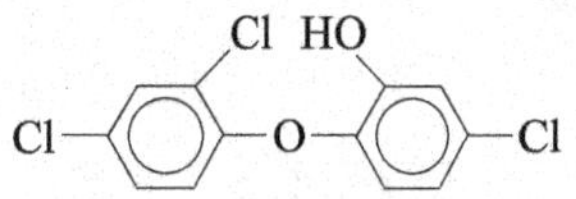

三氯生 triclosan

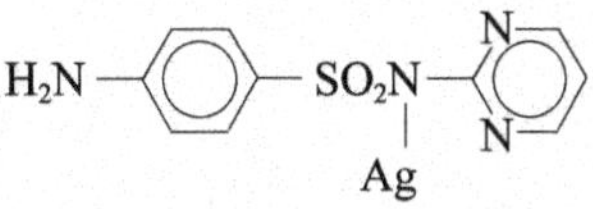

磺胺嘧啶银 sulfadiazine silver

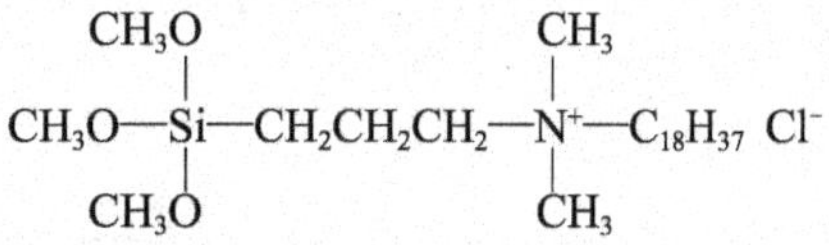

季铵盐 quaternary ammonium salt

图 6 - 1　纺织品用抗菌剂举例

纤维　生物杀菌剂　　化学修饰　　纤维+生物杀菌剂

纤维+生物杀菌剂　　杀菌　　纤维　+　生物杀菌剂

图 6 - 2　缓释抗菌机理

6.2.5　纺织品常用抗菌整理方法

6.2.5.1　具有抗菌再生性及耐久性的纺织品抗菌整理

早在 1962 年 Gagliardi 就提出了一种制作抗菌性纺织品的理论,称为可再生理论。该理论为开发具有耐久性和可再生抗菌功能的纺织品提供了良好的理论基础。理想的抗菌纺织品应该具备几个条件:对于大多数的微生物都有快速的灭活性;广谱抗菌性和对细菌稳定性;无毒和对环境友好;耐水洗;洗涤后抗菌性可再生。如果抗菌功能可恢复,则再生剂应该无毒、易得且与洗涤化学品(如洗涤剂或者漂白剂)不反应。从以上抗菌剂中选择可再生的抗菌剂,只有氧化还原抗菌剂(表6-1中的卤素和过氧化氢)能够达到可再生的要求,因为氧化还原反应是可逆的,也就是可再生的。

氯漂剂是一种常用的杀菌剂,且对所有细菌杀菌效果优良及稳定,缺点是它有很强的腐蚀性和毒性,特别是其在水中与有机物反应后可能产生致癌物质(HCCl₃)。然而氯的一些衍生物,如氯胺(halamine)拥有与氯相似的杀菌性,但比氯环境友好,因此广泛应用在游泳池中。氯胺是利用氧化的机理来杀菌的,与生物抗菌剂相比不会引起细菌的抗药性。由于氯胺能够以共价键的形式连接在聚合物上,因此可逆的氧化还原反应可以在固体的纺织材料上完成,如图6-3所示,该图为纤维素纤维的杀菌及其杀菌再生原理。氯胺的化学结构、与纤维素纤维的共价结合、杀菌再生性及其杀菌过程如图6-4所示。

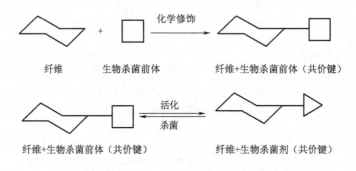

纤维   生物杀菌前体   纤维+生物杀菌前体(共价键)

纤维+生物杀菌前体(共价键)   纤维+生物杀菌剂(共价键)

图6-3   抗菌性可再生原理

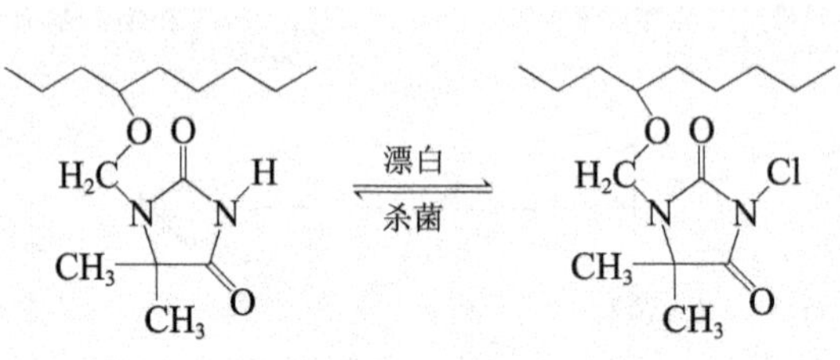

H_2C ... H   漂白 / 杀菌 H_2C ... Cl

CH_3 CH_3 CH_3 CH_3

图6-4   经二甲基海因接枝改性后的纤维素的氯化
还原反应和杀菌机理

根据该杀菌和再生机理,稀释的含氯漂白剂溶液可用作杀菌剂和杀菌功能再生剂。使用含氯漂白剂后接枝在纤维素分子链上的潜在杀菌基团(如海因环上的酰胺基或酰亚胺N—H键)将会转变成具有抗菌性的氯胺结构,使得纺织材料具有抗菌功能。这提供了一种简便且对杀菌功能组分激活和再生的方法,该抗菌方法很适合医用纺织品的应用,因为医用纺织品通常是用氯漂的方法进行洗涤的。许多含有氯胺结构的化合物可被用作水的消毒剂,同时其前体结构也可作为纺织品整理剂。

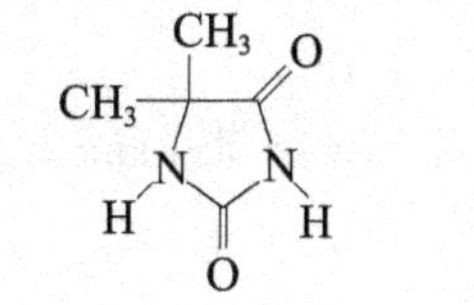

5,5-二甲基海因

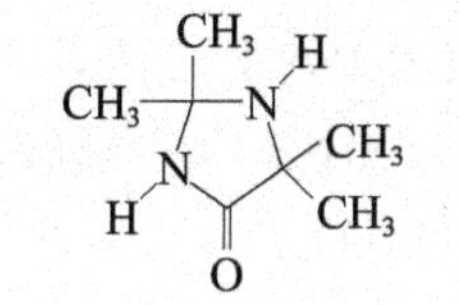

2,2,5,5-四甲基咪唑啉酮

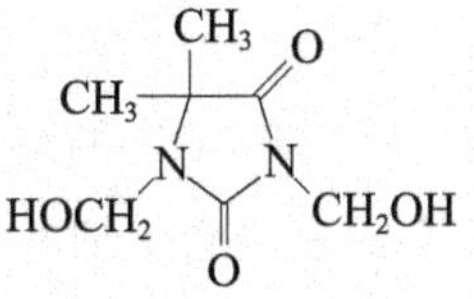

1,3-二羟甲基-5,5-二甲基海因

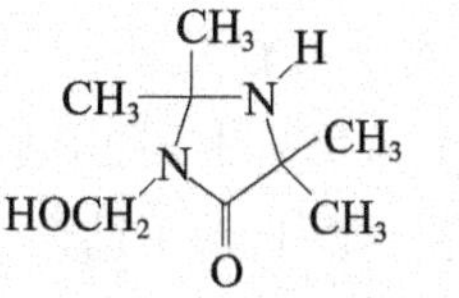

3-羟甲基-2,2,5,5-四甲基咪唑啉酮

图 6－5　氯胺前体结构

具有抗菌耐久性和再生性的杀菌剂氯胺是 5,5－二甲基海因(5,5－dimethylhydantoin)和 2,2,5,5－四甲基咪唑啉酮的氯化产物(2,2,5,5－tetramethyl－4－imidazolidonona),如图 6－5 所示。可以把 5,5－二甲基海因和 2,2,5,5－四甲基咪唑啉酮的单甲基醇或者二甲基醇衍生物的杂环接枝到纤维素上。当 Cl 原子取代了 N—H 上的 H 后形成 N—Cl 键,由于在二甲基乙内酰脲环上连接纤维素的共价键邻位有甲基基团(图 6－5),所以 N—Cl 键很稳定,与其他相似的化合物如含有两个羟基的乙烯脲(DHEU)具有完全不同的性质。它的衍生物二甲基二羟基乙烯脲可以对棉织物进行防皱整理。接枝在纤维素上的 DHEU 氯化后将会形成不稳定的氯胺结构,该结构与图 6－5 中列出的化合物明显不同,因为它邻位的 C—H 基团与 N—Cl 基团相邻,导致 HCl 的快速消除从而形成 C →N 键(图 6－6)。C →N 键和羟基形成烯醇结构,这种结构没有酮式的乙内酰脲环结构稳定。这不仅导致了抗菌性能的消失而且产生的 HCl 对棉纤维有一定的损伤。

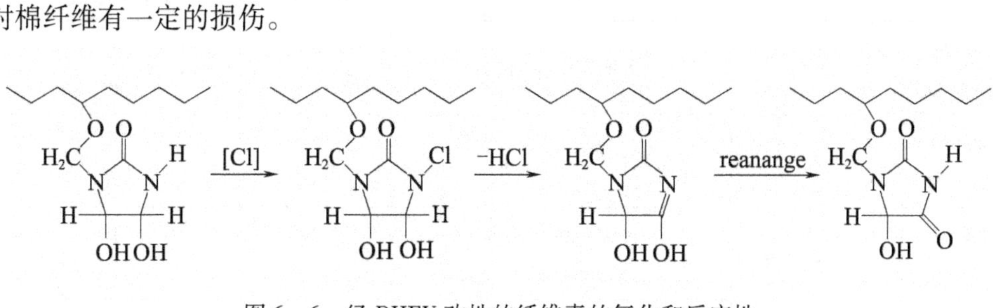

图 6－6　经 DHEU 改性的纤维素的氯化和反应性

氯胺结构中 N—Cl 键的稳定性决定了氯化织物上抗菌剂的稳定性和耐久性,经证明经氯漂的织物在恒温室(21℃和 65% 的相对湿度)能保持其抗菌性长达 6 个月。每次洗涤后,织物特别是经过海因处理的织物,应该经过氯漂,使其重新获得抗菌性能,

主要是因为酰亚胺中的 N—Cl 键容易发生水解反应。引入酰胺或亚酰胺基的氯胺结构能够明显地提高抗菌剂的水洗牢度,其稳定性如下:

酰亚胺(imide)N—Cl < 酰胺(amide) N—Cl < 胺(amine) N—Cl

经抗菌整理的织物抗菌性能,根据 AATCC100 测试标准,可以采用革兰氏阳性菌、革兰氏阴性菌、真菌和病毒来评价。这些微生物包含了医护工作者每天都遇到的全部类型的病原体。基于医用防护要求的特点,设定织物表面与微生物的接触时间为 2min,这是抗菌实验测试的最短时间间隔。选用的纯棉(400 号)和涤棉混纺(7409 号)织物分别用含 2% 和 6% 的二羟甲基二甲基海因(DMDMH)的溶液进行杀菌整理,然后用稀释的含氯溶液漂白,杀菌结果见表 6 − 2,Log 表示微生物的减少量,1Log 表示有 90% 的细菌被杀死,3Log 表示有 99.9% 的细菌被杀死。与其他的抗菌纺织品相比,其具有快速有效和广谱杀菌的特点,这种新的杀菌织物作为医护工作者和病人的抗菌材料表现出超强的杀菌和防护性能。此外,该类抗菌织物经氯漂洗涤后表现出卓越的抗菌耐久性和再生性能。表 6 − 3 是经过反复氯漂洗涤后织物的抗菌性能。显然,氯胺中的活性氯是受洗涤剂影响的。因此每经过一次洗涤周期后,织物都要通过氯漂恢复其杀菌能力。氯漂对于经过抗菌使用的纺织品是一个必需的抗菌性再生过程,该过程对于医用纺织品也是很常用的。但是如果这种抗菌技术应用在普通服饰上,对于消费者来说水洗后再对纺织品进行氯漂恢复其抗菌性能却是比较困难的。对于普通的服装用纺织品,人们更希望经过几次水洗后再恢复其抗菌性或织物具有持久的抗菌性能。最近,人们正在用相似的抗菌剂开发经机洗 50 次后仍保持抗菌性的耐久性可再生抗菌织物。

表 6 − 2　2% 和 6%DMDMH 整理织物的杀菌性

织　　物	接触时间(min)	微生物种类	细菌的减少量(Log)	
			2% DMDMH	6% DMDMH
400 号 7409 号	2	大肠杆菌(e. coli)	6 6	6 6
400 号 7409 号	2	金黄葡萄球菌(s. aureus)	6 6	6 6
400 号 7409 号	2	猪霍乱沙门氏菌 (salmonell choleraesuis)	6 7	7 6
400 号 7409 号	2	志贺氏菌(shigella)	6 6	6 7
400 号 7409 号	2	白色假丝酵母菌(candida albicans)	2 6	6 6

织 物	接触时间(min)	微生物种类	细菌的减少量(Log)	
			2% DMDMH	6% DMDMH
400 号 7409 号	2	短杆菌(brevibacterium)	8 8	8 8
400 号 7409 号	2	绿脓杆菌(pseudomonas aeruginosa)	6 6	6 6
400 号 7409 号	2	耐甲氧西林金黄色葡萄球菌 (methicillin - resis. staph. aureus, MRSA)	— —	3 6
400 号 7409 号	2	万古霉素耐药肠球菌 (vancomycin resis. enterococcus)	— —	6 6

注 1. 抗菌实验采用 AATCC 100 标准,DMDMH 表示 1,3 - 二羟甲基 - 5,5 - 二甲基海因;400 号为纯棉机织物,7409 号为涤棉(65/35)混纺机织物。

2. 3Log 细菌减少量等于 99.9% 的细菌被杀死;6Log 细菌减少量等于 99.9999% 的细菌被杀死,以此类推。

表6-3　用2%DMDMH 处理过的织物耐久性和可再生性抗菌实验结果

水洗和漂白的次数	织 物	细菌的减少量(Log)	
		大肠杆菌	金黄葡萄球菌
10	棉 涤/棉	6 6	6 6
20	棉 涤/棉	6 6	6 6
30	棉 涤/棉	6 6	6 6
35	棉 涤/棉	6 6	6 6
40	棉 涤/棉	6 6	6 6
45	棉 涤/棉	6 6	6 6
50	棉 涤/棉	6 6	6 6

注 AATCC 100 标准,接触时间 30min。漂白浴有效氯浓度 0.01% 。AATCC 124 标准,洗涤剂用量 92g,温度 160F,机洗 30min。

6.2.5.2　银系抗菌剂整理

银系抗菌整理剂包括银离子和金属银。银离子以化合物的形式存在,具有破坏细菌、病毒的呼吸功能和分裂细胞的功能。但银离子在光照条件下易被转化成单质银或氧化银,导致整理后的织物发生变色。另外,银离子作为一种溶出型抗菌剂释放速度较快,能很快耗尽使得整理织物失去抗菌性能,相比之下,单质银具有较好的耐光稳定性以及较好的缓释性能,抗菌能力更持久。

在过去的几十年里,由于在技术上很难获得单质形式的银,因此银用作抗菌整理主要是以化合物的形式存在。随着纳米技术的快速发展,通过降低银颗粒的尺寸使其达到纳米级,可发挥其表面效应,大大提高了其抗菌活性。纳米银粉可装载于活性碳纤维、纺织品、涂料等产品中,制备出具有抗菌功能的产品。纳米银粉赋予织物抗菌性能主要通过两种途径:一种是纳米银抗菌整理剂直接加入在纺丝熔体(原液)中,通过熔融纺丝生产抗菌纤维;另一种就是在织物后整理过程中用纳米银抗菌剂对织物进行整理,如通过黏着剂或反应性树脂使纳米银与纤维结合等,两种方法中金属纳米粒子都是被机械地加工到纤维上形成抗菌纺织品,由于纳米粒子之间很强的团聚性能使其很难在织物上均匀分布,近年来,研究得较多的是原位合成金属纳米粒子即金属离子直接在纤维基质上被还原的在位生成法。关于在纺织品上原位生成银的研究也较多,如通过化学镀的方法在棉纤维中原位生成超微细银晶粒,晶粒大小达到纳米级;通过腈纶表面的螯合基团络合稀溶液中的 Ag^+,再用 HCHO 还原为 Ag,得到键合型纳米银—腈纶;通过用 RF 等离子体以及真空紫外照射在聚醋—聚酰胺纤维表面沉积银盐,然后再用化学还原的方法在织物上在位生成银粒,赋予织物抗菌性能。

6.2.5.3　季铵盐类抗菌剂整理

季铵盐抗菌剂分子中一般含有亲水性的季胺氮正离子和疏水性(或亲脂性)的烷基碳链,烷基碳链的长度可根据抗菌性能的需要而变化。季铵盐的抗菌性与其分子中的烷基碳链长度(n – alkyl chain length)有关,对革兰氏阳菌抗菌性能好的季铵盐的理想碳链长度一般是 12 ~ 14 个碳原子,而对于革兰氏阴菌抗菌效果好的烷基一般为 14 ~ 16 个碳原子,少于 4 或大于 18 个碳原子的季铵盐的抗菌活性很低。季铵盐的抗菌过程是通过静电作用(氮正离子与细胞膜的酸性磷脂层)吸附在细胞膜表面,然后疏水性碳链刺入细胞壁及细胞膜导致细胞内物质如 DNA、RNA 等的泄漏和细菌体死亡。为了提高广谱抗菌性,许多抗菌剂一般都是不同结构季铵盐的混合物。

吡啶季铵盐具有良好的抗菌性能,是季铵盐类抗菌剂中的一个重要品种。吡啶季铵盐的抗菌效果除了与亲脂碳链的长度直接相关外,其吡啶环上其他疏水性基团对抗菌效果也起着十分重要的作用。疏水性越强,吡啶季铵盐的杀菌活性越好。可能是由于疏水基团通过诱导作用使吡啶环氮原子上的正电荷密度增加,更有利于抗菌剂分子在细菌表面的吸附,增加对细胞壁的渗透性,使细菌体破裂。此外,抗菌剂分子吸附到菌体表面后,疏水基团也可能深入菌体细胞的类脂层与蛋白质层,导致酶失去活性和蛋白质变性。由于这两种作用的联合效应,使得该类抗菌剂有较强的杀菌能力。图 6-7 为四种十二烷基吡啶季铵盐的化学结构,在吡啶环的 4 位含有不同的基团,分别是氨基、乙酰氨基、苯甲酰氨基和萘甲酰氨基。四种季铵盐在水溶液中的抗菌实验表明,当季铵盐浓度为 10mg/L、与细菌接触时间为 1min 时,NADPB 的抗菌性能为大于 4 个 Log 的细菌减少量,而 BADPB 则为 3 个 Log 的细菌减少量;同样杀菌条件下,季铵盐 ADPC 和 AADPC 的抗菌性能相对较差;当季铵盐浓度为 50mg/L、与细菌接触时间为 1min 时,NADPB 和 BADPB 的抗菌性能为 7 个 Log 的细菌减少量,而 ADPC 和 AADPC 则仅有大于 1 个 Log 的细菌减少量。

4-氨基十二烷基氯化吡啶(ADPC)

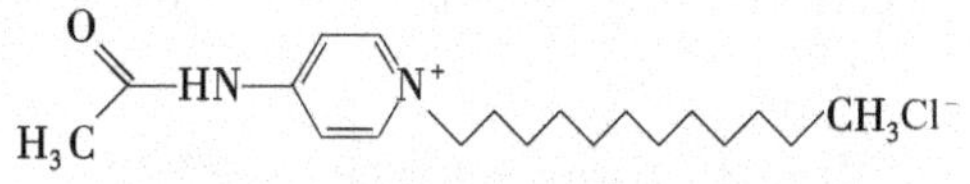

4-乙酰氨基十二烷基氯化吡啶(AADPC)

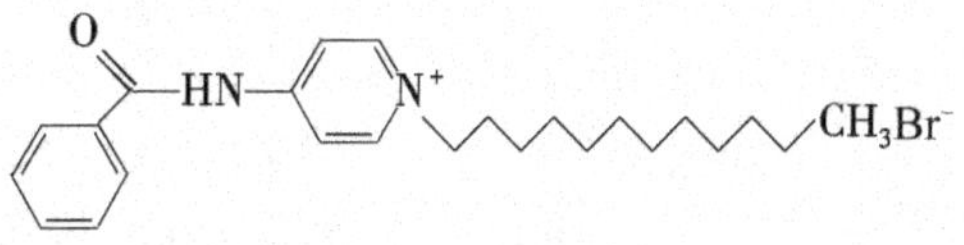

4-苯甲酰氨基十二烷基溴化吡啶(BADPB)

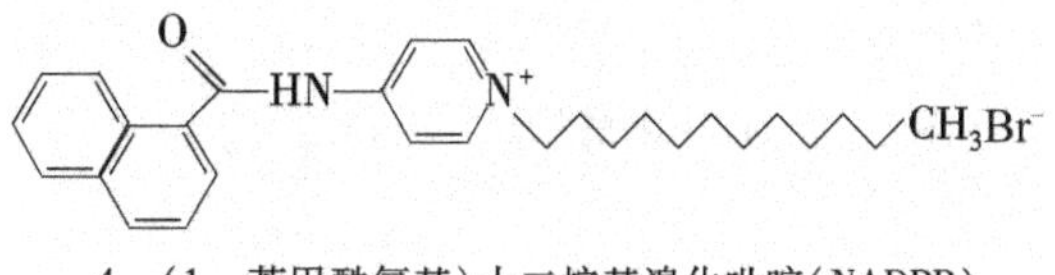

4-(1-萘甲酰氨基)十二烷基溴化吡啶(NADPB)

图 6-7　吡啶季铵盐的化学结构

　　季铵盐类抗菌剂对纺织品的抗菌整理包括低分子季铵盐抗菌剂和高分子季铵盐抗菌剂。由于低分子季铵盐的高水溶性,缓释机理的耐洗涤性和耐久性差,不适合纺织品的耐久性抗菌整理。一些脂肪族高分子季铵盐抗菌剂和有机硅季铵盐抗菌剂等,通过涂层、交联剂或微胶囊的方法施加于织物,但会降低织物的服用性能,由于耐磨损性较差,使得纺织品逐渐失去抗菌活性。

　　基于季铵盐抗菌剂的抗菌染料可以赋予纺织品颜色和抗菌性能。图 6-8 所示的染料结构对羊毛和腈纶具有较高的亲和力,可以用于羊毛和腈纶织物的染色与抗菌整理,缺点是缺乏对棉纤维的亲和力。

　　活性染料分子中若引入季铵盐部分,使染料具有抗菌功能,季铵盐正离子又赋予染料水溶性,该类染料则具有染色与抗菌的双重功能。由于染料带有季铵盐正电荷,对纤维素纤维染色时不需要中性电解质促染,有利于无盐染色。染料分子中含有反应性基团和阳离子基团,该类染料除了对纤维素纤维和蛋白质纤维如羊毛具有较高的亲和力外,对锦纶和腈纶等纤维也具有一定的亲和力。该类染料的结构如图6-9所示。

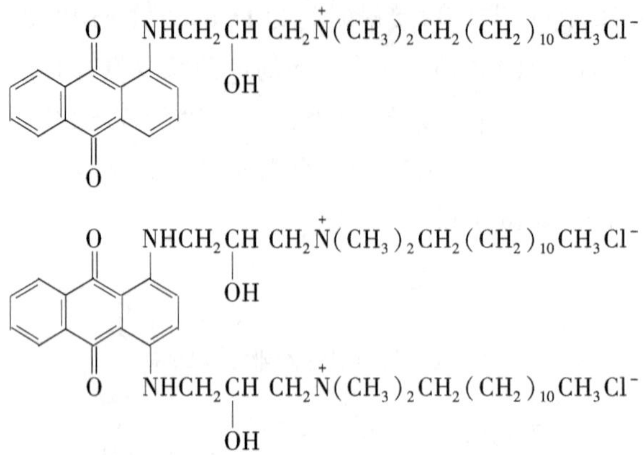

图6-8 抗菌阳离子染料的化学结构

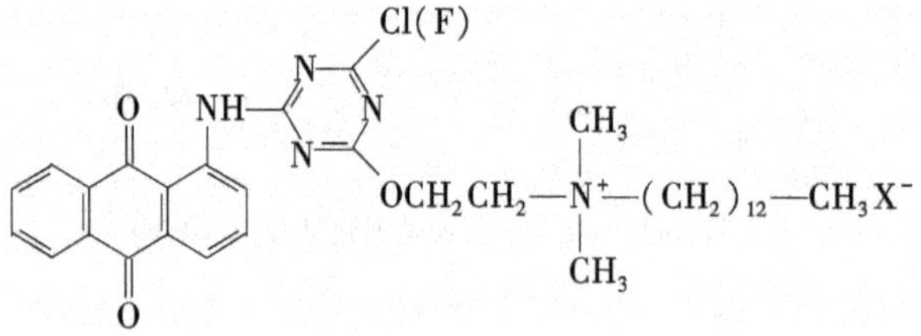

图6-9 抗菌阳离子活性染料的化学结构

6.2.6 纺织品抗菌性能测试方法

国外的抗菌标准及检测方法主要有美国的 AATCC(American Association of Textile Chemists and Colorists,美国纺织染色家和化学家协会)试验法和日本的工业标准,包括 AATCC 147—1998(纺织材料抗菌性的评定:平行条纹法)织物抗菌活性的试验法、AATCC 30—1998(耐真菌活性,纺织品材料的评定:纺织品材料耐霉菌防腐烂)织物抗真菌性能试验法、AATCC100—2004(纺织材料抗菌整理剂的评定)试验法,ASTM E2149 以及日本标准 JISL 1902—1998 纤维制品的抗菌性能实验法等;国际标准化组织 ISO 也已正式发布《ISO 20743:2007 抗菌整理纺织品的抗菌性能测定》抗菌国际标准;国内基于 AATCC 标准颁布了纺织行业标准 FZ/T 01021—1992《织物抗菌性能试验方法》、FZ/T 73023—2006《抗菌针织品》和国家标准 GB 15979—2002《一次性使用卫生用品卫生标准》;除此之外,抗菌试验方法还有奎因试验法(QUINN TEST)、振荡瓶法以及 Halo 试验法等。抗菌性能试验方法主要分定性及定量两类测试。

测试的菌种包括细菌和真菌。在细菌中主要用革兰氏阳性菌(金黄色葡萄球菌、巨大芽孢杆菌、枯草杆菌)和革兰氏阴性菌(大肠杆菌、荧光假单胞杆菌);在真菌中主要用霉菌(黑曲霉、黄曲霉、变色曲霉、桔青霉、绿色木霉、球毛壳霉、宛氏拟青霉、腊叶芽枝霉)和癣菌(石膏样毛癣菌、红色癣菌、紫色癣菌、铁锈色小孢子菌、袍子丝菌、白色念珠菌)等。为检测抗菌纺织品是否具有广谱抗菌性,较合理的选择是将有代表性的菌种按一定的比例配成混合菌种用于抗菌试验。目前大部分抗菌纺织品的抗菌性能,往往仅选择金黄色葡萄球菌、大肠杆菌和白色念珠菌分别作为革兰氏阳性菌、革兰氏阴性菌和真菌的代表。显然,仅用这几种菌来表示纺织品的抗菌性能是不充分的。

6.2.6.1 定性测试法

定性测试方法可以了解不同抗菌纺织品抗菌性能的优劣,费用低,速度快,但不能定量测定抗菌活性及抗菌性能达到的程度。常用的定性测试方法主要有美国 AATCC 90—1982(Halo Test,晕圈法,也叫琼脂平皿法)、AATCC 147—2004 和 JISZ 2911—1981 和 AATCC 30—2004 试验法等。

AATCC 90—1982 试验法将试验菌接种于琼脂培养基平板表面,再贴放上试验样品,于 37℃下培养 24h 后,由于抑菌剂不断溶解以致在琼脂中扩散形成晕圈,用放大镜观察菌类繁殖情况和试样周围无菌区的晕圈大小,与对照样的试验情况比较,通过测量晕圈的宽度来评价抗菌能力的大小,该方法主要用于抗菌剂及溶出型抗菌纺织品的定性测试。AATCC 90—1982 改良试验法之一(喷雾法)是在培养后的试样上喷洒一定量 TNT 试剂,TNT 试剂因试验菌的琥珀酸脱氢酶的作用被还原,生成不溶红色色素而显红色,肉眼可以观察试样上菌的生长情况。AATCC 90—1982 改良试验法之二(比色法)是在培养后试样上的菌洗出液中加入一定量的 TNT 试剂使发色,15min 后用分光光度计测定 525nm 处的吸光度,来求出活菌个数。但是以上两种方法不适用于无琥珀酸脱氢酶的试验菌。

AATCC 147—2004 平行画线法,是对纺织品抗菌效力的半定量实验方法,可相对快速和方便地定性测试经抗菌整理的纺织材料的抗菌性能,用来确定具有可扩散抗菌剂的纺织品的抗菌能力。其测定方法是将含一定数目细菌的培养液滴加于盛有营养琼脂平板的培养皿中,使其在琼脂表面形成五条平行的条纹,然后将样品垂直放于这些培养液条纹上,并轻轻挤压,使其与琼脂表面紧密接触,在一定的温度下放置一定时间后,检查琼脂表面与样品接触的条纹周围的抑菌区的宽度来表征织物的抗菌能力。

AATCC 30—2004 是对纺织材料抗霉菌和抗腐烂性能的评定。确定了纺织材料抵抗霉菌和耐腐烂的性能,以评定杀菌剂对纺织材料抗菌性能的有效性。其分为土埋法、琼脂平板法及湿度瓶法等几种。土埋法是指将样品(具有一定尺寸)埋在泥中一定时间后,测定样品的断裂强度。此法是用样品经土埋处理后所损失的断裂强度来表征其抗菌能力。琼脂平板法就是用来评估织物抵抗这类细菌能力的。该法是将含有培养基的琼脂平板均匀滴上一定量的分散有曲霉菌孢子的水溶液,然后将经非离子润湿剂处理的样品圆片放置其上,并在样片上均匀滴加一定量的上述水溶液,在一定的温度下放置一段时间,最后观察样品上霉菌的生长情况。它是用样品圆片上的霉菌面积来进行表征的。湿度瓶法是经过预处理的样品条悬挂置于一个有一定通风的、盛有一定量的分散有一定数目细菌袍子的水溶液的广口瓶中,在一定的温度下放置一段时间。此法也是用样品条上的霉菌面积进行表征。

6.2.6.2 定量测试法

目前纺织品抗菌性能定量测试方法及标准包括美国 AATCC 100—2004、ASTM E2149、FZ/T 02021—1992、振荡瓶法和奎因试验法等。定量测试方法包括纺织品的消毒、接种测试菌、菌培养、对残留的菌落计数等。该法的优点是定量、准确、客观,缺点是时间长、费用高。

AATCC 100—2004 是一种容量定量分析方法,适用于抗菌纺织品抗菌率的评价,是目前国外使用较广泛的抗菌性测试法之一。该法原理为在待测试样和对照试样上接种测试菌,分别加入一定量中和液,强烈振荡将菌洗出,以稀释平板法测洗脱液中的菌数,与对照样相比计算织物上细菌减少的百分率。用式 6 - 1 和式 6 - 2 计算试样的抑菌活性和杀菌活性:

$$抑菌率 = \frac{18h\ 后空白对照样活菌数 - 18h\ 后试样活菌数}{18h\ 后空白对照样活菌数} \times 100\% \qquad (6-1)$$

$$杀菌率 = \frac{``0"\ 时空白对照样活菌数 - 18h\ 后试样活菌数}{``0"\ 时后空白对照样活菌数} \times 100\% \qquad (6-2)$$

ASTM E2149 振荡瓶法(shake flask),对试样的吸水性要求不高,纤维状、粉末状、起毛织物或表面形态不规则的样品都能适应,此方法尤其适用于非溶出型抗菌织物,可增强试样与细菌的有效接触。将样品投入盛有磷酸盐缓冲液的有塞三角瓶中,移入菌液后在一定条件下强烈振荡 1h,取 1mL 试验液置于培养基上使细菌繁殖一定时间,检查菌落数并与空白试样比较,计算细菌减少率。该法对亲水性纺织品的测试结果较准确,对吸水性差的纺织品测试结果及重现性不太理想。根据振荡烧瓶法的优点,改良后的测试方法如下:将菌种从 $10^8 \sim 10^9$ cfu/mL 每次 10 倍稀释到 $1.5 \times 10^5 \sim 3.5 \times 10^5$ cfu/mL,第一次稀释用 AATCC 肉汤,第二次开始直到最后一次稀释用磷酸盐缓冲液,制成接种菌液。另外,在做 10 倍系列稀释时,用 0.85% 冰冷生理盐水代替牛肉汤。

奎因试验法是一种比较简易和快速的测试方法,可用于细菌和部分真菌的检测,适用于吸水性较好且色泽较浅的溶出型或非溶出型抗菌针织品。其基本方法是将试验菌液接种于织物上,再覆盖以半固体琼脂培养基,在一定条件下培养一段时间后观察织物上的菌落数,计算出抑菌率。

纺织品各种抗菌测试方法见表 6 - 4。

表6-4　各种抗菌测试方法

测试方法			定性/定量	评价依据
晕圈法		AATCC 90—1982	定性	阻止带宽度
		改良 AATCC 90—1982(喷雾法)	定性	阻止带宽度
		改良 AATCC 90—1982(比色法)	定量	显色程度
		Petrocci 法	定性	阻止带点数
菌数减少法	浸渍法	AATCC 100—2004	定量	菌减少率
		改良 AATCC 100—2004	定量	菌减少率
		细菌生长抑制法	定量	生长抑制效果
		菌数测定法	定量	菌减少率
		Latlief 法	定量	菌减少率
		Isquith 法	定量	菌减少率
		Majors 法	半定量	滴定值
	振荡法	振荡瓶法	定量	菌减少率
		改良振荡瓶法	定量	菌减少率
其他方法		奎因法	定量	菌减少率
		AATCC 147—1998	定性	阻止带宽度
		AATCC 30—1998 土埋法	定性	强度残留率
		AATCC 30—1998 琼脂平板法	定性	菌生长情况
		AATCC 30—1998 湿度瓶法	定性	菌生长情况

6.3　药用纺织品

按照药学和纺织科学与技术的发展,应用纺织品作为药物载体用于疾病治疗可分为三个阶段:

(1)在工业革命之前,通过天然纺织品如棉、麻布料装载药物,对皮肤损伤或疾病进行局部治疗,通过皮肤渗透或经由肺部吸入进行系统给药。最常见的是人们携带装有中草药的布袋或小包通过鼻子吸入,使其中的药物活性成分能透过肺泡进入血液循环系统,或在某一部位贴上含有中草药的膏药让药物中的活性成分经皮肤渗透进入身体。最早直接应用纤维载药进行疾病治疗的文献记载,大约出现在四千年前的一本印度著作 *Surgical Papgrus* 中。2500 年前,把药加入马毛、皮革、树皮等就出现在了印度的教科书 *Susanta Sambita* 中。

(2)从工业革命时期到 20 世纪 90 年代,随着自然科学发展和新技术的不断涌现,人类能够应用现代工业化方法制备出多种性能优良的化学纤维。相应地,用作药物载体的纺织品与纤维材料种类也大幅增加,这些产品主要用于疾病的辅助治疗,产品形式包括绷带、伤口敷料、保健纺织品、外科手术缝线、皮肤或生物膜上的贴片等。

(3)从20世纪90年代以来,药剂学进入给药系统时代,给药市场由于新型给药系统的快速发展而急剧扩张。2005年,美国销售先进给药系统达到641亿美元,并以平均每年增长15.6%的速率持续增长,2011年将达到1535亿美元。为了"有效、安全、方便"地给药,各种新材料、新技术、新策略都被应用于新型给药系统的研究开发之中。在这种背景下,应用纤维和纺织品装载药物进行疾病治疗的特殊性能与优势引起了多学科人员的关注,近年来,研究文献和申请专利快速递增。

而另一方面,纺织品市场上,新型功能纺织品一直是纺织领域利润的主要增长点,载药纤维作为一种新型功能纤维,有着良好的前景。因此药物治疗纺织品的研究与开发是纺织科学技术和药学、生物医学工程领域进行交叉发展的需要。

由于药用纺织品主要以载药纤维为中间体,因此本节主要叙述制备载药纤维的材料、药物的载入方式与纤维制备技术、基于载药纤维的新型给药系统主要种类、纤维中药物的控释机制等内容,并对药物治疗纺织品进一步发展所面临的重要问题以及发展趋势进行分析。

6.3.1 载药纤维的制备材料

对棉麻等织物进行后处理制备药用纺织品是比较传统的工艺,一般通过涂层、染整、离子置换、浸煮、浸轧等方法将药物或载有药物的微粒附着于织物表面。几乎所有传统天然纺织品如棉布、麻布、毛料、丝绸等都有应用于制备药用纺织品的报道。最近,朱利民课题组采用涂层方法将枸橼酸他莫昔芬微胶囊附着于棉布上,这种织物可以用于乳腺癌的治疗和预防,在给药方式上能给病人带来极大的方便性。

现在更多的研究开发集中于载药纤维的直接制备上,应用载药纤维制备药用纺织品只是一种物理形式的改变。一种材料是否适合于装载药物、制备药用纺织品取决于材料的成纤性能以及材料与药物之间的相容性、对药物是否具有控制释放效果等因素。因此按照载药纤维的制备情况,将药用纺织品载体材料分成如下四种:

(1)传统纺织工业领域的成纤材料,由于这些材料一般不具备生物相容性,因此主要用于通过皮肤给药的药用纺织品制备上。主要包括各种天然纤维材料如棉、麻、毛、蚕丝等,天然纤维可以直接作为药物载体,也可以改性后用作药物载体。如蚕丝由于具有微孔结构,并且含有极性氨基酸基团,可以用作药物接枝的桥梁,具有开发载药纤维的母体属性,是一种理想的开发载药纤维的载体材料。化学纤维中的合成纤维如腈纶、丙纶、维纶、涤纶、锦纶,再生纤维如铜氨纤维、粘胶纤维和醋酸纤维等都可以用于载药纤维的研究开发。朱利民课题组将腈纶和药物阿昔洛韦通过 N,N - 二甲基乙酰胺共溶后,电纺制备出载药纤维毡,可以进一步用于透皮给药系统的开发上。

（2）在生物、医药领域中普遍应用的可生物降解的高分子聚合物材料。这些聚合物中常见的包括聚乳酸（PLA）、聚乙交酯（PLG）、聚乙交丙交酯（PLGA）、聚己内酯（PCL）、聚乙烯醇（PVA）、聚乙二醇（PEG）、聚三亚甲基碳酸酯（PTMC）等。这类材料制备的载药纤维在组织工程、外科手术领域有广泛的应用，也可以应用于制备缓控释给药系统和植入式给药装置。如 Kim TG 等采用 PCL 制备出溶解酵素的纳米纤维网垫；景遐斌等用 PLA 制备阿霉素的零级控释药物纤维；何创龙等应用同轴共纺技术制备左旋－PLA 的盐酸四环素壳/芯超细纤维等。朱利民课题组采用 PCL/PTMC 等制备出中药活性成分紫草的纳米纤维，可以用于杀菌、皮肤病的治疗或进行系统给药。

（3）传统药剂学上常用的聚合物辅料，如聚乙烯吡咯烷酮系列、药用丙烯酸树脂系列、多糖、羟丙基甲基纤维素系列、乙基纤维素系列、聚氧乙烯、羟丙基甲基纤维素邻苯二甲酸酯等。朱利民课题组应用聚乙烯吡咯烷酮制备出水难溶解药物豆腐果甙的纳米纤维，可以通过聚合物控释机制控制药物在数秒钟内迅速溶解，比传统制剂技术产品提高一个数量级。同时朱利民课题组也应用药用丙烯酸树脂——尤特奇制备出 pH－敏感型纳米载药纤维，可以进一步开发出结肠靶向给药系统。

（4）天然纤维或高分子的再生纤维或本身具有治疗效果的药物纤维。一些生物大分子如多糖、淀粉、蛋白质、DNA 等都可以通过纺织技术尤其是静电纺制备出具有生物活性的纤维，也可以装载药物制备载药纤维。各种植物纤维、蜘蛛丝等也可以通过再生方法结合共混湿法纺丝技术制备载药纤维。杜予民等对采用湿法纺丝技术制备壳聚糖纤维进行了详细的研究。应用壳聚糖纤维可以开发出多种方式的给药系统，如口服给药系统、透皮给药系统、透膜给药系统等，另外许多研究目前正采用静电纺丝技术制备含有壳聚糖的纳米纤维毡，应用于生物医药工程领域。

还有一些本身具有治疗效果的药物纤维，如各种中草药织物纤维。一般原料型药物纤维如蚕丝纤维、亚麻纤维、甲壳素纤维等，主要用于保健织物。但是许多也可以用于一些疾病的治疗。如蚕丝由丝素与丝胶组成，丝素可治疗免疫疾病，丝素的酶水解产物对遗传性的过敏性皮肤炎、系统性红斑狼疮等类似疾病有治疗作用；Sasaki M 等用丝胶对鼠添食，发现鼠得结肠癌的概率与数量都得到了很好的控制，说明丝胶有望被开发成结肠癌的化学预防药剂纤维。丁宏贵等将纤维素/聚乙二醇/生姜共混制备药物纤维，强度测试表明药物纤维的力学性能可以满足进一步加工与应用的要求，有效药物成分在水中的缓释效果也非常明显。

单一聚合物纤维有时很难同时满足易于成纤且所制备纤维具有良好的力学性能、与药物具有良好的相容性，同时使载药纤维具有良好的载药性能和药物控释性能，因此将多种聚合物进行共溶纺丝往往能够制备出性能更优良的复合载药纤维。近期该方面研究报道非常多，如应用海藻酸钠和聚氧乙烯制备水杨酸载药纤维；应用海藻酸钠和大豆蛋白、海藻酸钠和明胶、壳聚糖和淀粉、ε－聚己内酯和聚丙烯腈、聚乙烯吡咯烷酮和聚丙烯腈等制备出性能优良的载药纤维。

6.3.2　药物载入方式与药物纤维的制备技术

除了本身具有治疗效果的药物纤维外,其他载药纤维中的药物都是根据一定的作用机理、采用一定的工艺方式载入的,具体如图6-10所示。

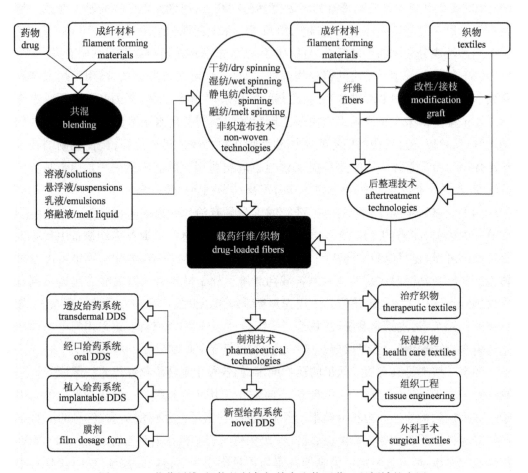

图6-10　载药纤维/织物的制备与其在生物医药工程领域的应用

总体上,药物载入纤维的方式可以概括为两种工艺过程:

(1)先制备出纤维,然后通过后整理将药物附着在纤维或织物上,自古以来就有将纤维织物浸泡于药物溶液中以使药物附着于纤维上,用于疾病治疗的做法。Amir Kraitzer 等最近通过浸泡后冷冻干燥的策略,制备出载有治疗蛋白辣根过氧化物酶的核/壳载药纤维,可以用来制备植入式给药系统。后整理方法制备载药纤维的缺点是药物初期突释现象明显、缓控释性能差,这主要是由于药物只是吸附在纤维的表面上。但是其具有制备条件温和的优点,尤其适合一些稳定性差、遇高温或有机溶剂容易失活的多肽蛋白类药物。为了提高纤维的载药性能和药物控释性能,常常将纤维进行改性后再进行药物装载,如离子交换载药纤维。

(2)制备载药纤维时,在纺丝液体中加入药品,进行共混/共溶/共熔,然后纺丝制备出载药纤维,几乎所有的静电纺丝技术都是通过这种方式将药物载入纤维中。

载药纤维的制备技术可以按纤维本身的制备方法进行分类,主要为传统溶液纺丝和熔融纺丝技术、新型的高压静电纺丝技术和一些非织造布技术,如纺粘法、熔喷法、裂膜法等。非织造布技术制备的非织造布常用于透皮给药系统、针对皮肤病与皮肤创伤的局部给药系统的研究开发之中。一般通过后整理方法载入药物,结合聚合物材料的选择,获得所需要的缓释、控释效果;也有将非织造布作为多层给药系统的支撑垫层的专利报道。

6.3.2.1 溶液纺丝技术

溶液纺丝分为湿法纺丝和干法纺丝两种。湿法纺丝的工艺过程如图 6 – 11 所示:将聚合物在溶剂中配成纺丝溶液,经加压后从喷丝头喷出,在液态凝固介质中凝固形成纤维,经预拉伸和热拉伸整理即得载药纤维。干法纺丝中,凝固介质为气相,经喷丝形成的细流因溶剂蒸发,而使聚合物凝结成纤,溶液纺丝制备载药纤维工艺简单、成熟。杜予民等用三聚磷酸的水溶液和乙醇为凝固液,通过湿法纺丝制备出水杨酸的壳聚糖/淀粉复合载药纤维,纤维直径为 $15 \pm 3\mu m$,体外溶出试验结果表明,可以通过调节淀粉的含量、pH 值、离子强度控制药物的释放速率,获得所需控释性能。朱利民课题组应用共溶溶液湿法纺丝技术制备出载有阿昔洛韦的聚丙烯腈纤维,可以进一步用于功能纺织品的开发、透皮给药系统、局部给药系统等。

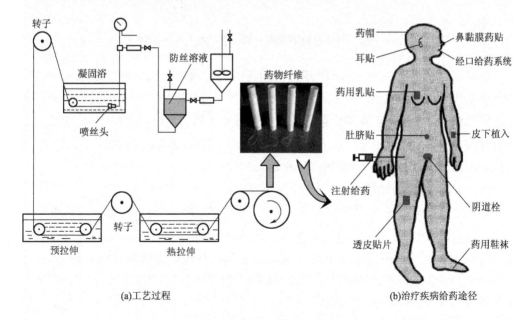

(a)工艺过程   (b)治疗疾病给药途径

图 6 – 11 湿法(共溶)纺丝制备载药纤维及其治疗疾病给药途径

目前应用湿法纺丝制备载药纤维的一个重要方向是对纺丝材料的复合应用,尤其是结合应用一些生物智能材料。如 Nelson KD 等采用湿法纺丝将水凝胶与可降解聚合物一起纺制出具有三维立体结构的复合载药纤维,将这种纤维植入体内,可提供多种给药方式,通过改变可降解聚合物或水凝胶的比例可以调控药物释放速率。朱利民课题组采用湿纺制备了阿昔洛韦的聚(N-异丙基丙烯酰胺)热敏凝胶中空纤维,其具有良好的热敏控释性能。

除采用溶液纺丝外,也可以采用乳液进行纺丝。Polacco G 等将地塞米松通过水包油乳液法制备纳米药物颗粒,将甲氨蝶呤通过油包水乳液法制备白明胶纳米药物颗粒,然后采用同轴双环纺丝头将含有纳米颗粒的水悬浮液和聚乳酸(PLA)、聚己内酯(PCL)的丙酮混合溶液同时喷出,通过干纺和湿纺分别制备出含纳米药物颗粒的中空纤维,如图 6-12 所示。该纤维可以用于多药控释,由于所用聚合物均为可生物降解材料,适合制备各种植入式给药系统。

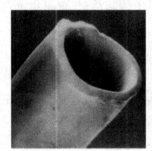 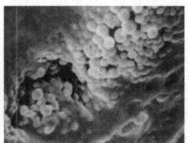

(a)中空纤维　　　　　　　　(b)内部载药纳米粒

图 6-12　载有药物纳米颗粒的中空纤维扫描电镜图

溶液纺丝的不足之处为有机溶剂的使用与载药量两个方面。载药量过大会影响纺丝液的成纤性能和载药纤维的力学性能,并在纺丝过程中出现一定的药物损失。朱利民课题组采用湿法纺丝制备出他莫昔芬的聚丙烯腈和酪蛋白载药纤维时,发现纤维中药物的总量低于纺丝液中所加入的药物总量,有 10% 以上的药物损失,并且纺丝液中药物浓度越高,纺丝过程中药物损失量越大。

6.3.2.2　熔融纺丝技术

熔融纺丝(熔纺)是将聚合物加热成熔体,通过螺旋挤出器挤出,经加压后喷出熔体细流,经冷凝而成纤。熔融纺丝工艺简单成熟,在药剂学上的应用有较多的专利报道,并有产品问世。Fuisz RC 等采用熔融纺丝制备出扑热息痛的各种糖类纤维,并将纤维进一步加工成口腔速溶片。Song JH 等采用熔融纺丝技术在 140℃ 下制备出聚醋酸乙烯酯的多种载药纤维,药物如布洛芬、维生素 B_1、维生素 C、天(门)冬氨酰苯丙氨酸甲酯等,在纤维中分散良好并能在溶出试验中逐步缓慢释放。

熔融纺丝技术在药剂学的应用进步主要体现在纤维微观结构的改变和纺丝技术与其他技术的联用上。Pourdeyhimi B 等通过对从齿轮泵中喷出的熔融纤维丝进行逆向压缩空气冷却并粉碎制备出直径 500nm 以下的各种结构药物纤维(如芯鞘同轴纤维、共轭纤维、海岛复合纤维等),并进一步将纤维加工成药片和胶囊。Di-Luccio RC 等采用熔融纺丝制备出具有芯鞘同轴结构、并列结构、不完全包芯或海岛复合结构的非织造药物纤维毡或纤维网。Zilberman M 等联用熔融纺丝技术与冷冻干燥技术,制备出一种可用于植入式给药系统和组织再生的复合载药纤维。先在 190℃ 条件下对 PLA 进行熔融纺丝,然后通过冷冻干燥将辣根过氧化物酶的 W/O 乳液包裹于纤维上,形成一种核壳结构、力学性能和控释性能良好的复合纤维。熔融纺丝技术的主要不足是熔融液温度较高,不能直接应用于一些生物活性分子和一些不耐高温的药物,另外根据药物的性质载药量亦受到一定的限制。

6.3.2.3　静电纺织技术

近年来,由于纳米材料和接枝改性纤维成为研究热点,也使得人们对静电纺丝技术的应用非常关注。静电纺丝装置非常简单,一般由高压发生器、喷丝头、微量注射泵及收集装置组成。不同于传统纺丝依靠机械力,静电纺丝工艺依靠外加静电场力作用制备超细纤维。在电场力作用下,喷丝头毛细管尖端的液滴被拉成圆锥状(即泰勒锥),当场强超过临界值后,带电锥体克服表面张力和黏弹性力而形成射流,在静电斥力、库仑力和表面张力的共同作用下,雾化后的聚合物射流被高频弯曲、拉伸、分裂,在几十毫秒内被牵伸千万倍,经溶剂挥发或熔体冷却在接收端得到纳米级的纤维。近年来随着纳米科技的发展,静电纺技术引起了广泛关注,有关文献呈指数级上升。

通过选用合适的药用高分子敷料,利用静电纺丝技术制备具有控释特征的载药纤维非织造毡,可进一步加工成所需的控释给药系统。Ignatious F 等在 2001 年最早开始这方面进行研究报道,在他们的专利中,公布了多种用静电纺纳米载药纤维制备的口服速效给药系统。Taepaiboon P 等采用静电纺制备出维生素 E 纤维素乙酸酯纳米纤维毡,能控制药物在体外 24h 内通过扩散机制持续稳定释放。Kenawy ER 等制备出 PLA、聚乙烯醋酸乙烯(PE-VA)及它们的 50:50 混合物的盐酸四环素纤维毡,药物体外能够平缓释放 5 天以上。

由于纳米纤维具有非常大的比表面积,药物在其中以极小的晶体颗粒状态、无定形状态甚至分子分散状态存在,因此易于进一步制备各种即时快速给药系统, 也非常适合于制备难溶药物的固体分散体。Verreck G 等制备了伊曲康唑的羟丙基甲基纤维素(HPMC)载药纤维,差示扫描量热分析结果表明,药物在纤维中以无定形态稳定存在。体外溶出试验结果表明,药物能够完全溶出,药物的溶出速率可以通过纤维直径、药物与聚合物比率、药物纤维的后处理等因素进行调控。Ignatious F 等通过静电防丝制备出多种聚维酮(PVP)纳米药物纤维,由于 PVP 的立体空间阻剂作用,药物能以无定形的固体分散体形式稳定存在。对所制备的他奈坦纳米纤维在 25℃ 条件下储存

120 天后的样品进行 X 射线晶体衍射分析,结果表明纤维中药物没有转化为晶体的迹象。他们也采用静电纺制备了帕罗西汀、凯特瑞、维生素 E、罗平尼咯、萘丁美酮等的纳米载药纤维分散体。对于萘丁美酮的聚氧化乙烯(PEO)纤维,当药物含量小于 30%时,PEO 与萘丁美酮能形成一种低共熔混合物,非常有利于药物的溶出。

静电纺丝的技术优势体现在工艺过程简单、操控方便、能通过改变溶液浓度和表面张力控制纤维直径、选择材料范围广泛等方面;同时静电纺丝能够较容易地制备出纳米级聚合物纤维,是最有希望实现连续超细纤维工业化生产的方法之一。该技术的不足之处是纤维中可能残留微量有机溶剂及由于巨大比表面积引起药物的初期突释效应。

同轴电纺是静电纺丝技术的一种,其原理与普通的静电纺丝相同,只在装置上进行了改进,使用了同轴纺丝头和两套注射泵系统。由于可以单步制备连续中空纳米管,该技术被认为是静电纺丝技术最近的重大进展。普通电纺需要将药物和聚合物溶解混合在相同的溶剂中或熔融在一起,适用范围受到限制。同轴共纺技术可制备壳/芯结构超细纤维,壳/芯的成分之间可以不相混溶,直接将药物引入超细纤维的芯层,壳层聚合物将起到屏障的作用,形成一种储库型给药系统。药物经口服或其他方式进入人体后,随着壳层材料在组织液作用下不断降解,芯层中的药物将缓慢释放出来,获得理想的控释效果。黄争鸣等利用该技术分别制备了以 PCL 为壳层材料,脂溶性药物白藜芦醇和水溶性药物硫酸庆大霉素为芯层的双层复合纳米纤维,体外溶出试验结果表明,随着 PCL 降解,芯层药物能够平稳释放,通过合理调节壳层材料的成分与工艺参数,能够获得具有所设计释药特征的控释给药装置。

6.3.3　基于载药纤维的新型给药系统

由于制备载药纤维材料与技术逐步多样化、涉及的药物越来越多,除中草药外,还包括各种小分子合成药物、生物工程制品(如基因、DNA、疫苗、多肽蛋白类生物大分子等),使得载药纤维的种类也越来越多;纤维的微观结构设计越来越复杂,如芯鞘同轴结构、并列结构、共轭结构、不完全包芯结构、海岛复合结构等;功能越来越多,用途越来越广。这些必然使得基于载药纤维所开发的新剂型、新型给药系统更加多样化、实用化。文献上基于载药纤维的给药系统除了针对皮肤疾病和通过皮肤给药的透皮给药系统外,目前研究更多的为透膜给药系统、阴道与耳廓局部给药系统、口含速溶给药系统、口服缓释给药系统、植入给药系统等。

6.3.3.1　透皮给药系统

若应用载药纤维和纺织品制备透皮给药系统应具有尺寸易于控制、透气性好、不会引起局部发炎等现象、更美观、易于处理和使用、舒适度高等优点。传统的载药织物、某些药物皮肤贴片、各种药垫及一些载药功能纺织产品,如药袜、药帽、载药胸罩等,主要通过透皮给药,可以认为是一种透皮给药系统。另外,近年来出现了一些商品化透皮离子交换载药纤维制品,这也是一种新型透皮给药体系。

6.3.3.2　透膜给药系统

透膜给药系统与透皮给药系统主要是在人体用药部位不一样,药物进入体内后经过吸收分布才能达到作用部位,发挥药理作用。而药物的体内药代动力学特征在很大程度上取决于其体内的一系列跨膜转运过程,因此多数学者认为药物的细胞膜渗透性对于药物发挥疗效起着关键作用,并且药物的活性、毒性及其他生理过程都取决于其膜的渗透性,用于透膜给药系统的一般为生物相容性材料。由于应用静电纺丝技术制备的纳米纤维为膜状无纺毡形式,因此应用该技术制备透膜给药系统非常方便。

例如,静电纺丝技术制备的纳米载药复合纤维,相比常规铸膜具有独特的优势。静电纺纳米纤维膜纤维直径小,具有连续立体三维网状结构、极大的表面积和极高的孔隙率;同时纳米纤维膜本身将宏观(轴向)与微观(径向)很自然地结合在一起,使得载药纳米纤维膜既具有宏观制剂的易处理、包装、运输方便的优势和固体制剂的稳定性,同时具有纳米给药系统的药理学和药动学特点;因此应用电纺技术制备速溶复合载药纳米纤维膜具有技术和产品性能上的双重优势,将这种优势应用于药剂学上,可以为解决一些长期以来困扰药剂学领域的难点问题(如难溶药物的溶解度与溶出问题、多肽与蛋白类药物的经口给药问题、多药单剂控释给药)等。朱利民课题组应用静电纺丝技术制备出难溶药物速溶的口腔膜片,其工艺过程如图 6 - 13 所示。通过乙醇

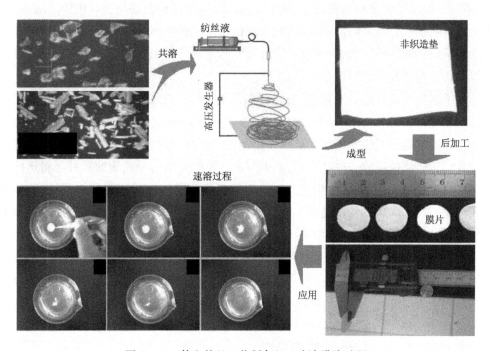

图 6 - 13　静电纺丝工艺制备经口速溶膜片过程

将布洛芬药物晶体和 PVP 颗粒共同溶解成清亮透明的溶液,在一定的条件下进行高压静电纺丝得到纳米非织造纤维毡,采用圆形切割模具即可以得到直径为 16mm、厚度为 0.85mm 的小膜片,由于膜具有高孔隙结构,其密度仅为 0.24g/cm³,置于铜丝网上面能够立即吸水,变成透明凝胶状后,随即溶解,整个过程仅为 8.3s。

6.3.3.3 口服给药系统

对于病人来说,口服给药是最为方便的给药方式,应用纺织技术制备的纤维状口服给药系统专利报道也最多。Fuisz RC 等使用熔纺制备出对乙酰基氨基酚的蔗糖、果糖、葡萄糖、山梨醇、麦芽糖、乳糖纤维,并将纤维进一步加工成口腔速溶速效片。Pourdeyhimi 等通过对从齿轮泵中喷出的熔融液进行逆向压缩空气冷却并同时粉碎制备出直径小于 500nm 的多种结构药物纤维,如芯鞘同轴纤维、共轭纤维、海岛复合纤维等,并进一步将纤维加工成口服药片和胶囊。Ignatious F 等采用静电纺制备纳米药物纤维,应用纳米纤维分别设计制备出具有快速、即时、延时、缓慢等各种控释特性的新型口服 DDS。

6.3.3.4 植入给药系统

同传统方法一样,可植入型纤维状给药系统一般都由可降解高聚物制备。Polacco G 等将地塞米松通过 O/W 乳液法制备 PLGA 纳米药物颗粒,将甲氨蝶呤通过 W/O 乳液法制备白明胶纳米药物颗粒,然后采用同轴双环纺丝头将含有纳米颗粒的水悬浮液和 PLA – PCL 的丙酮溶液同时喷出,通过干纺和湿纺制备出含纳米药物颗粒的中空纤维,该纤维可以用于多种药物的同时控制释放,由于所用聚合物均为可生物降解材料,因此适合制备各种植入给药系统。除了共纺方法外,后整理方法也可以用于制备植入式给药系统。Zilberman M 等将熔融纺丝技术与冷冻干燥技术联用,制备了一种可用于植入式给药系统和组织再生的复合纤维。

除了透皮载药纤维型给药系统外,目前更多的基于载药纤维的新型给药系统仅处于初期制备方法、制备材料与技术的选择、制备工艺条件的优化阶段,能够进行动物实验研究和通过临床试验的不多。虽然如此,由于药物纤维特别是静电纺纳米药物纤维具有有利于药物控释的一些特征,故基于药物纤维的新型给药系统的研发必将迅速展开。这些特征包括:巨大的药物和载体的表面积能改善药物的溶解性能;纤维能被加工成膜状、管状、层状以及包覆在其他材料外面的覆膜状,并保持良好的物理强度和加工性能,可以很方便地进一步加工成所需的制剂形状;除了依靠成丝材料的理化性能获得药物控释效果外,还可以通过纤维的内部微观结构调控药物的释放性能;结合空间阻剂的使用,能使药物处于高度分散状态,其中电纺更是具有大规模制备固体分散体的潜力。

6.3.4 纤维中药物的控释机理

研究载药纤维中药物的控释机制,对于指导载药纤维设计与制备,改善载药纤维的制剂工艺性能,产生所需要的、可控制的药物释放模式,从而获得良好的治疗效果,都是必不可少的。以聚合物为基材的给药系统中,药物的释放一般通过两种机制:溶蚀机制与扩散机制。前者药物通过聚合物的溶解而溶解,后者聚合物并不溶解,药物在渗透介质中溶解后,通过扩散进入溶出液中。自缓控释给药系统出现以来,多种方法和模型被用来研究和比较各制剂的体外溶出性能,如 Fick 定律、零级动力学方程、一级动力学方程、Hixon - Crowell 方程、Higuchi 方程、Peppas 方程、平均释放因子法和拟合因子法等。在各种方法中,Peppas 方程专用于研究药物从聚合物骨架制剂中的释放机制,其公式为:

$$Q = kt^n \quad 或 \quad \lg Q = \lg k + n \lg t \tag{6-3}$$

式中:Q——t 时间的药物累积释放百分率;

　　　k——药物释放速率常数;

　　　n——用于解释骨架片中药物释放机制的指数。

一般认为当 $n \leqslant 0.45$ 时,药物按 Ficks 扩散机制释放;当 $0.45 < n < 0.89$ 时,药物按扩散和骨架溶蚀协同作用机制释放;当 $n > 0.89$ 时,药物按骨架溶蚀作用机制释放。

对于载药纤维,根据纤维基材的不同,也可以采用上述机制进行描述,建立药物控制释放的相关数学模型,获得释放性能可控性好的载药纤维产品。朱利民课题组对湿法纺丝技术制备的载有枸橼酸他莫昔芬的聚丙烯腈纤维进行体外药物释放研究,结果表明,药物按 Ficks 扩散机制控制释放。

Taepaiboon P 等采用静电纺丝技术制备了四种具有不同水溶性的药物水杨酸钠、双氯芬酸钠、萘普生、吲哚美辛的 PVA 纳米纤维毡透皮给药系统,通过核磁共振试验表明电纺过程不影响药物分子的完整性。药物的释放速率主要与相对分子质量密切相关,相对分子质量越大,释放越慢,则说明药物通过扩散机制释放。

载药纤维基材的水溶性和吸水溶胀性能不同,则药物的释放机制会不同。对于不溶于水的基材载药纤维,药物都以扩散机制释放;对于溶于水的聚合物,根据药物和聚合物的溶解度、溶解速率不同,药物以完全溶蚀机制释放,像之前提到的速溶药膜,药物就是通过聚合物溶蚀、溶解而释放的。

探讨药物的释放机制,一般必须阐明药物在纤维中的存在状态,尤其对于难溶药物,如果能够以分子状态分散于聚合物基材中,就能获得对药物溶出性能的最佳改善效果。朱利民课题组采用聚乙烯吡咯烷酮为成纤基材,采用静电纺丝方法制备出难溶药物的固体分散体,通过 X 射线晶体衍射(XRD)、差示扫描量热分析(DSC)、傅里叶红外(FTIR)等手段对药物存在的状态以及药物与载体材料之间的相互作用进行了详细的探究,并与物理混合物进行比较。结果如图 6 - 14 所示,不同于物理混合物,载药纤维中药物完全以无定形态或分子状态存在,其根本原因是在纤维成型过程中,酮洛芬与 PVP 能保持原溶液中的状态,通过氢键相结合,克服了酮洛芬分子本身通过氢键形成晶核进而成长为晶体颗粒的现象。在湿法纺丝和干法纺丝制备的载药纤维中,由于纤维成形过程不像高压静电纺丝过程可以在几十微秒内完成,因此常常发生固相分离现象,在纤维表面析出大量药物颗粒,因此对于干湿法制备的载药纤维,药物与纤维载体材料的相容性更为重要。

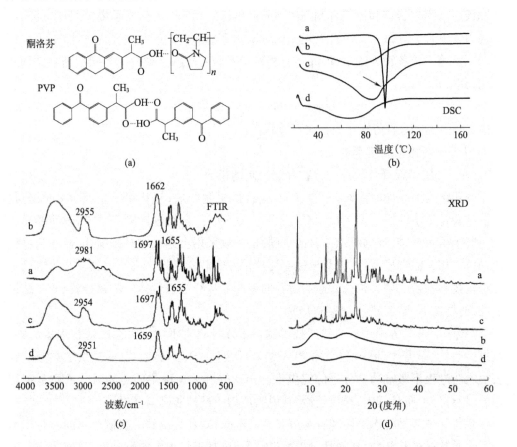

图 6-14　载药纤维中酮洛芬的无定形态以及药物与纤维基材之间氢键作用分析

难溶药物在纤维中高度分散有利于其溶出速率加快,可以从 Noyes - Whitney 方程中得到解释。药物的溶出速率依赖于粒子有效表面积、药物扩散距离及饱和溶解度等参数。

$$\frac{dC}{dt} = \frac{D \times A \times (C_s - C_t)}{h \times V} \tag{6-4}$$

式中: $\dfrac{dC}{dt}$ ——药物溶出速率;

　　　t ——时间;

　　　A ——有效表面积;

　　　D ——药物扩散系数;

h ——有效扩散层厚度；

C_s——药物饱和溶解度；

C_t——时间 t 时药物的浓度；

V ——溶出介质体积。

纤维具有很高表面积（对于纳米纤维 100 nm 直径纤维表面积大约为 $1000 \text{ m}^2/\text{g}$），当纤维基材的水溶性聚合物溶解后，其所载的药物自然有更多的高疏水性表面暴露于水中，增大相间张力，引起溶解度的相应增加。并且由于水溶性聚合物与药物紧密相连，能够改善药物的润湿性能，从而使药物更容易、更快进入水中。对于静电纺纳米纤维毡，其药物溶出速率很快主要是由于载药纳米纤维具有以下特征：巨大表面积；三维空间上的立体连续网状结构引起的巨大孔隙率；药物在纤维中的无定形状态，没有晶格束缚，自由能大；纤维基材的亲水效应和其立体空间阻剂效应。因此使得在纤维基材溶解后，其中的无定形态难溶药物能通过"聚合物控释"机制同步溶解。

6.3.5　挑战与展望

药物治疗纺织品能够拓宽药物控释的研究领域、开发出基于载药纤维的新型给药系统，也体现了纺织科学与技术的一个发展方向，展望未来，困难与机遇并存。由于药物纤维自身所具有的独特优势，除了可用于传统的各种药物织物与外科手术用品之外，未来肯定不断会有新型给药系统进入临床应用。但在其发展过程中还存在一些制备技术性问题、药物纤维产品性能问题、相关理论基础问题亟待解决。

（1）采用传统纺丝技术制备药物纤维，工艺成熟，其问题主要集中于纺丝液的调配上。而静电纺丝技术目前发展很不完善，在电场方面还有很多问题需要改进，如多针喷射过程中电场的均匀化问题；静电纺丝喷射过程的模型仍不完善；静电纺过程涉及物理学、电流体动力学、流变学、空气动力学、湍流、固液表面的电荷输运、质量输运和热量传递等学科领域，十分复杂，静电纺丝的理论基础至今还不能完全指导实践。另外，静电纺丝技术虽然有很多优势，如纤维的特性、设备简单且造价低廉、对多种物质的可喷射性等，但生产率相对低下，而若失去工业化应用的价值，研究静电纺技术在很大程度上就失去了生命力。

（2）药物纤维的主要性能包括能够确保纤维可以进行后处理加工的力学性能，满足要求的载药性能，提供药物释放特征的控释性能等。这些性能的满足需要解决如何准确控制纤维中载药量、如何在纺丝过程中有效地保护药物防止变性、如何避免药物初期突释现象等问题。特别是药物纤维目前普遍存在着载药量低、载药种类少、药物控制释放速度还不能完全掌控等缺点，因此距临床给药还有相当一段距离。

（3）在相关理论与机制上，目前关于药物在纤维中的存在状态、药物的分布及药物与纤维的相互作用研究很少；药物控释与纤维制备工艺参数之间的关系、如何改善药物释放的重现性等未见报道;虽然纤维中药物主要通过扩散机制释放,但相关药物释放动力学与数学模型需仔细探讨;而药物在储存中的稳定性、残留有机溶剂的毒性等问题也是进一步研发载药纤维型给药系统所必须解决的问题。

通过载药纤维制备新型给药系统需要多学科,如纺织科技、聚合物材料学和生物医药等领域的不断交叉融合,需要多种专业人员共同努力。药剂学的发展和进步,也就是剂型和制剂的发展和进步。我国与发达国家在药剂学基础理论研究水平、制剂工艺水平和药物制剂质量方面与发达国家的差距较大,其重要原因之一就是对药物制剂新技术和新工艺的应用基础研究甚少,因此更应该加强这方面的研究。根据目前载药纤维的发展情况,结合我国实际情况,以下几种载药纤维给药系统具有优先研究开发的紧迫性。

(1)中药含药纤维给药系统:中药是中华民族的一大特色,是世界瑰宝,在长期的使用过程中有着良好的药效与特性,对人体的毒副作用较小,来源也很广泛。所以,将纺织产业与药剂学有效结合起来,发挥中医中药的传统优势,开发出富有中国特色的药物纤维及给药系统,有十分重要的意义。"有效、安全、方便"是药剂学永远的追求目标,通过药物纤维与织物透皮给药、吸入透膜给药、局部黏附给药的安全性与方便性不言而喻,几千年的历史也证明了其有效性。在纺织技术不断发展的今天,更应该发挥我国的优势,寻求中草药与纺织技术的结合,开发药用治疗纺织品。

(2)智能载药纤维给药系统:结合现代化超分子化学、纳米技术,开发具有微观可调结构的纳米载药纤维,并以此为契机,通过新材料拓宽药物释放研究领域,将生物响应性能、环境敏感性能结合到载药纤维中,实现药物的按需给药,开发符合现代药剂学的时辰药理学和个性化给药方式的给药系统。如将温敏或 pH 响应型智能纤维,可使载持的药物在特定条件下释放,并延长纤维治疗使用寿命。其次是新材料的载药纤维,尤其是各种环境敏感性凝胶纤维丝,可以通过智能控释实现按需给药。如用 pH 敏感性凝胶纤维对呈酸性的病灶部位给药;用温敏性凝胶制备药物纤维通过透皮给药应用于发烧病人;用光敏性凝胶载药纤维治疗日光性皮炎等。

(3)目前基于药物纤维的给药系统主要停留在单药的控释研究中,对于如何使用药物纤维制备多药控释、单药多级控释等复杂给药系统,也很值得探究。另外,也可制备具有独特微观结构特征的新型给药系统。传统的固体制剂技术主要依靠高分子材料的理化性能来获得控释性能,对制剂的微观结构缺乏调控能力。利用纺丝技术可以制备各种特殊微观结构的载药纤维,实现所要求的控释特征。

参考文献

［1］Schindler W D, Hauser P J. Chemical finishing of textiles［J］. Woodhead Publishing Ltd. 2004, 165 – 174.

［2］Sun G, Xu X. Durable and Regenerable Antibacterial Finishing of Fabrics: Chemical Structures ［J］. Textile Chemist and Colorist, 1999,31(5):31 – 35.

［3］Sun G, Xu X. Durable and Regenerable Antibacterial Finishing of Fabrics: Fabric Properties［J］. Textile Chemist and Colorist, 1999, 31(1):21 – 24.

［4］Vigo T L, Danna G F, Goynes W R. Affinity and Durability of Magnesium Peroxide – based Antibacterial Agents to Cellulose Substrates［J］. Textile Chemist and Colorist, 1999, 31(1):29 – 33.

［5］Sun G, Xu X. Durable and regenerable antibacterial finish of fabrics: biocidal properties［J］. Textile Chemist and Colorist, 1998, 30(6):26 – 30.

［6］Ancelin M L, Calas M, Bonhoure A, et. al. In Vivo Antimalarial Activities of Mono – and Bis Quaternary Ammonium Salts Interfering with Plasmodium Phospholipid Metabolism［J］. Antimicrobial Agents and Chemotherapy, 2003, 47:2598.

［7］Seong H, Whang H S. Synthesis of A Quaternary Ammonium Derivative of Chito – oligosaccharide as Antimicrobial Agent for Cellulosic Fibers［J］. Journal of Applied Polymer Science, 2000, 76:2009.

［8］Alihosseini F, Ju K S, Lango J, Hammock B D, and Sun G. Antibacterial Colorants – Characterization of Prodiginines and Their Applications on Textile Materials［J］. Biotechnology Progress, 2008, 24 (3):742 – 747.

［9］Isquith, A, Abbot A, and Walters P. A.. Surface – bonded Antimicrobial Activity of An Organosilicon Quaternary Ammonium Chloride［J］. Applied Microbiology, 1972, 24:859.

［10］Kim Y H, Sun G. Functional Finishing of Acrylic and Cationic Dyeable Fabrics: Intermolecular Interactions［J］. Textile Research Journal, 2002, 72(12):1052 – 1056.

［11］Birnie C R, Malamud D, Schnaare R L. Antimicrobial evaluation of N – alkyl betaines and N – alkyl – N, N – dimethylamine oxides with variations in chain length［J］. Antimicrob Agents Chemother, 2000, 44:2514 – 2517.

［12］Salton MRJ. The adsorption of cetyltrimethylammonium bromide by bacteria, its action in releasing cellular constituents and its bactericidal effects［J］. J Gen Microbiol, 1951, 5:391 – 404.

［13］Lambert PA, Hammond S M. Potassium fluxes, first indications of membrane damage in microorganisms［J］. Biochem Biophys Acta, 1973, 54:796 – 799.

［14］Salt W D, Wiseman D. Relationship between uptake of cetyltri – methylammonium bromide by Escherichia coli and its effects on cell growth and viability［J］. J Pharm Pharmacol, 1970, 22:261 – 264.

［15］Salton M. Lytic agents, cell permeability and monolayer permeability［J］. J Gen Physiology, 1968, 52:227 – 252.

［16］Sun G. Durable and Regenerable Antimicrobial Textiles［J］. American Chemical Society, Washington, DC,2001,Chapter 14:243 – 252.

[17]Zhao T, Sun G. Antimicrobial finishing of wool fabrics with quaternary aminopyridinium salts [J]. Journal of Applied Polymer Science. 2007, 103(1):482 – 486.

[18]Zhao T, Sun G. Antimicrobial finishing of cellulose with incorporation of aminopyridinium salts to reactive and direct dyed fabrics[J]. Journal of Applied Polymer Science, 2007, 106:2634 – 2639.

[19]高绪珊,吴大诚. 纳米纺织品及其应用[M]. 北京:化学工业出版社,2004.

[20]Chen X, Schluesener H J. Nanosilver: A nanoproduct in medical application[J]. Toxicology Letters,2008, 176:1 – 12.

[21]Zhao T, Sun G. Synthesis and characterization of antimicrobial cationic surfactants: aminopyridinium salts[J]. Journal of Surfactants and Detergents, 2006, 9(4):325 – 330.

[22]Zhao T, Sun G. Hydrophobicity and antimicrobial activities of quaternary pyridinium salts[J]. Journal of Applied Microbiology, 2008, 104(3):824 – 830.

[23] Liu J, Sun G. The synthesis of novel cationic anthraquinone dyes with high potent antimicrobial activity[J]. Dyes and Pigments, 2008, 77(2):380 – 386.

[24]Ma M, Sun G. Antimicrobial Cationic Dyes: Part 3: Simultaneous dyeing and antimicrobial finishing of acrylic fabrics[J]. Dyes and Pigments, 2005, 66(1):33 – 41.

[25]Zhao T, Sun G, Song X. An antimicrobial cationic reactive dye: synthesis and applications on cellulosic fibers[J]. Journal of Applied Polymer Science, 2008, 108(3):1917 – 1923.

[26]中华人民共和国国家质量监督检验检疫总局,中国国家标准化管理委员会. 纺织品抗菌性能的评价[S]. 北京:中国标准出版社,2007.

[27]Technical Manual of the American Association of Textile Chemists and Colorists. American Association of Textile Chemists and Colorists, Research Triangle Park, NC, 2005.

[28]余灯广,申夏夏,Chris Branford – white,朱利民. 药物纤维及其在新型给药系统研发中的应用[J]. 合成纤维工业, 2008,31(3): 57 – 61.

[29]Desia AA. Special textiles used for manufacturing healthcare and hygiene products[J]. Textile Magazine, 2003, 44:73 – 79.

[30]Ma ZH, Yu DG, Branford – White C, Nie HL, Fan ZX, Zhu LM. Microencapsulation of tamoxifen: application to cotton fabric[J]. Collids and Surfaces B: Biointerfaces, 2009, 69:85 – 90.

[31]张幼珠,吴宇,杨晓马,徐帼英. 中药丝素膜的研制及其性能[J]. 丝绸,1999,8:29 – 30.

[32]张晓飞, 余灯广, 朱思君,申夏夏,Chris Branford White,朱利民. 静电纺丝制备阿昔洛韦载药超细纤维垫研究[J]. 纺织学报,2009,30(4):1 – 4.

[33]Kim TG, Lee DS, Park TG. Controlled protein release from electrospun biodegradable fiber mesh composed of poly(ε – caprolactone) and poly(ethylene oxide)[J]. Int J Pharm, 2007, 338:276 – 283.

[34]Zeng J, Xu XY, Chen XS, Liang QZ, Bian X, Yang L and Jing X. Biodegradable electrospun fibers for drug delivery[J]. J Control Release, 2003, 92:227 – 231.

[35]Zeng J, Yang LX, Liang QZ, Bian X, Yang L and Jing X. Influence of the drug compatibility with polymer solution on the release kinetics of electrospun fiber formulation[J]. J Control Release, 2005,

105:43 – 51.

［36］何创龙,黄争鸣,韩晓建,刘玲,付强,胡影影. 壳—芯电纺超细纤维作为药物释放载体的研究［J］. 高技术通讯,2006,16:934 – 938.

［37］Han J, Chen TX, Branford – White C and Zhu LM. Electrospun shikonin – loaded PCL/PTMC composite fiber mats with potential biomedical applications［J］. Int J Pharm, 2009, doi:10.1016/j.ijpharm. 2009. 07. 027.

［38］余灯广,张晓飞,申夏夏,Branford – White Chris,朱利民. 电纺载药纳米纤维改善难溶药物溶解性能研究［J］. 药学学报,2009,44:1 – 4.

［39］Shen XX, Yu DG, Branford – White C, Zhu LM. Preparation and characterization of ultrafine Eudragit L100 Fibers via electrospinning［C］. The 3rd International Conference on Bioinformatics and Biomedical Engineering (IEEE/iCBBE2009 in Beijing).

［40］Wang Q, Zhang N, Hu X, Yang J, Du Y. Chitosan/starch fibers and their properties for drug controlled release［J］. Euro J Pharm Biopharm, 2007, 66:398 – 404.

［41］Sasaki M, Kato N, Watanabe H, Yamada H. Silk protein, sericin, suppresses colon carcinogenesis induced by 1, 2 – dimethylhydrazine in mice［J］. Oncology Reports, 2000, 7: 1049 – 1052.

［42］丁宏贵,李岚,沈晓,沈青. 含中草药成分的纤维制备、结构与性能研究Ⅱ. 纤维素/聚乙二醇/生姜共混纤维的制备、结构与性能［J］. 纤维素科学与技术,2004,12:31 – 35.

［43］贺鹏,齐鲁. 缓释药物纤维的发展［J］. 合成纤维工业,2007,30:55 – 57.

［44］Amir Kraitzer, Meital Zilberman. Paclitaxel – Loaded Composite Fibers: Microstructure and Emulsion Stability［J］. J Biomed Mat Res A, 2007, 81:427 – 436.

［45］Wang Q, Zhang N, Hu XW, Yang J, Du Y. Chitosan/starch fibers and their properties for drug controlled release［J］. Euro J Pharm Biopharm, 2007, 66:398 – 404.

［46］Yu DG, Shen XX, Zhang HT, Branford – White C, Zhu LM. Investigation of wet – spinning drug – loaded PAN fibers for TDDS［J］. J Biotech, 2008, 136:431.

［47］Nelson KD, Crow BB. Drug releasing biodegradable fiber for delivery of therapeutics: USA, 2006193769［P］. 2006 – 08 – 31.

［48］Zhu SJ, Xie JG, Branford – White C, Zhu LM. Preparation and application of drug delivery using hollow fiber technology［C］. IDDST2007: BIT's 5th Annual Congress of International Drug Discovery Science and Technology, Shanghai, May 28 – 31, 2007. Shanghai: Publication House of Science, Technology & Education, c2007.

［49］Polacco G, Cascone MG, Lazzeri L, Ferrara S, Giusti P. Biodegradable hollow fibres containing drug – loaded nanoparticles as controlled release systems［J］. Polym Int, 2002, 51:1464 – 1472.

［50］Fan ZX, Ma ZH, Branford – White C, Zhu LM. Preparation and drug content measurement of medicated fiber containing tamoxifen［C］. International Forum of Biomedical Textile Materials and, Annual Congress of "111", Shanghai, May 30 – June 1, 2007. Shanghai: Donghua University Publication House, c2007.

［51］Fuisz RC. Rapidly dissoluble medicinal dosage unit and method of manufacture: Canada,

1315679[P]. 1993 – 04 – 06.

[52]Song JH. Gradual release structures made from fiber spinning techniques:USA, 5364627[P]. 1994 – 11 – 15.

[53] Pourdeyhimi B, Holmers R, Little TJ. Fiber – based nano drug delivery systems: USA, 2003095998[P]. 2003 – 05 – 22.

[54]Di Luccio RC, Akin FJ. Fibers providing controlled active agent delivery:USA, 2004082239 [P]. 2004 – 04 – 29.

[55]Zilberman M. Novel composite fiber structures to provide drug/protein delivery for medical implants and tissue regeneration[J]. Acta Biomaterialia, 2007, 3:51 – 57.

[56]Ignatious F, Baldoni JM. Electrospun pharmaceutical compositions: World, 0154667 [P]. 2001 – 08 – 02.

[57]Taepaiboon P, Rungsardthong U, Supaphol P. Vitamin – loaded electrospun cellulose acetate nanofiber mats as transdermal and dermal therapeutic agents of vitamin A acid and vitamin E[J]. Euro J Pharm Biopharm, 2007, 67:387 – 397.

[58]Kenawy ER, Bowlin GL, Mansfield K, Layman J, Simpson DG, Sanders EH, Wnek GE. Release of tetracycline hydrochloride from electrospun poly (ethylene – co – vinylacetate) , poly(lactic acid) , and a blend[J]. J Control Release, 2002, 81:57 – 64.

[59]Zou Y, Huang H. Progress of preparation of solid dispersion[J]. Chin J Pharm, 2005, 36: 648 – 651.

[60]Verreck G, Chun I, Peeters J, Rosenblatt J, Brewster ME. Preparation and characterization of nanofibers containing amorphous drug dispersions generated by electrostatic spinning[J]. Pharm Res, 2003, 20: 810 – 817.

[61]Ignatious F, Sun LH. Electrospun amorphous pharmaceutical compositions: USA, 2006013869 [P]. 2006 – 01 – 19.

[62]Ignatious F, Baldoni JM. Electrospun pharmaceutical compositions: USA, 2003017208 [P]. 2003 – 01 – 23.

[63]Di Luccio RC, Akin FJ. Fibers providing controlled active agent delivery: US Pat 2004082239 [P]. 2004 – 04 – 29.

[64]Shalaby SW. Partially absorbable fiber – reinforced composites for controlled drug delivery. Euro Pat 1786356[P]. 2007 – 5 – 23.

[65]Yu DG, Shen XX, Branford – White C, White K, Zhu LM, Bligh SWA. Oral fast – dissolving drug delivery membranes prepared from electrospun PVP ultrafine fibers [J]. Nanotechnology, 2009, 20: 055104.

[66]Fuisz RC. Rapidly dissoluble medicinal dosage unit and method of manufacture: CA Pat 1315679 [P]. 1993 – 04 – 06.

[67] Pourdeyhimi B, Holmes R, Little TJ. Fiber – based nano drug delivery systems: US Pat 2003095998[P]. 2003 – 05 – 22.

[68] Ignatious F, Baldoni J M. Electrospun pharmaceutical compositions: WO Pat 0154667 [P]. 2001 – 08 – 02.

[69] Polacco G, Cascone MG, Lazzeri L, Ferrara S, Giusti P. Biodegradable hollow fibres containing drug – loaded nanoparticles as controlled release systems [J]. Polym Int, 2002, 51: 1464 – 1472.

[70] Amir K, Zilberman M. Paclitaxel – Loaded Composite Fibers: Microstructure and Emulsion Stability [J]. J Biomed Mat Res A, 2007, 81: 427 – 436.

[71] Nie HL, Ma ZH, Fan ZX, Branford – White C, Ning X, Zhu LM, Han J. Polyacrylonitrile fibers efficiently loaded with tamoxifen citrate using wet – spinning from co – dissolving solution [J]. Int J Pharm, 2009, 373: 4 – 9.

[72] Taepaiboon P, Rungsardthong U, Supaphol P. Drug – loaded electrospun mats of poly(vinyl alcohol) fibres and their release characteristics of four model drugs [J]. Nanotechnology, 2006, 17: 2317 – 2329.

[73] Yu DG, Branford – White C, Shen XX, Zhang XF, Zhu LM. Solid Dispersions of Ketoprofen in Drug – loaded Electrospun Nanofiber [J]. J Dispersion Sci Tech, 2010, 31: 8.

[74] Yu DG, Shen XX, Zhang XF, Zhu LM, Branford – White C, White K. Applications of polarization microscope in determining the physical status of API in the wet – spinning drug – loaded fibers [C]. The International Symposium on Photonics and Optoelectronics (SOPO 2009). 14 – 16, Aug, 2009, China, Wuhan.

[75] Wurster DE, Taylor PW. Dissolution rates [J]. J Pharm Sci, 1965, 54: 169 – 175.

[76] 余灯广, 申夏夏, 张晓飞, Branford – White Chris, 朱利民. 速溶电纺载药纳米纤维膜制备与表征 [J]. 高分子学报, 2009(9): 877 – 881.

[77] Yu DG, Zhu LM, White K, Branford – White C. Electrospun nanofiber – based drug delivery systems [J]. Health, 2009, 1: 6 – 11.

[78] 余灯广, 申夏夏, 张晓飞, 朱利民. 纺织技术在药剂学中的应用 [J]. 中国现代应用药学杂志, 2009, 26: 381 – 384.

第7章 人工器官用制品

人工器官是指用人工材料和电子技术制成部分或全部替代人体自然器官功能的机械装置和电子装置,暂时或永久性地代替身体某些病损器官,起补偿、修复、辅助其功能的作用。人工器官是生物材料、生物力学、组织工程学、电子学(包括计算机)特别是微电子学、临床医学等多种学科交叉研究的结晶。自 20 世纪 80 年代以来,随着高分子材料、特殊金属材料、生物陶瓷材料在医学领域内应用的不断深入以及外科技术的提高,人工器官的研究和应用得到迅速发展。

目前人工器官只能模拟被替代器官 1～2 种维持生命所必需的最重要功能,尚不具备原生物器官的一切天赋功用和生命现象,但它拓宽了疾病治疗的途径,已经并仍在继续使越来越多的患者受益。人工器官的开发,不但打破了传统医学防病、治病的观念,使传统方法无法解决的病例得到有效的治疗或缓解,而且这些产品的开发和生产作为一个产业将产生巨大的经济和社会效益。可以说,人体除大脑尚无人工大脑替代外,几乎人体各个器官都在进行人工模拟研制中,其中有不少人工器官已成功地用于临床。使用较广泛的有:人工肾(血液透析器),人工肝,人工肺(氧合器)等。这些人工器官目前属于体外治疗用的器官替代物。

7.1 人工肾

7.1.1 血液净化发展简介

自 1960 年 Scribner 等建立了动静脉瘘得以用血液净化法治疗慢性肾衰竭以来,血液净化技术得到了飞速的发展。随着对尿毒症病理生理的深入认识与治疗设备的不断改进,血液净化已从血液透析一种方法发展至现在的血液透析(hemodialysis)、血液滤过(hemofiltration)、血液透析滤过(hemodiafiltration)、血浆置换(plasmapheresis)、血液灌注(hemoperfusion)、免疫吸附(immunoadsorption)等多种方法。血液净化这一名词也应运而生。血液净化的范围也不只限于尿毒症,而已扩展至某些免疫性疾病与代谢性疾病。这些成就的取得是基于对病症病理生理的深入了解,生物工程技术及生物高分子材料的进步,从而使得血液净化技术更接近于生理净化过程,大大降低了近期和远期的并发症,使接受血液净化治疗的患者可存活 30 年以上,接近正常人的寿命。

血液净化器的结构和工作流程简图如图 7-1 所示。

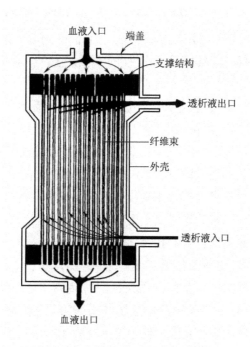

图7-1 血液净化器流程示意图

7.1.2 人工肾工作原理

血液净化主要是采用膜分离方法,利用透析和超滤的原理,清除体内代谢的废物或毒物,并增加(或减少)体内缺少(或多余)的水或电解质,以重新达到体内平衡。膜分离方法是使用天然或合成的高分子膜,以压力差、电位差、浓度差或温度差(以及它们之间的组合)为动力,对双组分或多组分流体中的溶质(或分离相)和溶剂(或连续相)进行分离、分级、提纯或富集的方法。透析是一种扩(弥)散控制的、以浓度梯度为驱动力的膜分离方法;超滤是指以压力梯度为驱动力、实现溶液中的高分子物质、胶体、微粒与溶剂和低分子物质分离的膜分离方法。超滤和透析既有相似点、又有不同点。相似点是两者都可以从大分子溶液中去除微小的溶质;不同点是透析的驱动力是浓度梯度,而超滤的驱动力是膜两侧的压力差;透析过程中透过膜的基本是微小溶质本身的净流,而超滤过程中透过膜的是溶质和溶剂结合的混合流。

因肾脏器质性病变、事故、中毒等原因,使肾衰竭而造成新陈代谢物质在体内沉积,从而会引起尿毒症。人工肾透析器是临床上用于急、慢性肾衰竭的有效治疗方法之一,使血液流过具有选择性分离的半透膜,排出血液中有毒物质,能代替部分肾功能,故称人工肾。人工肾的类型主要有血液透析、血液滤过、血液透析滤过等三种。其中人工肾血液透析器是目前应用最多的一类。

(1)血液透析是根据 Gibbs – Donnan 膜平衡原理〔半透膜(semipermeable membrane)两侧的溶质和水(或溶剂)按浓度梯度和渗透梯度作跨膜移动,从而达到动态平衡],将患者血液和透析液同时引入透析机内,当它们分别流经透析膜两侧时,通过透析膜的溶质和水作跨膜移动而进行物质交换的一种方法。在血液透析过程中,血液中代谢积累的尿素、肌酐、胍类、中分子物质、酸根和许多电解质等废物从透析液中排除,而透析液中的碳酸氢根、醋酸盐、葡萄糖、电解质等机体所需的营养物质被补充到血液中,达到清除体内代谢废物,纠正水、电解质和酸碱失衡的治疗目的。

高通量透析(high – flux hemodialysis,简称 HFD)是指溶质或者溶剂高速穿过半透膜,在血液侧与透析液侧移动,其治疗成功的标准是在适当的时间内清除足够的溶质和水分,使患者血浆中的毒素水平和体重接近正常。高通量透析膜由含疏水性基团的材料,包括聚丙烯腈、聚砜、聚芳香醚砜或聚乙烯亚胺与不同亲水性成分所组成。其最近的发展重点在于,增加高通量膜的孔径,同时锐化其分子截留值,以最大化清除小分子蛋白。这种发展方向基于清除尿毒症毒素,如 β_2 微球蛋白、补体因子 D、瘦素、肾上腺髓质素等,同时又尽量减少白蛋白的丢失,可改善终末期肾衰竭患者的症状和生活质量。高通量透析器具有高弥散和超滤能力,中分子溶质清除率为普通透析器的 2 ~ 3 倍,超滤率为普通透析器的 3 ~ 10 倍。使用德国费森尤斯公司的高通量聚砜膜血液透析器透析4h,血中 β_2 微球蛋白的浓度从 51.704 ± 15.75 mg/L 降低到 21.99 ± 4.81 mg/L,下降率为 57.4% 。

(2)血液滤过是在超滤技术的基础上,模仿正常肾小球工作原理,通过对流作用及跨膜压清除潴留于血中过多的水分和毒素,并同时补充电解质置换液的血液净化方法。与血液透析相比,血液滤过是根据透析膜两侧的溶质浓度差与渗透压所产生的弥散作用进行溶质交换的。它们的主要区别是血液滤过通过对流作用清除溶质,其溶质清除率取决于超滤量及滤过膜的筛滤系数(sieving coefficient)和血流量,与相对分子质量大小无关。而血液透析是通过弥散作用清除溶质,清除率与相对分子质量成反比,而与膜的筛滤系数无关。因此血液透析比血液滤过有更高的小分子物质清除率,而血液滤过对中分子物质清除率高于血液透析,与正常人肾小球相似。

(3)血液透析滤过是在血液透析的基础上采用高通透性的透析滤过膜,以提高超滤率,并从血液中滤出含毒素的体液,同时输入等量置换液的一种血液净化方法。其目的是在使用透析消除小分子毒素的同时,增强对中分子毒素的清除作用。它适于肾衰竭、充血性心力衰竭、休克引起的高血容量无利尿反应,脑水肿、肺水肿以及药物或毒物中毒等疾病的治疗等。

7.1.3 血液透析器件的类型

血液透析器件主要有以下几种:

(1)管状透析器。早期使用的人工肾透析器是管状膜和双螺旋式透析膜,管状透析器又分为两类：最早使用的一类是转鼓型，因结构落后，预充血量大，透析效果差，已经被淘汰。另一类是蠕管型，结构简单、价格便宜，其缺点是清除率低，透析过程时间长；预充血量大，顺应性差；膜内压力高，易破膜漏血。

（2）平板型透析器。平板型透析器也可分为两种。一种是标准型透析器，由 3 块聚丙烯平板和四块铜纺膜构成两个血区、4 个透析区，透析面积为 $1m^2$。其优点是结构简单、价格便宜，可重复使用；阻力小，外瘘透析不需要血泵。缺点是换膜和消毒时费力；因多人使用，易引起交叉感染；体积大，透析效果不佳。另一种是积层平板（PPD）型透析器，由 20 ~ 200 层平行透析膜及其支架构成，透析面积可达 1.7 ~ $2.3m^2$。其优点是清除率和超滤率高；透析比表面积大；预充血量小，阻力小；残留血量少；便于消毒、保存；操作简单，可重复使用。缺点是跨模压增高时体外循环血量增多，清除率有所下降。平板型透析器现已基本被淘汰。

（3）中空纤维型透析器。1967 年首次出现中空纤维人工肾透析器，是人工肾设计上的一大突破。中空纤维膜的内径为 200 ~ 300μm，外径为 250 ~ 400μm。把 10000 ~ 12000 根纤维集束，两端用无毒树脂固定在透明的塑料管中，膜的透析面积为 $1m^2$ 左右。透析器长 200mm，直径 70mm。血液自人体流出后从透析器的一端进入中空纤维的内腔，再从透析器的另一端流出并进入人体；灭过菌的透析液自透析器的侧管进入，在中空纤维间流过，从另一侧管流出，血液中的废物、过剩的电解质和过剩的水透过膜进入透析液，随同透析液排出体外。肾衰竭病人每周透析 2 次，每次 5h 左右，每次可从血液中透析出尿素 15 ~ 25g，肌酸酐 1 ~ 2g，水 2 ~ 4L。其优点是清除率、超滤率高；预充血量少、阻力小；顺应性好，跨模压增高时体外循环血量变化小；体积小，质轻，透析面积大；密封程度高，便于消毒和保存；操作简单，适于重复使用。缺点是中空纤维管腔细，易发生凝血。目前使用的人工肾都是中空纤维型。

7.1.4　血液透析用膜的要求

膜是人工肾血液透析器的主要构成部分，膜的理化特性决定透析效果。理想的透析滤过膜应无毒、无抗原性、无补体激活、无致热源，对人体无损害，具体如下：

（1）具有生物相容性，这包含两个方面，即组织相容性和血液相容性：组织相容性指在生物材料的使用过程中，对人体组织不产生任何破坏，且耐生物老化；血液相容性即当生物材料与血液接触不产生凝血和溶血。

（2）表面光滑，不损伤血液中的红细胞、白细胞、血小板等成分，防凝血性能好。

（3）通透性好，对中、低相对分子质量代谢有毒物质有高清除率，对水有适当的超滤率。不允许相对分子质量超过 35000 的物质通过，如血流中的红细胞、蛋白质和透析液中的细菌、致热源（pyrogen）、病毒等无特异吸附与透过。

（4）膜的化学稳定性好，能耐受一定的压力，耐压强度达 6.67kPa（1mm Hg =

0. 133kPa），能耐蒸气消毒或消毒药浸泡,对消毒剂的浸泡不变形。

（5）有良好的亲水性,不易吸附蛋白质,以避免堵塞孔,影响滤过率。

（6）物理性能高度稳定,不会在使用过程中发生物理、化学变化。

（7）透析器的封装材料不含亚甲基二苯胺、不释放环氧乙烷等。

7.1.5　血液透析用膜的种类

目前临床上常用的血液透析膜有 2 种:纤维素类膜(包括再生纤维素膜、改良的纤维素膜)、合成聚合物膜。

国际上于 20 世纪 70 年代开始纤维素类(铜氨纤维、醋酸纤维素)中空纤维人工肾透析器的生产,所用中空纤维的材质为再生纤维素(regenerated cellulose)或纤维素酯,如 ENKA Glanzstoff 公司的铜氨膜(cuprophane),Cordis – DOW 公司的醋酸纤维素膜、东华大学开发的粘胶法纤维素膜和非水溶剂法纤维素膜等。但长期使用纤维素膜透析的病人,由于膜的结构比较致密,血液中一些中等分子质量的有毒物质不能排出,因长期积累而增浓,容易使病员患上另一种不治之症——骨质疏松症。因此,研究者致力于开发成聚合物膜。

自 90 年代以来,先后开发聚丙烯腈和聚砜等合成高聚物制成人工肾。

（1）聚砜膜。用聚砜制成非对称中空纤维膜,具有力学性能良好、化学性质稳定、孔隙率高等特点,还可通过改变膜的结构使水及溶质的传质能力增强。与纤维素膜相比,长期使用聚砜膜进行血液透析不会导致有关生化参数的改变,一种极有潜力的长期血液透析用膜,已大量供应市场。

（2）共混聚醚砜中空纤维膜。它为东华大学首创,经临床试验获得了较好的效果。以聚醚砜为原材料制成的人工肾与聚砜相比,具有如下优点:膜的孔尺寸更易控制;膜的强度较高,在负荷下有较长的使用寿命;化学稳定性较高,操作条件下,化学敏感性明显降低,化学适应范围较广;优良的耐热性能,较高的耐蒸汽消毒性;良好的血液相容性。

（3）聚丙烯腈膜。聚丙烯腈易于提纯及纺丝加工制成中空纤维膜。与再生纤维膜比较,聚丙烯腈对中等分子量的物质有较强的去除能力,是目前临床使用的少数合成高分子膜之一。东华大学用聚丙烯腈制成中空纤维,组装成血液透析器,已通过临床应用。近几年来,日本东丽公司采用重均分子量为 20 万的聚丙烯腈制备中空纤维,其强度有明显的提高,可耐反复冲洗,从而克服了膜脆、强度差、不耐高温消毒等缺陷,提高了膜组件的使用寿命。

（4）聚丙烯酸甲酯膜。用聚丙烯酸甲酯具有优良的生物相容性,对中等分子量物质的去除能力良好,日本东丽公司已实现该膜的商业化。

此外,近几年在研究的其他聚合物膜还有聚醚嵌段共聚物膜、聚乙烯吡咯烷酮膜、聚苯乙烯膜、聚电解质膜、聚酰胺膜或脂肪类聚酰胺共聚膜、聚碳酸酯膜等。

7.1.6　血液透析新方法

利用人工肾进行透析要依赖固定的透析设备,从而限制了患者在治疗过程中的活动性。因此,研究人员一直致力于开发便携式透析仪,微技术的发展使这一设想正逐渐成为可能。最近有报道该装置可精确控制超滤率和溶质的去除率,对 β_2 微球蛋白、磷酸盐有较好的去除效果。该报道意味着透析设备小型化、将患者从固定的设备上解放出来的研究又向前迈了一大步。

由于目前临床应用的人工肾都是通过弥散或对流原理实现替代肾小球滤过功能,无法完全替代肾脏的内分泌、代谢和自身平衡调节等多种功能,故患者仍有较高的病死率。随着生物医学技术的发展,构建既有肾小球滤过功能又有肾小管重吸收功能的生物人工肾(bioartificial kidney),完成肾脏滤过、重吸收、内分泌、代谢和自身调节等全部功能肾替代已逐步成为可能。

目前,生物人工肾的研究分为生物人工肾小球膜和生物人工肾小管膜两个部分。生物人工肾小球膜使用人工生物膜包裹具有活性的内皮细胞,利用转基因技术将抗凝因子转染到内皮细胞,控制转染细胞表达分泌至适宜的浓度可以防止体内出血,并能合成分泌多种肾源性物质。人们早已发现水蛭素是抑制血栓形成的强特异性抑制剂,利用含水蛭素基因的腺病毒载体感染的内皮细胞种植于聚砜膜上,转染的细胞可分泌高浓度抑制血栓活性的水蛭素,以解决透析过程中纤维内的凝血问题。

生物人工肾小管(renal tubule assist device, RAD)是将活的肾小管上皮细胞种植在中空纤维膜上,在细胞培养介质和细胞外基质等的支持下,细胞生长融合成分化的单层细胞。将含有培养细胞的装置连接于体外血液循环,可实现肾小管的再生、分裂、分化、分泌的功能。因此生物人工肾应具有正常肾小球的滤过、分泌和肾小管细胞的重吸收、内分泌和代谢等多种功能。黄大伟等将转染人同源域蛋白(Nanog)基因的血管内皮细胞悬液与转染人 Nanog 基因的肾小管上皮细胞悬液等体积混匀,注入聚砜膜中空纤维上,生长良好,这为构建一种既有血管内皮细胞抗凝同时又有小管上皮细胞重吸收功能的新型生物人工肾小管奠定了实验基础。经美国 FDA 批准,2004 年 Humes 等报告 10 例急性肾衰竭(ARF)合并多器官功能障碍综合征(MODS)患者进行 PAD 的 I/II 期临床试验,用 RAD 加静脉血液滤过(CVVH)治疗 24h,治疗前预期患者死亡率为 80% ~95% ,结果有 6 例获得人、肾存活超过 28 天。这些都显示出 RAD 巨大的应用前景,为肾衰竭治疗开创了一种崭新的治疗手段,完善了真正生物意义上的全肾替代治疗。

7.2 人工肝透析膜

7.2.1 人工肝简介

肝脏具有解毒、分泌、合成、转化等非常重要的代谢作用,是人体中主要滤除毒素的器官。它可能由于服药过量、过敏、急性肝炎等多种原因引起的中毒而受损,短期内造成肝细胞大量坏死,并迅速导致肝功能衰竭,从而失去解毒功能,使血液中有害物质的浓度增加,引起神经症状、昏睡,最终导致死亡。如果肝功能发生衰竭会出现严重的代谢紊乱及毒性物质堆积,后者反过来又影响肝细胞再生及肝功能恢复,形成恶性循环。

人工肝支持系统是已被证明具有良好临床效果的体外装置。人工肝就是在完全闭合的体外循环过程中,通过血浆分离器、滤过器、吸附器等,采用滤过、置换、吸附、浓缩等组合方式,去除血液中的各种大小不一的有害物质,将人体吸收的物质合成机体必需的生物活性物质后再输回到病人体内,为病人提供了一个良好的有利于器官恢复正常功能的内在环境。肝细胞具有很强的再生能力,动物实验显示肝大部分切除后,可在较短的时间内由剩余肝组织增生而完全恢复,人工肝只是在肝衰竭的关键时期给患者提供临时性的肝支持,而不像人工肾那样对肾衰竭进行终生替代治疗。总之,人工肝就是为了降低在肝衰竭的关键时期以及在重症患者等待肝移植过程和移植后危险期的死亡率而建立的一种支持装置,用来代替肝脏功能、降低肝脏负担、稳定患者的病情,为具有较强再生能力的肝细胞再生或进一步肝移植创造条件、争取时间。人工肝的主要适应证有:重症肝炎、肝衰竭、血小板减少性紫癜、多发性骨髓瘤、高血脂、全身性红斑狼疮、重症肌无力、药物中毒、重度血型不合妊娠等。

7.2.2 人工肝类型

人工肝根据其组成和性质,主要可分为非生物型人工肝、生物型人工肝、混合型人工肝。

7.2.2.1 非生物型人工肝

非生物型人工肝,又称物理型人工肝,主要通过物理或机械的方法进行治疗,如血液灌流、血液透析、血浆分离等。

(1)血液灌流:指患者在全身肝素化后,血流被引入装有固态吸附剂的灌流柱,用以清除血中某些外源性或内源性毒物,血液净化后再输回体内,起到解毒作用的一种治疗方法。吸附剂主要是活性炭与树脂。

活性炭虽能有效吸附相对分子质量为5000以内的中小分子水溶性物质,如硫醇、r-氨基丁酸和游离脂肪酸,但不能有效吸附血氨、与白蛋白结合的毒素。同时也存在严重的缺点,如它还能吸去血小板、凝血因子、肾上腺素、胰岛素等有机体必需的物质,活性炭与血液直接接触会引起血液有形成分如红细胞、白细胞及血小板的破坏,同时有炭微粒脱落引起的脏器血管微栓塞的危险。所以活性炭血液灌洗虽曾风靡一时,但目前已基本放弃。临床上应用较多的是吸附树脂,其吸附能力略逊于活性炭,但对各种亲脂性及带有疏水基团的物质如胆汁酸、胆红素、游离脂肪酸及酰胺等吸附率较大。吸附树脂对内毒素和细胞因子有较好的清除作用,可使患者的中毒症状显著改善。

目前血液灌流主要用于重型肝炎肝昏迷、重型肝炎伴有败血症、胆汁淤积及瘙痒等。血液灌流技术的缺点是不能有效吸附小分子毒物,活性炭对与白蛋白结合的毒素吸附能力也很差。同时会清除一些肝细胞生长因子和激素,还可能激活补体系统而引起系统炎性反应。因此,目前的使用量处于衰退趋势。W. J. Holubek 对 1985～2005年美国 19351 个病例调查,发现进行血液灌流的病人从 53 人减少至 12 人。

（2）血液透析:肝昏迷的中毒因子可能为中分子物质,而合成高聚物膜具有清除中分子物质的作用,特别是未与蛋白质结合的多数氨基酸,如酪氨酸、苯丙氨酸、蛋氨酸等。

肝脏衰竭病人体内的毒性代谢产物,包括胆红素、氨等亲水性的物质和脂肪酸、硫醇酸等亲脂性物质的积蓄,以往使用血液透析的透析膜对亲脂性物质透析效果较差。因此目前开发出一种亲脂性高流量聚砜膜透析器,将它与一种新型的亲水性液相膜透析器串联起来构成一种新的血流透析型人工肝。这种装置还有选择性透析功能,即不改变体内去甲肾上腺素、多巴胺及甲状腺素等激素的正常水平。

近年来,倾向于能选择性透析的膜组装成人工肝血液透析器。C. J. Karvellas 最近报道了以透析膜治疗因药物中毒引起爆发型肝昏迷的病人,经 46 天后,病人的肝恢复正常。东华大学与瑞金医院研制的人工肝透析器也已通过鉴定,在临床上获得了较好的效果。作为人工肝血液透析的中空纤维膜材料除 PAN 外,还有赛璐玢(cellophane)和聚甲基丙烯酸羟乙酯(PHEMA)等。

（3）血浆分离:将患者血液引入血浆分离器,分离出血浆,用健康人血浆进行置换,而把细胞成分以及所补充白蛋白、血浆及平衡液等回输体内,以达到清除致病介质的治疗目的;或将分离出的血浆直接通过吸附装置,经吸附后输回体内。现代技术不但可以分离全血浆,还可分离出某一类或某一种血浆成分,从而能够选择性或特异性地清除致病介质,进一步提高了疗效,减少了并发症。其主要作用机制在于它能部分清除患者体内中分子量以上的毒性物质,如内毒素、胆红素、胆酸、肿瘤坏死因子、补体激活物等多种血管活性物质,减轻肝内炎症。同时,置换的新鲜血浆补充了血浆蛋白、凝血因子、调理素等生物活性物质,稳定内环境,延缓脏器损害,从而帮助肝衰竭昏迷病人渡过难关,争取时间使肝细胞得以再生,在新的条件下维持必要的肝脏功能。

早期常用的血浆分离方法是封闭的离心式血浆分离器,目前多采用膜式分离法进行治疗。膜式血浆分离器是用高分子聚合物制成的空心纤维型或平板型滤器,准许血浆滤过,但能阻挡所有的细胞成分。此装置对血细胞损伤小,不会引起凝血机制障碍。它还配有一种血浆成分分离装置,能将病人的血浆进一步处理,选择性地除去毒性物质,然后再回输体内,是目前较为先进的产品。K. Inoue 曾对 12 例病人进行治疗,其中 5 人存活。

血浆分离的缺点是潜在的感染(目前检测手段未能发现的致病原、HIV 等)、过敏、枸橼酸盐中毒等。血浆置换治疗后,血中降低的致病介质的浓度还可以重新升高,其原因有两个:一是由于病因并未去除,机体将不断地生成该介质,并且还可能因其浓度偏低而刺激机体生成加速;二是致病介质在体液中可能重新分布。

由于肝功能衰竭时不仅肝脏解毒功能不全,其合成、分泌、转化功能也严重受损,而后者单纯以非生物型人工肝治疗则难以解决。而且由于在清除毒物的同时机体一些有用的成分如促肝细胞生长因子也被清除,因而非生物型人工肝的疗效是有限的。

7.2.2.2 生物型人工肝

生物型人工肝将生物部分(如同种及异种肝细胞)与合成材料相结合组成特定的装置,患者的血液或血浆通过该装置进行物质交换和解毒转化等。

生物型人工肝主要由生物反应器、有活力的培养肝细胞及循环辅助系统组成,将肝细胞置于生物反应器中,患者血液或血浆在循环辅助装置的作用下流经生物反应器时,通过半透膜或直接与培养肝细胞之间进行物质交换。它不仅具有肝脏的特异性解毒功能,而且具有更高的效能,如参与能量代谢、具有生物合成转化功能、分泌促肝细胞生长活性物质等。

生物人工肝是目前人工肝支持治疗发展很有前景的研究方向,而生物人工肝支持系统的核心部分是生物反应器。理论上,生物反应器应最大限度地模仿正常肝脏的组织结构,目的是使肝细胞功能更完善,更接近体内的状况。从生物工程角度看,理想的生物反应器应具备以下功能:

(1) 适于高密度培养肝细胞,细胞密度应达 10^7 个/cm^3 水平。

(2) 肝细胞代谢功能至少应达单层培养的水平。

(3) 肝细胞的生物代谢功能至少应保持 2 周以上。

(4) 反应装置能根据需要任意增容,细胞培养量可达数升。

(5) 便于无菌操作,无异致感染的危险。

(6) 便于运输和装配。

目前的生物反应器主要有中空纤维反应器:将大量肝细胞放置在中空纤维反应器,保持其活性和生理功能。当血液流过时,通过半透膜避免了免疫排斥作用,又可清除有毒物质,并起着新陈代谢的作用。现有的装置在材料、设计及效果等方面均远未达到理想的程度,如反应器材料的生物相容性,培养肝细胞的密度及时间,血浆与肝细胞间的气体及物质交换等均需要较大程度的改进。今后生物反应器的发展方向主要集中在两个方面:开发符合上述要求的新型材料;改进反应器设计,使之在流体力学及几何学等方面更接近生理状态。

生物人工肝所用细胞最好是人源非肿瘤细胞系,同时易于大量长期培养并具有较高的生物活性。Sharma 等正在研究一种以胚胎干细胞富集具有新陈代谢功能的类肝细胞的方法。国外的生物型人工肝治疗仪除个别由人 C3A 细胞(人肝脏成纤维细胞瘤细胞等)组成外,其余多以猪肝细胞为生物部分。目前这些生物人工肝正在进行 II/III 期临床试验,尚未获得 FDA 批准。使用体外培养的异种/异源肝细胞以及肿瘤细胞可能引起的异体排斥反应,并可能有潜在的人畜共患疾病及致癌的危险。其次体外培养细胞替代自然肝脏的能力有限,而且受肝细胞培养技术、大规模生产、保存和运输的生物材料限制,使生物人工肝的临床推广受到一定限制。

7.2.2.3 混合型人工肝

混合型人工肝是由生物及非生物型组成的具有两者功能的人工肝支持系统。

因为肝衰病人体内累积了大量的有毒物质,在短时间内难以由培养的肝细胞转化,相反还可能影响肝细胞的生物学功能。因此目前临床上应用的人工肝均为混合型生物人工肝,即要针对病人的不同病情采取不同的组合,将同种或异种动物的器官、组织和细胞等与特殊材料和装置结合构成人工肝支持系统。先用活性炭吸附或血浆置换去除患者血浆中的部分毒性物质,再与反应器中的肝细胞进行物质交换。这类人工肝装置对暴发性肝衰竭有一定疗效,国内已有混合型人工肝支持获国家药品监督管理局批准,用于临床治疗。该仪器由生物培养装置和混合血浆池构成,采用了"培养肝细胞—血浆置换—血浆吸附滤过"三合一的治疗模式,其治疗重型肝炎的临床总有效率为80%以上。

7.3 人工肺

7.3.1 人工肺简介

人工肺又名氧合器(oxygenator)或气体交换器,是一种根据生物肺肺泡气体交换的原理,在膜两侧进行气体和血液之间交换,用于替代体外循环心脏和肺功能进行血液氧合并排除二氧化碳,集氧合、变温、储血、过滤、回收血等功能于一体,使含氧量低的静脉血经过氧合后成为含氧量高的动脉血的人工脏器。人工肺主要用于胸腔外科手术以及呼吸不良者的辅助治疗。

自1953年首先应用于心脏手术并取得成功以来,人工肺的发展已经历了垂屏式、转碟式、鼓泡式、膜式 4 个阶段。垂屏式、转碟式人工肺因其氧合性能有限、预充量大、操作复杂、安全性能低等原因而被淘汰。鼓泡式人工肺相当于一气泡塔,将氧气以气泡形式直接与血液接触进行气体交换。为防止气泡进入肌体的动脉,因此需要加涂有消泡剂的消泡室和血液沉降室;血液直接与空气接触会使蛋白质变性,剧烈的气体混合还会引起红细胞的破坏,易发生气栓等。目前国外大多数国家都已停止使用。膜式人工肺采用血液在管外流动、气体在管内流动的方式,传质系数明显提高。氧和二氧化碳在膜两侧的转移主要通过气体分压梯度弥散,氧气通过扩散、透过膜而进入血液侧,二氧化碳则从血液侧排出;血液则不能通过膜,从而避免了诸如蛋白变性、溶血发生、血小板耗竭、氧合性能有限、预充量大、消毒困难、操作烦琐等问题的发生,具有气体交换能力高、血液破坏轻的特点。欧美几乎 100% 应用膜式人工肺进行心血管手术的体外循环,国内应用估计也在 50% 左右。在结构上,膜式人工肺从最初的卷筒式、平板折叠式发展到 20 世纪 70 ~ 80 年代出现的中空纤维式,近年来中空纤维式已经成为人工肺研究的主要方向。血液和气体的流动方式有管壳式和交叉流式。其中,交叉流管外血流式中空纤维膜肺以其血侧混合特性好、总气体传质系数高的独特优点已被国内外医学界广泛使用。

7.3.2 人工肺的膜材料

自从膜式人工肺问世以来,人们在选用理想的膜材料方面进行了长时期的探索。一般来说,作为膜式人工肺的膜材料必须具备几个条件:生理毒性小,血液相容性好;O_2 转换效率高,CO_2 弥散好;抗张强度高,不易渗漏或破裂。

早期的膜式人工肺使用聚四氟乙烯,其氧的透过速率较低,约为 $35mL/(m^2 \cdot min)$。硅橡胶(以聚酯布增强)的透过速率为聚四氟乙烯的数十倍,而且二氧化碳的透过速率为氧的 $5 \sim 6$ 倍。聚丙烯性能稳定,毒性小、血液相容性好、机械强度高、透气性好、价格低廉,已成为主要的膜式人工肺材料,但会引起血浆的渗透。我国复旦大学开展了聚丙烯中空纤维人工肺的研制,通过了动物实验。每根纤维的外径为 $250\mu m$、内径为 $200\mu m$,可组成长为 24cm、直径为 7cm 的中空纤维人工肺。它的主要特点是血流阻力较低,在 $5000mL/min$ 流量条件下,进出口压力差仅为 $6.7kPa(50mmHg)$,而一般中空纤维人工肺均在 $22.7 \sim 26.7kPa(170 \sim 200mmHg)$。

目前聚甲基戊烯正在成为新一代的人工肺的膜材料。王琴梅等成功地将羟基官能团、碳酸酐酶引入到聚甲基戊烯膜式氧合器的表面,提高了其清除血液中 CO_2 的能力。Lehle 等的研究表明,聚甲基戊烯膜式氧合器经过 11 天左右使用时间后,膜表面多处被含有血小板和红细胞的纤维状网络所覆盖,从而导致膜式氧合器(ECMO)的血流量和气体交换能力的下降,有待进一步研究。

目前常用的中空纤维膜材料还有聚砜、聚醚砜、聚丙烯腈、聚偏氟乙烯、醋酸纤维素、聚氯乙烯、聚乙烯醇、聚酰胺等。微孔高分子材料透气性好,但水蒸气蒸发会形成水滴,影响透气功能,故近年主张采用复合膜,将中空纤维、非织造布作为支撑体,在其表面涂覆具有特殊功能的选择分离功能层、具有良好透氧性或抗凝血性能的材料,并对其表面进行改性,以提高膜的血液相容性,提高人工肺的使用效率,阻止血浆渗透,有助于长期临床应用。这种具有高分离、高透过通量以及其他特殊功能的复合分离膜已成为人工肺研究改进的一个重要方向。

7.3.3 人工肺类型

(1)体外膜氧合器(the extracorporeal membrane oxygenation,ECMO):ECMO 是以体外循环代替人的自然循环,由离心泵提供血流动力,通过氧合器对静脉血进行氧合,使之成为血氧浓度高的动脉血,再注回人体完成输氧功能。ECMO 目前有两种,一种是以 Baxter Rtravenol 为代表的微孔孔径在 $0.1 \sim 5.0 \mu m$ 的超微孔薄膜式氧合器。当血液与这些微孔膜接触时,立即产生血浆的轻微变性和血小板黏着,使微孔膜涂上一层极薄的蛋白膜,这层膜使血液自由流动,气体易于扩散,但不直接接触,同时又减轻了血浆蛋白进一步的变性和血小板的黏着。另一种是以 Theodor Kolobow 为代表的无孔薄膜式氧合器。对于人工肺的基本要求是保证氧气和二氧化碳在动脉血中的生理含量,同时应该尽可能避免血液的渗漏。在人体肺泡膜中,二氧化碳和氧气的扩散系数之比约为 20:1,而一般高分子材料达不到。人们在研究中发现,硅胶膜的这一参数最接近人体肺泡膜,所以它是无孔膜式氧合器材料的首选。尽管 ECMO 已经被成功地用于支持气体的交换,但它却有着自身的缺点:氧合器的开发受限于膜材料;在膜/血接触的界面会有血液成分的破坏;对氧合过程的控制与模拟较难;白细胞、血小板的活动造成的肺伤恶化;另外,它还需要大量的动力支持。因此制约了 ECMO 的应用期限和范围。英国 Haemair 公司正在开发便携式人工肺(portable extracorporeal membrane oxygenation system),模拟真正的人类肺脏,适应肌体不断变化着的各种需求,让那些肺功能受损但意识清醒的病人可以自由活动。

(2)可植入型人工肺(the implantable artificial lung,ITAL):包括置入血管内肺支持装置(Intravascular lung assist devices,ILADs)和胸腔内人工肺(Thoracic/total artificial lung,TAL),是将氧合器置入或植入人体中完成氧合作用。血管内肺支持装置包括血管内氧合器(the intravascular oxygenator,IVOX)、静脉内膜氧合器(the intravenous membrane oxygenator,IMO),是将氧合器由股静脉插入下腔静脉或由颈静脉插入上腔静脉中,由泵负压输入中空纤维进行交换。

与 ECMO 相比,Viggo Morlensen 首创的 IVOX 无须附加体外循环回路,而是通过简单的外科手术置入人体腔静脉,利用人体本身的循环动力,从而减少了体外循环所必需的复杂装置,降低了感染的概率,患者的血液成分损伤小,热量损失少。另外 IVOX 不存在血液预充的问题,维护使用方便,大大降低了费用。但腔静脉的体积限制了 IVOX 的气体交换面积,仅能提供患者所需气体交换量的 30% ,还不能提供全肺功能支持,需要与呼吸机并用,且装置的增大会影响腔静脉压,增加血液流动阻力,从而加重心脏负担。因此,ILADs 目前只能完成人体所需气体代谢的一小部分,为肺病患者代替部分肺的功能,协助病人肺的康复。为了克服其不足,人们不断对 ILADs 加以改进,主要包括几个方面:改进制作中空纤维的材料,以求材料有更好的气体分离效果;改变 IVOX 装置中空纤维数目及形态;促进血液混合,降低血流阻力;良好的血液相容性;较长的有效使用时间。Zhang Tao 等设计了一小体积的氧合器,可有效进行氧合与血液混合。

(3)胸腔内植入型人工肺(Thoracic/total Artificial Lung,TAL)是在全身麻醉下通过左胸切口将氧合器植入胸腔内,与右心室相连,没有外在的泵驱动,仅靠右心室驱动血流。血液经 TAL 氧合后流向脏器和组织。由于不需要过多的辅助设施,TAL 可以长期植入体内。赋予患者更多的自由,称得上具有真正意义的人工肺。TAL 旨在成为肺移植过渡时期患者的治疗措施,并有可能为非住院患者提供长时间支持。因此正逐渐成为研究热点。

由于 TAL 是无泵的人工肺,由右心室驱动,它必须模仿自然肺循环的高柔量和低阻力。以避免右心房遭受过量压力,因此如何减小血流阻力成为研究的关键问题。TAL 还存在耐久性和血液相容性的问题。首先是目前用于体外循环、ECMO 的一般微孔材料不能用于长期植入体内使用的 TAL,因为血液中的磷脂会被微孔表面吸收,导致微孔表面形变和血浆渗漏,而只要发生单个微孔的血浆渗漏,就会最终导致氧合器失效。目前的 TAL 和其他类型人工肺相同,由放置在血流中的微孔纤维膜构成,完成血流中 O_2 和 CO_2 的交换。TAL 的体积相当小,如 MC3 生产的 TAL 容积仅 280mL。

7.3.4 发展趋势

当今世界上生产的膜式氧合器,无论从透气膜的膜厚度、微孔的结构形态、血液的相容性,或是从中空纤维的缠绕方式、氧合器的几何结构与膜肺的气体传质效果来看,膜式人工肺与人体肺之间仍有较大差距。未来人工肺的研究将集中在以下几方面:

(1)动态的气体交换。

(2)血液相容性。

(3)血液动力学的相容性。血液动力学相容性包括对组件附件的考虑、血液流经自然肺循环的设计和需求、右心的后负荷、左心房和左心室充盈。

(4)设备的大小和形状等,这对体内人工肺特别重要。

人工肺设计的优化主要集中在血液动力学方面的改变,即通过流动方式的变化减小血液流动阻力,提高气体交换量,降低血液凝结的发生,延长使用时间。

参考文献

［1］徐又一, 徐志康. 高分子膜材料［M］. 北京: 化学工业出版社, 2005.

［2］Y. Eika, T. Uesaka, H. Tsutsumi, F. Fukui. Blood purifiers having hollow - fiber membranes, and manufacture thereof, JP 2009078121［P］.

［3］He, Chun - Ju; Zhu, Si - Jun; Sun, Jun - Fen; Wang, Qing - Rui. The physical properties of hemofiltration module made from polyether sulfone hollow fiber membrane［J］. Journal of Applied Polymer Science, 2007, 105(6): 3708 - 3714.

［4］V. Gura, A. Davenport, M. Beizai, C. Ezon, C. Ronco. 2 - Microglobulin and phosphate clearances using a wearable artificial kidney: a pilot study［J］. American Journal of Kidney Diseases, 2009, 54 (1): 104 - 111.

［5］H. Zhang, F. Tasnim, J. Y. Ying, D. Zink, The impact of extracellular matrix coatings on the performance of human renal cells applied in bioartificial kidneys［J］. Biomaterials, 2009, 30(15): 2899 - 2911.

［6］黄大伟, 傅博, 陈香美, 刘维萍, 汪杨. 细胞混合种植法构建生物人工肾小管的初步研究［J］. 中国药物与临床, 2008, 8(3): 165 - 167, 249.

［7］H. D. Humes, W. F. Weitzel, R. H. Bartlett, F. C. Swaniker, E. P. Paganini, J. R. Luderer, J. Sobota. Initial clinical results of the bioartificial kidney containing human cells in ICU patients with acute renal failure［J］. Kidney International, 2004, 66(4):1578 - 1588.

［8］T. Sun, M. L. H. Chan, Y. Zhou, X. Xu, J. Zhang, X. Lao, X. Wang, C. Quek, J. Chen, K. W. Leong, H. Yu. Use of ultrathin shell microcapsules of hepatocytes in bioartificial liver - assist device［J］. Tissue Engineering, 2003, 9(Suppl. 1):S65 - S75.

［9］15. W. J. Holubek, R. S. Hoffman, D. S. Goldfarb, L. S. Nelson. Use of hemodialysis and hemoperfusion in poisoned patients［J］. Kidney International, 2008, 74(10), 1327 - 1334.

［10］C. J. Karvellas, S. M. Bagshaw, R. C. Mcdermid, D. E. Stollery, R. T. Gibney. Acetaminophen - induced acute liver failure treated with single - pass albumin dialysis: report of a case［J］. International Journal of Artificial Organs, 2008, 31(5): 450 - 455.

［11］K. Inoue, A. Kourin, T. Watanabe, M. Yamada, M. Yoshiba. Artificial Liver Support System Using Large Buffer Volumes Removes Significant Glutamine and Is an Ideal Bridge to Liver Transplantation ［C］. Transplantation Proceedings, 2009, 41(1): 259 - 261.

［12］A. Gautier, A. Ould - Dris, M. Dufresne, P. Paullier, B. Von Harten, Bodo; H. D. Lemke, C. Legallais. Hollow fiber bioartificial liver : Physical and biological characterization with C3A cells［J］. Journal of Membrane Science, 2009, 341(1 - 2): 203 - 213.

［13］Sharma, Nripen S., Wallenstein, Eric J., Novik, Eric, Maguire, Tim, Schloss, Rene, Yarmush, Martin L.. Enrichment of hepatocyte - like cells with upregulated metabolic and differentiated function derived from embryonic stem cells using S - nitrosoacetylpenicillamine［J］. Tissue Engineering, Part

C: Methods, 2009, 15(2): 297 – 306.

[14]王琴梅,张涤华,廖艳红,张静夏,廖志群. 聚甲基戊烯膜式氧合器表面碳酸酐酶的固定化及性能研究[J]. 化学通报,2009, 72(6): 549 – 553.

[15]K. Lehle, A. Philipp, O. Gleich, A. Holzamer, T. Mueller, T. Bein, C. Schmid. Efficiency in Extracorporeal Membrane Oxygenation – Cellular Deposits on Polymethypentene Membranes Increase Resistance to Blood Flow and Reduce Gas Exchange Capacity[J]. ASAIO Journal, 2008, 54(6): 612 – 617.

[16]C. L. Chapman, D. Bhattacharyya, R. C. Eberhart, R. B. Timmons, C. Chuong. Plasma polymer thin film depositions to regulate gas permeability through nanoporous track etched membranes[J]. Journal of Membrane Science, 2008, 318(1 – 2):137 – 144.

[17]A. K. Zimmermann, N. Weber, H. Aebert, G. Ziemer, H. P. Wendel. Effect of biopassive and bioactive surface – coatings on the hemocompatibility of membrane oxygenators[J]. Journal of Biomedical Materials Research, Part B: Applied Biomaterials, 2007, 80B(2): 433 – 439.

[18]T. Zhang, G. Cheng, A. Koert, J. Zhang, B. Gellman, G. K. Yankey, A. Satpute, K. A. Dasse, R. J. Gilbert, B. P. Griffith, Z. J. Wu. Functional and biocompatibility performances of an integrated maglev pump – oxygenator[J]. Artificial Organs, 2009, 33(1): 36 – 45.

第8章　组织工程医用产品

随着对组织工程(Tissue Engineering)的需求和潜力的深入认识,将组织工程的概念和技术应用于人类的希望正在逐渐变为现实。纺织纤维及其制备技术在组织工程产品中的应用也越来越多。皮肤、软骨、骨等组织再造的成功,展现了组织工程的光明前景。本章将围绕组织工程概念,简述组织工程支架的成型方法,结合科研成果和商业化产品,介绍组织工程人工皮肤、组织工程人工神经和组织工程人工肌腱的结构与性能。

组织工程是指应用生命科学与工程学的原理和技术,设计、组建、维护人体细胞和组织的生长,并恢复受损的组织或器官的功能,其核心就是将体外培养扩增的正常组织细胞,吸附于生物相容性良好并可被机体吸收的生物材料支架上形成活性复合体,然后将细胞－生物材料复合物植入机体组织、器官的病损部分,细胞在生物材料逐渐被机体降解吸收的过程中形成新的在形态和功能方面与受损器官、组织相一致的替代物,从而达到修复创伤和重建功能的目的。

组织工程研究的三大要素是种子细胞、支架和细胞—支架复合体,其中种子细胞和支架分别起着决定性的作用。支架相当于人工细胞外基质(extracellular matrix, ECM),在细胞的生长过程中起着至关重要的调控作用,不仅为特定的细胞提供结构支撑作用,而且还起到模板作用,引导组织再生和控制组织结构,是组织工程的关键技术之一。

常用的支架材料是可降解材料,如胶原、透明质酸、甲壳素、壳聚糖、生物陶瓷等天然生物降解材料和聚羟基乙酸(PGA)、聚乳酸(PLA)及其共聚物聚乙交酯丙交酯(PGLA)、聚己酸内酯(PCL)等合成可降解材料,其中,PGA、PLA、PGLA 三类材料均已获得美国 FDA 批准用于人体试验。这些材料除了具有生物相容性、生物可降解性和力学性能外,还应满足以下特点:

(1)表面有利于种子细胞的黏附、分化和增殖。

(2)降解速率可调控,即支架降解速率应与组织细胞生长、繁殖的速率相匹配,且降解无毒性。

(3)具有较高的孔隙率和三维、多孔网架结构,较高的比表面积和良好的表面性质,为种子细胞的分化和增殖、营养物质的交换提供通道和空间。

(4)可加工成各种形状和结构,易于重复制作,同时具有一定的强度,以维持构建新生组织的形状和大小。

(5)本身可以提供一定的有利于大量细胞种植、细胞和组织生长、细胞外基质形成、信号分子和营养物质传输、代谢物排泄的生物活性分子。

(6)支架必须是三维结构,以指导组织的生长形成最终的形状。

上述这些物理性能与支架的制备工艺密切相关。

8.1　支架成型方法

由于不同的组织工程产品对支架的几何形状、降解速率、孔隙率以及力学性能等指标要求各不相同,这些性质除了选用不同的支架材料外,还要从支架的制备技术着手,通过不同的制备方法获得支架的外观形状,通过对孔隙率和孔径尺寸的精确控制,满足组织工程产品对降解速率和力学性能等方面的要求。自组织工程研究问世以来,各国学者在支架制备成型技术方面进行了大量的研究,本节将对目前广泛使用的人工合成高分子材料多孔支架的制备方法及其相关特性进行介绍。

8.1.1　纺织制备方法

(1)静电纺丝法。利用电场力来制备纳米纤维,是目前得到纳米纤维最重要的方法之一。其纤维直径通常介于几十纳米至数微米之间,纤维无规堆砌形成非织造布状膜材料,可以通过调节高分子纺丝液的组成、静电纺过程参数及采用不同的收集模板来控制纳米纤维或支架的形态结构、力学和生物学性能等,以满足组织工程不同产品的要求。该方法制得的纤维或支架具有极大的比表面积、高孔隙率和相互连通的三维网状结构,且孔径可调,可与生物活性因子共纺等。

表8-1为近几年来运用静电纺丝技术制备纳米纤维支架,用于构建皮肤、血管、神经、骨与软骨等组织工程支架的研究报道。

表8-1　静电纺丝纳米纤维支架在组织工程中的应用

支架材料	溶剂	纤维直径(nm)	细　胞	应用
PLGA	二氯甲烷(DCM)	4500±1400	人角质形成细胞、成纤维细胞和内皮细胞	
胶原(collagen)	六氟异丙醇(HFIP)	100~1200	人角质形成细胞	
明胶(gelatin)	三氟乙醇(TFE)	570~300	人角质形成细胞和成纤维细胞	皮肤
壳聚糖(chitin)	六氟异丙醇(HFIP)	50~460	人角质形成细胞和成纤维细胞	
硫酸透明质酸(HA-DTPH)	改良伊格尔(氏)培养基改良伊格尔培养基(DMEM)	50~300	NIH 3T3 成纤维细胞	
胶原/PCL(collage/PCL)	三氟乙醇(TFE)	385±82	成纤维细胞	

续表

支架材料	溶剂	纤维直径(nm)	细　胞	应用
P(LLA – CL)	丙酮	500 ~ 1500	人冠状动脉平滑肌细胞	血管
P(LLA – CL)	六氟异丙醇(HFIP)	700 ~ 800	人脐血管内皮细胞	
PLGA/壳聚糖 + 弹力素 (PLGA/Collagen + elastin)	六氟异丙醇(HFIP)	720 ± 350	牛血管内皮细胞和 平滑肌细胞	
PCL/弹力素 (PCL/Elastin)	六氟异丙醇(HFIP)	520 ± 14	牛血管内皮细胞和 平滑肌细胞	
PLLA	7:3 二氯甲烷/二甲 基甲酰胺(DCM/DMF)	300 ~ 1500	鼠神经干细胞	神经
PCL/胶原(PCL/Collagen)	六氟异丙醇(HFIP)	541 ± 164	施沃恩干细胞	
PLLA/层粘连蛋白(laminin)	六氟异丙醇(HFIP)	100 ~ 500	PC12	
PCL	三氯甲烷	400 ± 200	鼠骨髓基质干细胞	骨
真丝/聚氧化乙烯 silk/PEO	水	700 ± 50	人骨髓基质干细胞	
PLA/nHA	二氧六环/二甲基甲酰胺 (Dioxane/DMF)	~ 500	人骨肉瘤 MG – 63 细胞	
PLGA	四氢呋喃/二氯甲 烷/(THF/DCM)	760 ± 210	人骨髓基质干细胞	骨和 软骨
胶原(collagen)	六氟异丙醇(HFIP)	1750 ± 860	成人关节软骨细胞	软骨
PCL	1:1 四氢呋喃/二甲基甲酰胺 (THF/DMF)	500 ~ 900	人骨髓基质干细胞	
PLGA	1:1 四氢呋喃/二 甲基甲酰胺	550 ± 150	猪关节软骨细胞	

（2）织造法。可分别采用机织（woven）、针织（knitting）、非织造（non – woven）以及编织（braiding）的方法,在专用的设备上,采用生物可降解 PGA、PLA 及其共聚物 PLGA 纤维纱线,制备出管状或平面形状的支架结构。采用不同细度的纱线或不同比例的纱线交织、不同的组织结构、不同的织造工艺参数,可以获得所需孔径大小、孔隙率、力学性能和几何形状,具有很好的可设计性。如东华大学生物医用纺织品研究中心曾采用针织结构制备组织工程肌腱支架,采用非织造结构制备组织工程皮肤支架,采用编织结构制备组织工程周围神经支架等。

8.1.2　其他制备方法

（1）相分离/冷冻干燥法。相分离（phase separation）可分成溶致相分离（solvent induced phase separation,SIPS)和热致相分离(thermally induced phase separation , TIPS)两种方法。由于许多结晶性聚合物在室温下找不到合适的溶剂,所以 SIPS 方法应用不多。TIPS 法是将聚合物溶液体系的温度降低到某一特定温度以下或者提高到某一特定温度以上发生相分离,将聚合物溶液分为富含聚合物和富含溶剂的两相,然后将分离的聚合物溶液经冷冻干燥去除溶剂后得到微孔结构的支架,故此法常与冷冻干燥法(freeze‐drying)结合起来使用。通过调整聚合物的浓度,使用不同的溶液或改变冷却速率,相分离可通过不同的机制导致各种形态骨架的形成。在相分离方法中得到的泡沫孔洞是沿着管状物的轴向呈放射状分布的,而且通过改变聚合物的浓度就能改变孔洞的尺寸大小分布。此方法的缺点是很难控制支架内部孔隙的分布,而且不易获得较大的孔洞。

(2)溶剂浇铸/粒子沥滤法(solvent casting and particulate leaching)。溶剂浇铸/粒子沥滤法是将聚合物(如 PLLA 或甲壳素)溶于有机溶剂中,然后加入盐、糖、明胶、石蜡等粒子,搅拌均匀,在模具中成型,待溶剂挥发后脱模,并浸入蒸馏水中溶出粒子,再烘干至恒重,可得到连通微孔的海绵状组织工程支架。此方法的优点是对实验设备和实验条件要求较低,支架的孔隙大小可通过致孔剂的几何尺寸控制,孔隙率可通过致孔剂与聚合物溶液的比例调节,比表面积可由致孔剂大小和孔隙率共同调节,广泛用于骨、软骨、神经、皮肤组织工程支架的构建。其缺点是支架形状受到限制,只能制备出厚度不超过 2mm 的多孔膜,聚合物有可能保留有毒溶剂,孔与孔之间相互连通性差、存在致孔剂残留等问题。

(3)气体发泡(gas foaming)法。气体发泡法采用气体作为致孔剂,有物理发泡法和化学发泡法。物理发泡法可避免在制备支架时使用有机溶剂。该法将聚合物(PGA、PLA 或 PLGA)压成片,浸泡在高压二氧化碳中直至饱和,甚至超临界状态,然后降至常压。气体的热力学不稳定性导致气泡成核和增长,形成多孔支架,缺点是孔为闭孔结构,不适合组织工程的应用,目前有研究证明可采用超声波技术打破泡沫孔壁。若将发泡与粒子沥滤法相结合,则可制得相连的开孔结构的多孔支架。也可用化学发泡法来制备多孔支架,采用的化学发泡剂主要为碳酸盐类化合物。将聚合物溶液/碳酸氢铵粒子混合物加入到模具中,待溶剂部分挥发后直接浸入热水中发泡,最后经冷冻干燥可得到多孔支架。采用气体发泡/盐浸的方法也可制备高度多孔的 PLGA 多孔支架。

(4)微球法(microsphere)。微球法是用众多小球的连接来制备三维多孔支架的一种方法。它利用了球形材料之间的间隙,保证了支架的多孔性和孔连通。常用微球烧结法(microsphere sintering),即首先利用乳液/溶剂蒸发技术合成陶瓷/聚合物复合微球,然后烧结复合微球形成三维多孔支架。如通过乳化作用合成 PLGA/活性玻璃微球,将其加热注入模具中制得三维多孔支架,能很好地促进组织骨髓基质细胞转变为成骨细胞。该方法能制备复杂形状的多孔支架,且孔隙率可控,微粒可包裹生长因子,进行可控释放。但孔间相互连通性不好,支架的孔隙率不高,并在制备过程中需要使用有机溶剂。

(5)固体自由成型法(solid freeform fabrication techniques,SFFT)。固体自由成型法也称快速成型技术(rapid prototyping,RP),它基于离散—堆积原理,能够根据产品的要求在计算机上设计出三维模型,或将已有产品的二维图形转换成三维模型,或用扫描仪,例如计算机断层扫描(computerized tomography,CT)或核磁共振成像(magnetic resonance imaging,MRI)对已有的产品实体进行扫描,通过层面处理重新构造出三维模型。目前比较成熟的快速成型方法有三维印刷(three dimensional printing,3DP)、熔融沉积模塑(fused deposition modeling, FDM)、分层实体制造(laminated object manufacturing,LOM)、激光选区烧结(selective laser sintering,SLS)、立体平版印刷术(stereolithography,SLA)等。用 SFFT 模具间接制备,增强了对支架形状、孔隙率和孔隙结构的控制,包括大小、形状、方向、分支和连通性。快速成型制备的支架具有完全通孔、孔隙高度规则、形态与微结构重复性好,利用 MRI 和 CT 数据可设计出宏观构造与缺损组织几乎完全相同的三维结构等优点。但快速成型技术需要预先制备临时的模具,使用专用的快速成型设备,而且某些快速成型方法还存在材料类型限制、支架机械强度不足、结构不均匀等缺点。

8.2　组织工程人工皮肤

皮肤是人体面积最大的器官,是机体免于脱水、损伤、感染的第一道防线。当创伤、Ⅲ度烧伤、大面积瘢痕切除造成皮肤严重缺损时,机体不能保持正常的自稳状态,极易引起系列并发症甚至导致死亡。临床常用的皮肤缺损修复方法主要有自体游离皮片移植、皮瓣移植术和异体皮、异种皮移植等。自体皮移植是创面缺损修复的最佳方法,但对于大面积皮肤缺损患者而言,自体皮皮源往往不足,难以及时有效地封闭创面。异体皮移植是目前大面积烧伤患者应用较多的方法,但是免疫排斥反应一直难以完全克服,只能作为暂时封闭创面的一种手段。因此,寻找一种理想的皮肤替代物已经成为医学上一个亟待解决的难题,利用组织工程原理构建人工皮肤替代物,有望解决临床皮肤缺损修复中供体皮肤不足的问题。

制备组织工程人工皮肤的基本方法是将体外培养的高浓度功能相关的活细胞种植于天然或人工合成的细胞外基质,在体外培养一定时间后植入体内,用以修复或替代病损组织及器官,随着种子细胞不断增殖并分泌细胞外基质,生物材料被逐渐降解吸收,最终构建出用于修复、维护和改善损伤皮肤组织功能和形态的生物替代物。目前,部分组织工程化皮肤产品已经取得美国食品与药品管理局(FDA)的许可而应用于临床并商品化,如美国的 Integra®、Alloderm®、Dermagraft®、Apligraf® 等。

在体外构建组织工程人工皮肤的过程中,种子细胞所赖以存在的支架材料一直是研究的热点之一。目前组织工程人工皮肤支架材料主要有两大类:一类是天然高分子材料,另一类是人工合成高分子材料。但从结构和功能分,组织工程人工皮肤主要有表皮替代物、真皮替代物以及含有表皮和真皮双层结构的皮肤替代物。本节将从组织工程皮肤支架材料的角度,介绍组织工程人工皮肤的研究现状与发展趋势。

8.2.1　基于天然高分子材料的组织工程人工皮肤产品

天然高分子材料直接取自生物体内,具有良好的生物相容性和生物可降解性,且降解产物无毒副作用。同时,天然高分子材料本身就具有相同或类似于细胞外基质的结构,不易引起免疫排斥反应,可促进细胞黏附、增殖和分化。

目前可用于组织工程化皮肤的天然高分子材料有:脱细胞真皮基质;天然蛋白类高分子材料,如胶原蛋白、明胶、丝素蛋白等;天然多糖类高分子材料,如纤维素、甲壳质、壳聚糖、糖胺聚糖(如硫酸软骨素、透明质酸、肝素等)、海藻酸盐等;生物合成聚酯,如聚羟基丁酸酯(polyhydroxybutyrate,PHB)等。从已有研究看,此类材料大多数来源丰富,造价低廉,且在组织相容性、理化性能及生物降解性等方面显著优于人工合成材料。其缺点是:部分天然高分子材料大规模提取比较困难,价格较高,产品批次有差异,性质难以统一,大多天然高分子材料的力学性能难以符合操作要求,部分天然高分子材料降解速率不易控制等。

(1)脱细胞真皮基质(acellular dermal matrix,ADM)。它除去了异体(种)皮中的表皮层和真皮层中引发宿主排斥反应的细胞成分,完整地保留了细胞外基质的形态结构和组成成分,力学性能好,抗原性低,可诱导具有再生能力的成纤维细胞、血管内皮细胞按照应有的组织学方式长入真皮层,临床应用效果好,目前已产业化。代表性产品有美国 Lifecell 公司开发的 Alloderm®,来源于人尸体皮的脱细胞真皮,1992 年临床上开始用于治疗烧伤患者。该产品的优点是:临床上可立即应用,且易消毒和储存,成活率高,美学效果好。但由于 ADM 无明显孔状结构,渗透性能差,移植后表皮细胞难以获得充分的营养供应,所以增殖缓慢。另外,以 Alloderm® 为代表的 ADM 取自尸体皮,来源有限,存在传播病毒性疾病的危险。因此开发异种 ADM 显得更为重要。

我国以猪皮为原料制备脱细胞猪真皮基质材料(pADM),进行了动物损伤皮肤修复、体外降解、体内降解、组织相容性及细胞培养等一系列实验研究,并在此基础上研究开发出了 3D - SC 医用生物皮片、3D - SC 人工皮肤材料及脱细胞真皮支架材料等系列产品。Oasis™ 是美国开发的源于猪小肠黏膜下层的生物产品,用于创面敷料。

(2)天然蛋白类高分子材料。

①胶原蛋白:胶原蛋白又称胶原(collagen),属于正常皮肤细胞外基质(extracellular matrix,ECM)的重要组成部分,抗原性低,降解产物不会引起不良反应,容易获得且易于加工,因此被广泛用作组织工程化皮肤支架材料。以胶原为主要成分的组织工程化皮肤已应用于临床。如1980年美国Yannas和Burke开发的硅橡胶/胶原—硫酸软骨素—6海绵双层皮肤,其中硅橡胶作为临时性"表皮",提供力学支撑,多孔胶原—硫酸软骨素—6真皮替代物作为基质,使细胞聚集,促进毛细血管长入以形成新血管网络。在此基础上,美国Integra Life Science公司开发了Integra®人工皮肤(integra artificial skin,IAS),该产品在1996年和1998年分别获美国FDA批准和欧共体CE许可证,应用于深度烧伤的治疗。从严格意义上来说,由于Integra®不含活性细胞成分,且用薄层硅胶膜覆盖以起到表皮的作用,所以只能算一种真皮替代物。Biobrane™为双层膜状物,外层是硅胶薄膜,内层为部分埋入其中的锦纶的纤维网,网孔中充满胶原,该结构可以有效减少换药次数,缩短住院时间,避免伤口过于频繁地暴露于外界而致感染,同时减少止痛剂的应用,为表皮化修复提供了稳定的环境,特别适于5岁以下儿童浅度烧伤患者。Organogenesis公司生产的Apligraft®(又称Graftskin)是第一种商品化的既含有表皮层又含有真皮层的双层结构组织工程化皮肤。它将从新生儿包皮中获取的成纤维细胞溶于牛胶原中塑形,再在其表面接种新生儿表皮角质细胞。该产品于1998年被美国FDA批准用于烧伤、糖尿病性溃疡和皮肤病的外科治疗。我国有研究以胶原、壳聚糖为主要材料,通过冷冻、干燥和改性,获得适用于真皮再生的多孔支架。Orcel™是一种培养的活性复合人工皮肤,将种子细胞(体外培养的异体成纤维细胞和角质形成细胞)分别接种在牛胶原基质的上下两面,这种皮肤替代物的优点是可以立即使用,缺点是有关临床应用的资料较少。

②明胶:明胶具有良好的生物相容性和生物可降解性,具有溶胶—凝胶的可逆转换性、极好的成膜性,这些性质让明胶单独或与透明质酸(hyaluronic acid,HA)等复合构成真皮支架应用于人工皮肤的体外构建及移植实验,均显示出一定的应用前景。如明胶—海藻酸盐海绵、明胶—HA复合成海绵,研究证明可作为伤口敷料或皮肤组织工程支架。

③丝素蛋白:丝素蛋白具有良好的生物相容性和细胞亲和性,对机体无毒性、无致敏和刺激作用,又可部分生物降解,其降解产物本身不仅对组织无毒副作用,还对皮肤、神经组织等有营养与修复作用。其制备方法是将家蚕丝素溶解、提纯后,用流延法制成再生丝素膜。该材料无毒性、无刺激作用,具有良好的生物相容性,而且对成纤维细胞、皮肤表皮细胞的黏附性好。吴徽宇等研制的丝素创面保护膜临床试验取得成功,经鉴定后于1996年作为产品进入市场。

(3)天然多糖类高分子材料。

①纤维素:目前用于组织工程化皮肤支架材料的纤维素主要是细菌纤维素(bacterial cellulose,BC)。BC是一种天然的生物高分子聚合物,具有生物活性、生物可降解

性、生物适应性,具有独特的物理、化学和力学性能,如高结晶度、高持水性、超细纳米纤维网络、高抗张强度和弹性模量等。用 BC 制成特殊的组织工程化皮肤支架材料,具有有效缓解疼痛、良好的黏附性、有效防止细菌入侵感染、促进伤口快速愈合、对于水及电解质有良好的通透性等优点;此外,与传统材料相比,它还具有成本低、处理时间短、使用后健康皮肤可很快生长以取代人工皮肤等特性,因此已成功用于治疗Ⅲ度烧伤、溃疡及皮肤移植和慢性皮肤溃疡。部分产品已经商品化,Biofill 和 Gengiflex 是两个应用比较广泛的商品。Biofill 作为人类临时皮肤替代品已被成功应用于治疗Ⅱ度和Ⅲ度皮肤烧伤、皮肤移植及慢性皮肤溃疡等疾病,具有快速减轻疼痛、支持伤口愈合、消除术后不适感、减少感染概率、易于检查伤口、快速愈合伤口,可随表皮再生而自然脱落,治疗时间短和成本低等特性,缺点是在大范围移动过程中缺少弹性。Gengiflex 则用来修复牙龈组织。

②甲壳质、壳聚糖:甲壳质和壳聚糖具有选择性促进上皮细胞生长的独特生物活性,同时具有动物骨胶原组织和植物纤维组织的双重特性,具有良好的组织相容性。用甲壳质或壳聚糖制成的人工皮肤柔软、舒适、与创面的贴合性好,既透气又吸水,具有抑制疼痛和止血功能,也有抑菌消炎作用。随着创面的慢慢愈合,自身皮肤生长,该人工皮肤能自行降解并被机体吸收,并可促进皮肤再生。目前国外已有相关制品上市销售。图 8 - 1 为东华大学开发的甲壳质医用敷料,由纯甲壳质非织造布制成,具有良好的生物相容性,无毒、无热源、不致敏,可止血、促进上皮细胞生长,抑制细菌生长和疤痕形成;采用单片包装,使用方便,适用于烧伤、烫伤、褥疮、体表溃疡、痔疮、外科伤口等。图 8 - 2 为甲壳质护创贴,是由甲壳质非织造布、吸收组合垫和含胶非织造布基材复合而成,适用于外科术后伤口、腹腔镜术后伤口,同样可起到止血、加快愈合和消炎等功效,并使换药次数大为减少。

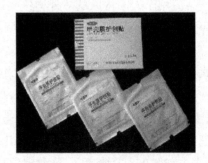

图 8 - 1　甲壳质医用敷料　　　　　图 8 - 2　甲壳质护创贴

除了可促进表皮细胞增殖,壳聚糖还可抑制成纤维细胞的过度增生。因此,壳聚糖类材料还可被应用于临床治疗增殖性瘢痕。

③透明质酸:透明质酸广泛存在于哺乳动物细胞外基质中,其体内降解产物在伤

口愈合尤其是上皮细胞的增殖、迁移中有着重要的作用。其代表产品为 Laserskin,是一种由 100% 苯甲基酯化透明质酸构成的薄而透明的膜状物,经激光打孔后,在其上接种自体表皮细胞最终形成商业化产品。目前该产品已在欧洲部分国家应用。

8.2.2　基于人工合成高分子材料的组织工程人工皮肤产品

人工合成高分子材料主要为生物降解聚合物,由于此类聚合物能在体内降解为小分子物质并通过机体代谢排出,且易于加工、具有良好的组织相容性、力学性能和降解速率的可控性,因此被广泛用作组织工程支架材料,常见的主要有聚乳酸(PLA)、聚羟基乙酸(PGA)以及它们的共聚物(PLGA)、聚亚氨酯、聚环氧乙烷等。

(1)PLA、PGA 及其共聚物。由于 PLA 体内降解时间多在 12 个月以上,且具有较高的脆性,不宜进行复杂加工,而 PGA 力学性能较差,降解时间在 3～6 个月之间,且在降解过程中强度迅速衰减,因此多应用二者的共聚物 PLGA 作为组织工程皮肤的支架。美国的 Advanced Tissue Science 在 Vicry1 网片(由 PLGA 纤维长丝经编织制成)上种植新生儿成纤维细胞,获得活性真皮替代物,即 Dermagraft®,该产品已获得美国 FDA 批准应用于糖尿病足溃疡、继发于大疱性表皮松解症的皮肤溃疡。临床应用表明,Dermagraft®是一种有效、安全的组织工程皮肤材料。Dermagraft - TC 则是将新生儿成纤维细胞接种与 Biobrane 网片上培养 4～6 周,形成与各含有高水平分泌的人基质蛋白和大量生长因子的致密细胞组织。

(2)聚亚氨酯(聚氨酯)。具有较好的顺应性和气体、水蒸气通透性,有助于维持创面保湿,因此在皮肤组织工程研究中应用较多。一种聚亚氨酯膜片 HydroDerm™ 已商品化。将表皮细胞接种于 HydroDerm™,将此复合物置于真皮基质上经气—液界面培养,可形成含基底膜结构的多层分化表皮,可以较好地修复缺损创面。

(3)聚环氧乙烷(聚乙二烯氧)。将聚环氧乙烷和聚对苯二甲酸丁二醇酯的共聚物制成薄膜,称为 PolyActive,并在其上接种表皮细胞和成纤维细胞形成具有真、表皮的双层结构皮肤替代物。在 PolyActive 上接种成纤维细胞后,可形成多层的表皮结构。

8.2.3　组织工程人工皮肤的发展趋势

(1)组织工程人工皮肤支架材料。组织工程皮肤支架材料的研究及其优选是人工皮肤的重要研究内容之一,其基本要求包括:良好的生物相容性,即支架材料及其降解产物对组织细胞无毒性和致突变作用,植入体内时无抗原性和致畸作用;具有高孔隙度的三维立体结构,利于细胞与支架材料相互作用以及确保细胞外基质再生的空间;具有良好的表面活性,即材料表面能使细胞黏附和生长;具有生物可降解吸收性,即材料在细胞生长、繁殖和组织再生过程中能逐渐被降解吸收;具有可塑性及适宜的力学特性,即易于加工成型,能够在体内外承受一定的压力,并在一定时限内保持其外形和结构的完整性。但目前无论天然材料还是合成材料,均不具备完美的细胞外基质的功能,因此,研制新型仿生支架材料势在必行。组织工程皮肤支架材料的研究重点主要是通过表面仿生技术增强合成支架材料对细胞的黏附性;采用物理或化学方法提高天然支架材料的力学性能和渗透性。今后支架材料的研究方向主要是:进一步深入研究合成支架材料的表面改性,提高其引导细胞行为的功能,促进材料对细胞的黏附;进一步提高天然支架材料微观渗透性和生物活性,促使毛细血管的长入;制备结构仿生支架材料及高活性复合支架材料,推动其在实际生产和临床中的应用。

(2)组织工程人工皮肤。理想的组织工程人工皮肤替代物应当是具有正常皮肤的特征与功能,而目前最佳的皮肤替代物依然是自体表皮替代物,因为其余的各种方法绝大多数仅显效于慢性下肢溃疡和烧伤的患者,同时它们也都不同程度地存在切取困难、易于感染、免疫排斥和过敏等。培养表皮片由于缺乏真皮成分的支持,对机械损伤高度敏感,移植后易形成创面收缩和瘢痕增生,而且由于缺乏真皮,没有实现真正的皮肤重建。真皮替代物由于缺乏表皮,无活细胞,易感染,移植后易降解、收缩,在创面边缘易形成瘢痕。因此,理想的人工皮肤应包含表皮和真皮两层结构并且应当最大限度地满足:两者之间连接紧密;具有柔韧性和一定的强度,移植到创面后很快即与创面良好贴附;安全、不携带病毒;表皮和真皮成分能尽快完成自身增殖、分化和功能成熟,形成更接近于生理的永久性的皮肤替代物等。目前,组织工程人工皮肤的困难在于:真皮成分中细胞外基质的选择,它既要有效地促进表皮细胞和成纤维细胞的功能,又要能诱导创床基底的纤维血管组织长入,而且要在新生皮肤成熟后自动降解,整个过程中无炎性反应,并确保不携带任何致病原。虽然近年来组织工程皮肤已取得可喜的进步并部分应用于临床,但组织工程皮肤的韧性及力学性能同正常在体皮肤仍有较大差距,没有正常皮肤的毛囊、血管、汗腺以及黑色素细胞、朗格罕氏细胞等成分,且由此所引起的移植皮肤愈合较慢,容易失败,耗时较长。因此,未来组织工程皮肤的发展方向是建立与正常在体皮肤结构和功能相近的组织工程复合皮肤,该复合皮肤不仅具有正常皮肤的附属器官,而且可以促进皮肤移植后的快速血管化,提高移植成功率。

8.3 组织工程人工神经

周围神经(peripheral nerve)缺损后的再生和功能恢复一直是神经科学领域的热门问题。由于周围神经结构和功能上的特殊性,其再生能力较差,大多数神经缺损无法采用直接端端吻合方法修复。自体神经移植是目前临床上用于修复周围神经缺损的最常用、最有效的方法。然而,自体神经移植必然伴随着供区的功能受损,且可供移植的神经来源有限。异体神经移植虽然来源充足、各种类型的神经段都可以得到,但存在着较强的免疫排斥反应。利用各种神经导管可成功桥接修复短段周围神经缺损已为许多学者公认,但是,这些神经导管由于缺乏雪旺细胞(schwann cell, SC)或内部支架来支持、促进神经再生轴突长距离生长,因此不能有效修复长段周围神经缺损。应用组织工程技术构建人工神经,为修复长段周围神经缺损提供了新的方法和思路。

　　组织工程人工神经(tissue engineering nerve)的主要内容是将经体外培养扩增的雪旺细胞种植在具有三维支架结构、可生物吸收、半渗透性的神经导管内,桥接周围神经缺损。组织工程人工神经的发展始于神经导管的制作。神经导管就是用生物或非生物的材料预制成管状,再将神经的远近两断端放入管内,两断端神经外膜与管壁各缝1~2针固定,如图 8-3 所示。随后,神经轴突即可沿着管腔从近端长入远端。神经导管作为引导周围神经再生的中空管道,可以防止纤维瘢痕组织的侵入,避免神经瘤的形成,并利用远端神经的趋化因子使轴突准确对合。同时,神经导管中的生物微环境可以人为控制和改变,使之适宜于神经再生。

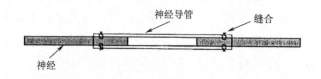

图 8-3　神经导管

　　组织工程人工神经导管修复技术可以克服自体神经移植来源不足的缺点,促进神经生长、功能恢复,为解决周围神经外科和脊髓损伤难题带来重大突破。但目前国内外组织工程人工神经的研究仅处于实验研究阶段,尚未形成真正用于临床的组织工程产品。

8.3.1　组织工程人工神经支架材料

　　目前,用于组织工程人工神经支架的材料为生物可降解材料。生物可降解材料有两类,一类是天然材料,如胶原、明胶、几丁质、几丁糖、甲壳素等。另一类是人工合成材料,主要有聚乳酸(PLA)、聚羟基乙酸(PGA)及其共聚物聚乙交酯丙交酯(PGLA)、聚氨酯等。这些材料都具有良好的生物相容性,并且可被人体吸收,在桥接周围神经缺损方面取得了不同程度的成功。

　　在使用生物可降解材料制备组织工程人工神经支架时应注意:控制降解速度,使其对神经再生的整个过程始终提供稳定的支持,一旦再生过程完成,很快降解吸收;材料应有一定的弹性和厚度,便于与神经外膜缝合;导管内径应能容纳降解时聚合物的膨胀;材料应易于与神经细胞黏附和复合,且可吸附神经营养因子等,以供神经再生之需。

　　(1)天然材料。

　　①胶原:胶原蛋白作为细胞外基质的主要组成部分,可用于神经的修复。胶原蛋

白的多孔性结构允许营养物质在其中渗透和交换,同时,胶原蛋白与细胞之间的亲和性及其黏附性使得包括分化血管细胞在内的多种细胞都可在胶原蛋白表面上生存和增殖。胶原蛋白在体内可完全降解,经过适当的交联,可以使它的降解吸收速率与组织再生速率大体相当。胶原蛋白的这些特性满足了作为神经导管的基本要求。有研究者将胶原蛋白溶液蒸发形成的薄膜卷绕成管状,使用戊二醛交联后制得神经导管,研究证明在材料表面形成的多孔结构有利于神经轴突从损伤的近端萌发,黏附和生长。也有研究者将胶原涂覆于合成神经导管表面,证明其具有良好的修复神经缺损的作用。

②明胶:明胶是通过对胶原蛋白热变性处理或者是物理化学降解处理而得到的产物,它相对于胶原蛋白更容易从原溶液中提取,因此也更加廉价。与胶原蛋白相似,明胶也是一种生物相容性、可塑性和生物黏附性很好的生物可降解天然材料,其力学性能和化学性能可以通过适度的交联得到改善,且在明胶分子链骨架上存在的羧基,可使其与神经细胞分子上的氨基相互作用,改善了与神经细胞间的黏附性。

③几丁质、几丁糖:几丁质、几丁糖是目前研究比较多的可降解天然材料,它们在体内有较好的生物相容性和可吸收性,并可抑制成纤维细胞的生长而促进内皮细胞的生长,抑制疤痕组织形成,是制备神经导管的较为理想的材料。但也存在着材料强度不足、脆性较大、易变形塌陷、难于缝合等缺点。

④甲壳素:甲壳素作为一种再生性的生物资源,广泛地存在于节肢动物的外骨骼中,如虾蟹等。甲壳素是以乙酰氨葡萄糖为单元的多糖类物质,也是人类细胞外基质的主要成分。由于甲壳素的生物可相容性、生物可降解性以及与黏多糖相似的结构组成,其有着巨大的应用潜力。甲壳素一般可与其他材料复合使用。

但是,在组织工程人工神经支架材料的应用中,天然材料亦存在许多不足之处,产品的各个批次之间存有差异,诸如相对分子质量和相对分子质量分布的差异等。因此,组织工程神经支架材料需要一些降解时间可控的材料,这就需要通过不同的合成途径和方法合成一些具有特殊物理性质和特殊降解时间的大分子聚合物。

(2)合成材料。PGA、PLA及其共聚物PGLA是组织工程人工神经支架中应用最多的材料,已有大量的研究报道,可分别采用浸涂法、模具浇注法等制备各种规格的神经导管和支架;也可以与胶原、明胶、甲壳素等物质复合使用,改善支架材料与细胞的黏附性能;采用PGA与PLA以不同比例共聚、共混或交织技术可调控支架材料的降解速率,改善神经导管的性能。

其中,PGA神经导管 Neurotube® 于1999年由美国FDA正式批准可在美国境内销售;一项关于 Neurotube® 的临床研究显示,Neurotube® 桥接修复指神经切割伤(神经缺损<4 mm)的疗效优于端端吻合术;桥接修复指神经缺损(神经缺损 0.4 ~ 3 cm)的疗效优于自体神经移植。由于工程技术上的原因,Neurotube® 神经导管的内径细小,且价

格昂贵,还未获得推广应用。

8.3.2　组织工程人工神经支架结构

自 1880 年 Gluck 使用脱钙骨桥接神经缺损以来,人们先后尝试过用血管、肌肉、羊膜等生物型导管修复周围神经缺损,在动物实验方面取得了不同程度的成功。1979年,Lundborg 等利用硅胶管桥接大鼠坐骨神经缺损,并创立了"神经再生室"的概念,之后有许多研究围绕着对管状结构的神经再生导管制备修复周围神经缺损,神经导管所用材料涉及天然非神经组织如静脉、动脉、羊膜管、骨骼肌、肌腱等,其优点是组织相容性好、生物安全性高、亲水性及细胞亲和力较高,缺点是加工性能差,因原料的来源产地不同而质量重复性差等。随着材料学和组织工程学的发展,人们对生物相容性好、可吸收降解的人工合成材料和经过改性的生物材料制备的神经导管进行了大量研究,动物实验结果显示,单纯的中空结构神经导管只能桥接短距离神经缺损。为桥接较大距离神经缺损,研究焦点集中在增加导管腔内的黏附表面活性,由过去单纯的中空结构神经导管发展到填充经生物材料修饰的各种材料作为内支架(或再复合雪旺细胞),以及开发各种三维结构的神经导管。

纵观神经导管的研究和发展历程,可以看到,组织工程人工神经的发展始于神经导管的制作方法。

8.3.2.1　中空结构神经导管

中空结构神经导管(中空管)的制作方法主要有浸涂成型法、模具浇注成型法和溶液或熔融挤出成型法、纺丝器纺丝成型法和编织法等。在导管的制作过程中,形成导管孔隙的传统技术方法主要有:微粒浸析法、机械制孔法、乳剂冻干法、成孔剂析出法、气体发泡技术等。机械制孔由于孔间连接不够,孔隙率(一般要求控制在 75% 左右)难以控制;乳剂冻干法易产生封闭孔结构;成孔剂析出法使用的有机溶剂不易清除。

(1)浸涂成型法:先将高分子材料和制孔剂溶于有机溶剂中,形成高分子溶液;然后将溶液均匀涂覆在一定外径的圆柱形棒(或管)上,或将圆柱形棒插入溶液中再提拔出液面,可重复多次直至达到所需的厚度;之后采用溶剂挥发法、凝固液凝固法、加热干燥法、旋转蒸发法等工艺技术中的一种,以在圆棒表面上形成圆形管状材料;再置入清洗液中清洗;最后真空干燥、抽芯后即制成中空导管。浸涂成型法简便,易于操作,但不利于规模生产。

(2)模具浇注成型法:先将高分子材料和制孔剂溶于有机溶剂中,形成高分子溶液;然后将溶液注入模具中;冷冻干燥或在碱性凝固液中成型后,置入清洗液中清洗,再加热干燥,并进行热处理;最后取出芯棒,制得中空导管。这种成型方法常用于制作几丁质、几丁糖及其复合材料神经导管。

(3)挤出成型法:挤出成型法分熔融法和溶液法两种。熔融挤出成型法要求较高的温度,这可能会导致材料的降解。用溶液挤出成型法制备导管时,常采用干/湿相转移凝固工艺:将高分子材料用溶剂溶解,并加入添加剂,除泡后注入挤出器中,在一定压力下将物料挤出,挤出物经常温空气挥发(干法),然后经内、外凝固液凝固(湿法),充分洗涤去除添加剂,真空干燥后,即可制得中空导管。采用溶液挤出成型法可以在常温下方便地批量制备不同内径、壁厚、长度的神经导管,并且通过在挤出液中添加盐或其他水溶性高聚物等制孔剂,很容易控制和改进神经导管的表面性质和渗透性。

(4)纺丝器纺丝成型法:用干/湿相转化纺丝法,将相对分子质量为730000的消旋聚乳酸(PLA)、溶剂、添加剂置入挤出器中溶解,除泡后用纺丝器制成外径为2.3mm、内径为1.9mm、壁厚为0.4mm的管道,再经洗涤,去除添加剂,制成有孔的中空管。

(5)编织法:东华大学神经导管课题组对编织结构神经再生导管进行了系统研究。主要采用经熔融纺丝制备的生物可降解材料 PGA 或 PGLA,经二维管状编织工艺、壳聚糖浆液浸泡涂层和低温定型处理制成,图 8 - 4 为编织结构神经导管的几何形状,图中 ID 为导管内径,OD 为导管外径。该编织结构神经导管的特点为:导管内径可根据需要调控,内径范围为 0.8 ~ 5.0mm,导管长度可任意剪取。其编织结构可以采用图8 - 5 所示的菱形编织、规则编织和三向编织等。

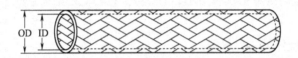

图 8 - 4　编织结构神经导管的几何形状

(a) 菱形编织　　　　　　(b) 规则编织　　　　　　(c) 三向编织

图 8 - 5　三种编织结构

8.3.2.2　组织工程人工神经支架结构与制备

(1)中空管:在中空导管内加入细胞外基质、神经营养因子和种植雪旺细胞。单纯的中空导管桥接神经缺损的长度已经被证明非常有限。对于较长距离的神经缺损,无论神经导管是否可降解,其促进神经再生的效果较自体神经移植差。于是,在改进导管材料的同时,在中空导管内加入促进神经再生的细胞外基质、神经营养因子和种植雪旺细胞,构建组织工程人工神经。

细胞外基质(ECM)为细胞提供附着、生长和迁移的支持,为神经再生起明显的引导和再生作用,其主要成分为层粘连蛋白、纤维连接蛋白和胶原蛋白等物质。可以促进神经生长的神经营养因子包括神经生长因子(NGF)、脑源性神经营养因子(BDNF)、胰岛素样生长因子(IGF-1和IGF-2)、血小板源性生长因子(PDGF-BB和PDFG-AB)、碱性和酸性成纤维细胞生长因子(bFGF和aFGF)、睫状神经营养因子(CNTF)以及白细胞介素-1(IL-1)等。雪旺细胞是组织工程人工神经最常用的种子细胞。雪旺细胞不但是轴突延伸的基础,而且可以源源不断地分泌各种神经趋化和神经营养因子。

东华大学曾与上海市第一人民医院合作,采用PGLA纤维经编织结构制备中空神经导管(导管内径1.6mm,外径1.8mm),经脉冲等离子体涂层并固定睫状神经营养因子(CNTF),可修复SD大鼠坐骨神经15mm缺损。

(2)内支架:在中空管内植入纵行丝状引导物。在神经导管的研究过程中人们发现,单腔导管有很大的不足,与自体神经移植相比缺乏纵行排列的基膜管,不利于再生轴突和雪旺细胞的接触引导和生长;即使向管内注入雪旺细胞悬液,但由于管内缺乏立体支架,细胞会沉积在管壁上形成细胞团块,难以保证有序的排列。

中空导管内加入纵行丝状引导物促进神经轴突再生的理论基础是沿纵轴排列的纤维能提供脚手架作用,引导轴突生长,避免再生神经纤维打折而形成神经瘤。东华大学神经导管课题组与上海市第一人民医院合作,采用PGLA纤维经编织结构制备中空神经导管,在中空导管内斜向预置引入一根PGA引导纤维(图8-6)。其中,采用三向编织结构且表面经壳聚糖涂层制备神经导管支架,导管内径为1.8mm,壁

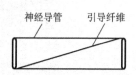

图8-6　导管内预置引导纤维示意图

厚200μm,神经导管内预置直径为0.7mm PGLA(GA:LA=90:10)引导纤维,可以桥接14mm大鼠坐骨神经缺损;内径为5mm的相同结构神经导管,可以桥接25mm犬胫神经缺损。

(3)管中管:多腔性人工导管。Hadlock等报道了用可吸收性的PLGA材料制作多腔性人工导管的实验:选用PLA和PGA按85:15的比例,采用新的泡沫处理程序和低压注射模式,制作出由多个纵行排列的、连续的细小管腔组成的直径为2.3mm棒状移植物,其中有5条纵向排列的小管腔,管腔经层粘连蛋白溶液表面修饰后,引入浓度为5×10^5/mL的雪旺细胞,移植入大鼠坐骨神经7mm缺损区,术后6周形态学检测到再生神经纤维。Suzuki等将经冻干处理的、呈网眼状结构的藻酸盐(alginate)置入PGA管内,修复猫50mm长度坐骨神经缺损,并获得成功。戴传昌等报道了一种非管状、开放的、含雪旺细胞的组织工程化神经桥接物的方法,将多根直径为15μm的PGA单丝

纤维纵向平行排列构成具有立体结构的纤维条索,然后在体外与雪旺细胞悬液共培养,2 周后移植修复大鼠 15mm 神经缺损,其修复效果接近于自体神经移植的结果。Yoshii 将纵行排列的 2000 根 22μm 直径的胶原纤维束,代替导管直接修复大鼠 20mm 神经缺损,8 周时再生轴突数量为 5500 根,高于自体神经移植组(4800 根),12 周时步态分析和肌电图检测证明有功能恢复。

东华大学神经导管课题组采用 PGLA(GA:PA = 90:10)纤维,经特殊的编织工艺制备了外径为 3mm 的三维结构导管支架,内置 50 根均匀排列的外径为 100μm 编织结构微导管,内、外导管均经 3.5% 壳聚糖喷涂处理,如图 8 - 7 所示,支架孔隙率为68% 。图 8 - 7(a)为支架外观结构,(b)为支架横截面结构,(c)为支架纵向结构,(d)为支架斜向结构。取新生 3d SD 乳鼠的坐骨神经,分离、纯化雪旺细胞,将该雪旺细胞接种在三维支架内培养。实验研究证明,该三维结构神经导管支架具有良好的生物相容性。

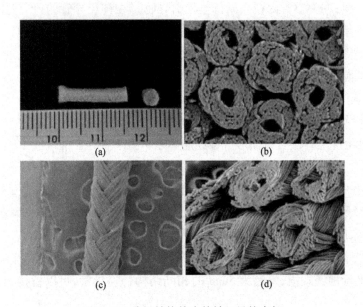

图 8 - 7　编织结构管中管神经导管支架

8.3.3　组织工程人工神经的评价

对于组织工程人工神经支架,目前尚没有标准的评价方法。东华大学神经导管课题组针对编织结构神经支架,采用表面性能、物理性能、力学性能和降解性能来评价,其中压缩性能采用了专门开发的测试仪器。对于组织工程人工神经,在动物实验中,常用神经恢复效果来评价,见表 8 - 2。

表 8 - 2 组织工程人工神经性能与评价指标

性　　能		评价指标与方法	说　　明
支架表面性能		外　　观	光滑,无污渍,无结头
支架物理性能		长度(mm)	
		内径(mm)	
		壁厚(mm)	
		孔隙率(%)	
支架力学性能	压缩性能	抗压力(cN/mm)	采用如图 8 - 8 所示,将神经导管支架置于上下两个平板之间的侧向压缩的方式进行
		初始压缩模量(cN/mm)	导管径向压缩变形曲线起始一段直线部分的斜率,表征在小变形条件下,导管承受径向压力作用时抵抗变形能力的大小,用于衡量支架的刚性
		50% 压缩率时的抗压力(cN/mm)	第 1 次压缩过程中被压缩至初始直径 50% 时导管所能承受的径向压缩负荷,表示支架承受压缩负荷的能力
		抗压力保持率(%)	经过 5 次反复压缩后的 50% 压缩率时的抗压力保持率的情况
	拉伸性能	轴向拉伸应力—应变曲线	
使用性能	理化性能	降解率(天)	
		横截面积保持率(%)	评价支架受到径向压缩时的横截面积变化或轴向拉伸时的横截面积变化
		轴向伸长率(%)	支架在 10MPa 拉伸力作用下产生的长度变化
		重金属含量(μg/g)	
	生物性能	生物相容性	无菌、无热源、溶血率小于 5%、无致敏反应、无短期全身毒性反应、无急性全身毒性反应、Ames 试验为阴性、无细胞毒性、植入试验和骨埋植试验应无反应~轻微组织反应
降解性能		质量损失率(%)	
		力学性能	降解过程中的各项力学性能变化
		表面形态	

性　　能	评价指标与方法	说　　明
神经恢复效果评价（动物实验评价）	形态学观察	动物体内移植一段时间后,解剖取出再生的神经组织,观察是否有清晰的髓鞘细胞产生,神经细胞是否穿过导管,或者在同样的时间内神经细胞穿越的长度
	电生理学检验（又称运动神经传导速度检验）	采用电学仪器刺激神经一端,记录另一端的反射时间,判断神经传导速度,进而评判再生效果
	定量组织学	体内移植一段时间后,解剖取出导管并且横切导管,固定截面组织,在电子显微镜下观察再生的髓鞘细胞数目、密度和髓鞘膜的厚度。一般,髓鞘细胞越多,密度越大,膜越厚,再生的效果越好。另外,神经细胞轴突的长度也可作为修复的评价依据

　　以内径1.8mm的三种编织结构(菱形编织、规则编织、三向编织)神经导管支架为例,其支架的压缩性能及其变化规律如图8-9~图8-13所示。其中,图8-9所示为典型的第1次压缩过程中径向压缩变形曲线,显示各种结构的神经导管具有相似的径向压缩特性。图8-10和图8-11分别表示编织角(编织工艺参数)对支架初始压缩模量和50%压缩时抗压力的影响。图8-12为编织角对支架抗压力保持率的影响。图8-13为支架横截面积保持率与径向抗压力之间的关系。

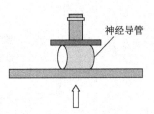

图8-8　径向压缩示意图

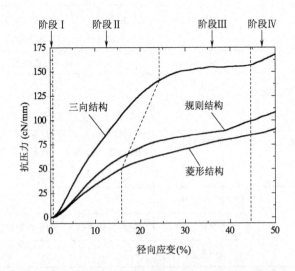

图8-9　编织结构神经导管典型的径向压缩变形曲线

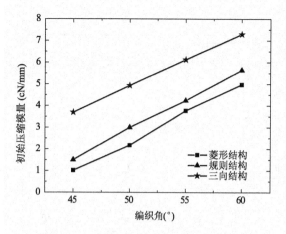

图 8 - 10 编织角对初始压缩模量的影响

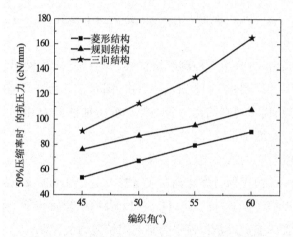

图 8 - 11 编织角对 50% 压缩率时抗压力的影响

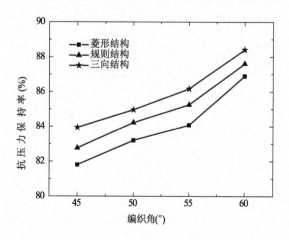

图 8 - 12 编织角对神经导管抗压力保持率的影响

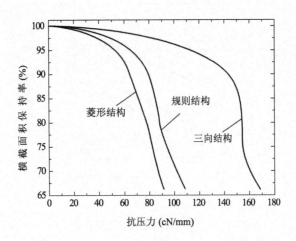

图 8 – 13　神经导管横截面积保持率与径向抗压力之间的关系

　　仍以内径为 1.8mm 的上述三种编织结构神经导管支架为例,其支架的拉伸性能及其变化规律如图 8 – 14～图 8 – 17 所示。其中,图 8 – 14 为支架轴向拉伸变形曲线,从中可以看到,菱形结构和规则结构导管的拉伸变形曲线具有相同的趋势,而三向结构导管因轴纱的引入而具有不同的轴向拉伸特性。图 8 – 15 为支架在小变性 (10MPa)拉伸力作用下产生的长度变化。图 8 – 16 则表示不同编织角时的菱形结构神经导管内管腔的横截面积保持率与轴向应变的关系,图中的"▲"表示神经导管受到 10MPa 轴向拉伸力作用时所对应的点。图 8 – 17 表示在初始拉伸过程中,各种编织角的菱形结构编织导管的横截面积保持率与轴向拉伸应力的关系。

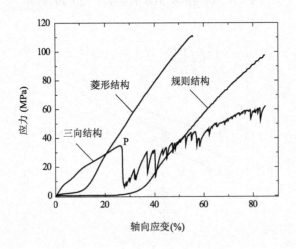

图 8 – 14　神经导管典型的轴向拉伸变形曲线

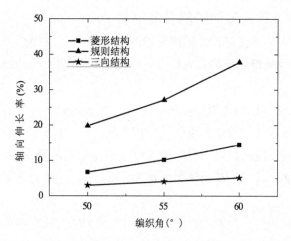

图 8 – 15　神经导管在 10MPa 拉伸力作用下产生的长度变化

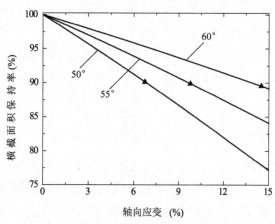

图 8 – 16　菱形结构神经导管横截面积保持率与轴向应变的关系

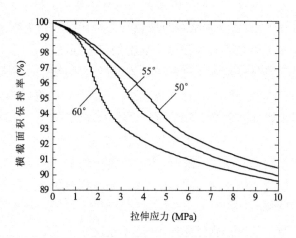

图 8 – 17　神经导管横截面积的变化与轴向拉伸应力的关系

8.3.4 组织工程人工神经的发展趋势

目前的神经导管只能促进较短距离神经缺损的神经再生,为了使神经导管应用于较长的缺损和使神经纤维生长的方向更具特异性,未来的组织工程人工神经应具有如下特点:

(1)管壁具有微孔,以利于周围微环境中营养物质的交换。

(2)导管的降解速度与神经再生的速度相匹配,及时降解和被人体吸收。

(3)加入能控制释放的神经营养因子或可以通过管壁控制性释放神经营养因子。

(4)含有能分泌生长因子和为轴突生长提供基质的支持细胞(如雪旺细胞、可诱导分化的干细胞)。

(5)具有多孔性和有序排列的管腔内基质,有利于细胞的黏附和迁移。

(6)导管内有小的管道,有利于神经束正确连接。

虽然到目前为止还没有发现完全符合上述要求的人工神经,但已有很多学者在神经导管、雪旺细胞的培养与种植、导入促进生长因子等方面做了大量工作,而且初步实验结果已预示了其广阔的发展空间。随着研究的深入,最终将会研制成功更接近临床应用的、具有生物活性、可以促进和支持长距离周围神经缺损后再生的桥接物。

8.4　组织工程人工肌腱

肌腱缺损是常见疾病之一,如果肌腱损伤后没能得到及时修复,将会导致肢体功能障碍,给患者的正常生活带来极大的不便。因此肌腱损伤或缺失后,对其进行手术修复和功能重建非常重要。肌腱损伤分为有损损伤和无损损伤,肌腱有损损伤的治疗方法有自体肌腱移植、同种异体肌腱移植、异种肌腱移植和人工肌腱替代物。前三者由于供体肌腱缺乏或免疫排斥反应等因素使肌腱移植受限。随着细胞培养技术、移植技术和生物材料科学的发展,一种全新的理想肌腱替代物——组织工程人工肌腱(tissue engineering tendon),将有可能解决缺损肌腱的修复问题。

组织工程人工肌腱是指在体外将种子细胞接种到可降解的三维支架材料上培养一段时间后形成肌腱细胞—材料复合物,然后将其植入到肌腱缺损处,使种子细胞在支架上分化为肌腱组织并生成细胞外基质。目前,组织工程人工肌腱种子细胞来源主要有 3 种:肌腱细胞、成纤维细胞和骨髓基质间充质干细胞。

组织工程人工肌腱修复缺损肌腱,与传统方法相比主要有以下几个优点:

(1)所形成的肌腱组织有活力和一定功能,可对肌腱缺损进行形态修复和功能重建,并达到永久性替代的目的。

(2)以相对少量的肌腱细胞经体外培养扩增后,修复严重的肌腱缺损。

(3)按缺损肌腱形态任意塑形,达到形态修复。

这里主要从组织工程人工肌腱支架材料、支架结构、评价方法、发展趋势等角度，对近年来肌腱组织工程的研究状况进行综述。

8.4.1 组织工程人工肌腱支架材料

支架材料是组织工程的关键，不仅为种子细胞的生长和繁殖提供场所，也为胶原等胞外基质的形成提供结构框架。因此，选择合适的支架材料对组织工程人工肌腱的构建起决定性作用。理想的肌腱支架材料的选择必须符合几点要求：细胞支架材料必须无毒、具有良好的生物相容性；材料必须具有生物可降解性，能随着细胞的增殖而在体内逐渐降解、代谢、吸收；材料必须具有良好的加工性能，能被加工成所需的形状和结构；支架必须具有开放性的孔结构，其孔隙大小必须符合一定的要求；支架必须具有一定的力学性能，包括强度、柔韧性等。

用于组织工程人工肌腱支架的材料可分为天然材料和合成材料，目前应用较多的是胶原、蚕丝以及聚羟基乙酸（PGA）、聚乳酸（PLA）及聚乙交酯—丙交酯（PGLA）。

（1）胶原。胶原是从动物骨骼、筋膜中经浸煮、水解等多道工序提炼得来的，生物相容性好，可参与组织的愈合过程。肌腱的组织成分主要是由胶原纤维组成的粗大纤维束，胶原纤维的主要成分是胶原蛋白，所以胶原作为组织工程人工肌腱支架材料其生物相容性是比较好的，但是胶原在人体内降解速度很快，无法保持支架强度，因此胶原常和其他材料一起使用，构成复合支架。

（2）蚕丝。蚕丝是一种天然蛋白质纤维，由丝胶和丝素构成，其中丝素取向度很高，使蚕丝有着良好的强伸性。蚕丝作为一种缝合材料已被临床使用数年，如今重新引起人们将其作为组织工程材料的兴趣。蚕丝是一种常见的天然纤维，一般不存在原料缺乏问题，价格也相对低廉；强伸性好，能满足肌腱的强力要求；降解速率较慢，能在体外培养液和体内长期保持其优良的力学性能。但是普通蚕丝的生物相容性较差，需要经过适当的处理。

（3）可降解合成材料。目前对于肌腱支架的研究，选用最多的可降解合成材料为PGA、PLA 及 PGLA。PGA 是一种生物相容性良好的降解合成材料，无毒、强度高、降解速度快，与种子细胞的黏附性能好。PLA 与 PGA 相比，强度较低，降解速度较慢。PLA的降解首先通过主链上的 C—O 水解，然后在酶的作用下进一步降解，最终生成无害的水和二氧化碳。依照聚合物的初始相对分子质量、形态、结晶度等，PLA 降解的速度可从几星期到几个月甚至是 1 年。PGLA 是 PGA 与 PLA 两种单体的共聚物，在降解过程中，共聚物的分子链发生断裂，共聚物的相对分子质量逐渐减小，且在降解初期相对分子质量下降很快，在 PGA 与 PLA 不同含量的情况下，降解过程中 GA 的含量逐渐减少，这是因为 GA 是一个相对亲水的组分，所以降解速度较快。

8.4.2 组织工程人工肌腱支架结构

人体肌腱中存在着大量的胶原纤维,纤维取向与肌腱的轴向基本一致,而且肌腱承受的载荷主要为沿其轴向的拉伸力,因此,从肌腱的内部结构和受力方向来分析,以纤维作为制备支架的材料,而后利用纺织技术进行肌腱支架的成型,是非常合理的支架制备工艺。

细胞支架的成型方法对支架的孔隙率、孔径大小、力学性能以及三维形状都有很大影响。支架的结构对生物反应和支架的临床使用效果有着重要的影响,支架具有合适的孔径且孔眼互相连通,将有利于组织向内生长及毛细血管供血和组织的固定。目前应用于肌腱支架成型的纺织技术有非织造、编织、针织等方法。

(1)纤维束直接作为支架。人们利用纺丝技术将 PGA、PLA 等生物材料做成纤维,用纤维束直接作为肌腱支架。

Alexander 用 PLA 细丝与碳纤维的复合材料作为支架,碳纤维提供组织生长的支架,PLA 对碳纤维的降解速度进行调节,这种复合物构架具有较强的抗张特性,但柔韧性差。

曹谊林等将从小牛肩和膝部的肌腱组织中获取的肌腱细胞,接种于索条状 PGA 网状支架上,体外培养一周后植入裸鼠皮下,发现肌腱细胞与材料复合良好。由于 PGA 降解,新形成的肌腱在术后 12 周,抗拉强度为正常肌腱的 57%,为组织工程人工肌腱的构建迈出了重要的第一步。之后,又采用自体肌腱细胞 + PGA + 生物膜包裹的方法,用于修复鸡的体内 4cm 的肌腱缺损,发现植入的组织工程人工肌腱不仅在大体形态及组织学上与正常肌腱相似,且其生物力学性能也达到了正常肌腱的 83%。

项舟、杨志明等用肌腱细胞与碳纤维增强 PGA 加胶原表面涂层材料体外联合培养后植入动物体内,桥接肌腱断端,观察到肌腱细胞具有增殖、合成胶原的能力。术后 4 周观察到植入物间胶原纤维组织趋于致密组织结构,有大部分胶原纤维已连接肌腱断端。

曲彦隆、杨志明等制作了梯度降解肌腱支架(GDBM)。梯度降解肌腱支架材料采用医用可吸收高分子聚合物聚二氧杂环己烷(polydioxanone,PDS)、聚己酸内酯(poly-earpolaetion,PCL)、聚乳酸与聚羟基乙酸共聚物(poly – DL – lactide – co – glycolide 85/15,PLGA),PCL:PDS:PLGA = 1:1:1。每根肌腱支架材料含 1000 根纤维,纤维间距 50μm。各组分梯度降解高峰时间:PDS 4 周,PLGA 8 周,PCL 12 周。三种成分不同时段降解,既为修复后的肌腱提供足够生物力学强度,又能通过逐步降解为肌腱细胞增殖及胶原合成提供空间,配合新生肌腱形成。材料代谢终产物为水和二氧化碳,无异物存留体内。通过形态学观察,肌腱细胞在支架材料上保持肌腱细胞的梭形形态,可在支架材料中三维立体生长,增殖旺盛并分泌大量胶原等细胞外基质填充包裹整个支架材料。

（2）编织类支架。肌腱和韧带的组成和结构比较相似,都含有大量胶原,胶原单体组成原纤,原纤组成纤维,纤维组成纤维束,纤维束沿着纤维原细胞构成纤维簇。而编织结构与这种层次结构非常类似。

James A. Cooper 以 PGLA(GA:LA = 90:10)长丝(5.78tex)为原料,分别采用圆形编织法和矩形编织法制作了前交叉韧带支架,并进行了体外研究。如图 8 - 18 所示,该支架采用三维编织技术编织而成,通过在制备过程中编织角的改变,使得支架两端与中心部分出现差异,两端的纱线与支架轴向夹角较大,而中心部分与支架轴向的夹角较小,这样的设计方便了支架在移植过程中与骨组织的连接。

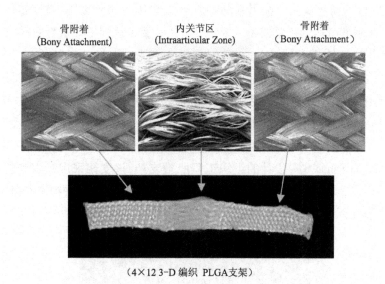

骨附着 内关节区 骨附着
(Bony Attachment) (Intraarticular Zone) （Bony Attachment）

（4×12 3-D 编织 PLGA支架）

图 8 - 18 三维编织结构支架

Helen H. Lu 分别以 PGA(结晶度 45% ~50% , 6.67tex)、PLGA(LA:GA = 82:18,相对分子质量160000, 7.78tex)、PLA（相对分子质量250000, 7.78tex)长丝为原料,用圆形编织法制作了三种前交叉韧带支架,并进行了体外研究。采用三维圆形编织机,将纱线束置于 3×8 个锭子上,每束含 10 根长丝(每根长丝含 30 根单丝),通过锭子有序的运动,形成织物。从统计学上讲,三种支架的编织角、表面积、孔隙率和平均孔径是没有区别的。支架的孔隙率在 54% ~63% 之间,平均众数孔径为 177 ~226μm,纤维直径为 15 ~25μm。PGA 支架的最大拉伸强力为(502 ±24)N,极限抗张强度为(378 ±18) MPa,PLGA 支架的最大拉伸强力为(215 ±23)N,极限抗张强度为(117 ±12) MPa,PLA 支架的最大拉伸强力为(298 ±59)N,极限抗张强度为(165 ±33)MPa。对三种支架进行表面改性处理,使支架披覆纤维粘连蛋白(Fn),对披覆和未披覆 Fn 的六种支架都进行细胞接种(ACL fibroblast),并在培养 1d、7d、14d 后进行观察。培养 1d后,发现细胞能在所有支架上扩散,只是形态和生长方式有所不同,披覆 Fn 的 PLA 支架比未披覆 Fn 的 PLA 支架细胞黏附率高。7d 后,发现细胞在披覆了 Fn 的 PLA 支架上分泌的细胞外基质最多,而 PGA 由于降解率太快,对组织的形成产生了不利的影响。14d 后,发现细胞仍然在披覆了 Fn 的 PLA 和 PLGA 支架上分泌的细胞外基质较多,而 PGA 支架的快速降解引起了细胞和细胞外基质进一步的损失。Helen H. Lu 认为,披覆 Fn 的 PLA 支架是最合适的韧带支架。

(3)纬编针织类支架。与编织结构相比,针织结构具有更高的孔隙率,能为组织向内生长提供更多的空间。

Hongwei. Ouyang 以 PLGA (PLA:PGA = 10:90)为原料,采用纬平针结构制作了肌腱支架,并进行了动物实验。选用骨髓基质干细胞作为接种细胞,发现植入白兔体内 12 周后,拉伸刚度可达到正常肌腱的 87%,拉伸模量可达到正常肌腱的 62.6%。

(4)静电纺丝纳米纤维支架。应用静电纺丝技术,将纳米纤维置于针织支架表面和线圈之间,增加了针织支架的表面积,减小了孔隙尺寸,从而不需要用纤维蛋白胶传递细胞。纳米纤维与肌腱/韧带细胞外基质的天然纳米结构相似,能促进骨髓基质干细胞分泌肌腱/韧带特定的基质,而针织支架作为承受载荷的增强体。

图 8 – 19 为 Sahoo S 等设计的组织工程肌腱支架,该支架采用针织和静电纺丝两种技术制备而成,支架由针织物和纳米纤维构成,细胞主要黏附在纳米纤维上,而针织物提供力学强度。

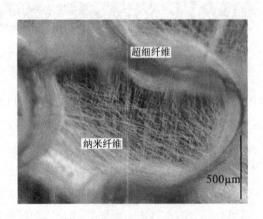

图 8 – 19　针织 + 静电纺复合结构支架

(5)"芯—鞘"结构支架。东华大学与组织工程(上海)国家工程中心合作,设计开发了一种将 PGA、PLA 纤维联合使用、具有"芯—鞘"结构的新型组织工程肌腱支架,"芯"为细胞的黏附和增殖提供场所,由 PGA 纤维束组成,而"鞘"是支架增强体,由 PGA、PLA 纤维按一定比例编织而成,在肌腱组织形成前提供足够的力学强度,如图 8 – 20 所示。

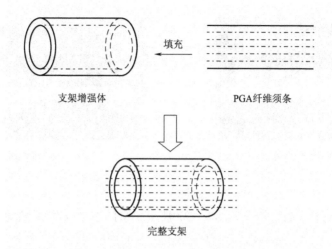

图 8 - 20　"芯—鞘"结构的组织工程肌腱支架

8.4.3　组织工程人工肌腱的评价

由于肌腱在人体内要反复承受载荷(主要为轴向拉伸力),所以对组织工程肌腱支架的力学性能要求尤为严格,支架必须能够承受反复的轴向拉伸力,且降解速率较慢,与组织的形成速率相匹配。

因此,组织工程人工肌腱的评价指标,除了支架的理化性能、力学性能、生物相容性能、降解性能外,由细胞—支架复合物构成的人工肌腱的生物力学性能,特别是人工肌腱的拉伸断裂强力特别重要,其次包括宏观形态观察、细胞与支架材料的黏附性能等。

以下是东华大学与组织工程(上海)国家工程中心设计开发的 PGA、PLA 纤维"芯—鞘"结构肌腱支架与皮肤成纤维细胞复合制备的组织工程人工肌腱部分性能实例。

(1)生物力学性能:使用生物力学测定仪(Instron4411,美国 INSTRON 公司)对构建 4 周后的细胞—支架复合物进行力学性能测试,夹持距离为 40mm,拉伸速度为 25mm/min。测得的断裂强力为 63N。

(2)宏观形态观察:构建 1 周、4 周后的细胞—支架复合物的宏观形态如图 18 - 21 所示。从图中可以看出,细胞—支架复合物的表面较为光滑,表层的支架增强体与中心部分的 PGA 纤维须条结合紧密。还可以看出,细胞—支架复合物的几何形状在构建过程中发生了明显的变化,其直径变细,而长度变长。

(3)细胞黏附性:使用电子扫描显微镜(XL—30,荷兰 Philips 公司)分别对构建 1 周后的细胞—支架复合物的表层的支架增强体以及支架中心的 PGA 纤维须条进行观

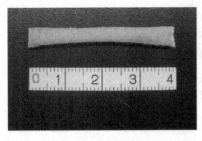

(a) 构建1周后

(b) 构建4周后

图 8 - 21　细胞—支架复合物的宏观形态

察。细胞在支架上的黏附情况如图 8 - 22 所示。从图中可以看出，细胞在支架增强体和 PGA 纤维须条上均黏附较好，而且分泌了大量的细胞外基质。另外，用其他生物医学检测手段还观察到形成的组织结构致密，胶原沿力学轴向排列，细胞/胶原比与正常肌腱近似。

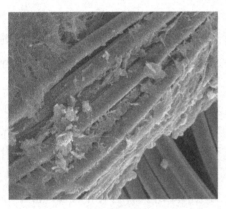

(a) "鞘"

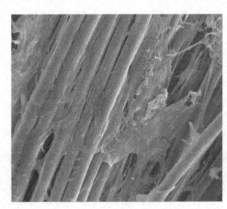

(b) "芯"

图 8 - 22　细胞在"芯—鞘"结构支架上的黏附

8.4.4　组织工程人工肌腱的发展趋势

组织工程的发展促进了器官移植的大变革，为许多疾病的治疗带来了希望。组织工程人工肌腱要真正大批量应用于临床，仍然有很多问题要解决：

（1）种子细胞：种子细胞的来源不再仅仅局限于自体肌腱细胞，通过基因芯片等方法明确肌腱细胞和皮肤成纤维细胞的区别，再利用基因工程手段改造成纤维细胞的基因，使其表现出肌腱细胞的生理特性，还可以通过人工诱导刺激骨髓间充质细胞转化成肌腱细胞，从而解决组织工程肌腱的种子细胞来源问题。

（2）支架材料:在支架材料研究方面,目前应用最为广泛的 PGA 虽然具有良好的生物相容性和可降解性,但其降解的酸性产物呈酸性,会影响细胞生长的环境,因此必须对其进行合理改进,提高材料的理化性能和生物相容性,有利于种子细胞在最适合的环境下进行增殖分化并保持生物学特性,最终形成肌腱组织。

（3）支架改良:理想的支架材料支持和提高肌腱组织的再生,可以提高肌腱修复的质量。目前的研究方向趋向于对一些支架进行改良研究,例如细胞杂交、材料表面修饰、周期性张力的刺激以及接触引导等。

①细胞杂交:细胞杂交是将种子细胞引入支架材料混合培养,促进损伤组织的修复,在支架材料上预先培养种子细胞可以大大提高损伤组织的生化成分、组织结构以及生物性能。

②材料表面修饰:细胞在支架材料表面的黏附和生长是肌腱组织工程的开始和关键的一步,由于不同支架材料的性质不同,细胞对其黏附力也不一样,所以可以利用一些生物活性物质对支架表面进行修饰,可使细胞大量附着在支架表面进行增殖,最终得到一个功能化的肌腱。

③周期性张力的刺激:天然肌腱组织是在体内动态环境条件下形成的,同时受到各种物理因素的调控,其中张应力对肌腱组织的形成具有重要作用。体外肌腱细胞培养时,可施以三维应力刺激,可促进成纤维细胞的增殖、迁移和胶原的合成。因为持续的张力使构建的肌腱组织始终处于疲劳状态,使胶原纤维变细,而周期性的张力可能更符合体内真实的受力环境。研究肌腱细胞在特定动态张力应力环境下进行三维立体培养,可望获得新型人工活性肌腱。

④接触引导:对于一个成功的组织工程人工肌腱来说,最重要的是人工肌腱的功能化,这就要求人工肌腱组织化,形成大量的胞外基质,这需要大量的胶原按照一定方向有序地排列才能获得。为了达到这个目的,人们设想可以在支架材料表面引入许多的微沟或者微槽,这样可以引导肌腱细胞在增殖过程中沿着微沟或者微槽的方向形成大量的胞外基质以促进人工肌腱的功能化,有关这方面的研究成果还非常有限。

（4）协同效应:在今后的研究工作中可以探讨各种手段的协同效应,进一步提高组织工程人工肌腱的质量。通过体外阶段的研究,积极深入地进行组织工程人工肌腱的体内阶段的研究,最终从生物学和生理学角度揭示肌腱组织再生的规律。

（5）产业化:如何在体外模拟体内环境,成功构建肌腱组织,是组织工程人工肌腱进行产业化生产并应用于临床的关键。因而,在体外利用生物反应器模拟体内环境,进行组织工程化肌腱的构建,将是未来的研究方向。

参考文献

[1] LANGER R., VACANTI J. P.. Tissue engineering[J]. Science, 1993,(26): 920 – 926.

[2] 俞耀庭,王身国,宋存先,等. 生物医用材料[M]. 天津:天津大学出版社,2000.

[3] VICTOR J C, PETER X M. Nano – fibrous poly(L – lactic acid) scaffolds with interconnected spherical macropores[J]. Biomaterials, 2004, 25: 2065 – 2073.

[4] 王涵,张华. 组织工程用多孔支架技术的开发现状[J]. 天津工业大学学报,2006,25(6): 20 – 24.

[5] 张慧,程爱琳. 电纺纳米纤维构建组织工程支架研究新进展[J]. 材料导报,2009,23(5): 88 – 93.

[6] 吴述平,龚兴厚,张裕刚,等. 组织工程用可生物降解聚合物多孔支架制备方法研究进展[J]. 高分子通报, 2010(5): 61 – 66.

[7] 王康建,曾睿,但卫华,等. 基于天然高分子材料的组织工程化皮肤支架材料[J]. 生物医学工程与临床,2009,13(2):161 – 166.

[8] 朱希山,曾丽芬,赵春华. 组织工程化人工皮肤研究的新进展[J]. 中国组织工程研究与临床康复,2007,11(6): 1145 – 1148.

[9] 陈斌,郭永章. 组织工程皮肤支架材料的研究与应用[J]. 中国临床康复,2005,9(42): 105 – 107.

[10] 曹成波,王一兵,沈翔,等. 皮肤组织工程支架材料[J]. 中国生物工程杂志,2005, 25(10): 58 – 62.

[11] 杨记. 编织结构可生物降解神经再生导管的研制[D]. 东华大学硕士学位论文,2003.

[12] 张俊峰. 编织型可降解神经导管的研制及性能研究[D]. 东华大学硕士学位论文, 2004.

[13] 娄琳. 编织型可降解神经再生导管的等离子体处理及神经再生体外表征的研究[D]. 东华大学硕士学位论文,2007.

[14] 孙丹丹. 新型编织型神经导管的制备及其性能研究[D]. 东华大学硕士学位论文, 2009.

[15] LIU Guohua, ZHANG Peihua, WANG Wenzu, FENG Xunwei. Study on braiding parameters of a biodegradable nerve regeneration conduit with regular braided structure[J]. Journal of Donghua University (Eng. Ed), 2004,21(6): 66 – 70.

[16] LIU Guohua, HU Hong, ZHANG Peihua, WANG Wenzu. In vitro degradation and subsequent biomechanical changes of braided biodegradable conduits for peripheral nerve[C]. Proceedings of 2005 International Conference on Advanced Fibers and Polymer Materials (ICAFPM 2005), October 19 – 21, 2005, Shanghai, China, 979 – 982.

[17] 沈尊理,张菁,沈华,等. 脉冲等离子体涂层神经导管修复周围神经缺损实验研究[J]. 组织工程与重建外科杂志,2005,1(2): 94 – 97.

[18] 沈华,沈尊理,张佩华,等. 甲壳素涂层并预置引导纤维神经导管的实验研究[J]. 中国修复重建外科杂志,2005,19(11): 860 – 863.

[19] 沈华,沈尊理,张佩华,等. 壳聚糖神经导管修复犬胫神经缺损的实验研究[J]. 中国美

容医学, 2006,15(6): 635 –637.

[20]Hadlock T. , Sundback C. , Hunter D. , et al. A polymer foam conduit seeded with Schwann cells promotes guided peripheral nerve regeneration[J]. Tissue Eng. , 2000, 6(2): 119 –127.

[21]Suzuki Y. , Tanihara M. , Ohnishi K. , Suzuki K. , Endo K. , Nishimura Y. . Cat peripheral nerve regeneration across 50mm gap repaired with a novel nerve guide composed of freeze –dried alginate gel[J]. Neurosci. Lett. , 1999, 259(2): 75 –78.

[22]戴传昌,曹谊林. 雪旺细胞在聚羟基乙酸纤维上三维定向培养[J]. 中华显微外科杂志, 2000, 23(4): 286 –289.

[23]戴传昌,商庆新. 用组织工程方法桥接周围神经缺损的实验研究[J]. 中华外科杂志, 2000, 38(5): 388 –390.

[24]Yoshii S. , Oka M. , et al. Collagen filaments as a scaffold for nerve regeneration[J]. J. Biomed. Mater. Res. , 2001, 56(3): 400 –405.

[25]袁健东,赵杰,李忠海,等. 新型三维编织型生物支架的研制及体外生物相容性[J]. 中国组织工程研究与临床康复,2009,12(29): 5619 –5623.

[26]李晓强,莫秀梅,范存义. 神经导管研究与进展[J]. 中国生物工程杂志,2007, 27(7): 112 –116.

[27]姚志攀,李敏. 肌腱组织工程的研究概况及完善策略[J]. 福建师范大学学报(自然科学版),2010,26(3): 119 –124.

[28]郭正,张佩华. 基于纤维的组织工程肌腱/韧带支架的研究进展[J]. 产业用纺织品,2008, 26(4): 1 –5.

[29]Guo Zheng, Zhang Peihua. In vitro the degradation of a novel biodegradable scaffold for tissue engineering of the tendon[C]. Proceedings of 2007 International Conference on Advanced Fibers and Polymer Materials, 15th –17th Oct, 2007, Shanghai, China, Volume Ⅱ:799 –801.

[30]Zheng Guo, Peihua Zhang, Wei Liu, Bin Wang. Comparison of PGA and PLA fibers[C]. Proceedings of the fiber society 2009 Spring Conference, 27th –29th, May, Shanghai, China. 795 –796.

[31] Alexander H, Weiss AB, Parsons JR, et al. Ligament and tendonrepair with an absorbable polymer –coated carbon fiber stent[J]. Bull Hosp Jt Dis Orthop Inst,1986,46(2): 155 –173.

[32]Cao YL, Vacanti JP,Ma X,et al. Generation of neo –tendon using synthetic polymers seeded with tenocytes[J]. Transplant Proc. , 1994,26(6): 3390 –3391.

[33]项舟,杨志明. 组织工程人工肌腱的实验研究[J]. 中华手外科杂志 2000,16(3): 140 –143.

[34]曲彦隆,杨志明,谢慧琪,等. 梯度降解三维支架材料与肌腱细胞复合培养的实验研究[J]. 中华显微外科杂志, 2004,27(3): 193 –195.

[35]Coopera James A. . Fiber –based tissue –engineered scaffold for ligament replacement: design considerations and in vitro evaluation[J]. Biomaterials, 2005, 26: 1523 –1532.

[36]Sahoo. S, Ouyang. HW. Characterization of a novel polymeric scaffold for potential application in tendon/ligament tissue engineering[J]. Tissue Engineering, 2006, 12(1): 91 –99.

第9章 智能医用纺织品

9.1 概 述

智能纺织品是近年来在世界上兴起并迅速发展起来的新型材料,它不仅具有一般机织、针织面料所具有的性能,而且还至少具有一种实用功能,在纺织品的各个应用领域中都发挥着非常重要的作用,它们也被称为功能织物。智能纺织品是贯穿纺织、电子、化学、生物、医学等多学科综合开发的具有高智能化的纺织品,它基于仿生学概念,能够模拟生命系统,同时具有感知环境变化(如负载、应力、应变等及其变化)和反应双重功能。智能纺织品通常由传感器、制动器和控制单元三部分组成,能按照不同的要求实时地采集信号,并能对信号做出相应处理及反馈。经过二十几年的研究,智能纺织品已用于电子电工、医疗保健或军用纺织品,成为开启未来时尚之门的一把钥匙,引起人们极大的关注,一些专家将智能纺织品看做是纺织服装工业的未来,作为"第二皮肤"的生物纺织品或智能纺织品将会有非常好的市场前景。

根据研究预测,美国市场对智能纺织品的需求见表 9-1,其中医用类的需求由 2007 年的 30 万美元上升至 2012 年的 7900 万美元,增长率达 204.9%。除美国以外,欧洲国家对智能纺织品在医疗卫生方面的应用也给予高度关注并倾力进行研究,人们预测在未来的 20 年间智能纺织品将大为普及,在人的生命的各个阶段,智能纺织品将呵护我们的健康,特别是在监护新生婴儿、术后病人、老年人的健康状况方面将起到非常积极的作用。

表 9-1 2012 年美国智能纺织品市场预测(百万美元)

应用领域	2006 年	2007 年	2012 年	年递增率(%) (2007~2012 年)
军事	0.0	—	4.9	—
生物医用	0.1	0.3	79.0	204.9
防御/公共安全	—	—	3.3	—
车辆安全与舒适	0.0	0.0	54.0	—
物流和供应链管理	0.0	0.0	1.0	—
计算机	1.3	2.3	47.9	83.5
日常消费品	69.5	76.0	193.3	20.5
其他	0.0	0.0	8.3	—
总计	70.9	78.6	391.7	37.9

注 数据来源:波士顿国际技术工程与市场咨询公司的 Andrew McWilliams。

　　智能纺织品在纺织行业是一个新兴的研究领域,在医疗卫生、健康保健方面具有巨大的应用潜力。本章旨在对智能纺织品在生物医用方面的应用以及当前技术发展的现状作综述,重点阐述在医疗卫生保健方面应用广泛的导电型智能纺织品的技术发展和开发。

9.1.1　智能纺织品的特征

　　设计智能纺织品的指导思想有两种:一是纺织品的多功能复合;二是纺织品的仿生设计。基于这些原因,智能纺织品具有或部分具有下列智能功能和生命特征:

　　(1) 传感功能:能感知自身所处的环境与条件,如负载、应力、应变、振动、热、光、电、磁、化学、核辐射等的强度及其变化。

　　(2) 反馈功能:可通过传感网络对系统输入与输出信息进行对比,并将其结果提供给控制系统。

　　(3) 信息识别与积累功能:能识别传感网络得到的各类信息并将其积累起来。

　　(4) 响应功能:能根据外界环境和内部条件的变化适时动态地做出相应的反应,并采取必要行动。

　　(5) 自诊断能力:能通过分析比较系统目前的状况与过去的情况,对诸如系统故障与判断失误等问题进行自诊断并予以校正。

　　(6) 自修复能力:能通过自繁殖、自生长、原位复合等再生机制来修补某些局部损伤或破坏。

　　(7) 自适应能力:对不断变化的外部环境和条件能及时地自动调整自身结构和功能,并相应地改变自己的状态和行为,从而使材料系统始终以一种优化方式对外界变化做出恰如其分的响应。

9.1.2　智能纺织品的分类

　　由于智能纺织品的材料种类不断扩大,智能纺织品的分类方法也有多种,一般按照对外界刺激所反应的方式,智能纺织品可大体上可分为三类:

　　(1) 消极智能纺织品。消极智能纺织品中,传感器只能感知外界的环境和刺激,如所开发的光纤传感技术。光纤具有感知和单向传输功能,主要用于检测应变、温度、位移、压力、电流、磁场等。因此,光导纤维成为组成感知风格的最有希望的媒介。消极智能纺织品主要包括:士兵作战服、消极智能衬衫、导电纺织品、压敏纺织品等。

　　(2) 积极智能纺织品。积极智能纺织品中包含传感器和制动器,制动器直接检测得到的信号或从中央控制单元得到的信息,使结构发生变化以适应环境的变化。这类纺织品具有对外界环境和刺激感知且反应的能力。积极智能纺织品主要有:形状记忆材料、防水织物、储能纤维、变色织物、蓄热织物、新型液晶聚合体、调温纺织品、芳香纺织品等。

（3）高级智能纺织品。高级智能纺织品属于最高水准的智能纺织品，不仅具有对外界环境和刺激感知和反应的能力，还表现出动态的自适应性。高级智能纺织品主要有：信息服装、数字服装、智能文胸、保健服装、灭蚊服装、情感服装、军用帐篷等。

9.1.3　智能型柔性传感器

智能型柔性传感器属于高级智能纺织品，它的发展是以智能纺织品的不断开发为依托，因此各种感知材料、驱动材料和自修复材料的研制、改性与装置开发，将为智能型柔性传感器提供广阔的发展前景。目前研制的智能柔性传感器在电子电工、医疗保健、军事和产业用纺织品等各领域的应用已经取得一定成效，未来的智能柔性传感器应具有更强大的功能。

智能纺织品由于具有传感、反馈、响应等方面的能力，随着科学技术、计算机硬件和软件和各种其他电子产品的迅速发展和普及，纺织工业和材料技术、结构力学、传感器、通信技术、人工智能、生物学及其他一些先进技术的成功结合，使纺织品具有时尚性、实用性、功能性，将是其目前和未来发展的方向。目前，智能纺织品作为柔性传感器主要应用于电子电工、运动器材与服装、数字化多媒体娱乐、医疗卫生保健、工业工程设施和军事领域等。

（1）电子电工领域的应用。在电子电工领域，智能导电纺织品作为柔性传感器主要用在织物柔性键盘和软开关方面。压敏传感器作为一种柔性纺织品，与个人通信系统结合，在织物或者服装中封装一个非常小的传感器和芯片，同时织物中优良的传导材料提供所需的电子连接，其应用主要包括个人信息终端、科学探索器材、残障设备等领域。压敏纺织品的传感器是由传统的纤维编织而成（柔韧性强），织物中导电纤维经纬向交织形成一个矩阵，可以准确感知织物受压部位。因此被运用到柔性衬垫、柔性遥控器、柔性键盘以及柔性电话中。英国的 Softswitch 是用于商业生产的服装键盘，基于量子隧道效应，可以与任何类的电子元件直接接触，而不需要单一处理或复杂的软件，如图 9-1 所示。美国麻省理工学院的研究人员用不锈钢纤维在织物上刺绣出不同的电路，可以织成织物软键盘。智能导电织物可以用于玩具、智能表面、压力测试、计算机表面以及可穿着电子元件等。

（2）休闲运动器材和服装方面的应用。随着技术密集型的休闲运动器材和服装的功能性和智能性发展，智能纺织品的柔性传感器起着越来越重要的桥梁作用。目前智能型传感器在运动器材和服装领域的应用成果有智能制振雪橇和滑雪板、Copper head 电子减振棒球棒和高性能滑雪服等。高性能滑雪服中嵌入电子滑雪通行证、无线电连接、全球定位系统、温度传感器和热敏材料等，芬兰 Lapland 大学与芬兰 Reima Tutta 公司以及其他一些机构合作，开发了一种滑雪运动服装。这种服装使用一些综合

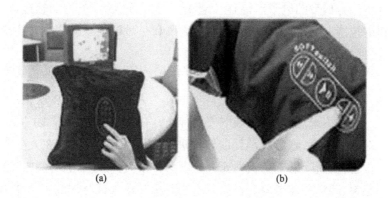

(a)　　　　　　　　　　(b)

图 9 - 1　柔性开关(Softswitch)的应用

传感器,包括加速计、罗盘和全球定位系统(GPS),以提供穿着者的健康信息、位置及运动情况,并通过数据分析,建议合理的运动量,同时,智能卡记录了穿着者的训练计划,能够感知穿着者的疲劳程度,或建议继续运动,或建议改天再训练。如果穿着者发生事故,它们会发送包含当前位置坐标和生理测量数据的信息,通知紧急情况办公室。J. Wu等人利用聚吡咯导电织物研究出一种智能型膝套,这种膝套是由包覆一层薄薄的导电聚吡咯的莱卡织物支撑,并能通过释放的音频语调给玩家提供反馈,起到保护作用。这是因为膝盖套包含一个动态的电子元件内部的电子电路,当涂层织物拉伸变化,电阻也随着变化,从而导致输出的电信号的变化。根据涂层织物的应变,不同的声音就会被自动释放,如图 9 - 2 所示。

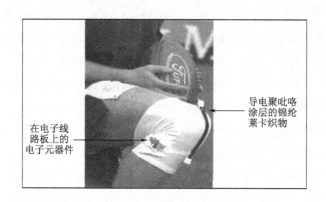

在电子线路板上的电子元器件

导电聚吡咯涂层的锦纶莱卡织物

图 9 - 2　智能膝套示意图

(3) 数字化多媒体娱乐领域的应用。利用导电纤维在织物上刺绣的技术,Philip公司和Levig公司已经开发出了音乐夹克、音乐键盘和运动夹克等系列产品,依靠埋入的光纤实现与电子产品的连接,可与外界对话,还可实现服装的电子化和数字化。Philip公司和Levi公司合作生产的音乐夹克,包含一个简易的网络系统,依靠埋入衣料内的光纤将随身携带的电子产品连接起来,并且通过置入织物的软键盘,实现对手机和播放机的控制,在衣领内有一个微型麦克风和一对可随意调节左右声道的立体声耳机,可以与外界对话和收听广播。

(4)医疗卫生保健领域的应用。在医疗卫生保健方面,通过在衣服内置入智能型柔性传感器,可制成智能监护服。智能监护服作为人体的第二层皮肤,有内层和外层两个接触面。外层用来观测天气,获取气候特征;内层可检测穿着者的生物生理状态。监护服通过对人体体温、呼吸和消耗的热量进行监测和衡量比较,在人生理条件发生异常时及时报警,从而降低了突发性死亡的概率。该监护服可用于监护儿童、老年人、运动员等的心率、呼吸和体温等。目前利用表面涂有导电聚合体的织物作为传感器已开发出会根据胸部的运动,自动地收紧、放松肩带或加固、松弛罩杯来约束胸部的运动,以免胸部有疼痛的感觉或产生乳房下垂的现象的智能文胸。这种智能文胸可辨别由于惊慌或医疗突发事故引起的心跳加快和由于兴奋引起的心跳的渐稳增长,当心跳突然改变时,穿着者就会得到提示,以确告装置一切正常。如果穿着者没有反应,系统就会自动认为需要帮助。通过无线移动技术来传送疼痛信号,再由全球定位系统得出穿着者的位置所在。D. Della Santa 等人使用智能材料使设计和生产的新一代服装具有分布式感应器和电极,可穿着式非侵扰性的智能衬衫将允许用户以最少的训练和不适来进行日常活动,同时被配置有计算机语言记录器的压阻式织物传感器的智能生命衬衫可以用来监测呼吸情况和心电图的变化。由于这种"智能生命衬衫"既可以像普通衣服那样进行洗涤,又能使医生及时了解使用者的身体状况,尤其是对于防止心绞痛、睡眠性呼吸暂停等突发性衰竭疾病比较有效,因此受到西方医学界的高度评价。

(5)工业工程设施领域的应用。一般集成在纺织品内的电子元件具有很重要的几个特点,就是必须有非常低的能耗、完善的能源管理和创新的电力供给。热能发电器的出现可以解决智能服装驱动能量来源的问题,因此非常有前途。日本太阳工业公司用碳纤维开发了检测应变的传感器,可用于建筑物、道路、工厂、飞机、烟囱、索道等结构安全的诊断。

(6)军事安全设施领域的应用。在士兵作战服的面料中嵌入 pH 感应传感器就能探测到生物化学药剂、毒害物质、电磁能量波以及神经毒气后变会发出警告,以保护士兵免受伤害,从而提高士兵的作战和生存能力。这些智能作战服还可制作成消防战士、从事危险工作的工人以及其他暴露在有毒环境中的工作人员的防护服。产品的开发原理是将一种荧光活性染料掺入光纤中组成传感器,再用这些传感器来检测温度和 pH 值。美国乔治亚技术研究学院研制出的可穿着智能监测服装的母板 GTWM(georgia tech wearable motherboard),还带有测量心电图、体温和呼吸系统的传感器、扩音器以及有毒气体探测器等,可用于探测子弹击中的部位以及重要生理数据,如图 9 - 3 所示(彩图见封三)。

（7）产业用纺织品方面的应用。用织物纤维（纱线、丝、棉线）等将塑料光子纤维包缠后织造制成光子布，在布的表面用发光染料涂上各种图案或由不同颜色的光子布制成图案，图案的色彩由不同颜色的织物或不同颜色的发光染料配色实现。对有图案的光子布面进行处理，使得塑料光子纤维芯层传输光侧面泄漏，在塑料光子纤维两端用白光发射二极管（LED）获得各种颜色的 LED 通光，布就可以展示不同的彩色图案。陶肖明教授等人也在交互式织物和智能纺织品方面做了相当多的研究，并取得了一定的成果。目前，国际上智能材料的研究经过了基础性研究和探索后，预

图 9-3　美国乔治亚技术研究学院开发的可穿着智能监测服装的母板

计将逐步在实际结构中局部应用，最后全面进入实用阶段。

9.2　导电材料及其发展现状

9.2.1　导电纤维材料的种类

（1）金属纤维。金属纤维是导电效果最好的一种材料，实际应用的有铜丝和不锈钢丝纤维。金属纤维虽然有优良的耐热、耐化学腐蚀性能，但是在细度、柔软性，强伸性和摩擦性上与一般纤维差异较大，使纤维间抱合困难，扭曲和手感差，加上价格昂贵，限制了其应用。

（2）碳纤维。具有良好的导电性、耐热性、耐化学腐蚀性和高初始模量。但是纯碳纤维价格较高，且某些力学性能不理想，而且产品颜色选择少，影响了其广泛应用，目前应用较广泛的是用导电炭黑聚合物同其他纤维混合或者复合纺丝来制备复合纤维，根据其界面的构造形状分成海岛形、同心圆形、对分形、十字形等。

（3）金属化合物。随着化工技术的发展，出现了浅色导电化合物超细粉体，通过一系列的方法，把金属离子吸入，固定到高分子材料中，形成一种导电的皮芯结构，由于其颜色浅，使导电纤维从工业领域扩展到了民用领域。

9.2.2　高分子导电材料的种类

高聚物通常被认为是绝缘的，20 世纪 70 年代以后，美国化学家发现经碘掺杂后聚乙炔膜导电性增加了 12 个数量级，从此导电织物产品的类别和性能快速发展，目前，主要发展成以下几个主要类别：

（1）聚乙炔。聚乙炔是最早出现也是迄今为止实测电导率最高的电子聚合物。它的出现改变了以往认为高分子聚合物都是绝缘体的看法，也因此出现了研究导电高分子材料的热潮，至今，人们通过各种方法制备了导电率较高的聚乙炔系导电材料，改善了它的可溶性，也使得它的导电稳定性大大提高。

（2）聚苯胺。聚苯胺由于原料易得，合成简单，具有较高的导电率，良好的环境稳定性，使其成为导电高分子研究的主流和热点。目前，它的化学结构、掺杂反应、导电机理等重要问题也已基本阐明。其导电性取决于氧化和掺杂的程度，可溶性聚苯胺具有很好的可加工性，非常具有应用潜力。采用"现场"吸附聚合法，使苯胺在基质纤维表面发生氧化聚合反应，聚苯胺即均匀沉积在表面，并有效渗入纤维内部，使纤维导电性持久、良好。吸附聚合法既可使纤维导电性耐久，又较好地保持了基体纤维的和力学性能，是目前制备导电纤维的常用方法之一。

（3）聚噻吩。相对于其他导电高分子而言，聚噻吩类衍生物具有可溶性、高导电率和高稳定性，利用电化学氧化聚合和电解法可以得到电导率同金属相近的聚噻吩及其衍生物。

（4）聚吡咯。聚吡咯容易合成，导电率高，已经向工业应用方向发展。但是它不溶不熔，难以加工成实际需要的型材，一度制约了它的发展。但是目前已经开发了多种制备方法，其中，气相沉积和电化学溶液制备的方法能获得导电率高、形态致密的聚吡咯薄膜。导电高分子在电池、生物传感器、电磁屏蔽、抗静电涂屏、微波吸收材料等方面有着广泛的应用前景，是目前科研和工业生产的热点。各种导电高分子材料及其导电率见表9－2。

表9－2　各种导电高分子材料及其导电率

名　　　称	室温电导率（S/cm）	名　　　称	室温电导率（S/cm）
聚乙炔	$10^{-4} \sim 10^{5}$	聚对苯撑	$10^{-5} \sim 10^{5}$
聚吡咯	$10^{-3} \sim 10^{2}$	聚对苯撑乙烯撑	$10^{-5} \sim 10^{2}$
聚噻吩	$10^{-3} \sim 10^{3}$	聚苯胺	$10^{-6} \sim 10^{2}$
聚苯硫醚	$10^{-6} \sim 10^{2}$		

注　S是西门子。

9.2.3　高分子导电材料的导电机理

材料的电学性质取决于它的电子结构，而一般物质的导电性可用能带理论来解释。对于导体而言，在常温下，由于Boltzmann分布及能带紧密相间的能隙，使得价带与导带之间的能隙为零，故电子可轻易地从价带跳跃到导带而导电，如图9－4所示。若价带与导带之间的能隙小于3eV时，为半导体；当能隙超过3eV时，因为电子无法从价带跳跃到导带,故为绝缘体。导电高分子因为具有单键双键交替的共轭结构,使得轨道离域化而使其能隙降低,这使得导电高分子在未掺杂前的导电性达到半导体的导电性。其主键上电子重叠而成为连续的分子轨道,此分子轨道随着电子共轭长度的增加而降低了键之间电子转移的能量。

共轭导电高分子其分子的电子转移可以用能带理论来解释。当导电高分子单体因为氧化形成键时,部分分子链会因为氧化掺杂而形成

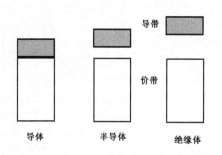

图 9 - 4　绝缘体、半导体、导体能隙示意图

带正电荷的自由基缺陷,此时单键、双键交替的共轭形式因为缺陷而中断,而分别在能带间隙内产生新的能隙。当分子链因为氧化掺杂而形成正电荷时,会形成自由基—正离子对,称为极化子。极化子数目越多,其导电性就越好。而当氧化程度提高时,相邻极化子的自由基会结合产生新键,而消耗掉自由基的数目,此时分子链上已没有太多的自由基,大部分为正—正离子对,称为双极化子。含有更多双极化子的导电高分子的导电性更好。图 9 - 5 为聚苯胺氧化掺杂后的能隙变化。从图中可以看到聚苯胺在氧化掺杂后其极化子和双极化子能隙增多,而电子由价带跳跃到极化子或双极化子能隙比未掺杂前要来得小。

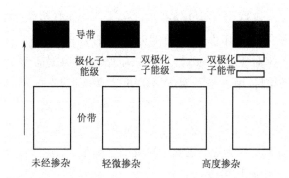

图 9 - 5　导电高分子极化子、双极化子及能带理论示意图

聚吡咯分子链间电子传导的机制如图 9 - 6 所示,电子在聚合物分子间的传导方向是低于费米能级的一个电子,以一定的能量使其跃迁至上方的能级,而后由其链上移动至邻近与其波动函数重叠的链上。

导电聚合物从结构上在高分子和金属之间架起了一座桥梁。导电聚合物由于同时具有聚合物的可加工性和柔韧性以及无机半导体特性或金属导电性,因而具有巨大的潜在商业应用价值。作为半导体,导电聚合物可用于各种各样的半导体器件中,起

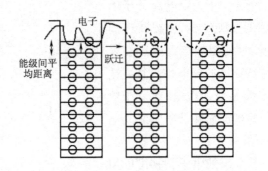

图 9 - 6 聚吡咯电子链间跃迁的导电机制

整流、光电转换等作用。近年来,导电聚合物还被发现具有电发光特性。作为金属导体,导电聚合物可用作电极、电磁波屏蔽、抗静电材料等。正因为如此导电聚合物很快发展成一门自成体系的交叉学科,化学、电化学、固体物理与半导体物理等方面的科学家们纷纷加入该研究领域,逐步形成了聚吡咯、聚噻吩、聚苯胺三大领域。在我国,中国科学院化学研究所、长春应用化学研究所等单位均在相关领域内展开了研究工作,尤其是以钱人元教授为首的研究集体,在聚吡咯和聚苯胺的合成和性能方面取得了在国内外很有影响力的成果。

聚吡咯的合成方法主要有两种,化学氧化聚合法和电化学聚合法。

(1)化学氧化聚合法。与其他种类导电高分子相比,聚吡咯的特点在于吡咯的氧化势较低。人们对乙(腈)(CH_3CN)/$NaClO_4$溶液中各种有机化合物的半波氧化电势进行总结,发现苯、甲苯、萘、吡咯及噻吩的电势分别为 + 2.08V, + 1.98V, + 1.34V, + 0.76V, + 1.60V(相对于 Ag/Ag^+)。显然,吡咯是最容易被氧化的单体。因此,许多氧化剂都可以用于制备聚吡咯。聚吡咯的化学合成机理如下:首先,在氧化剂的作用下,一个电中性的吡咯单体分子失去一个电子被氧化成阳离子自由基(cation radical)。接着,两个阳离子自由基结合生成二聚吡咯(bipyrrole)的双阳离子(dication),此双阳离子经过歧化作用,生成电中性的二聚吡咯。然后,二聚吡咯再被氧化,与阳离子自由基结合,再歧化,生成三聚体。

(2)电化学聚合法。除了化学氧化聚合法,还可以在溶液中通过电化学聚合法合成聚吡咯。电化学聚合可采用三电极系统,以准确控制聚合时的电流和电位。工作电极(发生聚合反应的电极)通常采用 Pt 或 Pd 等贵金属,在要求不太高的情况下也可以采用不锈钢溶液中的支持电解质,可以是对甲苯磺酸(TSA)、十二烷基苯磺酸(DBSA)等有机酸,也可以是 HCl、HNO_3、H_2SO_4、$HClO_4$ 等无机酸。聚合方法可以是循环电位扫描法、恒电位法或恒电流法。聚合溶液的 pH 值通常在 1 ~ 3 之间。吡咯的电化学聚合机理和化学氧化聚合机理类似,也遵守阳离子自由基机理:吡咯单体在电极表面失去电子,变成阳离子自由基,然后与另一单体结合,形成二聚体。经过链增长步骤,得到聚吡咯。一般来说,无论是使用化学氧化聚合法还是使用电化学聚合法,得到的聚吡咯都是黑色的固体,这种黑色固体几乎不溶于任何溶剂。在烧瓶中用化学氧化聚合法得到的产物一般是粉末状的,而电化学聚合法可以在电极表面得到一层薄膜,比较细腻。化学氧化聚合法和电化学聚合法都能合成聚吡咯,但是化学氧化聚合法操作简便,合成速度快,产量大。

9.2.4　导电织物材料

常用的制备导电型织物的方法可以将导电纱线采用机织的方法形成导电织物,其优点是可以将导电纱线根据用途织成各种复杂的组织,例如双层或多层,与此同时,织物依然能保持纺织品正常的细腻外观,如图9-7是苏黎世某可穿着计算机实验室研制的包含涤纶和铜丝的机织物。丹麦公司 Chr. Dalsgaard Project Development ApS 开发了一种机织电子织带(图9-8),其中包含了导电纱线和微型传感器,这些织物可服务于各种需要的场合,如麦克风、扩音器等。

图9-7　含金属丝的机织物　　　　图9-8　能与服装结合的导电织带

除了机织和针织的方法外,将导电聚合物合成于织物表面也是有效的手段。英国 Durham 大学研制出的导电聚苯胺纤维具有半导体的特性,导电率高达1900S/cm,可以作为传感器使用。美国 Milliken 研究公司发明的聚吡咯涂层纤维技术,通过气相沉积或溶液聚合的方法,将导电的聚吡咯涂层在纤维表面制成了织物传感器。意大利 Pisa 大学将聚吡咯在莱卡纤维制成的手套(图9-9)表面进行涂层,由于手指弯曲所产生的纤维伸缩引起了聚吡咯导电性能的变化,记录和分析电信号的变化可探测出手指的弯曲情况。

东华大学庄勤亮课题组研究人员在研制智能柔性压力传感器方面开展了深入的研究。他们为了快速有效地赋予普通织物以导电性,使其成为符合作为压力感应材料条件的特殊织物,着重解决了几个问题:选用合适的面料作为基布;聚吡咯气相沉积制

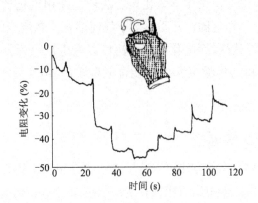

图 9 - 9　智能手套的电信号输出

备导电织物的方法、实验步骤以及具体工艺路线;搭建了织物压力感应在线显示报警系统,并获得了导电织物的压力—应变—电阻—电压—显示—报警响应。

(1)基布的选择。智能织物工作状态下受到压、磨、折、拉等外力作用,才会产生电信号,分析电信号并做出反馈动作,才可称得上是"智能"的。制备的导电织物除了需具备良好的导电性外,还必须具有良好的耐疲劳性和压缩回弹性,以保证在一定的工作强度下材料具有良好的耐用性和压力感应灵敏度,而且还要兼顾化学导电处理的难易和处理后的导电稳定性。导电处理后织物拥有什么样的力学性能与其基布本身的性能有很大的关系,所以基布的选择关系到制成导电织物的使用性能。化学导电处理微观上是在织物(纤维)表面镀了一层导电的材料(如金属,碳,导电高分子聚合物),经过处理后的材料明显的特点就是导电性大大增加,但是这样的化学处理可能会破坏织物原有的物理和力学性能,所以要使气相沉积后的导电织物能够应用于压力感应系统中,并且有一定的实用性,就要选择具有良好耐疲劳、良好压缩回弹性的织物作为导电织物的基布。

为了兼顾导电织物基布所必须具备的较好的压缩回弹性、环境温湿度的稳定性、耐疲劳性,以及织物上进行化学导电处理的难易程度,经反复对比研究,选择聚酯纤维和聚氨酯弹力纤维混纺织物作为导电织物的基布最为适宜。

(2)聚吡咯气相沉积制备导电织物的方法、实验步骤以及具体工艺路线。导电高分子聚吡咯的制备方法简单、改性方便,具有高导电性及良好的稳定性,因而得到广泛的应用。聚吡咯的合成方法有化学液相氧化合成法、化学气相沉积法、电化学聚合法等。对于聚吡咯液相沉积法来说,用金属盐类如 $FeCl_3$ 作为氧化剂得到的聚吡咯电导率较高。这些金属盐类通常既是聚合反应的氧化剂,也是聚吡咯导电的掺杂剂。在含有 $FeCl_3$ 的聚合溶液中,通过混入 $FeCl_3$ 以控制其聚合电势,从而成功地合成了具有较高导电能力的聚吡咯(220S/cm)。用金属盐类作为氧化剂在吡咯氧化聚合的反应中,氧化剂的用量一般是吡咯单体用量的2倍多。可见若要合成大量聚吡咯,相应需要消耗大量的金属盐类。这样不仅在所用催化剂上要消耗大量成本,而且还要考虑使用后的废水处理问题,增加聚吡咯的生产成本。另外,液相的合成方法虽然对实验的要求较低,但是其聚吡咯合成后的效果是最差的,它在基布表面合成的聚吡咯是一种较松散的结构,微观上看表面有凹凸、有颗粒的感觉,而气相合成法在基体表面合成的导电层相对致密、均匀得多,这对制成导电试样的电学性能有很大影响。所以综合聚合效果、制成试样导电率大小、导电的稳定性、制备生产的经济性、环境友好性等因素。制备聚吡咯导电织物最合适的方法是气相沉积法。

在聚吡咯液相合成反应中,一般吡咯先混入基布中,然后再把混有吡咯的基布置入氧化和掺杂溶液体系中反应,如图9-10(a)所示;聚吡咯气相沉积法也是聚吡咯化学聚合法的一种,它的合成原理和液相的一致,但是两者的合成操作的过程却不一样,气相沉积反应先在基体中混入氧化剂和掺杂剂,然后把混有氧化剂、掺杂剂的基体置入气相的吡咯氛围中反应。图9-10(b)为气相沉积反应的示意图。

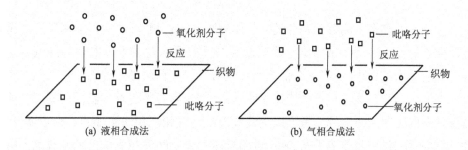

图9-10 聚吡咯化学合成过程

聚吡咯的导电性及热稳定性都与其聚合方式、聚合条件有着密切的关系,当聚合方式和聚合条件不同时,制备所得到的聚吡咯表面形态及其表面性质都会有所不同,因此造成聚吡咯物理性质和化学性质上的差异。根据聚吡咯导电材料最终用途的不同,对其导电性、导电稳定性以及导电处理的成本控制,生产效率等要求不同,出现了多种聚吡咯气相沉积工艺路线。通常有常温常压工艺路线和低温真空工艺路线。

常温常压聚吡咯气相沉积的方法是最早出现的,也是比较简单、对试验条件要求比较宽松的一种方法。其设备如图9-11所示,室温条件下,在一个密闭的空间里放置一定量的吡咯,在吡咯上方一定距离处放置含有氧化剂和掺杂剂的织物,由于容器不是严格密闭的,也不经过抽真空,反应室放置于室温条件下,所以反应是在常温常压下进行的。虽然常温常压的工艺方法对实验要求比较低,比较容易实现,但是它的缺点是非常明显的。首先,在常压下吡咯的挥发度低,所能达到的吡咯蒸汽密度低,反应速度受到限制,制约了其工业化生产。其次,过低的吡咯气体密度降低了生成聚吡咯

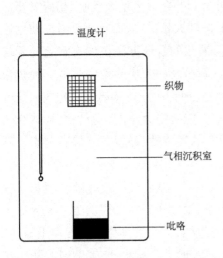

图9－11　常温常压反应工艺路线

的总量,而且吡咯分子难以深入试样内部反应,降低了聚合质量。另外,实验证明,过高的反应温度不利于生成致密的聚吡咯薄膜,低温有利于提高试样导电性和导电稳定性。

随着聚吡咯气相沉积法的推广应用,在不断尝试和试验新的工艺过程中,人们发现低压的反应环境有助于加快聚吡咯合成的速度,以实现工业化连续生产。把吡咯和织物放置于一个严格密闭的容器中,对其抽真空,密闭容器里面的空气减少,压力越来越小,从而液体吡咯的挥发度也随之提高。如果吡咯的挥发度上升,一方面吡咯分子提前到达织物发生聚合反应,提高了吡咯挥发的速度;另一方面,气压的降低提高了吡咯气体在容器中的浓度,而聚合反应的速度和聚合的程度是和吡咯气体的浓度密切相关的,所以加速反应之余还使得反应更加充分。近年来的研究发现低温的反应环境对成品导电率和导电稳定性的改善具有很大的作用,所以低温低压的聚吡咯气相沉积法是一种既高效又能产生高导电效果的化学聚合法。根据气相反应时的条件差异,另外还有常温低压的工艺路线和低温常压的工艺路线。综合考虑以上几种聚吡咯气相沉积法实现的难易程度、可操作性、试验效率、试验效果等因素,采用低温低压的聚吡咯气相沉积工艺路线是制备导电织物的有效手段。

为了实现气相沉积反应在低温真空的环境中进行,设计了如图9－12所示的实验装置。低温低压聚吡咯气相沉积反应装置由真空泵、三通阀门、真空计和一套可拆卸

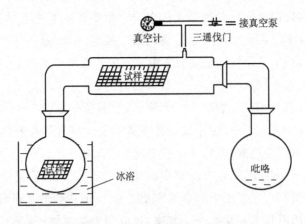

图9－12　低温真空反应装置

的玻璃密闭容器组成,它们之间由抽真空橡胶皮管连接。三通阀门是控制大气、真空泵和密闭装置之间的联通和关闭的,能方便可靠地控制对密闭容器的抽气和充气。在对密闭容器抽真空达到要求的真空度后,转动阀门隔绝密闭容器而使大气与真空泵相连,然后关闭真空泵,这样可以消除真空泵内部的真空,保护真空泵;真空计的作用是能显示密闭容器的真空度,靠读取真空计压力值来判断抽气时关闭三通阀门的时机。

　　玻璃密闭容器主体由四个部件组成,两边是 250mL 的磨口烧瓶,分别用来放置液体吡咯和试样。为了便于试验设计和减少制备次数,设计了多个放置织物的反应缸体,一个是中间的主体反应缸体,另一个是可以浸入低温环境的烧瓶。放置吡咯的烧瓶由一个玻璃弯头与反应缸体相连,反应缸体上设计有接口连接抽真空皮管。整套玻璃密封反应装置设计成可拆卸式的,是为了在实验时取放更换试样和药品时操作能更方便。各部件之间均为磨砂口连接,使用时,在磨砂口上涂上少许真空脂,起到更好的密封效果。导电织物的制备工艺如图 9 – 13 所示。

图 9 – 13　导电织物制备实验的流程图

　　因为实验制备的导电织物将用于压力感应的传感器,导电织物在变化压力情况下,电阻率的变化规律是其作为压力传感器件所必需的重要特性之一,所以对导电织物试样动态受压情况下电阻率变化规律的分析就显得尤为重要。实际上,制备的导电织物并不是导电性越高越好,作为压力传感器,导电织物还必须具有导电稳定性、导电持久性和良好的压缩回弹性,这就涉及对织物试样各种性能的兼顾问题。导电织物试样动态电阻率与合成时氧化剂浓度、反应时间有密切的联系。其中,对动态电阻率的测试局限在压缩阶段,但是导电织物作为压力感应材料在一般的工作情况下是要经受压力施加—压力释放两个阶段的,所以对织物施压—释压过程电阻率变化趋势的研究同等重要。导电织物拟用于压力传感器,希望在织物回弹阶段具有同压缩阶段一样的电阻变化的曲线趋势,最好的效果是压缩—电阻率曲线和回弹—电阻率曲线能够重合。从图 9 – 14 的减压—电阻率曲线上可以看到,长时间受压后,织物试样内部纤维、纱线发生了屈服、形变,随着压力的减小,这种形变在短时间内没有恢复,导致试样的导电率保持在一定的范围内而没有出现下降。而在继续减压时,因为这时候压力减小幅度较大,织物逐渐减少了和电极的接触,织物同电极之间的接触电阻增大;另一方面,织物试样内部纤维之间因为压力减小到一定值而相互松脱,纤维之间的接触电阻增大,网络通路被打断。所以压力减小后,织物试样的电阻突然增大。

在图 9 – 14 中,施压—释压过程中两条曲线构成了一个封闭的回路。施压、释压两条曲线没有重合,这个现象说明由于织物并不是一个完全的弹性体,在织物受压后其弹性恢复的过程和其受压时的变形不是完全相同的逆过程。虽然施压—释压过程的某点上试样受到大小相等的压强,但是该压强点上两条曲线上对应的电阻值却总有一个差值,也就是说,释压过程中电阻的增加有一个滞后的过程。这和用 KES – G5 织物压缩测试所得的厚度压力(TP)曲线是一致的(图 9 – 15),图 9 – 15 中的施压—释压曲线也没有重合,原因是织物受压后的残余形变没有得到及时恢复所致。证明织物试样压缩和回弹变形之间确实存在滞后。这种材料本身的特点会导致织物传感器在使用时出现"机械滞后"现象。

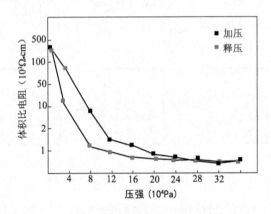

图 9 – 14　加压—释压过程电阻率变化

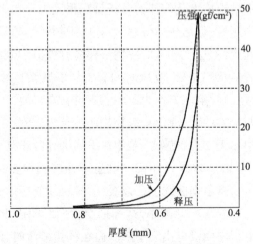

图 9 – 15　试样 KES – G5 压缩曲线

(3)搭建了织物压力感应在线显示报警系统,并获得了导电织物的压力—应变—

电阻—电压—显示—报警响应。

完成导电织物制备以后,采用研制的导电织物搭建一个压力感应系统。这个系统的关键部件就是能感知压力的导电织物,它是一种电阻应变式传感器件,导电织物能在受压时给出压力信号,并在压力达到设定大小时做出报警动作。利用制备的导电织物、自制施压装置、测量电路、数据采集卡、计算机及计算机软件平台搭建一套有效的压力显示报警系统,使导电织物真正实现了具有感应压力的"智能"行为。压力感应系统包括压力感应部件、数据采集卡、计算机,通过分压电路串接起来,如图 9 – 16 所示。

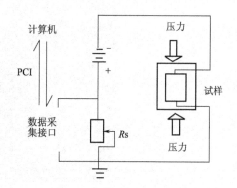

图 9 – 16　智能压力感应系统构架

压力感应部件是整个系统最关键的部分,研究工作尝试制作了两种具有不同特点的压力感应部件:一种是压力通过施压装置施加给试样,导电织物试样由两片铜片电极夹持,推动施压滑块,织物在电极面积大小的范围上被加上与外界推力相等的力,导电织物受压后电阻变小,从而导致电压在测量电路中分配变化。电极两端连接分压电路,代替测试电阻,成为电路中的压力感应部件,如图 9 – 17(a)所示。加压装置作为压力感应部件的优点是能够有效控制和显示加压力度大小。另一种是用两片自制的铜网电极上下夹住导电织物,在外面包覆一层保护性织物,就制成了一个薄型的、柔性的、具有压力感应能力的传感器如图 9 – 17(b)所示。相比前一种压力感应部件,它更贴近实际应用,近似成品的压力传感器。

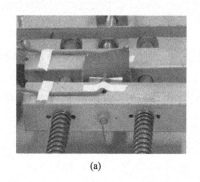

(a)　　　　　　　　　　(b)

图 9 – 17　压力感应部件

综上所述,在一个完整的压力显示报警系统中,导电织物受压电阻变化,引起分压电路中电压变化,变化的电压值通过差分模拟量输入数据采集卡接口中,数据采集卡通过其具有的 A/D 转换功能,把电压模拟量信号转换成计算机可以识别的数字信号,这些数字信号通过适当的软件转变成人容易识别、理解的数据或者图形显示到计算机屏幕上,或者通过编程使系统具有压力报警功能。用手指间断按压导电织物传感器,测得试样电阻变化效果如图9-18所示。

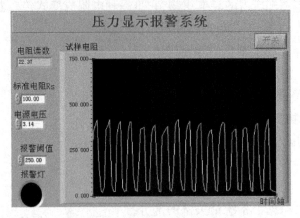

图9-18 压力感应系统运行效果

从图9-18显示框中显示的图形来看,用手指间歇性地按压传感器试样,其电阻随着间断性受压出现明显的波动,电阻值由没有受压时的425Ω减小到25Ω。在截屏瞬间,试样正好受力,电阻读数为22.37Ω,而报警阈值为250Ω,电阻值低于报警阈值,所以可以看到报警灯点亮,同时计算机控制扬声器发出"咚咚"的报警声。不同工艺下制备的导电织物试样制作的传感器,其测试波形特点由于导电织物试样电学性能上的差异也随之出现差异。这些柔性压力传感器的研究工作为研制满足市场需要的成品奠定了良好的基础。

9.2.5 导电智能纺织品开发技术

9.2.5.1 织物感应元件

压力感应元件是检测生命体征的常用感应器,指征参数包括心跳、血压或用户的运动状况,已有部分商业化生产的产品出现,其中柔性开关(Softswitch)展示了其开发的较典型的一个电子织物的工作原理,如图9-19所示。随着材料所受压力的增大,其电阻值减小。基于这一材料而开发的产品包括压力传感器、柔性开关等。Eleksen公司也基于相同的原理开发了柔性电话、可折叠键盘等。此外,美国Logitech公司、美国PPS公司、英国智能纺织品公司等都开发了基于压力感应的智能产品。

拉伸感应元件是另一个检测人体生命参数的常用感应器,苏黎世ETH可穿着计算机实验室采用柔性拉伸感应器通过测量服装变形量检测人体的姿态,核心部分是柔性应力应变感应元件,该柔性感应器由填埋50%重炭黑粉的热塑性橡胶组成,电阻值随其长度变化而变化(图9-20和图9-21,彩图见封三)。这类感应器可以用于帮助患者进行准确的康复性训练等。

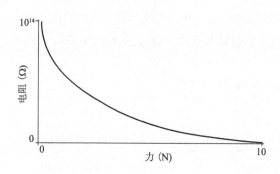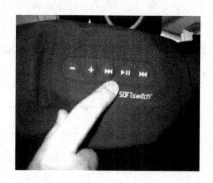

图 9 - 19　柔性开关织物所具有的压力响应性质以及柔性开关(右图)

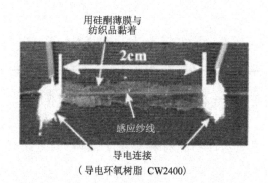

图 9 - 20　与纺织品相连的感应纱线

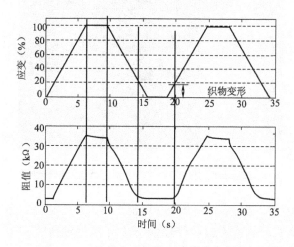

图 9 - 21　拉伸变形的感应器信号响应特征

除了柔性拉伸、压力感应器外,带有生化特征的生理参数指标的监测也受到相当的关注。瑞士一研究机构研发了一系列感应生化指标的智能纺织品,能检测心电图、呼吸频率、血压、脑电图、肺活量、血氧量、药物吸收状况等。这个系列的感应装置及感应方法见表9-3。

表9-3 感应器类别及感应方法

感应器类别	感应方法	汗　液	血　浆
光学法	光学光谱法		非侵扰性测试氧饱和值
	免疫传感器 水凝胶上的比色法		血管内皮生成因素 C反应蛋白
	敏感层上的光学比色法	pH值	
电学法	测阻抗法	导通性	
	测阻抗法	出汗率	
化学法	电化学法	电解液浓度	

该研究机构主要研发的生化型感应器以及用途有以下几种。

(1)离子感应器[图9-22(彩图见封三)]。这是用伏安法来感应汗液中电解质的浓度,亲水性或疏水性纺织材料集聚了液体,与之结合的感应器可以监测穿着者的出汗情况。

图9-22　与纺织品结合的离子感应器监测出汗情况

(2)pH值感应器。通过监测汗液的pH值了解人体的新陈代谢状况,其对于糖尿病患者、肥胖症患者都非常有用,也可帮助运动员了解运动强度。

(3)免疫传感器。该传感器用于监测伤口的愈合情况。通过检测体液的蛋白质含量,如C反应蛋白等参数,帮助医护人员调整使用合适的药物敷料。

（4）反射血氧量感应器。如图 9－23 表示用一组光纤织入纺织品,当该织品位于穿着者的胸前[图 9－24(彩图见封三)],通过光照后,可以其反射光的强度来监测血氧量。

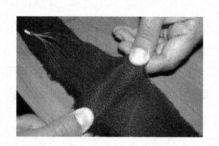 

图 9－23　织入纺织品中的光纤　　　　　图 9－24　能监测血氧量的含光纤 T 恤

（5）压敏传感器。压敏传感器可以用来测量呼吸频率及幅度,图 9－25 是由 My-Heart 项目开发的 Smartex 服装。

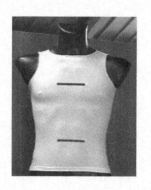 

图 9－25　可监测呼吸的 Smartex 服装　　　图 9－26　含拉伸感应器的服装

（6）拉伸感应器。用炭黑开发的柔性拉伸感应器与服装结合,用来监测肢体运动[图 9－26(彩图见封三)],这种服装特别有助于中风病人行动康复的治疗。

9.2.5.2　织物触发装置

真正意义上的智能纺织品是在感知外界刺激参数发生变化后能即时地调整并做出相应的动作,以满足穿着者或使用者的需要。因此研究人员在研发柔性感应装置的同时,关注柔性触发器的开发,使得感应元件和触发装置在外观、材质等方面形成一致。美国一研究机构开发了一种电敏感聚合物,这种聚合物在电流或电压发生变化时,其尺寸和形状会做出相应的改变。意大利比萨大学的 De Rossi 研究团队正在研发人造肌肉和皮肤,这种由纤维构成的人造肌肉和皮肤在获得电信号后会产生收缩或扩张。

9.2.5.3　基于柔性导电材料的数据处理器和能源供给

对于具有长时间检测功能、移动式的健康防护服装,系统除了包含感应和触发元件外,数据处理元件是帮助控制检测指标范围或发出警报等指令的重要数据处理和存储库。Sauquoit 公司开发了一种称为 CircuiteX™ 的织物型电子线路板,这是由金属丝和锦纶通过机织的方法制成的细而密的织物,金属丝在织物上能"刻蚀"出纤细的线路以保证数据处理功能的正常运行,如图 9 - 27 所示。

电子服装中能源供给一直是一个比较棘手的问题,目前大部分电子服装采用可充电或非可充电电池。但是人们正在努力开发体积小、能量大、可充电的电池来取代传统的电池,同时希望这种电池能与服装协调一致,图 9 - 28 是由苏黎世一研究机构研制的纽扣状电池。这个纽扣包含了微处理器等电子器件,由一个太阳能电池支持整个系统。德国 Fraunhofer 学院的研究团队开发了一种能印在柔性基质材料上的微小电池,它是将含有银氧化物的胶体通过丝网印花的方式印在任何纺织材料上。这个团队正在进一步考虑采用太阳能或人体发出的能量与电子服装结合。此外,日本研究人员还在研制能够转换能源的纤维,如 Unitika 公司研发的 Thermotron 纤维能将太阳光转化为热能,供给户外保暖服装所需的能源。

图 9 - 27　美国 Sauquoit 公司研制的　　　　图 9 - 28　苏黎世一研究机构研制的

　　　　Circuitex™ 织物　　　　　　　　　　　　　　纽扣状电池

9.3　生命指标监控服

将检测、监护生命体征的感应元件、监测装置与纺织服装结合的研究是与提高生活质量的需求相一致的,这样的研究已持续近十年,新的构思和技术开发还在不断进行。应用范围从检测心跳、呼吸频率、体温等物理指标扩展到检测血液流动性、褥疮严重性等生物化学指标。

1998 年芬兰的 Tampere 工程技术大学等几家研究机构开发了在北极环境下使用的智能服装,这个称为西伯利亚服装结合了可心跳检测器、防寒保暖感应装置以及湿度感应器,目的是提高穿着者在极其寒冷的环境下的生存率和保证在此环境下的安全性。该服装由三层组成,由外及里分别起到信息交换、生热保暖、检测心跳、体温的功能。外层包含特别设计的微处理器,服装系统内的信息交换、信号控制由织入织物的导电纤维材料完成,当发生异常情况时,该服装能发出求救信号,使遇险者能及时得到救助。这个智能系统功能强大,所附着的装置不少,但大多数是将电子器件附着于纺织材料,它们依然处于"刚"或"硬"的状态,与纺织品的结合是表面的,对服装的耐久性、美观性、舒适性等都有负面的影响。

美国 VivoMetrics 公司为健康防护开发了一种已经应市的生命 T 恤(图 9 – 29)。这是带有很多电子元器件的背心,能够检测记录心脏工作状况、呼吸频率、脉搏等 30 个参数变量,腰带上装有可发送数据信号的装置,与医生保持即时的联系,一旦出现异常,穿着者可得到及时的救助和治疗。当然,这个生命背心依然起着一种携带各种电子器件的作用。

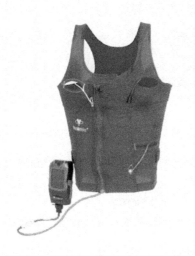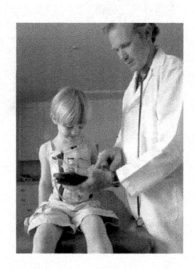

图 9 – 29 VivoMetrics 公司的生命背心

类似的还有最初由美国乔治亚理工大学开发、接着由 Sensatex 公司进行商业化运作的生命服,如图 9 – 30 所示(彩图见封三)。这种生命服中织入了用于信号传输的导电纤维和光学纤维,不同功能的感应器可直接接入服装。目前这种生命服能监测心跳、呼吸频率、血压、皮肤烧伤度、体温等指标。图 9 – 31 表示 Sensatex 公司生命服系统的工作原理,在乔治亚理工大学研究人员研制的生命服采集了与生命体征相关的生理信号,系统获得模拟信号,通过柔性传感器将信号由导电纤维无线传输至位于口袋处的个人控制处理器,再通过蓝牙技术将信息传送至医生能观测到的屏幕。

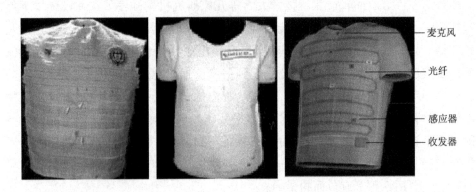

麦克风
光纤
感应器
收发器

图9-30 美国乔治亚理工大学研制的生命服及结构示意图

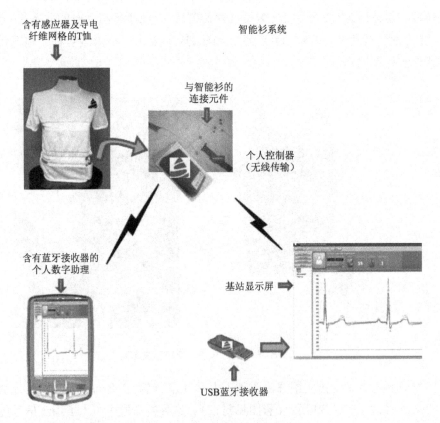

含有感应器及导电纤维网格的T恤

智能衫系统

与智能衫的连接元件

个人控制器（无线传输）

含有蓝牙接收器的个人数字助理

基站显示屏

USB蓝牙接收器

图9-31 Sensatex公司生命服系统示意图

用于医疗卫生及保健的其他智能纺织品的发明也是层出不穷。芬兰 Polar 公司开发了一种织带,其包含一个单通道心电图(ECG)及发送器,将数据发送至戴在手腕上的接收器,由此分析各种参数,使得穿着者能进行科学合理的保健运动、病体恢复或专业训练。

美国 Textronics 公司最近研制了一种能监测心脏功能的运动胸罩 NuMetrex(图 9 - 32),系统含针织柔性感应件,能采集穿着者心跳,并将数据传送至监测手表,该手表能显示穿着者的心跳值。

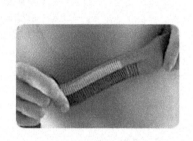

图 9 - 32　运动胸罩 NuMetrex

另一个类似的可穿着健康监测系统是佩戴在右上臂的袖标,它重点测量运动情况、热量生成情况、皮肤温度、皮肤抽搐响应,以精确计算人体的能量消耗。

比利时研究团队 STARLAB 研制的跑步服能记录心跳,心脏的律动以音乐的形式呈现,与心跳跳动规律相一致的音乐告知跑步者的运动速度,通过移动电话,信息可以通过邮件方式传送至运动俱乐部。在袖口、领口分别埋有热感应器、卫星麦克风,在衣服外层装有记录天气状况特征值的装置。通过测量外部、内部参数,跑步者能科学合理地调整运动时间及强度。

此外,Stanford 生命保护系统(图 9 - 33)也设计开发了在极端外界条件下测量生理指标的装置,该装置由于体积小而很容易和服装一体化。

美国 Biokey 公司率先开发研制了一种智能眼罩,这是一种为儿童改善弱视研制的产品。如果儿童两个眼睛的视力差异过大,会削弱原先视力好的那个眼睛,从而使整体视力进一步下降。青少年时代是治愈这类问题的关键阶段。这种智能眼罩由含芯片的纺织品垫片、接触感应器、计时器和电池等组成,它能记录佩戴时间,结合视力状况,帮助医生合理制订下一阶段的治疗方案。

爱尔兰都柏林的两所大学研制了一种压力传感器,将其与服装结合能测量人体的呼吸频率、肩部运动、颈部运动(图 9 - 34),传感器由塑料泡沫经聚吡咯层积后制得,然后将传感器缝在服装内层。

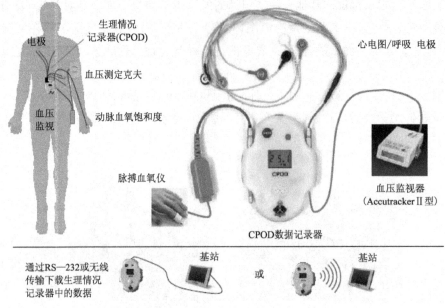

图9－33　Stanford 生命保护系统示意图

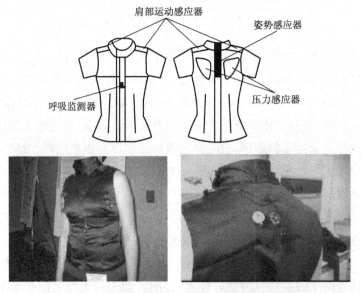

图9－34　包含基于塑料泡沫的压力传感器的智能服装

　　澳大利亚 Wollongong 大学用导电型聚合物制备的感应织物研制了膝盖绷带。将导电感应织物条带缝制在相关运动部位的裤腿上。导电感应织物是一个拉伸应变器,当膝盖弯曲的角度超过一定值后会发出声音信号,帮助穿着者调整运动幅度,以达到精确的动作要求,这可以为康复性训练或专业运动员训练动作的准确性提供帮助。MIT 将这样的概念构思转化成了成品(图9－35)。

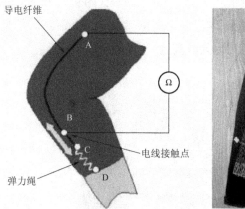

图9-35 紧身裤中感应器设计示意图

在图9-35中,A点是导电纤维的一端,它与非导电体的紧身裤织物连接,在导电纤维靠近另一端的点B有一与紧身裤缝制在一起的电线接触点,一条弹力绳不仅能使导电纤维处于张力状态,而且与另一点D相连,导电纤维随着穿着者动作的变化而使CD的长度发生变化,腿部弯曲角度与AB长度的变化直接相关,测量导电纤维电阻值的变化可以记录导电纤维长度的变化,由此推断穿着者的动作幅度。

美国纽约大学研究人员着手的研究项目Kickbee是一个检测未出生胎儿生理指征的孕妇佩戴的腰带,如图9-36所示,这是将压电传感器与织物相结合,测量采集胎儿心跳的腰带,通过蓝牙技术将数据传送至电脑。

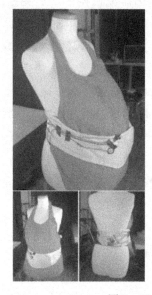

图9-36 Kickbee孕妇腰带

葡萄牙 Aveiro 大学参与研制的智能服装 Vital Jacket(图 9 - 37)旨在连续监测心电图、心跳、呼吸频率、氧饱和度、血压、体温等生理指标,通过无线传输,信息都可以即时地传送给医护人员。这一产品已在部分医院、诊所使用。

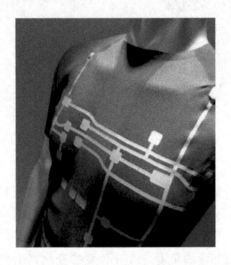

图 9 - 37　Vital Jacket 生命服示意图

9.4　展　望

医用保健智能服装的开发研制受到欧洲、美国研究机构的广泛关注,产品雏形日渐增多。为了满足日益提高的生活质量的需要以及面对发达国家及地区趋于老龄化的客观社会现实,政府部门和研究机构投入了相当的人力和财力对医疗保健用智能纺织品开展研发,目前其主要特征是将电子传感器与纺织服装有机结合,达到监测生理指标并及时获取使人满意的治疗功效,智能纺织品和服装在病体康复、运动健身、老人监护等方面将起到更大的作用。柔性拉伸、压力传感器的研制为这类智能纺织品提供了良好的开发基础,其他类型的传感器较大部分依然以"刚"性体与纺织品结合。此外,蓝牙技术使得信号能方便地进行无线传输。然而,作为检测生命关键因素的智能服装在可靠性、耐久性、舒适性方面有待进一步的研究,电子感应元器件的进一步柔性化也是保证其与纺织品天衣无缝结合在一起的必要条件之一。

参考文献

[1] 李青山,王庆瑞. 智能纤维织物系统的研究与开发[J]. 纺织科学研究,2002(4): 8 - 11.

[2] TAO X M. Smart fibres, Fabrics and Clothing, Fundamental and Application[M]. Woodhead

Publisthing Limited, 2001：34 – 57.

　　[3] LEITCH P, TASSINARI T, Interactible Textiles, New Materials in the New Millennium(Part1) [J]. Journal of Industrial Textiles, 2000, 29(3)：173 – 191.

　　[4] 杨大智. 智能材料与智能系统[M]. 天津：天津大学出版社,2000：24 – 37.

　　[5] ANITA A. DESAI. Intelligent fabrics：Make life easier[J]. Man – made Textiles in India, 2004 (4)：144 – 147.

　　[6] KAREKATTI C K. Smart Textiles：An Overview[J]. Man – made Textiles in India, 2004 (11)：404 – 406.

　　[7] 贺昌城, 顾振亚. 关于智能材料概念的探讨[J]. 天津工业大学学报,2001, 20(5)：42 – 45.

　　[8] 田蒔. 功能材料[M]. 北京：北京航空航天大学出版社, 1995：224 – 247.

　　[9] 殷景华, 王雅珍, 鞠刚. 功能材料概论[M]. 哈尔滨：哈尔滨工业大学出版社,1999：256 – 258.

　　[10] 曾汉民. 高技术新材料要览[M]. 北京：中国科学技术出版社,1993：289 – 290, 499 – 504.

　　[11] 魏凤春, 张恒, 张晓, 等. 智能材料的开发与应用[J]. 河南科技学院学报(自科版), 2005,25(3)：89 – 94.

　　[12] 王腾, 晏雄. 智能复合材料的开发应用及进展[J]. 纺织导报,2004 (4)：19 – 25.

　　[13] 高淑雅. 智能材料及其应用[J]. 陕西科技大学学报, 2004, 22(5)：163：166.

　　[14] 陶肖明, 张兴祥. 智能纤维的现状与未来. 棉纺织技术, 2002,30(3)：139 – 144.

　　[15] PAGE DOUGLES. High – tech fabrics aim even higher[J]. Textile Horizons, 1997, 2：8 – 10.

　　[16] CHANDRASEKHAR P. Conducting Polymers, Fundamentals and Applications：A Practical Approach[M]. Kluwer Academic Publishers, Boston – Dordrecht – London, 1999：433 – 644.

　　[17] 张金升, 龚红宇, 刘英才, 等. 智能材料的应用综述[J]. 山东大学学报(工学版), 2002, 32(3)：294 – 300.

　　[18] POST E R, ORTH M L. Proceedings of the 1st International Symposium on Wearable Computers [C], Cambridge, 1997：167 – 168.

　　[19] 黄志雄, 秦岩, 梅启林. 智能复合材料发展综述[J]. 国外建材科技, 2002, 23(1)：67 – 68.

　　[20] MALINAUSKAS A. Chemical deposition of conducting polymers[J]. Polymer, 2001, 42(9)：3957 – 3972.

　　[21] MAZZOLDI A, DE ROSSI D, LORUSSI F, et al. Smart textiles for wearable motion capture systems[J]. Autex Research Journal, 2002, 2(4)：199 – 203.

　　[22] BUOSO M. Space technology moves textiles 'smart' [J]. Smart Materials Bulletin, 2002, (9)：9 – 10.

　　[23] DE ROSSI D, DELLA SANTA A, MAZZOLDI A. Dressware：wearable hardware[J]. Material Science and Engineering, 1999, C7：31 – 35.

　　[24] MARIA C. The Business of Medical Textiles[J], AATCC REVIEW, 2005, (5)：38 – 39.

　　[25] 尉霞. 智能纺织品[J]. 山东纺织科技,2003, (3)：54 – 56.

　　[26] 肖居霞, 李毅, 张欣. 智能服装——21 世纪服装行业发展的引擎[J]. 陕西纺织, 2003,

(3)：25 - 26.

[27] PARK S, JAYARAMAN S. Enhancing the quality of life through wearable technology[J]. IEEE EMB Magazine, 2003.

[28] 王雪亮. 导电纤维的合成[J]. 合成纤维,1998,27(2)：43 - 46.

[29] 王燕. 用于智能纺织品的聚苯胺/氨纶复合导电长丝的制备及性能研究[D]. 上海：东华大学研究生学位论文,2005.

[30] 潘玮. 聚苯胺/涤纶导电纤维的制备及结构性能研究[D]. 上海：东华大学研究生学位论文,1999.

[31] 李雯. 用于智能纺织品的聚苯胺/氨纶复合导电纤维的制备[D]. 上海：东华大学研究生学位论文,2004.

[32] 刘维锦,邬国铭,马卫华,等. 聚苯胺/涤纶导电复合纤维的制备[J]. 高分子材料科学与工程,1997,13(11)：70 - 74.

[33] OH K W, HONG K, KIM H. Electrically conductive textiles by in situ polymerization of aniline [J]. Journal of Applied Polymer Science,1999, 21：11 - 21.

[34] 郑其标. 柔性压力感应导电织物的制备及感应性能研究[D]. 上海：东华大学研究生学位论文,2007.

[35] 于伟东，储才元. 纺织物理[M]. 上海：东华大学出版社, 2009：159 - 165.

[36] SKOTHEIM T A, ELSENBAUMER R L, REYNOLDS J R. Handbook of Conducting Polymers [M]. New York：Marcel Dekker, 1998.

[37] 雀部博之. 导电高分子材料[M]. 北京：北京科学出版社, 1989：43.

[38] WANG L X, LI X G, YANG Y L. Preparation properties and applications of polypyrrole[J]. Reactive & Functional Polymers, 2001, 47(2)：125 - 139.

[39] 尹五生. 聚吡咯导电材料合成方法的进展[J]. 功能材料, 1996, 27(2)：97 - 102.

[40] 万本强，吴婉群. 催化电合成聚吡咯的电化学性质研究[J]. 西南师范大学学报(自然科学版), 1993, 8(1)：2 - 55.

[41] ADAMS P N, LAUGHIN P J, MONKMAN A P. Low temperature sysnthesis of high molecular weight polyaniline[J]. Polymer, 37(15)：3411 - 34171.

[42] COTTET D, GRZYB J, KIRSTEIN T, TROESTER G.. Electrical Characterization of Textile Transmission Lines[J]. IEEE Transactions on Advanced Packaging, 2003, 26(2).

[43] SILVEIRA I, CLEMENS F, BERGMANN C, GRAULE T. Novel strain - sensitive sensors for application in human physiology[C]. Proceedings of Materials 2007, Porto, Portugal.

[44] BAR - COHEN Y. Actuation of biologically inspired intelligent robotics using artificial muscles [J]. Industrial Robot：An International Journal, 2003, 30(4)：331 - 337.

[45] BAR - COHEN Y. Biologically Inspired Intelligent Robots using Artificial Muscles[J]. Strain, 2005, 41：19 - 24.

[46] DE ROSSI D, CARPI F, SCILINGO E P. Polymer based interfaces as bioinspired 'smart skins' [J]. Advances in Colloid and Interface Science, 2005, 116：165 - 178.

［47］ MEOLI D. Interactive Electronic Textiles: Technologies, Applications, Opportunities, And Market Potential［D］. Master thesis, North Carolina State University, Rayleigh, USA, 2002.

［48］ STARNER T. Human - powered wearable computing［J］. IBM Systems Journal, 1996, 35（384）: 618 - 629.

［49］ DUNNE L E, BRADY S, SMYTH B, DIAMOND D. Initial development and testing of a novel foambased pressure sensor for wearable sensing［J］. Journal of NeuroEngineering and Rehabilitation, 2005, 2（4）.

［50］ BRADY S, DUNNE L E, TYNAN R, DIAMOND D. Garment - Based Monitoring of Respiration Rate Using a Foam Pressure Sensor［C］. Proceedings of the 9th International Symposium on Wearable Computers, Osaka, Japan, October 2005.

［51］ DUNNE L E, SMYTH B, ASHDOWN S, SENGERS P, KAYE J. Configuring the User in Wearable Technology Design［C］. Proceedings of the 1st Wearable Futures Conference, Newport, Wales, Great Britain, September 2005.

［52］ DUNNE L E, ASHDOWN S, SMYTH B. Expanding Garment Functionality through Embedded Electronic Technology［J］. Journal of Textiles and Apparel Technology and Management, 2005, 4（3）.

［53］ DUNNE L E, SMYTH B. Second - Skin Sensing: A Wearability Challenge［C］. Proceedings of the 9th International Symposium on Wearable Computers, Osaka, Japan, October 2005.

［54］ HOFMANN I. Intelligent clothing, innovative concepts［J］. Textile Asia, 2004, 1: 62 - 66.

［55］ GRIES T. Smart Textiles - new chances for technical applications［C］. Proceedings of Techtextil Symposium, Frankfurt, Germany, April 8th, 2003.

［56］ GIBBS P T, ASADA H H. Wearable Conductive Fiber Sensor for Multi - Axis Human Joint Angle Measurements［J］. Journal of NeuroEngineering and Rehabilation, 2005, 2（7）.

［57］ LANFER B. The Development and Investigation of Electroconductive Textile Strain Sensors for Use in Smart Clothing［D］. Master Thesis, Ghent University, Belgium 2005.

［58］ WILLIAM P R, et al. Method of forming electrically conductive polymer blends［P］. Compiler: US, 4604427, 1986 - 08 - 05.

［59］ 贾伯年, 俞朴. 传感器技术［M］. 2 版. 南京: 东南大学出版社, 2007, 38 - 58.

［60］ LI Y, CHENG X. Y, TAO X. M. A flexible strain sensor from polypyrrole - coated Fabrics［J］. Synthetic Metals, 2005, 6: 1 - 6.

［61］ BRADY S, LAU K T. The development and characterization of conducting polymeric based sensing devices［J］. Synthetic Metals, 2005, 154: 25 - 28.

［62］ PACELLI M, LORIGA G. , TACCINI N, PARADISO R. Sensing Fabrics for Monitoring Physiological and Biomechanical Variables: E - textile solutions［C］. Proceedings of the 3rd IEEE - EMBS, International Summer School and Symposium on Medical Devices and Biosensors, MIT, Boston, USA, Sept. 4 - 6, 2006.

［63］ VAN LANGENHOVE L. Smart Textiles for Medicine and Healthcare: Materials, Systems and Applications［M］. Woodhead Publishing Ltd, 2007: 336.

第10章　医用制品标准及基本法规

10.1　概　述

生物医用纺织制品是医疗器械的重要组成部分。医疗器械是指单独或者组合使用于人体的仪器、设备、器具、材料或者其他物品，包括所需的软件。医疗器械根据其使用的安全性，可分成三类：即Ⅰ类、Ⅱ类和Ⅲ类。第Ⅰ类是指通过常规管理足以保证其安全性、有效性的医疗器械。一般由市食品药品监督管理局审批并颁发注册证。第Ⅱ类是指对其安全性、有效性应当加以控制的医疗器械。一般由省食品药品监督管理局审批和颁发注册证。第Ⅲ类是指植入人体或用于支持、维持生命的，对人体具有潜在危险，对其安全性、有效性必须严格控制的医疗器械。一般由国家食品药品监督管理局负责审批并颁发注册证。医疗器械的分类判定，主要依据是其预期使用目的和作用。

按照我国的"医疗器械分类目录"，医疗器械共分成 42 个大类。生物医用高分子材料及纺织品是医疗器械中的重要组成部分。根据其使用的目的和作用，分别归入多个大类。表 10 - 1 列举了生物医用高分子材料及纺织品在医疗器械中的分类情况。

表 10 -1　生物医用高分子材料及纺织品在医疗器械目录中的分类

大　类	序号	名　称	品名举例	管理类别
6834 医用射线防护用品、装置	1	医用射线防护用品	防护服、防护裙、防护手套、防护玻璃板、防护帽、性腺防护器具、防护眼镜、铅橡皮、铅塑料等其他射线防护材料	Ⅰ
	2	医用射线防护装置	X 射线防护椅、X 射线防护屏等防护装置	Ⅰ
6845 体外循环及血液处理设备	1	人工心肺设备	人工心肺机	Ⅲ
	2	氧合器	鼓泡式氧合器、膜式氧合器	Ⅲ
	3	血液净化设备和血液净化器具	血液透析装置、血液透析滤过装置、血液滤过装置、血液净化管路、透析血路、血路塑料泵管、动静脉穿刺器、多层平板型透析器、中空纤维透析器、中空纤维滤过器、吸附器、血浆分离器、血液解毒（灌流灌注）器、血液净化体外循环血路（管道）、术中自体血液回输机	Ⅲ

大　类	序号	名　称	品名举例	管理类别
6845 体外循环及血 液处理设备	4	血液净化设备辅助装置	滚柱式离心式输血泵、微量灌注泵	Ⅲ
	5	体液处理设备	单采血浆机、人体血液处理机、腹水浓缩机、血液成分输血装置、血液成分分离机	Ⅲ
			腹膜透析机、腹膜透析管	Ⅱ
6846 植入材料 和人工器官	1	植入器材	骨板、骨钉、骨针、骨棒、脊柱内固定器材、结扎丝、聚髌器、骨蜡、骨修复材料、脑动脉瘤夹、银夹、血管吻合夹（器）、整形材料、心脏或组织修补材料、眼内充填材料、节育环、神经补片	Ⅲ
	2	植入性人工器官	人工食道、人工血管、人工椎体、人工关节、人工尿道、人工瓣膜、人工肾、义乳、人工颅骨、人工颌骨、人工心脏、人工肌腱、人工耳蜗、人工肛门封闭器	Ⅲ
	3	接触式人工器官	人工喉、人工皮肤、人工角膜	Ⅲ
	4	支架	血管支架、前列腺支架、胆道支架、食道支架	Ⅲ
	5	器官辅助装置	植入式助听器、人工肝支持装置	Ⅲ
			助听器、外挂式人工喉	Ⅱ
6864 医用卫生 材料及敷料	1	可吸收性止血、防粘连材料	明胶海绵、胶原海绵、生物蛋白胶、透明质酸钠凝胶、聚乳酸防粘连膜	Ⅲ
	2	敷料、护创材料	止血海绵、医用脱脂棉、医用脱脂纱布	Ⅱ
			纱布绷带、弹力绷带、石膏绷带、创可贴	Ⅰ
	3	手术用品	手术衣、手术帽、口罩、手术垫单、手术洞巾	Ⅰ
	4	粘贴材料	橡皮膏、透气胶带	Ⅰ
6865 医用缝合材料 及黏合剂	1	医用可吸收缝合线	各种聚乙二醇缝合线、聚乳酸缝合线、胶原缝合线、羊肠线	Ⅲ
	2	不可吸收缝合线	各种锦纶、丙纶、涤纶缝合线，不锈钢缝合线、蚕丝线	Ⅱ
	3	医用黏合剂	骨水泥等凝固黏合材料、医用 α 氰基丙烯酸酯类、输卵管黏堵剂、血管吻合黏合剂、表皮黏合剂、黏合带、生物胶、医用几丁糖	Ⅲ
	4	表面缝合材料	皮肤缝合钉、医用拉链	Ⅱ

续表

大 类	序号	名 称	品名举例	管理类别
6866 医用高分子 材料及制品	1	输液、输血器具及管路	一次性使用输液器、输血器、静脉输液(血)针、血袋、采血器、血液成分分离器材、连接管路、与血路接触的开关、血液滤网、药液过滤滤膜、空气过滤滤膜、麻醉导管、一次性使用血液过滤器	Ⅲ
	2	妇科检查器械	一次性使用阴道扩张器及润滑液	Ⅱ
	3	避孕器械	避孕套、避孕帽	Ⅱ
	4	导管、引流管	胸腔引流管、腹腔引流管、脑积液分流管	Ⅲ
			一次性使用导尿管、一次性使用单腔导尿管、双腔气囊导尿管、胆管引流管	Ⅱ
	5	呼吸麻醉或通气用气管插管	经口(鼻)气管插管、气管切开插管、支气管插管、麻醉机用呼吸囊、麻醉呼吸机管路及接头	Ⅱ
	6	肠道插管	鼻饲管、胃管、十二指肠管、肛门管	Ⅱ
	7	手术手套	无菌医用手套	Ⅱ
	8	引流容器	肛门袋、集尿袋、引流袋	Ⅰ
	9	一般医疗用品	检查手套,指套、洗耳球、阴道洗涤器、气垫、肛门袋,圈、集尿袋、引流袋	Ⅰ

10.2 标 准

对于生物医用材料与制品,国际上比较常用的标准有:国际标准组织标准(International Organization for Standardization,ISO),欧洲标准(Europe Standard,EN),加拿大标准协会标准(Canadian Standards Association,CSA),中国国家标准(GB),日本工业标准(Japanese Industrial Standards,JIS),美国材料和测试协会(American Society for Testing and Materials,ASTM)标准,以及其他国家标准和组织标准,还有大量的行业标准以及企业标准。

中国标准信息网"http://www.chinaios.com/",拥有大量的国内外标准信息,可供查询和采购。

10.2.1 中国标准

在我国,标准主要由国家标准、行业标准、地方标准和企业标准四大类组成。本章列举与生物医用纺织材料和制品密切相关的部分标准。

(1)国家标准:中华人民共和国国家标准代号为 GB(GB/T,GB/Z),后接标准号和发布的年份。GB 为强制性国家标准,GB/T 为推荐性国家标准,GB/Z 为国家标准化指导性技术文件。例如,GB/T 16886.1—2001 是指 2001 年发布,标准号为 16886.1 的中华人民共和国推荐性国家标准。

　　常用的 GB/T 16886 医疗器械生物学评级系列标准,共有 20 个部分(表 10 - 2),如第 9 部分是"潜在降解产物的定性和定量框架";第 13 部分为"聚合物医疗器械的降解产物的定性与定量"。GB/T 16886 各部分最初是由 ISO 10993 对应部分转化过来的,近十余年来,各个部分进行了一次或多次的修订,目前,两标准各部分的内容可能有些差异。这些标准是我国国家食品药品监督管理局(State Food and Drug Administration,SFDA)在对医疗器械产品注册审批中的有效文件。

表 10 - 2　GB/T 16886 医疗器械生物学评价系列标准

国家标准	各部分评价内容	发布年份	ISO 标准（基本对应）
GB/T 16886.1—2001	第 1 部分:评价与试验	2001	ISO 10993—1:2009 Part 1:Evaluation and testing within a risk management process(第 1 部分:风险管理过程中的评价与试验)
GB/T 16886.2—2000	第 2 部分:动物保护要求	2000	ISO 10993—2:2006 Part 2:Animal welfare requirements(第 2 部分:动物福利要求)
GB/T 16886.3—2008	第 3 部分:遗传毒性、致癌性和生殖毒性试验	2000	ISO 10993—3:2003 Part 3:Tests for genotoxicity, carcinogenicity and reproductive toxicity(第 3 部分:遗传毒性、致癌性和生殖性试验)
GB/T 16886.4—2003	第 4 部分:与血液相互作用试验选择	2003	ISO 10993—4:2002 Part 4:Selection of tests for interactions with blood(第 4 部分:与血液相互作用试验选择)
GB/T 16886.5—2003	第 5 部分:体外细胞毒性试验	2003	ISO 10993—5:2009 Part5:Tests for in vitro cytotoxicity(第 5 部分:体外细胞毒性试验)
GB/T 16886.6 - 1997	第 6 部分:植入后局部反应试验	1997	ISO 10993—6:2007 Part 6:Tests for local effects after implantation(第 6 部分:植入后局部反应试验)
GB/T 16886.7—2001	第 7 部分:环氧乙烷灭菌残留量	2001	ISO 10993—7:2008 Part 7:Ethylene oxide sterilization residuals(第 7 部分:环氧乙烷灭菌残留量)

国家标准	各部分评价内容	发布年份	ISO 标准（基本对应）
GB/T 16886.9—2001	第9部分：潜在降解产物的定性和定量框架	2001	ISO 10993—9：2009 Part 9：Framework for identification and quantification of potential degradation products（第 9 部分：潜在降解产物的定性与定量框架）
GB/T 16886.10—2005	第 10 部分：刺激与迟发型超敏反应试验	2005	ISO 10993—10：2002/Amd 1：2006 Part 10：Tests for irritation and delayed – type hypersensitivity（第 10 部分：刺激与迟发型超敏反应试验）
GB/T 16886.11—1997	第 11 部分：全身毒性试验	1997	ISO 10993—11：2006 Part 11：Tests for systemic toxicity（第 11 部分：全身毒性试验）
GB/T 16886.12—2005	第 12 部分：样品制备与参照样品	2005	ISO 10993—12：2004 Part 12：Sample preparation and reference materials（第 12 部分：样品制备与参照样品）
GB/T 16886.13—2001	第 13 部分：聚合物医疗器械的降解产物的定性与定量标准	2001	ISO 10993—13：2009 Part 13：Identification and quantification of degradation products from polymeric medical devices（第 13 部分：聚合物医疗器械的降解产物的定性与定量标准）
GB/T 16886.14—2003	第 14 部分：陶瓷降解产物的定性与定量	2003	ISO 10993—14：2001 Part 14：Identification and quantification of degradation products from ceramics（第 14 部分：陶瓷降解产物的定性与定量）
GB/T 16886.15—2003	第 15 部分：金属与合金降解产物的定性与定量	2003	ISO 10993—15：2009 Part 15：Identification and quantification of degradation products from metals and alloys（第 15 部分：金属与合金降解产物的定性与定量）

国家标准	各部分评价内容	发布年份	ISO 标准（基本对应）
GB/T 16886.16—2003	第16部分：降解产物和可溶出物的毒代动力学研究设计	2003	ISO 10993—16：2009	Part 16：Toxicokinetic study design for degradation products and leachables（第16部分：降解产物和可溶出物的毒代动力学研究设计）
GB/T 16886.17—2005	第17部分：可沥滤物允许限量的建立	2005	ISO 10993—17：2009	Part 17：Establishment of allowable limits for leachable substances（第17部分：可沥滤物允许限量的建立）
GB/T 16886.18—××××	第18部分：材料化学表征	未出	ISO 10993—18：2005	Part 18：Chemical characterization of materials（第18部分：材料的化学表征）
GB/T 16886.19—××××	第19部分：物理化学、形态学和表面特征表征	未出	ISO 10993—19：2006	Part 19：Physico - chemical, morphological and topographical characterization of materials（第19部分：物理化学、形态和表面特征表征）
GB/T 16886.20—××××	第20部分：医疗器械免疫毒性试验原理和方法	未出	ISO/TS 10993—20：2006	Part 20：Principles and methods for immunotoxicology testing of medical devices（第20部分：医疗器械免疫毒性试验原理和方法）

（2）行业标准：我国共有58个行业，各自拥有标准，各行业强制性标准由两个大写字母代表，如纺织用 FZ，卫生用 WS，医药用 YY，化工用 HG，机械用 JB。行业推荐性标准代号为在强制性标准代号后加上"/T"。

中华人民共和国医药行业标准，代号 YY 后接标准号和发布的年份，标准有强制性行业标准和推荐性行业标准，后者在 YY 后加/T。部分医药行业标准举例如下：

①心血管植入物人工血管：YY 0500—2004。

②可吸收性外科缝线：YY 1116—2002。

③非吸收性外科缝线：YY 0167—2005。

④医用外科口罩技术要求：YY 0469—2004。

⑤脱脂棉纱布、脱脂棉粘胶混纺纱布的性能要求和试验方法：YY 0331—2006。

⑥外科纱布敷料通用要求：YY 0594—2006。

⑦医用脱脂棉：YY 0330—2002。

⑧医用胶带通用要求：YY/T 0148—2006。

（3）企业标准：企业产品标准泛指由企业为产品制订的标准。一般在没有国家标准或行业标准时，企业自己建立的生产执行标准；当企业的生产标准高于国家标准时也可以制订自己的企业标准。企业标准制订后需在质量技术监督局标准化处（科）进行备案，备案时质监局给予编号，编号的规则 Q/XXX000（流水号）—××××（年代号）。

企业标准是泛称，对于医疗器械生产企业来讲，企业标准就是医疗器械注册产品标准，注册产品标准经当地质监局标准化处备案取得备案号，此为企业标准代号。

医疗器械注册产品标准编号形式为"YZB／X XXXX – XXXX"：其中 Y—医疗器械、Z—注册、B—标准；"/"后的"X"为标准复核机构所在地简称，国代表国家局复核，苏则代表江苏局复核；后面的数字是注册产品标准顺序号和发布年份。如 YZB/国 0579—2006 医用聚丙烯修补网（塞）：是 2006 年发布的国家局复核的一个注册标准（Ⅲ类产品）。部分生物医用纺织品医疗器械注册产品标准举例如下：

①可吸收胶原蛋白缝合线：YZB/国 0352—2005。

②可曲式荷包缝合针：YZB/苏 0039—2008。

③医用聚丙烯修补网（塞）：YZB/国 0579—2006。

④一次性使用抑菌医用敷料：YZB/苏 0057—2004。

⑤一次性使用医用口罩：YZB/苏 0623—2008。

⑥一次性使用手术衣：YZB/苏 0252—2009。

⑦一次性使用医用帽子：YZB/苏 0011—2008。

⑧一次性使用医用口罩：YZB/浙 1155—2005。

⑨一次性使用手术衣：YZB/浙 1157—2005。

10.2.2 ISO 标准

国际标准化组织（ISO）是全球最著名的标准组织，在生物医学材料评价方面，有 ISO 10993 系列标准（医疗器械生物学评价），ISO 10993 系列标准是由 ISO 194 技术委员会研制的，该委员会成立于 1989 年，我国在 1994 年正式组团参加该委员会会议，并由观测委员会国成为正式委员会国。目前 194 技术委员会已制定了 ISO 10993 系列标准中的 20 个标准，其目录见表 10－2。部分生物医用纺织品的 ISO，列举如下：

①ISO 7198：1998 Cardiovascular implants – Tubular vascular prostheses（心血管植入物——人工血管）。

②ISO 5840：2005 Cardiovascular implants – Cardiac valve prostheses（心血管植入物——人工心脏瓣膜）。

③ISO 25539 – 1：2003 Cardiovascular implants – Endovascular devices-Part 1：Endovascular prostheses（心血管植入物——血管内器械第一部分：人工内量血管）。

10.2.3　欧洲标准

欧洲标准委员会（Europe Committee for Standardization）。欧洲标准是由欧洲 18 国共同商议表决的标准，标准由加权表决来决定通过与否，表决使用的欧盟 18 个成员国加权票数各不相同，如德国、法国、意大利和英国的加权票数各为 10 票，其他国家分别有 5 票、4 票、3 票、2 票和 1 票，总票数为 96 票。一个欧洲标准表决时至少需要有 71% 加权票赞成才能通过。通过此程序产生的欧洲标准必须被所有会员国作为本国的国家标准加以采用，同时与之相对应的国家标准将撤消，所以一个欧洲标准的出台意味着协调后的各国国家标准出台，如欧洲标准 EN 10142，即作为德国的国家标准 DIN EN 10142，法国的国家标准 NF EN10142。

表 10 – 3　欧洲标准举例

欧洲标准	名　　称	中文译名
EN 12010—1998	Non – active surgical implants – Joint replacement implants – Particular requirements	非活性外科植入物—关节替换植入物—特殊要求
EN 12180—2000	Non active surgical implants – Body contouring implants – Specific requirements for mammary implants	非活性外科植入物—人体外形植入物—对乳房植入物的特殊要求
EN 30993—6—1994	Biological evaluation of medical devices – Part 6：Tests for local effects after implantation（ISO 10993 – 6：1994）	医疗器械的生物学评价 第 6 部分：植入后局部反应试验
EN 12006—1—1999	Non active surgical implants – Particular requirements for cardiac and vascular implants – Part 1：Heart valve substitutes	非活性外科植入物—心脏和血管植入物的特殊要求—第 1 部分：心脏瓣膜代用品
EN 1283—1996	Haemodialysers, haemodiafilters, haemofilters, haemoconcentrators and their extracorporeal circuits	血液透析，血液过滤器，血液滤净器，血液浓缩器以及其体外循环装置
EN 12006—3—1998	Non active surgical implants – Particular requirements for cardiac and vascular implants – Part 3：Endovascular devices	非活性外科植入物—心脏和血管植入物的特殊要求—第 3 部分：血管内植入物

欧洲标准	名　称	中文译名
EN 12006—2—1998	Non active surgical implants – Particular requirements for cardiac and vascular implants – Part 2：Vascular prostheses including cardiac valve conduits	非活性外科植入物—心脏和血管植入物的特殊要求—第 2 部分：包括心瓣导管在内的血管修复术
EN ISO 10993—12—1996	Biological evaluation of medical devices – Part 12：Sample preparation and reference materials（ISO 10993 – 12：1996）	医疗器械的生物学评价—第 12 部分：样品制备和参照物
EN ISO 10993—11—1995	Biological evaluation of medical devices – Part 11：Tests for systemic toxicity（ISO 10993 – 11：1993）	医疗器械的生物学评价—第 11 部分：全身毒性试验
EN ISO 11737—2—2000	Sterilization of medical devices – Microbiological methods – Part 2：Tests of sterility performed in the validation of a sterilization process（ISO 11737 – 2：1998）	医疗器械灭菌—微生物学方法—第 2 部分：确认灭菌过程中进行的无菌试验

10.2.4　美国标准

美国有几十个协会和学会发布各自的标准。与生物医用材料与制品相关的标准协会有"美国材料与试验协会（American Society for Testing and Materials，ASTM）"、AATCC（美国纺织化学与印染协会）、NSF（全国卫生基金会）等。

美国材料与试验协会成立于 1898 年，其前身是国际材料试验协会（International Association for Testing Materials，IATM）。ASTM 是美国最老、最大的非营利性的标准学术团体之一。经过一个多世纪的发展，ASTM 现有 3.3 万余个（个人和团体）会员，其中有 2.2 万余个主要委员会会员在其各个委员会中担任技术专家工作。ASTM 的技术委员会下共设有 2004 个技术分委员会。有 10 万余个单位参加了 ASTM 标准的制定工作，主要任务是制定材料、产品、系统和服务等领域的特性和性能标准，试验方法和程序标准，促进有关知识的发展和推广。

虽然 ASTM 标准是非官方学术团体制定的标准，但由于其质量高、适应性好，从而赢得了美国工业界和官方信赖，不仅被美国各工业界纷纷采用，而且被美国国防部和联邦政府各部门机构采用。ASTM 标准现分为 15 类（section），各类所包含的卷数不同，以标准分卷（volume）出版：纺织品及材料是第 7 类，医疗设备和服务是第 13 类。

ASTM 标准的资料类型：Technical Specification（技术规范）；Guidance（指南）；Test Method（试验方法）；Classification（分类法）；Standard Practice（标准惯例）；Terminology（术语）；Definition（定义）。

ASTM 标准编号形式为"标准代号＋字母分类代码＋标准序号＋制定年份＋标准英文名称"：标准代号是 ASTM,字母分类代码从 A 到 G 共 7 类,其中代码 F 代表特殊用途材料,如电子材料、防震材料、外科用材料等。

下面就 ASTM 关于生物材料方面的部分标准举例如下：

①ASTM F2394—2007 Standard Guide for Measuring Securement of Balloon Expandable Vascular Stent Mounted on Delivery System(安装在传输系统上的气囊扩张血管支架安全性测量的标准指南)。

②ASTM F2477—2007 Standard Test Methods for in vitro Pulsatile Durability Testing of Vascular Stents(血管支架体外脉动耐久性测试的标准测试方法)。

10.2.5　日本工业标准

日本工业标准(Japanese Industrial Standards,JIS)是日本国家级标准中最重要、最权威的标准。由根据日本工业标准化法建立的全国性标准化管理机构日本工业标准调查会(Japanese Industrial、Standards Committee,JISC)制定。日本工业标准(JIS)标准包括 JIS A 到 JIS Z 共 19 大类。关于生物材料方面的部分标准举例如下：

①JIS T 3102—2005 Surgical Needles Suture 外科缝合针。

②JIS T 4101—2005 Surgical Silk Suture 外科缝合丝线。

③JIS T 4101—1992 Surgical Sutures Catgut 外科肠道缝合线。

10.2.6　典型医用纺织品的标准与表征

10.2.6.1　医用手术服

国际上主要的手术防护服的相关标准有：美国医疗器械促进会 AAMI(Association for the Advancement of Medical Instrumentation)组织制定的 AAMI PB 70—2003 卫生保健设施中使用的防护服和防护布的分类以及液体阻隔性能,适用于评价卫生用防护服装的阻隔性能；美国国家防火协会 NFPA(National Fire Protection Association)制定的 NFPA 1999—1997"紧急医疗手术防护服标准",适用于医疗急救；欧洲标准委员会制定的标准 EN 13795—2004；ISO 组织制定的标准 ISO 16542；除此之外,加拿大等国家和组织也相继建立了相关标准。

2003 年非典爆发以前,中国尚没有专门用于规范医用防护手术服的国家标准,2003 年 4 月 29 日颁布实施了 GB 19082—2003 医用一次性防护服技术要求,适用于一次性防护服。对于耐久型手术服,并没有可以适用的国家标准,解放军总后勤部卫生部于 2003 年 5 月 3 日发布了行业标准 WSB 58—2003 生物防护服通用规范,可以用于规范耐久型手术防护服。

(1)各种标准的测试条款比较(表 10 - 4)。

表 10 – 4 国内外主要手术服及盖布标准对防护材料的基本性能测试条款的比较

标准	中国 GB19082—2003	WSB 58—2003 总后勤部生物防护服通用规范	美国 AAMI PB 70—2003（阻隔性能标准）	美国 NFPA 1999—1997	欧洲 EN 13795—2004	国际标准 ISO 16542:2005
适用对象	医用一次性防护服	耐久型防护服	外科用手术服及盖布（一次性或耐久型）	一次或耐久型医用急救防护服	外科用手术服及盖布（一次性或耐久型）	外科用手术服及盖布（一次性或耐久型）
拒水性能	GB/T 4744—1997 静水压试验；GB/T 4745—1997 沾水试验	无	AATCC 42—2000 水冲击渗透试验；AATCC127—2003 静水压试验	ASTM F1359 全面液体渗透试验	EN 20811 抗液体渗透	无
阻隔性能 — 合成血液渗透	试验方法参照 ASTM F 1670—1998	无	ASTM F 1670—1998 合成血液渗透试验		无	ISO 16603：2003 合成血液渗透
阻隔性能 — 微生物渗透	无（但需测试对空气中微粒的过滤效率）	脊髓灰质炎病毒（疫苗菌株）渗透试验（并且需测试对空气中微粒的过滤效率）	ASTM F 1671—2003 Phi – X174 噬菌体渗透试验	试样及其接缝处需通过 ASTM F 1671—2003 Phi – X174 噬菌体透过试验	EN ISO 22610 干态；EN ISO 22612 湿态	ISO 16604：2003 Phi – X174 抗菌体渗透；EN ISO 22612/22610—2004

续表

标　　准		中国 GB 19082—2003	WSB 58—2003 总后勤部生物防护服通用规范	美国 AAMI PB 70—2003（阻隔性能标准）	美国 NFPA 1999—1997	欧洲 EN 13795—2004	国际标准 ISO 16542:2003
物理性能	顶破强力	无	无	无	ASTMD 751	EN ISO13938－1 干态　EN 29073－3 湿态	无
	断裂拉伸强力及伸长长率	GB/T 3923.1—1997	有要求	无	无	EN ISO13938－1 干态　EN 29073－3 湿态	无
	其他物理性能	无	无	无	ASTMD2582 抗穿裂性能　ASTM 1683 接缝断裂强力	无	ISO 13995 抗撕裂　ISO 12947 耐磨　ISO 9073—7 悬垂性/柔软性
其他性能	微生物清洁程度	GB 15980—1995 消毒和灭菌检测方法	无	无	无	EN 1174	ISO 11737—1 消毒等级
	微粒清洁程度	无	无	无	无	ISO 9073—10 掉毛试验	ISO 9073—10 掉毛试验
	舒适性	GB/T 12704—1991 透湿量试验	透湿量试验	无	无	无	ISO 11092 热舒适性
	抗静电性能	GB/T 5455—1997	无	无	无	无	ISO 16542
	阻燃性能	GB/T 12703—1991	无	无	无	无	ISO 6941 阻燃

表 10 - 4 对国内外主要手术服标准进行了对比分析：

①中国标准 GB 19802 主要特点是：该标准主要是针对一次性手术服，而其他几个国外标准均适用于一次性和耐久型手术服；该标准对防护材料的性能要求比较全面，基本上考虑到了手术服材料性能的各个方面；该标准对防护材料抵抗微生物（病毒等）渗透方面的性能没有要求，只对防护服材料对空气中微粒的过滤效率有所规定；而对合成血液穿透性能及过滤效率的测试规定比较简单，对测试方法及仪器缺乏较为详细的规定；在物理性能方面，该标准只考虑了干态下的断裂拉伸强力及伸长率，与其他标准相比，似乎考虑得不够全面。

②NFPA 1999—1997 标准主要偏重于对防护服整体性能的测量，拒水性能的测试采用 ASTM F 1359 全面液体透过试验，其试样的接缝处必须通过抗微生物渗透测试；试样的接缝处还需进行接缝断裂强力测试。相比之下，EN 13795：2004、ISO 16542：2005 以及 GB 19802—2003 则偏重于对防护材料自身的各种性能进行测量。

③ISO 16542—2005 与 EN 13795—2004 对防护材料的性能要求比较类似，在一些性能测试中，两者采用的是完全相同的测试方法和测试仪器。

④EN 13795—2004 比较注重在干态和湿态两种情况下测试防护材料的性能。

⑤AAMI PB 70—2003 是完全关于防护材料阻隔性能方面的标准。

（2）医用防护服性能表征指标水平比较（表 10 - 5）。

表 10 - 5　医用防护服性能表征指标水平比较

标　　准	中国 GB 19082—2003	中国 WSB 58—2003 总后勤部生物防护服通用规范	美国 AAMI PB 70—2003（阻隔性能标准）（根据材料用途分为四个等级）	美国 NFPA 1999 - 1997
适用对象	医用一次性防护服	能耐机洗至少12 次	一次性及耐久型防护材料	一次性或耐久型（检测前要经过 25 次洗涤/烘干循环预处理）
隔离层	无	内层、中层和外层	无	必须有隔离层
阻隔性能 拒水性能	静水压为1.6kPa 时,不得渗透;沾水等级≥GB3	无	IP:水冲击渗透量 HP:承受静水压 等级 1：IP≤4.5g 等级 2：IP≤1.0g HP≥20cmH₂O 等级 3：IP≤1.0g HP≥50cmH₂O	表面张力为 $35×10^{-5}$ N/cm, 3L/min 的水喷淋 20min 不得透过
阻隔性能 合成血液渗透	在 13.8kPa 下不得渗漏	无	等级 4：（消毒盖布）在 13.8kPa 下保持1min 不得渗漏	

续表

标　　准		中国 GB 19082—2003	中国 WSB 58—2003 总后勤部生物 防护服通用规范	美国 AAMI PB 70—2003 （阻隔性能标准） （根据材料用途分 为四个等级）	美国 NFPA 1999 - 1997
	微生物渗透	无（对空气过滤 效率要求：对非油 性颗粒物的过滤 效率不小于70%）	对液体中脊髓灰 质炎病毒（疫菌株） 的过滤性能应达 到99%； （对空气过滤效率 要求：对粉状生物离 子的过滤性能应达到 99%以上；对空气中 的自然微生物过滤性 能应达到99%以上）	等级 4：（手术服） Phi - X174 抗菌体不得 透过试样	Phi - X174 抗 菌体不得透过试 样及其接缝处
物理 性能	顶破强力	无	无	无	各层≥345kPa
	断裂拉伸强 力及伸长率	断 裂 强 力 ≥45N； 断 裂 伸 长 率 ≥30%	经向不小于 500N 纬向不小于 300N	无	各层≥133.5N
	其他物理 性能	无	无	无	抗穿刺强力各 层≥24.5N； 撕裂强力各层 ≥35.6N； 接缝及封闭处 强力各层≥66.7N
其他 性能	微生物清 洁程度	无	无	无	无
	微粒清 洁程度	无	无	无	无
	舒适性	透湿量 ≥2500g/（m²·d）	透湿量 ≥ 1500g/ （m²·d）；在冬季和 夏季热区着装人员 能连续工作 4h 以上	无	（2003 版）要 求总体热损失值 必 须 大 于 450W/m²

续表

标　准		中国 GB 19082—2003	中国 WSB 58—2003 总后勤部生物 防护服通用规范	美国 AAMI PB 70—2003 （阻隔性能标准） （根据材料用途分 为四个等级）	美国 NFPA 1999－1997
其他 性能	抗静电 性能	成衣带电量 ≤0.6μC；材料的 电荷密度 ≤7μC/m²	无	无	无
	阻燃性能	符合 GB 17951 中 B2 等级	无	无	无

注　1kPa≈10 cmH$_2$O。

表 10－5 将 GB 19082—2003、WSB 58—2003、NFPA 1999—1997 和 AAMI PB 70—2003 的主要性能要求进行比较，从表中可以看出：

①对于耐久型防护服，NFPA 1999—1997 要求的材料在进行检测前要经过 25 次洗涤和烘干预处理，WSB 58—2003 要求耐久型防护服要能够洗涤 12 次以上。

② AAMI PB 70—2003 是关于阻隔性能方面的标准，根据材料用途分为四个等级，等级越高要求就越严格。等级 1、等级 2、等级 3 只对材料的拒水性能有要求，等级 4 则要求消毒盖布在 13.8kPa 下保持 1min 合成血液不得渗漏，手术服需进行微生物渗透测试，Phi－X174 抗菌体不得透过试样。

③ GB 19082—2003 缺乏对抗微生物渗透性能的具体要求，但是对防护服的过滤效率是有要求的，要求对非油性颗粒物的过滤效率不小于 70%。WSB 58—2003 要求对粉状生物离子的过滤性能应达到 99% 以上；对空气中的自然微生物过滤性能应达到99% 以上。

④ GB 19082—2003 和 WSB 58—2003 测试时只考虑了断裂拉伸强力，NFPA 1999—1997 除了要求断裂拉伸强力各层≥133.5N，还要求抗穿刺强力各层≥24.5N，撕裂强力各层≥35.6N；并考虑了试样接缝处的物理性能，要求接缝及封闭处强力各层≥66.7N。

⑤在舒适性方面，GB 19082—2003 按照人体表面每蒸发 1g 水带走 2.4J 左右的热量计算，蒸发 2500g 水分可带走 6090J/（m² · d），远小于 NFPA 1999—1997 的指标，GB 19082—2003 和 WSB 58—2003 对舒适性要求较低。

（3）阻隔性能表征测试方法及程序比较分析。外科手术服及盖布最重要的用途就是防止可能携带有病原体的血液或体液的渗透，因此，医用防护服的阻隔性能是其最重要的性能。阻隔性能包括拒液性能和阻止微生物渗透的性能。

①拒液性能测试方法。AATCC 42—2000 可以衡量织物在水冲击作用下抵御水渗透的能力。将织物试样(170cm × 330cm)紧密平整地夹持在一块倾斜的板子上,试样背后垫上一块称过重量的吸墨纸,用 500mL 蒸馏水或去离子水平稳地通过一个漏斗喷洒在试样的表面,等蒸馏水或去离子水喷洒完毕以后,将试样取下,将吸墨纸取出并称量,吸墨纸经喷洒以后重量的增加量即为织物试样经水冲击以后的渗透量。

AATCC 127—2003 可以衡量织物在静态水压力的作用下抵御水渗透的能力。将织物(测试受压面积为 100cm^2,直径大于 11.4cm 的圆)夹持在静水压测试仪上,对其测试面施加一个静态的水压,并且以 10mm/s(或者 60mbar/min)的速度增加水的压力,当织物的另一面在三个不同的地方出现小水滴时,记下此时的静水压读数。

EN 20811 与 AATCC 127—2003 的测试原理及仪器相同,织物的受压面积为 100cm^2,以每分钟 1kPa 或者 6kPa 的速率增加水压,当试样有三个不同位置出现小水滴时,此时的读数为试样所能承受的静水压。

中国 GB/T 4745—1997 "沾水试验",把试样安装在卡环上并与水平成45°角放置,试样中心位于喷嘴下面 150mm 距离,用 250mL 蒸馏水或去离子水迅速而平稳地注入漏斗喷淋试样。通过喷淋后试样外观与评定标准及图片的比较,来确定其沾水等级。

中国 GB/T 4744—1997 "静水压试验",与 AATCC 127—2003 的测试原理相似,规定的水压上升速率为 1kPa/min(10cmH$_2$O/min)或者 6kPa/min(60cmH$_2$O/min)。

②阻隔微生物渗透测试方法。ASTM F 1670—2003 "合成血液渗透",ASTM F 1670—2003 用来评估防护材料在长时间与合成血液接触下,是否能够抵御合成血液的渗透。将试样绷紧夹在测量池上,测量池中引入约 60mL 的合成血液[表面张力为 (0.042 ± 0.002)N/m],可采用两种程序让合成血液与试样接触,在试样与合成血液的接触过程中,观察试样是否有任何合成血液渗透的迹象。

ASTM F 1671—2003 "Phi – X174 噬菌体渗透测试",是测试防护材料在与含有 Phi – X174 噬菌体(模拟血液中含的各种病原体)的渗透液长时间接触后,是否能够抵御渗透液以及 Phi – X174 噬菌体的渗透。ASTM F 1671—2003 中规定的防护材料与渗透液接触的程序与 ASTMF 1670—2003 中的完全相同,所使用的测试仪器也与 ASTMF 1670—2003 中的完全相同。在防护材料与渗透液的接触程序结束以后,对防护材料的另一面引入测试剂进行培育检测,检测是否有 Phi – X174 噬菌体从防护材料中渗过。

ISO 16603:2003/ISO 16604:2003 "合成血液渗透测试"、"Phi – X174 噬菌体渗透测试标准",与 ASTM F 1670—2003/F 1671—2003 相似,使用的测试仪器相同,但是其测试程序不同。

中国 GB 19082—2003 标准中,5.4.3 "血液穿透试验"指出,要求进行合成血液穿透试验,使用表面张力为 (42 ~ 60) × 10^{-5} N/cm 的合成血,要求最小样品尺寸为 75mm × 75mm,最少测试 3 个防护服,将 60mL 合成血液引入测量池,停留 5min,以

13.8kPa 持续加压 1min。5min 后观察表面情况,不得渗透。

③国内外阻隔性能测试方法及程序的比较。将 GB 19082—2003、AAMI PB 70 、EN 13795、ISO 16542 中的阻隔、拒液性能方面的标准测试方法进行比较,见表 10 – 6。

表 10 – 6 国内外主要阻隔性能测试方法及程序的比较

标　　准	拒水性能		合成血液渗透	微生物渗透
	水冲击渗透/沾水试验	静水压		
GB 19082 – 2003	GB/T 4745—1997 沾水试验 250mL 蒸馏水从距试样 150mm 高度上喷淋到试样上,观察试样外观,分为 5 个等级	GB/T 4744—1997 水压上升速率为 1kPa/min (10cmH$_2$O/min) 或者 6kPa /min (60cmH$_2$O/min)	合成血液与试样接触程序: 0kPa 5min 13.8kPa 1min 0kPa 5min	—
AAMI PB 70—2003	AATCC 42—2000 静水压试验 500mL 蒸馏水从距试样 0.6m 高度喷淋在试样上,试样后垫有吸墨纸,测试吸墨纸喷淋前后的重量变化	AATCC 127—2003 水压上升速率: 10mm/s(或者 60mbar/min)	ASTM F1670—2003 合成血液与试样接触程序: 0 kPa 5min 13.8kPa 1min 0 kPa 54min	ASTM F1671—2003 测试液与试样接触程序: 0kPa 5min 13.8kPa 1min 0 kPa 54min
EN 13795—2004	—	EN 20811 水压上升速率: 1kPa/min (或者 6kPa/min)	—	—
ISO 16542;2005	—	—	ISO 16603;2003 合成血液与试样接触程序: 0kPa 5min 14kPa 1min 0kPa 4min 或者 0 kPa 5min 1.75kPa 5min 3.5kPa 5min 7kPa 5min 14kPa 5min 20kPa 5min	ISO 16604;2003 测试液与试样接触程序: 0kPa 5min 14kPa 1min 0kPa 4min 或者: 0kPa 5min 1.75kPa 5min 3.5kPa 5min 7kPa 5min 14kPa 5min 20kPa 5min

注　1mbar≈1cmH$_2$O;表中 13.8kPa 1min 表示:测试液与试样在 13.8kPa 下保持接触 1min,以此类推。

由表 10 – 6 可知：

①GB 19082—2003 拒水性能中采用的是 GB/T 4745—1997"沾水等级测试"，通过试样外观并与标准图片比较而评定等级；而 AAMI PB70 则采用水冲击渗透 AATCC 42—2000 试验，使用的材料范围相对更广，测试结果相对精确。

②在静水压的测试方面，GB/T 4744—1997、AATCC 127—2003、EN 20811 规定的仪器和测试方法类似，只是规定测试的水压上升速率有所区别。

③在合成血液测试及微生物渗透测试中，主要区别在于测试液与试样接触时的压力及时间等接触程序，GB 19082—2003 所采用的接触程序中，试样与合成血液接触时间、测试程序与 ASTM 1670—2003、ISO 16603:2003 相比较短，要求较低。GB 19082—2003 缺乏微生物渗透测试的具体方法。

（4）掉毛（linting）试验。手术服和盖布在使用中，材料（尤其是非织造材料）表面的一些纤维绒毛、碎片及各种微粒容易从材料表面上脱落，出现掉毛现象，微生物病原体容易附着在掉落的微粒上，可能会落入病人的伤口，使病人有受到感染的隐患。笔者在国内一些医院调查访谈时了解到，不少医院手术室的空调层流口常常有布毛出现，这对病人是很不利的。掉毛性能也是反映手术服和盖布使用安全的重要性能，需要对其进行测试和评价。

EN 13795—2004 和 ISO 16542:2005 对防护材料的掉毛性能要求用 ISO 9073 – 10 的测试方法进行测试。ISO 9073 – 10（非织造布在干态下产生的绒毛及各种微粒的测试方法）可以衡量非织造材料表面在干态下产生的绒毛及各种微粒的数量，这个测试方法，也可以应用于其他纺织材料。

与国外标准相比，国内手术服标准并没有包含对手术服和盖布材料掉毛的性能要求和测试方法，国内在对材料表面掉毛性能测试的标准上还是空白。

（5）当前我国手术服标准存在的问题及发展建议。通过对国内外手术服和盖布标准的比较分析可以看出，我国医用防护服的标准制定时考虑得比较全面，但是，在以下方面仍存在不足：

①尚无耐久型手术服的国家标准（只有行业标准），缺乏能统一评价一次性和耐久型手术服的标准，难以充分评价不同材料制成的手术服。

②国内对防护材料阻隔微生物（病毒等）渗透方面的性能没有要求，尚无相应的测试标准，需要增加对阻隔微生物渗透性能测试的要求和方法。

③国内尚无对防护材料表面掉毛性能的要求及相关的测试标准。

④国内在物理性能要求、拒液性能及合成血液性能等方面要求的测试方法与国外相比，考虑不够全面，对仪器及测试程序要求较低，不够精确。

⑤国内对防护服舒适性的要求较低。

因此，对于我国医用手术服的国家标准，建议如下：

①尽快通过能够统一衡量一次性和耐久型手术服材料的通用标准，以便充分评价

不同材料手术服的综合性能。

②增加对阻隔微生物渗透性能和掉毛性能等手术服重要性能的测试要求及相关测试方法。

③可以适当提高对手术服舒适性的要求。

10.2.6.2　人工血管

中华人民共和国医药行业标准 YY 0500—2004/ISO 7198:1998(心血管植入物人工血管)中规定,人工血管可以完全或部分由生物材料、合成编织型材料、合成非编织型材料制成。人工血管原材料及成品的生物学要求需要参考 GB/T 16886 的规定。

人工血管标准共包含10个部分,详细介绍了人工血管的范围、规范性引用文件、术语和定义、通用要求、技术要求、临床前体内评价及临床评价、抽样方案、测试方法、人工血管临床前体内评价及临床评价试验方法以及制造商需记录和按要求提供的信息。下面主要就人工血管性能测试表征的相关内容,结合笔者的研究体会作深入的分析介绍。

(1)体外实验项目的确定。表 10-7 为实验选择表,实验项目清晰地罗列了应该测试的外观、孔隙和渗透指标、力学强度、几何特性以及抗弯折能力等。建议根据此表列出的实验,进行型式检查、质量控制检查及逐个检查。

表 10-7　实验选择表

实验项目	型式检查	质量控制检查	逐个检查
外观	×		×
孔隙			
水渗透量			
整体水渗透性/泄漏量	选择适当的试验	选择适当的试验	
泄漏量			
水渗透压			
反复穿刺后残余强度	×		
拉伸强度	×		
破裂强度（顶破强度）	×		
有效长度	×	×	选择适当的试验
内径	×	×	
扩张内径（承压内径）	×		
壁厚	×		
牵拉强度（缝合线固位强度）	×		
扭结阻力（）	×		

注　"×"表示此项目需要测试。

对于复合型人工血管来讲,可以选择此标准列出的试验对人工血管中某一组分进行测试,但同时也必须对整个血管进行测试。此外,如果混合型血管中含有可降解的组分,对不可降解组分也必须与整个血管一样,进行各项测试。

(2)人工血管的几何特征表征。人工血管的几何特征由管道的壁厚和松弛内径来描述。人体血管的几何特征,如血管内径和壁厚随年龄、身体上的部位而变化。大直径的血管具有较厚的管壁,以承受较大的血管压力。流经血管的流动阻力与管径的 4 次方成反比,当人工血管移植后,为了减少血流因流过截面的变化而引起的能量损失和减少涡流的产生,其内径应与宿主血管内径相接近,同时需考虑人工血管内腔壁在体内形成的假内膜层的厚度。当然,移植时选用直型、叉型或锥型人工血管则依赖于宿主病变血管处的几何形态和手术方案的要求。

①壁厚:指人工血管样本在零压力或微小恒压力下的管壁厚度。它有两种测试方法。

a. 显微镜测试(无压):指测量样本的横切口厚度。适用于测量非纺织基人工血管的壁厚。

b. 压力传感器测试(恒压):指在 $0.5cm^2$ 测试区内,测试样本承受 981Pa 压力时的厚度值。

对于波纹外观的纺织人工血管,样本的波形消除程度、波形处的弯曲刚度均会影响厚度的测量。建议从应力—厚度曲线来分析厚度值为宜。

②松弛内径:指人工血管在自由状态下的管道内径。采用圆锥形或圆柱形量具,由小直径量具插入管道内部开始,逐渐加大量具直径,以不引起管道变形为极限。

(3)人工血管的生物力学性能表征。

①人工血管强度:人工血管在体内的力学应力和化学应力作用下,其寿命应达到或超过其受体者的期望寿命。力学应力指人工血管在体内所承受由收缩压和舒张压所导致的周期性脉动压力。化学应力涉及人工血管周边组织液的 pH 环境、酶的作用以及由于炎症等造成的酸性环境等。此外,人工血管与宿主血管的管道吻合通过手术线缝合而成,因此,应确保人工血管边缘组织在移植手术中能承受手术线的拉伸负荷,既不破裂也不散边。当人工血管作为透析管使用时,必须考虑其承受重复针刺后仍具有合适的强度。

a. 径向拉伸强度(circumferential tensile strength)。人工血管样本置于两个半圆柱形夹头上,夹头的直径与样本的内径相匹配,被测试样本的长度应不小于其本身的直径。以样本经匀速拉伸至断裂时,以样本轴向单位长度上的负荷来表达径向拉伸强度:

$$径向拉伸强度 = \frac{最大拉伸负荷}{2 \times 测试样本轴向长度} \qquad (10-1)$$

上式中,数值 2 表示样本前后双侧承力。事实上,利用单位截面面积上所承受的负荷来表征更为合理,条件是已知壁厚值。然而对于纺织类波纹外形的人工血管,精确的壁厚极不易测量。这可能就是 ISO 推荐用上式来表达径向拉伸强度的原因。

b. 纵向拉伸强度(logitudinal tensile strength)。它指管状人工血管样本被匀速拉伸至断裂时的强度。鉴于测试的对象为圆柱形薄管,试验夹头的形态与夹头的夹持力必须保证样本在整个拉伸过程中不产生横向剪切力和滑移。ISO 标准和我国行业标准中尚无明确规定夹头的形态,测试中需特别引起注意。

c. 顶破强度(burst strength)。承压顶破强度(pressurized burst strength)为最佳表征方法,它指人工血管样本在承受渐升压力至爆破时的压力。对纺织人工血管,需在其内部放置"气囊",然后将液体或气体以一定速度注入气囊内,由置于气囊内壁的压力检测装置记录压力升高的速率和血管样本爆破时的压力。顶破强度也可用薄膜顶破强度和探头顶破强度来表征。

d. 手术线固位强度(suture retention strength)。它指手术线从人工血管壁中拉出(即管壁被破坏时)所需的力。手术线采用典型的临床使用规格,并且应足够强到能完整从人工血管中拉出而不断裂。手术线可选用丙纶、涤纶或不锈钢材料。

鉴于人工血管与宿主血管的管道吻合有直切口或斜切口方式,所以,样本被垂直于其轴向或沿轴向 45°方向剪切,手术线被缝在伸直的血管样本距边缘 2mm 处,对均匀分布的 4 个缝点逐点进行测试。

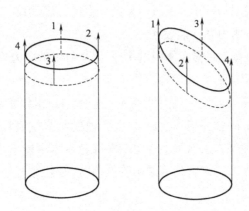

图 10 - 1　手术线固定强力测试示意图

e. 重复针刺后强度(strength after repeated puncture)。它指在人工血管样本外表面三分之一周向区域内,用 16 号透析针重复针刺后的径向拉伸强度或承压顶破强度。重复针刺是模拟人工血管用于透析连接管时的针刺现象,每平方厘米针刺 8、16 和 24 次对应于在临床上透析连接管经过 6、12 和 18 个月使用期中的针刺数。

　　人工血管的断裂强度较人体血管大得多,目前国内外标准也没有给出一个允许强度的最小值。然而,人工血管的老化、慢性降解是存在的。这种现象可望通过人工血管的疲劳性能来表征,该性能反映了人工血管在化学应力和周期性脉动应力环境下的力学性能。为了最终实现体内力学性能的可预测性,还需要进一步的疲劳性能研究。

　　②人工血管对管道内部应力的形变响应性。人体动脉血管在舒张压下,管壁将膨胀,其膨胀性对稳定血流起着重要的作用。如果移植管缺乏膨胀性,将限制血液动力学效果并且减少末端的灌注,同时会造成移植管道内腔狭小。

　　人工血管对管道内部应力的形变响应性表征方法如下:在模拟体内血管承压条件下,测试人工血管在一定压力下承压内径(pressurized inner diameter)、纵向顺应性(longitudinal compliance)或可用长度(useable length),以及测试血管承压变化时其内径改变能力的径向顺应性(radial compliance)。

　　为使血液能顺畅流通,人工血管弯曲时应不易被压扁,该性能可用弯折直径/半径(kink diameter/radium)来表征。

　　a. 承压内径。它指人工血管在承受近似于使用条件压力下的内径。试验压力选用正常动脉收缩压,即 16kPa(120mmHg)。对于渗透性高的人工血管,其内部需衬圆柱形"气囊",然后将样本伸长至它的可用长度,并对气囊加压,当其膨胀至 16kPa 时,等距测量 4 个位置处的外径。承压内径等于平均测量外径与 2 倍平均测量壁厚的差值。

　　b. 纵向顺应性(可用长度)。纵向顺应性表征在外力作用下人工血管的轴向形变情况。纺织人工血管中的波纹形态,大大改善了纵向顺应性,使其接近与之相连接的人体血管的水平。尽管在人工血管体内愈合过程中,这种被加强的纵向顺应性由于体内组织生成而减弱,但在手术移植时可减少缝线的应力。

　　在 ISO 7198:1998 中,提出了可用长度指标,表示在一定负荷下的人工血管的可用长度。这里的负荷值应不大于手术时施于人工血管上的力。手术时施于人工血管上的力的大小短期内影响吻合性能,手术时施于人工血管上的力过大,将使其弹性降低,加速高聚物的疲劳和降解速率。所以,可用长度的测定是很有意义的。国际标准尚未明确规定所施负荷值,由于人工血管上的波纹形态的存在,负荷和血管的形变之间的关系较为复杂。

　　c. 弯折直径/半径。弯折直径/半径用于表征当人工血管出现弯折时其内侧所成的弯曲半径。其有两种测试方法:一是将样本成圈,以相反方向牵拉样本两端以减少圈形,直至弯折出现,采用一个已知直径的圆柱样板插入圈中以测量弯折直径;二是将样本放在不引起其弯折的半径样板上,逐渐替换更小的样板的半径,当样本产生轻微弯折时,此时的样板半径表示人工血管的弯折半径。

d. 径向顺应性。它指样本管道在承受周期性模拟负荷下样本内径的变化情况。所用测试仪器能以每分钟 60 ± 10 次产生动态负荷施于样本内壁,并使测试样本和测试溶液能保持在 (37 ± 2) ℃环境下。径向顺应性可表达为:

$$顺应性(\%) = \frac{\dfrac{R_{P_2} - R_{P_1}}{R_{P_1}}}{P_2 - P_1} \times 10^4 \qquad (10-2)$$

式中,R_{P_2},R_{P_1}——分别代表高压 P_2 和低压 P_1 时的承压内半径值。

此式的物理意义在于当压力值变化 100mmHg 时,内径变化的百分比。

人工血管和人体血管各自的径向顺应性是有差异的。股动脉顺应性为 5.9%/100mmHg,而 Dacron 涤纶机织和针织移植血管的顺应性较小,为(0.08% ~ 2%)/100 mmHg。

顺应性在移植并发症中扮演重要角色,尤其在吻合处。随着体内移植时间的增加,植入血管伴随着纤维组织的增生,顺应性降低至原始值的1/3。顺应性损失将会使内腔出现血栓的概率加大,使新内腔变厚,而在末端导管形成动脉硬化。总之,顺应性的匹配是人工血管生物力学性能中的一个主要问题。

③人工血管的渗透性和孔隙率。人工血管在移植手术时,管壁的抗渗透性是首要条件。纺织人工血管,尤其是针织类,尽管在加工中经致密处理,对血液仍具渗透性。可以在手术前,用病人的血来浸渍、预凝人工血管以达到其密封性。但这影响到手术总时间,尤其不适合急症大出血病例;而且,病人的血液可能存在健康方面的原因不宜于用来浸渍。近二十年,开发了经生物可降解的白蛋白、胶原等预涂层处理的人工血管,使手术更为方便快捷。

另一方面,人工血管纺织组织的孔隙对人工血管手术的愈合和着床有很大作用。因此,对纺织人工血管的抗渗透性和孔径的检验是必要的。

a. 渗透性(permeability)。

(a)截面水渗透性:在 120mmHg 静水压下,单位时间内水透过样本单位面积上的水流量。测试仪器通常由流量测试仪、压力测试仪、样本握持器等三部分组成。实验表明机织物和针织物水渗透性有较大差异,分别为 300 ~ 1000 和 1500 ~ 4000mL/($cm^2 \cdot min$)。如果水渗透性小于300mL/($cm^2 \cdot min$),人工血管可认为是"无孔"的。

(b)整体水渗透性:在 120mmHg 水压下,单位时间内透过整个人工血管壁或其代表性管段的水渗透流量。测试时,需用一组适合被测血管内径的特别管接头来安置样本。此样本接头组被连接到一支架上,它允许样本一端在压力下自由伸展。此支架与能传递一定水压的控压装置相连。

（c）水进压力（water entry pressure）：指人工血管在内部渐增水压作用下，其临界渗漏（外表面见水）时的水压力。

b. 孔隙率（porosity）。

（a）面积仪法孔隙率：利用电子或光学显微镜照片，用面积仪等来测量样本中的孔洞面积和样本含孔总面积。孔隙率指样本总面积中孔洞面积所占的百分率。

（b）称重法孔隙率：即通过测量样本的单位面积的质量、样本壁厚以及所用材料的体积密度得到孔隙率。材料密度由密度梯度管测量法得到。孔隙率 P（％）计算公式如下：

$$P = 100 \times \frac{1 - 1000 \times M}{A \times T \times \rho} \qquad (10-3)$$

式中：M——样本总质量，g；

　　A——总面积，mm^2；

　　T——样本壁厚，mm；

　　ρ——高聚物的密度，$\mathrm{g/cm}^3$。

以上孔隙率指标适用于纺织人工血管，它并不能反映孔径的分布，而不同的孔径大小将在人工血管上产生具有不同力学性能的胶原组织，其影响人工血管的着床和愈合。有实验表明，水渗透性与孔隙率相关性差，因而在表征人工血管的孔隙渗透时，这两指标均需要分别给出。

人工血管的使用周期漫长，力学性能的表征的完整性、表征指标与临床长期的医疗效果的关系尚需时间来证明，此外，仿真疲劳的力学性能表征将是一项十分有意义的工作，以便完善体内力学性能的可预测性。

10.3　医用制品的动物试验与临床试验

10.3.1　动物试验与临床试验概述

对于"医疗器械分类目录"中的第Ⅱ类和第Ⅲ类产品，要求进行动物试验与临床试验。

10.3.1.1　动物试验概述

动物试验通常由有资质的单位来实施，表 10-8 为上海市若干个拥有实验动物许可证的单位。一般的实验动物依据动物来源、饲养环境条件等分成三个类别：SPF 级、清洁级以及普通级。

SPF 级（specific pathogen free，SPF 无特定病原体）实验动物：是指机体内无特定的微生物和寄生虫存在的动物，但非特定的微生物和寄生虫是容许存在的。一般是指无传染病的健康动物，是目前国外使用最广泛的实验动物，它的来源，既可来自无菌动物繁育的后裔,亦可经剖胎取出后,在隔离屏障设施的环境中,由 SPF 亲代动物抚育。它不带有对人或动物本身致病的微生物,但不能排除可经胎盘屏障垂直传播的微生物。

表 10 – 8　上海市部分实验动物许可证持有者单位

使用许可证	单位名称	实验项目
SYXK(沪)2007—0008	上海市疾病预防控制中心(上海市预防医学研究院)	清洁级:小鼠、大鼠、沙鼠、金黄地鼠 普通级:豚鼠、沙鼠、兔、鸡、鹅
SYXK(沪)2008—0039	复旦大学附属中山医院	清洁级:小鼠、大鼠 普通级:豚鼠、兔、犬、猪
SYXK(沪)2009—0082	复旦大学(实验动物科学部)	SPF 级:小鼠、大鼠 清洁级:小鼠、大鼠、地鼠、豚鼠、兔 普通级:豚鼠、兔
SYXK(沪)2009—0086	上海市第一人民医院(南部)	SPF 级:小鼠 清洁级:小鼠、大鼠 普通级:豚鼠、兔、犬

实验动物主要有:小鼠、大鼠、地鼠、豚鼠、兔、猪、犬、猴子等。实验动物的提供者和使用者均需是有资质的持证人。

医用产品动物试验评价时,对动物种类和动物部位的选择均有严格的要求。动物类型不同,所进行的动物试验结果会有差异。

10.3.1.2　临床试验概述

国家食品药品监督管理局在 2004 年发布了"医疗器械临床试验规定",该规定明确指出:医疗器械临床试验是指获得医疗器械临床试验资格的医疗机构对申请注册的医疗器械在正常使用条件下的安全性和有效性按照规定进行试用或验证的过程。医疗器械临床试验的目的是评价受试产品是否具有预期的安全性和有效性。

(1)医疗器械临床试验分医疗器械临床试用和医疗器械临床验证。医疗器械临床试用是指通过临床使用来验证该医疗器械理论原理、基本结构、性能等要素能否保证安全性、有效性。医疗器械临床验证是指通过临床使用来验证该医疗器械与已上市产品的主要结构、性能等要素是否实质性等同,是否具有同样的安全性、有效性。医疗器械临床试用的范围:市场上尚未出现过,安全性、有效性有待确认的医疗器械。医疗器械临床验证的范围:同类产品已上市,其安全性、有效性需要进一步确认的医疗器械。

(2)医疗器械临床试验方案。它是阐明试验目的、风险分析、总体设计、试验方法和步骤等内容的文件。医疗器械临床试验开始前应当制订试验方案,医疗器械临床试验必须按照该试验方案进行。

医疗器械临床试验方案应当针对具体受试产品的特性,确定临床试验例数、持续时间和临床评价标准,使试验结果具有统计学意义。医疗器械临床试用方案应当证明受试产品理论原理、基本结构、性能等要素的基本情况以及受试产品的安全性、有效性。医疗器械临床验证方案应当证明受试产品与已上市产品的主要结构、性能等要素是否实质性等同,是否具有同样的安全性、有效性。

医疗器械临床试验方案一般包括:临床试验的题目;临床试验的目的、背景和内容;临床评价标准;临床试验的风险与受益分析;临床试验人员姓名、职务、职称和任职部门;总体设计,包括成功或失败的可能性分析;临床试验持续时间及其确定理由;每病种临床试验例数及其确定理由;选择对象范围、对象数量及选择的理由,必要时对照组的设置;治疗性产品应当有明确的适应证或适用范围;临床性能的评价方法和统计处理方法;副作用预测及应当采取的措施;受试者《知情同意书》;各方职责。

医疗器械临床试验应当在两家以上(含两家)医疗机构进行。

(3)医疗器械临床试验实施者:申请注册该医疗器械产品的单位为实施者,负责发起、实施、组织、资助和监察临床试验。

(4)医疗机构及医疗器械临床试验人员:由经过国务院食品药品监督管理部门会同国务院卫生行政部门认定的药品临床试验基地,来承担医疗器械临床试验。医疗器械临床试验人员应当具备以下条件:具备承担该项临床试验的专业特长、资格和能力;熟悉实施者所提供的与临床试验有关的资料与文献。

(5)医疗器械临床试验报告:医疗器械临床试验报告应当由临床试验人员签名、注明日期,并由承担临床试验的医疗机构中的临床试验管理部门签署意见、注明日期、签章。医疗器械临床试验报告包括:试验的病种、病例总数和病例的性别、年龄、分组分析,对照组的设置(必要时);临床试验方法;所采用的统计方法及评价方法;临床评价标准;临床试验结果;临床试验结论;临床试验中发现的不良事件和副作用及其处理情况;临床试验效果分析;适应证、适用范围、禁忌证和注意事项;存在问题及改进建议。

10.3.2　人工血管产品的动物试验与临床试验

下面以中华人民共和国医药行业标准 YY 0500—2004/ISO 7198:1998 心血管植入物人工血管标准 Cardiovascular implants—Tubular vascular prostheses 为例,介绍人工血管产品的动物与临床试验的基本要求以及相应的试验方法。

10.3.2.1　动物试验(临床前体内评价)的基本要求

临床前体内评价的目的是评价人工血管在植入受体后,组织对人工血管的排斥反应,以及移植期间人工血管材料结构(包括涂层)的物理、化学和生物性质发生的变化。本测试并不能说明人工血管的长期品质变化。

如果不能提供短期试验结果的有效证明,每种型号的人工血管必须植入试验动物的相应血管位置或对照位置,试验动物数不能少于 6 只,每只试验动物的移植期不能少于20 周。如果试验中没有对照组进行对比,在试验中应多收集一些可对比的资料。在试验过程中每种人工血管各项性能必须采用适当的方法及仪器(如血管造影术、多普勒)进行监测及记录。在试验中,如果某只试验动物的人工血管通畅性有下降,该动物并不需要被排除出试验组,依然可以用于评价人工血管的组织排异反应及其他性能。所有试验组及对照组动物,包括最终分析时没有计入的试验动物,均需记录并报告。

在没有提供任何证明的情况下,最好不要在与血管来源同种的动物身上进行临床前体内评价。

10.3.2.2　临床试验(临床评价)的基本要求

临床评价是指人工血管在临床应用后,对其安全性和有效性进行的短期(少于 1年)评价,但并不能说明人工血管的长期品质变化。

YY 0500—2004 建议如下几点:

(1)实际上用于腹主动脉的人工血管的试验结果,在临床试验时,也可用于胸主动脉。临床评价机构应不少于 3 个。每个机构用于植入的同一种类型人工血管数量应不少于 10 个。对同一型号的人工血管来讲,在临床试验上选用的试验样品应包括直径最小的人工血管以及在实际应用中使用直径最广泛的人工血管。对不经常使用的人工血管来讲,临床评价的病例数可以适当减少,但临床评价机构应不少于 3 个,而且还需提供选取的病例数的合理性分析。

(2)当已经在市场中销售的人工血管开发出新的直径时,即使它仍然用于人体相同的部位,对新直径的人工血管还必须进行进一步临床评价。

(3)对复合型人工血管而言,当其由一可吸收的生物材料层和一通用材料(如编织物、机织物等)组成时,其同一型号的人工血管中直径最小的血管可不用选入临床评价试验中,而以相同直径的基底层材料组成的人工血管代替。

每例病人的临床试验需不少于 12 个月在试验过程中,如果某个病人的血管性能有所下降,本例病人并不需要被排除出试验组,依然可以用于评价人工血管的功能。所有试验组及对照组病例,包括最终分析时没有计入的病例,均需记录并报告。

(4)建议临床试验至少维持 24 个月。

(5)当将一可吸收的生物材料组分加入到一市场上已应用的人工血管中制成一种新的复合型人工血管时,或者市场上已应用的一人工血管的基质有变化时,建议进一步的临床试验应为 6 个月,临床试验应提供关于人工血管的安全性和有效性的客观数据。所有数据的收集和分析,必须采用现今被广泛应用的数理统计方法。必须提供试验组、测试方法、所采用统计分析方法的合理性证明。

临床评价试验设计必须经过合理性分析,包括试验数量、试验协议、测试方法及数据分析、统计方法等,这些都应充分考虑 。

10.3.2.3　人工血管临床前体内评价及临床评价试验方法

（1）临床前体内评价的试验设计、数据收集及数据分析。

①原理。本试验目的是为了收集并分析从实验动物上所取得的数据,评价将人工血管植入循环系统后能否保持其生理功能,并可反映人工血管植入的宿主反应和相容性反应。

②方案。在选择实验动物类型时,应充分考虑人工血管将来的使用位置及所选动物的生物特性。在考虑选定何种动物类型时,应考虑人工血管内径及长度的影响。

③数据记录。对每只植入人工血管的实验动物而言,至少应记录以下试验数据:

a. 动物编号。

b. 手术前数据:性别与体重,身体健康证明,术前用药（如抗生素）。

c. 手术中数据:手术日期,手术医生,手术描述,包括远端及近端的吻合类型,手术后早期处理,包括一切与原则有差异的地方;人工血管的编号;植入人工血管的长度、直径;围手术期的不良事件（如血渗漏）。

d. 手术后数据:药物治疗,包括影响凝血功能的药物治疗;通畅评估的方法和日期;不良事件的发生日期以及治疗和结果;对实验方案的偏离。

e. 最终数据:通畅评估的方法;人工血管植入物病理学评估。

④试验报告和其他信息。实验报告应包含以下信息:

a. 研究方案。

b. 下列各项选择合理性的分析:动物种属;植入部位,对照设置,通畅的评估方法,观察间期,样本大小（如动物和植入物的数目）。

c. 结果汇总:动物的可计数目,包括排除数据的原因;通畅率;不良事件;研究者对操作性的判断;实验方案的显著和/或相关偏倚;病理学总结,包括典型的大体图片和显微图片;实验组和对照组的结果比较;研究结论;数据核查程序总结。

（2）临床评价的实验设计、数据收集和数据分析。

①原则。从一种新的人工血管的（或人工血管新的临床适应证）初步临床评价中,收集和分析术前、术中和术后的数据,目的是在产品全面上市前确定其短期的安全性和有效性。

②方案。对证明安全性和有效性的研究所要解决的一个特定问题或一系列问题,需预先详细描述合适的测定目标,并包括每个测定目标成功和失败的定义。

③数据收集。对于每位拟接受人工血管植入的患者,必须记录以下资料:

a. 身份:患者身份证,性别和出生日期,调查人名字以及机构名称。

b. 术前数据（术前 0～25 天）:对危险因素（如高血压、糖尿病、高血脂、吸烟史、肥胖和任何其他的心血管危险因素）的危险程度的判断和治疗方案的描述;早期对血管的治疗包括非手术治疗和血管植入性治疗,手术类型（如急诊或择期手术）；手术指征,诊断标准。

　　c. 手术数据:手术医生姓名；手术日期；标示人工血管资料,包括其标识号,构造和直径；接受治疗的血管的特征或血管的位置；缝合细节、部位、长度,缝线尺寸和材料,缝合方式；被植入血管的长度；手术过程；相关的用药；人工血管功能的评价；不良手术事件。

　　d. 作为动静脉瘘时在造瘘后的信息。

　　e. 作为其他临床用途的术后信息(出院时或术后7～14天,术后3个月、6个月和12个月）:随访日期；重新评估危险因素(如高血压、糖尿病、高脂血症、吸烟情况、肥胖和其他任何心血管危险因素),衡量其严重程度和目前的治疗措施,注意这些情况在术前的改善和恶化；总结最近一次随访后的血管介入和非手术治疗,包括微创治疗；临床评价；相关药物治疗；不良事件。

　　f. 不良事件资料。

　　g. 患者的退出。

　　④试验报告。其一般包括以下信息:

　　a. 研究方案。

　　b. 选择:研究规模,对照组的选择,评估方法和采用的统计分析方法的理由。

　　c. 结果总结:研究方案,有效病例数,包括病例排除理由；与原方案显著的、相关的偏离情况；退出患者情况总结(如失访、死亡或植入失败）；不良事件总结；死亡总结；病理学总结,如需要还应包括有代表性的大体标本照片和镜下图片；通畅率和不良事件发生率；比较试验组和对照组的结果；研究结论。

10.4　临床试验的道德原则以及国际法规

　　临床试验是第Ⅱ类和第Ⅲ类生物医用纺织品医疗器械必须进行的环节。临床试验必须遵循有关的道德原则及国际法规。

10.4.1　临床试验的道德原则

　　(1)医学目的原则:临床试验的目的只能是为了研究人体的生理机制,探索疾病的病因和发病机制,改进疾病的诊疗、预防和护理措施等,以利于提高人类健康水平以及促进医学科学和整个社会的发展。在人体试验前,需认真鉴定试验动机,试验设计必须严格符合科学要求,由有关专家论证,并经有关部门批准后,才能试验。人体试验前应先经过反复的动物试验,积累科学的实验数据且实验方法符合科学原则,以减少临床试验的危害性。特别要指出的是,人体试验对人体的损伤或导致病情恶化的局限性是存在的。人体试验不可滥用,以免损害受试者或患者的利益。

（2）知情同意原则：受试者享有知情同意权，知情同意是人体试验进行的前提。首先，必须保证受试者真实、充分地知情，即实验者必须将实验的目的、方法、预期的好处、潜在的危险等信息告知受试者或其代理人，让其充分了解；在知情的基础上，受试者表示自愿同意参加并履行书面的承诺手续后，才能在其身体上进行人体试验。假如受试者缺乏或丧失知情同意能力，则由其家属、监护人或代理人代替行使知情同意权。其次，正在参与人体试验的受试者，仍享有不需要陈述任何理由而随时退出临床试验的权利；若退出的受试者是病人，则不能因此而影响其正常的治疗和护理。凡是采取欺骗、强迫、经济诱惑等手段使受试者接受的人体试验，都是违反道德或法律的行为。

（3）维护受试者利益原则：首先，试验前进行道德预测，并充分估计试验进行中可能出现的问题。如果试验可能对受试者的身心有严重损害，这项试验就不能进行。其次，在临床试验的全过程中要有充分的安全防护措施，一旦在试验中出现了严重危害受试者利益的情况，无论试验多么重要，都要立即停止，并采取有效措施使受试者身心受到的不良影响减少到最低限度。最后，临床试验必须由医学研究专家或临床经验丰富的专家共同参与或在其指导下进行，并且运用安全性最优的途径和方法。

（4）试验对照原则：临床试验不仅受到试验条件和机体内在状态的影响，同时也受到社会、心理等因素的影响。为了保证临床试验结果的客观性，在进行临床试验时必须设置对照组。设置对照组不仅是医学科学的要求，也是医学道德的要求。试验对照要严格注意试验组和对照组的齐同性和可比性。两组试验具有同等的重要性，并处于同样的道德境地。

10.4.2　临床试验的国际法规

临床试验最早遵循的国际法规是 1946 年公布的《纽伦堡法典》，其要求临床试验时必须满足以下原则：

（1）绝对需要受试者的知情同意。

（2）试验对社会有利，又是非做不可。

（3）试验应该立足于动物试验取得结果。

（4）必须力求避免在肉体上和精神上的痛苦和创伤。

（5）估计会发生死亡或残废的试验一律不得进行。

（6）试验的危险性不超过人道主义所容许的范围。

（7）精细安排，保护受试者排除伤残和死亡的可能性。

（8）试验必须由科学上合格的人进行。

（9）受试者在试验过程中，完全有停止试验的自由。

（10）试验过程中，当受试者出现创伤、残废和死亡的时候，必须随时中断试验。

《纽伦堡法典》公布后，世界卫生组织和一些国家的医学界、法学界人士，又多次研究了临床试验的原则,发表了许多宣言。1964 年在第 18 届世界医学协会年会上通过并发布的《赫尔辛基宣言》是一个代表性的文件。它具体规定了临床试验的道德原则和限制条件。该宣言分别在 1975 年、1983 年、1989 年、1996 年、2000 年和 2008 年又进行了六次修正。另外,2002 年和 2004 年分别对第 29 条和 30 条进行了补充。修正版扩展了宣言的适用对象,重申并进一步澄清了基本原则和内容,加强了对受试者的权利保护,同时还增加了临床试验数据注册和使用于人体组织时的批准制度等新内容,提高了人体医学研究的伦理标准。

参考文献

[1] 医疗器械分类目录[EB/OL]. http://www. sda. gov. cn/gyx02302/flml. htm.

[2] 医疗器械生物学评价[S]. 中华人民共和国国家标准,GB/T 16886.

[3] Liquid Barrier Performance and Classification of Protective Apparel and Drapes Intended for Use in Health Care Facilities[S]. Association for the Advancement of Medical Instrumentation, AAMI PB 70,2003.

[4] Standard on Protective Clothing for Emergency Medical Operation[S]. National Fire Protection Association,NFPA 1999,1997.

[5] Surgical Drapes,Gowns and Clean Air Suits,Used as Medical Devices for Patients,Clinical Staff and Equipment[S]. Europe Committee for Standardization,BS EN 13795, 2004.

[6] Clothing for Protection Against Contact with Blood and Body Fluids[S]. International Organization for Standardization,ISO 16542, 2005.

[7] 医用一次性防护服技术要求[S]. 中华人民共和国国家标准,GB 19082—2003, 2003.

[8] 生物防护服通用规范[S]. 中国人民解放军总后勤部卫生部标准,WSB 58—2003, 2003.

[9] 徐桂龙,王璐. 国内外医用手术防护服标准比较与分析(二)[J]. 产业用纺织品,2006, 24(12): 40 – 42.

[10] 徐桂龙,王璐. 国内外医用手术防护服标准比较与分析(一)[J]. 产业用纺织品,2006, 24(10): 36 – 39.

[11] 心血管植入物人工血管[S]. 中华人民共和国医药行业标准,YY 0500—2004/ISO 7198: 1998,2004.

[12] 王璐,丁辛. 人造血管的生物力学性能表征[J]. 纺织学报, 2003, 24(1): 7 – 9.

[13] 冯泽永. 医学伦理学[M]. 北京:科学出版社,2002.

[14] 人体实验的道德原则[EB/OL]. http://www. anxue. net/yixue/zhiyi/linchuang/2010/0508/114238. html. 2010 – 05 – 08.

[15] 纽伦堡法典[EB/OL]. http://baike. baidu. com/view/1122886. htm.

[16] Declaration of Helsinki,Ethical Principles for Medical Research Involving Human Subjects[S]. World Medical Association,2008.

第11章　医用制品的产业化及其供给体系

11.1　概　述

医疗器械产业是国际上最为关注的产业之一。近年来发达国家越来越重视医疗器械产业发展，许多国家以对待军事、航天等领域的方式对待医疗器械行业，采取核心技术封闭、专利标准战略、跨国金融支持等一揽子国家战略来坚守、巩固自己的阵地，同时通过"提高技术标准"等壁垒，削弱外国产品的竞争力，增加本国产品的市场推广度，有的甚至采用直接立法要求提高采购份额或政府直接购买等方式支持医疗器械市场推广。

近年来我国医疗器械自主创新不断有新的突破，但是产业化困境仍然存在。医疗器械产业是典型的高新技术产业，目前正面临国外医疗器械长期垄断的局面，加上国内创新医疗器械研发机制和营销体制、不完善、政策支持缺失的困境，已严重影响其产业化推进及可持续发展。

生物医用纺织制品的产业化是一项面临诸多挑战的工作，它较一般服装用或家庭用纺织新产品的产业化，在生产资质的要求和生产条件的准备上，尤其是审批程序方面更加严格、复杂和细致。

医疗产品从生产到临床使用，有其特殊的医疗供应链体系。根据有效的保健消费者响应组织(Efficient Healthcare Consumer Response，EHCR)委员会的报告，医疗供应链体系包括三个要素，即生产、分销和消费，这三个要素将所有的参与者整合在一起，而各个组织都有其特定的信息要求，这些组织的特点以及它们与其他组织的关系决定了如何优化医疗供应链。医疗供应链的参与组织主要包括：患者/临床提供者、整合分销网络或服务商管理者、分销商、制造商、集团采购组织(Group Purchasing Organization，GPO)和电子商务提供者。

从1996年起，发达国家相继成立了EHCR组织，在美国，该组织的成员有美国医疗物资管理社团、医疗商业沟通协会、医疗分销商协会、全国批发药剂师协会和UCC(Robert，1997)。

本章将就生物医用纺织品产业化的主要途径、中国和美国在供给体系上的特点作一简述期望能为技术人员提供基本的营销信息，便于新产品团队的合作研讨，更好地开发和推广新产品。

11.2　生物医用纺织品的产业化

生物医用纺织品主要分成体外和体内两大类。生物医用纺织品属医疗器械。根据《医疗器械监督管理条例》国务院令第 276 号 第五条　医疗器械产品可分为Ⅰ、Ⅱ、Ⅲ类产品(表 11-1)。不同类别的产业化途径有明显的差异,总的来说,Ⅰ类产品产业化审批项目少、流程短、投产风险小。随着产品类别的提高,其产业化技术难度、审批流程等明显提升。

表 11-1　医疗器械的管理分类

类　别	特　　征
第Ⅲ类	指植入人体,用于生命支持,技术结构复杂,对人体可能具有潜在危险,安全性、有效性必须严格控制
第Ⅱ类	指产品机理已取得国际国内认可,技术成熟,安全性、有效性必须加以控制
第Ⅰ类	指通过常规管理足以保证安全性、有效性

图 11-1 描述了医疗器械产品从设计开发到正式生产和市场销售的基本流程。

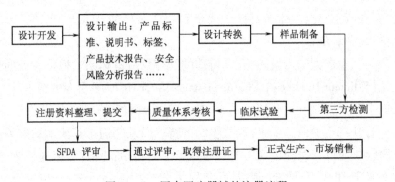

图 11-1　国内医疗器械的注册流程

企业(申请人)在提出医疗器械注册申请前,应当完成医疗器械的研发,并保证其过程真实、规范,所有数据准确、完整和可溯源,以证明其拟上市医疗器械符合医疗器械安全性、有效性等基本要求。企业(申请人)应当对申请注册的医疗器械进行相关研究和风险分析,并对其安全性、有效性和质量可控性进行确认,提交技术性能、风险管理、临床资料、产品检测报告和质量管理体系自查报告等有关文件。

生物医用纺织品属于医疗器械,其产品的生产企业资质及产品进入市场流通的资质要求与一般纺织品的相应要求不同,主要差异体现在生产资质审核和产品注册管理。下面就相关事宜做重点介绍。

11.2.1　生产资质

依据《医疗器械监督管理条例》国务院令第 276 号规定,生产第Ⅰ类、第Ⅱ类和第Ⅲ类医疗器械的企业,需要严格执行《医疗器械生产企业许可证》制度,生产不同类别的器械对生产条件和质量保障体系均有不同的要求。

开办第Ⅱ类、第Ⅲ类医疗器械生产企业较开办第Ⅰ类企业的要求更高,需具备以下条件:

(1)企业的生产、质量和技术负责人应当具有与所生产医疗器械相适应的专业能力,并掌握国家有关医疗器械监督管理的法律、法规和规章以及相关产品质量、技术的规定。质量负责人不得同时兼任生产负责人。

(2)企业内初级以上职称或者中专以上学历的技术人员占职工总数的比例应当与所生产产品的要求相适应。

(3)企业应当具有与所生产产品及生产规模相适应的生产设备,生产、仓储场地和环境。企业生产对环境和设备等有特殊要求的医疗器械,应当符合国家标准、行业标准和国家有关规定。

(4)企业应当设立质量检验机构,并具备与所生产品种和生产规模相适应的质量检验能力。

(5)企业应当保存与医疗器械生产和经营有关的法律、法规、规章和有关技术标准。开办第Ⅲ类医疗器械生产企业,还应同时具备以下条件:符合质量管理体系要求的内审员不少于两名;相关专业中级以上职称或者大专以上学历的专职技术人员不少于两名。

开办第Ⅱ类、第Ⅲ类医疗器械生产企业,应当向企业所在地省、自治区、直辖市(食品)药品监督管理部门提出申请,填写《医疗器械生产企业许可证(开办)申请表》,并提交以下材料:法定代表人、企业负责人的基本情况及资质证明;工商行政管理部门出具的拟办企业名称预先核准通知书;生产场地证明文件;企业生产、质量和技术负责人的简历、学历或者职称证书;相关专业技术人员、技术工人登记表,并标明所在部门和岗位,高级、中级、初级技术人员的比例情况表;拟生产产品范围、品种和相关产品简介;主要生产设备和检验设备目录;生产质量管理文件目录;拟生产产品的工艺流程图,并注明主要控制项目和控制点;生产无菌医疗器械的,应当提供生产环境检测报告。

《医疗器械生产企业许可证》有效期为 5 年,由国家食品药品监督管理局统一印制。有效期届满前 6 个月,需向原发证机关提出换发《医疗器械生产企业许可证》的申请,填写《医疗器械生产企业许可证(换发)申请表》。

11.2.2 注册管理

医疗器械注册是指食品药品监督管理部门依照法定程序,根据医疗器械注册申请人的申请,对其针对拟上市销售、使用医疗器械的安全性、有效性、质量可控性进行的研究及其结果实施系统评价,以决定是否同意其申请的审批过程。

(1)产品注册总要求。

①产品注册分类:境内第Ⅰ类医疗器械由设区的市级食品药品监督管理部门审查,批准后发给医疗器械注册证;境内第Ⅱ类医疗器械由省、自治区、直辖市食品药品监督管理部门审查,批准后发给医疗器械注册证;境内第Ⅲ类医疗器械由国家食品药品监督管理局审查,批准后发给医疗器械注册证;进口医疗器械由国家食品药品监督管理局审查,批准后发给医疗器械注册证;中国台湾、香港、澳门地区医疗器械的注册,参照进口医疗器械注册办理。

②产品注册证管理:医疗器械注册证书由国家食品药品监督管理局统一印制,相应内容由审批注册的食品药品监督管理部门填写。

注册号的编排方式为:

×(×)1(食)药监械(×2)字×××3 第×4××5×××6 号。其中:

×1 为注册审批部门所在地的简称:

境内第Ⅲ类医疗器械、境外医疗器械以及中国台湾、香港、澳门地区的医疗器械为"国"字;境内第Ⅱ类医疗器械为注册审批部门所在的省、自治区、直辖市简称;境内第Ⅰ类医疗器械为注册审批部门所在的省、自治区、直辖市简称加所在设区的市级行政区域的简称,为××1(无相应设区的市级行政区域时,仅为省、自治区、直辖市的简称)。

×2 为注册形式(准、进、许):

"准"字适用于境内医疗器械;"进"字适用于境外医疗器械;"许"字适用于中国台湾、香港、澳门地区的医疗器械。

×××3 为批准注册年份。

×4 为产品管理类别。

××5 为产品品种编码。

×××6 为注册流水号。

③产品标准选择:申请注册的医疗器械,应当有适用的产品标准,可以采用国家标准、行业标准或者制订注册产品标准,但是注册产品标准不得低于国家标准或者行业标准。注册产品标准应当依据国家食品药品监督管理局规定的医疗器械标准管理要求编制。

④生产条件选择:申请第Ⅱ类、第Ⅲ类医疗器械注册,生产企业应当符合国家食品药品监督管理局规定的生产条件或者相关质量体系要求。如11.2.1 所述。

(2)医疗器械注册检测。第Ⅱ类、第Ⅲ类医疗器械由国家食品药品监督管理局会同国家质量监督检验检疫总局认可的医疗器械检测机构进行注册检测,经检测符合适用的产品标准后,方可用于临床试验或者申请注册。医疗器械检测机构应当在国家食品药品监督管理局和国家质量监督检验检疫总局认可的检测范围内,依据生产企业申报适用的产品标准(包括适用的国家标准、行业标准或者生产企业制订的注册产品标准)对申报产品进行注册检测,并出具检测报告。

(3)医疗器械临床试验。申请医疗器械注册,第Ⅲ类医疗器械需进行临床试验;第Ⅱ类医疗器械一般需进行临床试验;第Ⅰ类医疗器械不需要进行临床试验。在中国境内进行医疗器械临床试验的,应当严格执行《医疗器械临床试验规定》。进行临床试验的需提供临床资料,临床资料是指申请人对通过临床试验和/或临床应用所获得的安全性和有效性信息进行评价所形成的文件。提交的临床资料应当包括临床试验方案和临床试验报告。食品药品监督管理部门认为必要时,可以要求提交临床试验合同、知情同意书和临床试验的原始记录。

(4)医疗器械注册申请与审批。申请医疗器械注册,申请人应当根据医疗器械的分类,向相应的食品药品监督管理部门提出申请,按照境内第Ⅰ类医疗器械注册申请材料要求,或境内第Ⅱ类、第Ⅲ类医疗器械注册申请材料要求,或境外医疗器械注册申请材料要求等提交申请材料。

境内第Ⅰ类医疗器械注册申请材料要求如下:

①境内医疗器械注册申请表。

②医疗器械生产企业资格证明:营业执照副本。

③适用的产品标准及说明:采用国家标准、行业标准作为产品的适用标准的,应当提交所采纳的国家标准、行业标准的文本;注册产品标准应当由生产企业签章。生产企业应当提供所申请产品符合国家标准、行业标准的声明,生产企业承担产品上市后的质量责任的声明以及有关产品型号、规格划分的说明。

④产品全性能检测报告。

⑤企业生产产品的现有资源条件及质量管理能力(含检测手段)的说明。

⑥医疗器械说明书。

⑦所提交材料真实性的自我保证声明。

境内第Ⅱ类、第Ⅲ类医疗器械注册申请材料要求如下:

①境内医疗器械注册申请表。

②医疗器械生产企业资格证明:包括生产企业许可证、营业执照副本,并且所申请产品应当在生产企业许可证核定的生产范围之内。

③产品技术报告:至少应当包括技术指标或者主要性能要求的确定依据等内容。

④安全风险分析报告:按照 YY 0316—2008 医疗器械　风险管理对医疗器械的应用的要求编制。应当有能量危害、生物学危害、环境危害、有关使用的危害和由功能失

效、维护不周及老化引起的危害等五个方面的分析以及相应的防范措施。

⑤适用的产品标准及说明:采用国家标准、行业标准作为产品的适用标准的,应当提交所采纳的国家标准、行业标准的文本;注册产品标准应当由生产企业签章。生产企业应当提供所申请产品符合国家标准、行业标准的声明,生产企业承担产品上市后的质量责任的声明以及有关产品型号、规格划分的说明。

⑥产品性能自测报告:产品性能自测项目为注册产品标准中规定的出厂检测项目,应当有主检人或者主检负责人、审核人签字。执行国家标准、行业标准的,生产企业应当补充自定的出厂检测项目。

⑦医疗器械检测机构出具的产品注册检测报告:需要进行临床试验的医疗器械,应当提交临床试验开始前半年内由医疗器械检测机构出具的检测报告。不需要进行临床试验的医疗器械,应当提交注册受理前 1 年内由医疗器械检测机构出具的检测报告。

⑧医疗器械临床试验资料。

⑨医疗器械说明书。

⑩产品生产质量体系考核(认证)的有效证明文件——根据对不同产品的要求,提供相应的质量体系考核报告。

⑪所提交材料真实性的自我保证声明。

申请材料齐全、符合形式审查要求的,或者申请人按照要求提交全部补正申请材料的,食品药品监督管理部门就予以受理,并在一定的期限内对申请进行实质性审查并作出是否给予注册的书面决定。经审查符合规定批准注册的,发给医疗器械注册证书。

可见,第Ⅰ类和第Ⅱ、Ⅲ类医疗器械,其申请材料的内容具有明显的差异。另外,申请人在准备申请材料时,请注意遵照最新的"医疗器械注册管理办法"。现行法规仍是 2004 年颁布的"《医疗器械注册管理办法》(局令第 16 号)",但《医疗器械注册管理办法(修订草案)》(征求意见稿)已经在广泛征询意见,预计不久将实施新版管理办法。

11.3　美国医用制品的供应体系

11.3.1　简介

在美国,医用制品供应体系对整个医疗行业都有着十分重要的影响。对临床医生而言,医用材料能够满足多样的临床需要和医生的使用偏好;对医疗体系而言,医用材料可以维系公立医院和私人诊所的良好经济运营;而对病人而言,医用材料则具有改善疾病预后、提升病人健康状态的作用。因此,整个医用制品供应链,尤其是高科技医用产品的选择,就显得极为重要了。

医用制品供应链是指医用产品、医疗技术和相关医疗服务从生产商向终极消费者（即患者）转移的过程。其中，医用制品不仅包括医用手套、口罩和纱布等日常使用的产品，还包括心脏支架和矫形外科移植物等高科技产品。在美国，生产商可通过多种渠道向医院和诊所销售医疗设备和产品，如直接销售给医院和诊所，或销售给分销商、团购组织和政府。图 11 - 2 是美国医用制品供应流程。

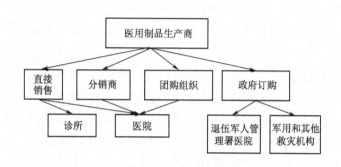

图 11 - 2　美国医用制品供应流程

11.3.2　医用制品供应链的组成

在医用制品供应链中，对医用材料的管理可分为院内管理和院外管理。其中，院外管理主要由医生、供应商、分销商和团购组织间相互协调，而院内管理主要由医生、其他医疗人员、价值评估团队、药物治疗协会、医院供应链等管理部门和其他相关管理协会间相互协调。

医用制品供应链的影响因素可分为内在和外在两个方面。其中，外部因素包括医学研究中所得的临床证据、财务报销体系、供应商和医生之间长期稳定的关系、工业品营销以及多变的激励政策（如市场利润分配）。内部因素包括医生与医院行政管理部门间的关系、材料采购和合约签订的管理策略、供应商的管理政策、标准化实施以及对医院、对医生使用医用材料的奖励措施，例如通过合作降低成本，从而换取新技术和合理的市场利润。

从医院层面来看，供应链管理部门或医用材料管理部门负责物资采购、合同签订、新产品政策制定、产品分配及使用监测、风险评估以及价值评估过程。医院和诊所可独立或外包给团购组织来完成以上操作，团购组织可以通过批量采购而从供应商处获得更多折扣。

11.3.3　医院医用制品供应链的多变环境

近年来，由于团购组织的出现，逐步形成了医院医用材料目前的环境。美国 90% 的医疗体系依靠团购组织签订采购合同，大约 72% 的医院通过团购组织购买医用材料。例如,美国健康联盟就是一个庞大的团购组织,它拥有一个专业的学术性医疗研究中心。团购组织在低价购买医用制品方面有着显著的成绩。许多团购组织与其会员医院合作,与国内疾病诊治价格评估团队在各领域研究医用制品的发展趋势和规格参数,而其成果则用于指导团购组织和私立医院采购到更好的医用制品。

医用制品供应商的行为饱受争议。一方面,供应商提供各类技术支持,包括新产品介绍、产品使用培训、医生意见咨询、医院库存管理、门诊设备支持以及产品售后服务等。另一方面,供应商被认为过度影响了医生对产品的独立判断选择,并造成医疗成本的不断提高。

医用制品报销体系的不断变化也影响了医用材料目前的环境。诊断—相关分组[diagnosis-related groups (DRGs)]是目前已建立的一种报销体系,医疗保险的给付方不是按照病人在医院的实际花费(即按服务项目付账),而是按照病人的疾病种类、严重程度、治疗手段等条件所分入的疾病相关分组付账。在这种体系下,医院进行一些操作就会损失很多利润。一个更新的体系为患者建立了个人健康储蓄账户,将账户的使用权交给患者。这样,患者在选择医用制品时很可能将成本作为主要考量因素,而非产品的适合度和质量情况。可以说,报销策略在很大程度上影响了医用材料的整体环境。

如今,价值评估团队、药物和治疗委员会以及标准化实施在医院都是很普遍的。价值评估团队根据临床疗效、安全性、预后以及成本四个因素,对医用产品进行价值评估。所得的产品评估数据用于衡量产品的性能,从而推动标准化工作。价值评估团队可以由私立医院、私立医院组织或团购机构组成,他们向会员医院提供可参考的资料。药物和治疗委员会主要负责管理处方药、制订发展方针、监管药物使用、评估药物不良反应以及制订临床诊疗指南。药物和治疗委员会评估药物性能同样是基于临床疗效、安全性、预后以及成本这四个因素,从而促进了产品—等效性(product-equivalency)的评估。药物和治疗委员会会员包括药剂师、医生和医院管理者。而医疗制品的标准化则需要医院和团购组织的产品—等效性(product-equivalency)等研究成果来支持,这些研究除了应用正规医疗培训的知识外,常常要运用流行病学、生物统计学和效益成本分析理论等经济学领域的专业知识。

11.4　中国医用制品的供应体系

中国医用制品的供应体系,与美国有类似之处,也有特别的方面。

在中国,“看病难、看病贵”等问题是各级政府和广大民众关注的民生问题。如何整合医疗服务各相关环节,将有限的各种医疗资源优化配置和合理利用,对我国医疗服务水平的提高具有深刻的影响。国家发改委新近发布的《关于深化医药卫生体制改革的意见》（征求意见稿），明确提出要建立覆盖城乡居民的公共卫生服务体系、医疗服务体系、医疗保障体系、药品供应保障体系四位一体的基本医疗卫生制度，要求四大体系相辅相成、配套建设、协调发展。其本质是完善医疗服务供应链管理。

11.4.1　医用制品供应链的组成

我国医用制品的供应链主要由生产商、代理商、医院等供应链成员构成。

11.4.2　医用制品供应的销售模式

目前国内医用制品的供应体系中主要有代理和直销两种销售模式。

11.4.2.1　代理模式

代理模式是目前主流的销售模式，所有的国内医疗产品以及绝大部分进口产品都通过代理模式进行销售。以心脏支架为例，全国心脏支架总体市场份额的 90% 以上的都是通过代理销售。

代理模式销售的一般流程为：生产商通过一定的途径选择好代理商（一般是代理商主动向生产商推荐自己）并以较低的价格将产品卖给代理商（产品的产权归代理商所有）。随后代理商通过自己的努力向医院销售产品，期间产生的各种费用完全由代理商负责。而医院并不掌握医用制品的所有权，待医用制品被使用后，进行记录，并按一定的账期向代理商支付货款。代理商需要间隔一定时间向生产商反馈产品的销售情况，从而帮助生产商进行生产需求预测。

目前，我国约有 1000 家医院具备心脏支架植入能力，心脏支架年植入量约为 20 万支，并且保持 30% 左右的增长速度。市场的急速扩张往往伴随着相应监管机制的不完善，我国心脏支架流通环节仍然存在不少安全隐患，2009 年曝光的广东心脏支架及相关产品的走私案更是给我们敲响了警钟。随着医疗体制改革进入深水区，医疗供应链的监管和优化也将更加重要。

11.4.2.2　直销模式

就心脏支架产品而言，采用直销模式的生产商只有波士顿科技。直销模式的一般流程是：生产商安排专门的销售人员负责打开销路，与医院进行联系沟通；医院的订单产生之后，生产商安排专门的物流公司向医院配货；医院在医用制品使用之后，直接跟生产商结款。

从整体供应链效率而言，直销模式减少了供应链环节，便于集中管理和优化，是一种理想的销售方式。然而，从国内医疗市场的实际出发，分销模式更能培育和推动市场。代理商在目前的供应链中发挥着非常重要的作用，替代生产商完成主要的客户管理和维护工作，相当于生产商将这一部分工作外包给了代理商，而其中的相关费用和利润也完全转移到了代理商。由于我国不同地区经济发展水平差距很大,物流、金融等相关保障措施发展不平衡,医院的管理水平也参差不齐,生产商很难凭一己之力来满足千余家医院的供货期、账期、库存等不同要求,广泛利用各地熟悉当地不同情况的代理商进行销售能够迅速有效地推进产品的销售和服务。

表 11 – 2 为心脏支架销售渠道的对比研究。吴鹏等人在《医疗供应链流通环节安全隐患分析——以心脏支架为例》一文中指出,心脏支架供应链流通环节安全隐患成因主要有:监管部门多,监管力度不统一;对医疗耗材的监管不明晰;心脏支架供应链销售环节从业标准制订不便于实施;供应链运行成本划分不清,导致针对性监管困难;缺乏实时的监控系统以及完善的问责机制。

表 11 – 2 心脏支架销售渠道对比

项　　目	代理模式	直销模式
客户选择	代理商	生产商销售人员
客户管理和维护	代理商	生产商销售人员
生产商结款对象	代理商	医院
结款账期	现金结款	医院设定账期
产品销售价格	较低	较高
物流配送	代理商负责	生产商负责
采用厂商	吉威、乐普、微创、强生、美敦力……	波士顿科技

11.4.3　农村医疗服务供应链

农村医疗服务供应链是指从患者(农民)的需求出发,围绕医药企业,通过对医疗服务流、医疗信息流、医疗资金流等实行有效的控制,为农民患者提供各种形式的医疗服务产品的复杂系统。其服务目标是以人为实体流的服务,服务特征是为农民患者提供各种形式的服务产品如治疗、护理等。农村医疗服务供应链结点由政府及医保机构、医疗产品供应商、医院、农民患者构成。

11.4.4　大型医疗设备供应链

11.4.4.1　基本模式

大型医疗设备供需关系建立在比较严格、规范的组织结构的基础上,供应链基本模型如图 11 – 3 所示。

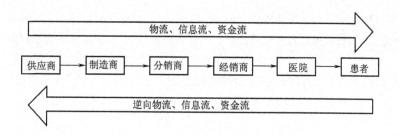

图11-3 大型医疗设备供应链基本模式

11.4.4.2 我国大型医疗设备供应链运作存在的问题

（1）物流、信息流和资金流的集成程度相对发达国家要低很多,造成了供应链运作成本一直居高不下。

（2）中小医疗机构对大型医疗设备存在较大的需求,由于资金缺乏而无法得到满足。

参考文献

[1]九三学社中央信息中心.国产医疗器械产业化亟须政府推动[EB/OL]. http://www.93. gov. cn/partic/people/492091980947060708. shtml. 2010 - 09 - 17.

[2]医疗器械监督管理条例(国务院令第276号).国务院,2000.

[3]医疗器械生产监督管理办法(局令第12号).国家食品药品监督管理局,2004.

[4]医疗器械注册管理办法(局令第16号).国家食品药品监督管理局,2004.

[5]医疗器械临床试验规定(局令第5号).国家食品药品监督管理局,2004.

[6]宋华.医疗供应链管理的变革与绩效[J].应用研究,2005,17(8):40-46.

[7]田江.医疗服务供应链系统结构及协同管理研究[J].医院经营,2009,29(3):30-32.

[8]吴鹏,朱岩,肖勇波.医疗供应链流通环节安全隐患分析——以心脏支架为例[J].中国软科学增刊(下),2009:225-228.

[9]贾清萍.农村医疗服务供应链的系统反馈与对策——基于宣风镇中心卫生院的调查分析[J].南昌大学学报,2009,40(6):45-50.

[10]魏莱.医药营销渠道管理探讨[J].现代商业,2008,23:48.

[11]肖奎光,谢小强,邓友华,等.预防用生物制品经营管理存在的问题与对策探讨[J].华南预防医学,2003,29(5):57.

[12]张敏洁. Mercy公司的资源优化及供应链整合创新对医疗供应链管理的启示[J].市场周刊:新物流,2007,9:34-35.

[13]杨昌.中国医药供应链绩效评价体系研究[D].哈尔滨:哈尔滨工业大学,2007.

[14]朱文贵,蒋瑞斌,徐最.物流金融管理在大型医疗设备供应链中的应用与创新[J].物流

科技,2007, 10: 44 – 46.

[15]师延路. 世界供应链管理与医疗供应链市场[J]. 中国医疗设备,2008, 23(8): 166 – 167.

[16]卢光泽,周丹. 医疗器械供应链中的供需策略研究[J]. 中国医院管理,2004, 24(8): 49 – 51.

[17]宋远方,宋华. 医药物流与医疗供应链管理[M]. 北京:北京大学医学出版社,2005.

附　录

附录 1　纺织工艺

一、纺丝

纺丝是将高聚物转化成纤维的过程。生物医学纤维的常规制备技术,可概括为该工艺流程:原料制备→纺前准备→纤维成型→后加工。

1. 原料制备

原料制备是聚合物的合成或天然高分子的化学处理和机械加工。天然高分子基生物医学纤维的制备过程,是将天然高分子经一系列的化学处理和机械加工,除去杂质,并使其具有满足纤维生产的物理和化学性能的过程。

合成高分子基生物医学纤维的原料制备过程,是将有关单体通过一系列的化学反应,聚合成具有一定官能团、一定相对分子质量和相对分子质量分布的线性聚合物。

在生物医学纤维原料制备过程中,可以采用共聚、共混和加添加剂等方法,以赋予生物医学纤维所需的特殊性能。

2. 纺前准备

生物医学纤维的常规成型工艺,普遍采用聚合物的熔体或浓溶液进行纺丝,前者称为熔体纺丝,后者称为溶液纺丝。因此,成纤聚合物必须在熔融时不分解,或能在普通的溶剂中溶解形成浓溶液,并具有充分的成纤能力和随后使纤维性能强化的能力。

纺前准备主要是纺丝熔体的制备或纺丝溶液的制备。

纺丝熔体的制备流程:聚合物切片干燥→聚合物切片熔融。

纺丝溶液的制备流程:成纤聚合物的溶解→纺丝溶液的混合、过滤和脱泡。

3. 纤维成型

化学纤维的成型,是将成纤聚合物的熔体或浓溶液,用纺丝泵(或称计量泵)连续、定量而均匀地从喷丝头(或喷丝板)的毛细孔中挤出而成为液态细流,再在空气、水或特定的凝固浴中固化成为初生纤维的过程。生物医学纤维的常规纺丝方法主要有熔体纺丝、湿法纺丝和干法纺丝,还有干湿法纺丝、液晶纺丝、静电纺丝等特种纺丝方法。

(1)熔体纺丝:切片在螺杆挤出机中熔融后或由连续聚合制成的熔体,被送至纺丝箱体中的各纺丝部位,再经纺丝泵定量送到纺丝组件,过滤后从喷丝板的毛细孔中压出而形成细流,并在纺丝甬道中冷却成型。初生纤维被据绕成一定形状的卷装(对于长丝)或均匀落入盛丝桶中(对于短纤维)。

(2)湿法纺丝:纺丝溶液经混合、过滤和脱泡等纺前准备后送至纺丝机,通过纺丝计量泵计量,经烛形滤器、鹅颈管进入喷丝头(帽),从喷丝头毛细孔中挤出的溶液细流进入凝固浴,溶液细流中的溶剂向凝固浴扩散,凝固浴中的凝固剂向细流内部扩散。于是,聚合物在凝固浴中析出而形成初生纤维。目前,天然高分子基生物医学纤维大多采用湿法纺丝制备。

(3)干法纺丝:干法纺丝时,从喷丝头毛细孔中挤出的纺丝溶液不进入凝固浴,而是进入纺丝甬道。通过甬道中热空气的作用,使溶液细流中的溶剂快速挥发,并被热空气带走。溶液细流在逐渐脱去溶剂的同时发生浓缩和固化,并在卷绕张力的作用下伸长变细而成为初生纤维。

(4)干湿法纺丝:将干法和湿法结合起来的一种溶液纺丝方法。纺丝溶液从喷丝头压出后,先经过一段时间,然后进入凝固浴,从凝固浴中出来的初生纤维的后处理过程,与普通湿法纺丝相同。目前,干湿法纺丝已在聚丙烯腈纤维、聚乳酸纤维、壳聚糖纤维、二丁酰甲壳素纤维等生物医用纤维的制备中得到应用。

(5)液晶纺丝:具有刚性分子结构的聚合物在适当的溶液浓度和温度下,可以形成各向异性溶液和熔体,呈现液晶状态。纤维制造过程中,各向异性聚合物的溶液或熔体的液晶区在剪切和拉伸流动下易于取向,同时在冷却过程中各向异性聚合物又会发生相变形成高结晶度的高强度纤维。目前,液晶纺丝已成功应用在芳香聚酰胺纤维、芳香聚酯纤维的生产中。

(6)静电纺丝:静电纺丝法是一种对高分子溶液或熔体施加高电压进行纺丝的方法,能得到直径为 50~500nm 的纤维。由于其制备的纳米纤维膜具有比表面积高和孔隙率高等特点,在生物医用领域有广泛的应用前景。

4. 后加工

纺丝成型后得到的初生纤维结构还不完善,物理和力学性能差,如伸长大、强度低、尺寸稳定性差等,还不能直接用于纺织加工,必须经过一系列的后加工。后加工随生物医用纤维品种、纺丝方法和品种要求而异,包括拉伸、热定型、上油等。

二、机织

绝大多数机织物由经、纬两个系统的纱线垂直交织而成。沿织物长度方向(纵向)排列的是经纱,沿宽度方向(横向)排列的是纬纱,经、纬纱线按一定的织物组织规律浮沉、相互交错组合即是交织。机织技术在生物医用方面的应用包括人造血管、心瓣膜等移植物,纱布、绷带等外用医疗用品,手术衣、手术覆盖布、口罩等医疗防护用品,还包括玻璃纤维、金属纤维和陶瓷纤维等增强复合材料及弹性纤维制造的轮椅、拐杖、担架、搬运车等医疗器械。

1. 织前准备

经、纬纱在织造前需经过准备加工。不同纤维的经、纬纱采用的准备加工方法不同。织前准备使经、纬纱的可织性提高,其半成品卷装应符合织机加工及织物成品规格的要求。

(1)经纱准备。通常,经纱准备加工包括络筒→整经→浆纱→穿结经。

①络筒:将前道工序运来的纱线加工成容量较大、成型良好、有利于后道工序加工的半成品卷装,络筒工作由络筒机完成。

②整经:将一定根数的经纱按工艺设计规定的长度和幅宽,以适宜、均匀的张力平行卷绕在经轴或织轴上的工艺过程,可分为分批整经、分条整经、分段整经和球经整经。

③浆纱:在上浆过程中,浆液在经纱表面被覆并向经纱内部浸透。经烘燥后,在经纱表面形成柔软、坚韧、富有弹性的均匀浆膜,使纱身光滑、毛羽服帖;在纱线内部,加强了纤维之间的黏结抱合能力,改善了纱线的物理和力学性能。常用浆料有淀粉类、PVA 和丙烯酸类。

④穿结经:穿经和结经的统称,其任务是把织物上的经纱按织物上机图的规定,依次穿过经停片、综丝和钢筘。

(2)纬纱准备。纬纱准备主要是定捻和卷纬。

①定捻:经过加捻的纱线,纤维产生了扭应力,在纱线张力较小或自由状态下,纱线会发生退捻、扭曲,为防止这种现象产生,使后道加工顺利进行,必要时以定捻加工来稳定纱线捻度。可分为自然定形、加热定形、给湿定形和热湿定形。

②卷纬:把筒子卷装的纱线卷绕成符合有梭织造要求并适合梭子形状的纤子,它是在卷纬机上进行的。

2. 织造

通常将经、纬纱线按织物的组织规律在织机上相互交织构成机织物的加工过程称为织造。织机由完成开口、引纬、打纬、送经、卷取等运动的机构构成,各机构遵循规定的时间序列,相互协调,完成经、纬纱交织和织物成型。

(1)开口:实现经、纬纱交织必须把经纱按一定的规律分成上、下两层,形成能供引纬器、引纬介质引入纬纱的通道——梭口,待纬纱引入梭口后,两层经纱根据织物组织要求再上下交替,如此反复循环,就形成经纱的开口运动。

(2)引纬:将纬纱引入由经纱开口所形成的梭口中,使纬纱实现同经纱的交织,形成织物。引纬分为有梭引纬和无梭引纬,无梭引纬又可分为片梭引纬、剑杆引纬、喷气引纬和喷水引纬。

(3)打纬:在织机上,依靠打纬机构的钢筘前后往复摆动,将一根根引入梭口的纬纱推向织口,与经纱交织,形成符合设计要求的织物。

(4)送经:织造过程中,经纱与纬纱交织成织物后不断地被卷走。为保证织造过程的持续进行,由送经机构陆续送出适当长度的经纱来补充,使织机上经纱张力严格地控制在一定范围之内。

(5)卷取:将在织口处初步形成的织物引离织口,卷绕到卷布辊上,同时与织机上的其他机构相配合,确定织物的纬纱排列密度和纬纱在织物中的排列特征。

3. 其他机构

包括织机传动机构和断头自停装置等。

三、针织

针织是利用织针把纱线弯成线圈,然后将线圈相互穿套而形成织物的一种工艺技术。与机织工艺相比,针织工艺和针织物有许多特点和优势,如生产效率高、织物结构多变、工艺流程短、建设投资少等。生物医用针织品主要有人造血管、弹性绷带、牙周再生片、支架等。

按工艺类别,针织工艺可分为纬编和经编两种。

1. 纬编

纬编是将纱线沿纬向喂入针织机的工作织针,顺序地弯曲成圈并相互穿套而形成针织物的一种工艺。

纬编机一般有如下机构:

(1)给纱机构:将纱线从筒子上退绕下来,输送到编织区域。其分为消极式给纱机构和积极式给纱机构。

(2)编织机构:把纱线通过成圈机件的运动编织成纬编针织物。成圈机件主要包括:导纱器、织针、沉降片、三角等。

(3)选针机构:选择织针参加何种工作(成圈、集圈或不编织)的机构。其可分为直接式选针和间接式选针。

(4)牵拉卷取机构:将由成圈机构形成的织物及时引出成圈区域,使生产能连续顺利地进行。

纬编成圈过程为:退圈→垫纱→闭口→弯纱→脱圈→成圈→牵拉。

退圈:钩针上移,由沉降片将旧线圈压移到针钩下方的针杆上。

垫纱:由钩针对导纱器喂入纱线的相对运动和垫纱机件的作用,使纱线垫放到针钩尖部和旧线圈之间的针杆上。

闭口:随着针杆下移,旧线圈抬起针舌,使新形成的未封闭线圈与旧线圈隔开。

套圈:由专门沉降片将旧线圈上抬,使其套到被压住的针钩上。

弯纱:由弯纱沉降片将新垫放的纱线弯曲封闭。

脱圈:旧线圈从针头上脱下,落到未封闭的新线圈上,使其封闭。

成圈:使已经封闭的新线圈的大小达到要求。

牵拉:专门沉降片和坯布牵引力配合,将从针头脱下的旧线圈推到针后。

2. 经编

经编是一组或几组平行排列的纱线由经向喂入平行排列的工作织针同时成圈的工艺过程。

经编针织机一般有以下机构:

(1)送经机构:把从经轴上退绕下来的经纱按照一定的送经量送入成圈系统,供成圈机件编织。

(2)编织机构:把纱线通过成圈机件的运动编织成经编针织物。

(3)梳栉横移机构:决定各把梳栉的经纱所形成的线圈在织物中分布的规律,从而形成不同的组织结构与花纹。

(4)牵拉卷取机构。

(5)传动机构和辅助装置。其中,辅助装置包括断纱自停装置、坯布织疵检测装置、纱线长度及织物长度检测装置等。

经编成圈过程包括:退圈→垫纱→闭口、套圈→脱圈、弯纱、成圈→牵拉。

以舌针经编机成圈过程为例,经编机上的导纱针梳栉、沉降片、压板等与织针密切配合,将纱线引导到所需的位置,弯曲成圈,并与旧线圈穿套。用一组或多组平行排列的经纱喂入,分别垫到各根织针上,由这些织针分别成圈。每根纱线一般每次只对一根织针垫纱成圈。全部织针同时形成的线圈构成横列,其中每一个线圈均与前一横列相应的旧线圈穿套。如此反复进行,并有纱线按一定顺序对不同织针依次垫纱成圈,造成各纵行之间成圈联系,形成经编织物。

四、编织

编织技术和机织技术、针织技术同属于纺织技术范畴,有很长的发展历史,从广义上讲,它是这样一种工艺:按同一方向,即织物成型方向取向的三根或多根纤维(或纱线)按不同的规律同时运动,从而相互交叉、交织在一起,并沿与织物成型方向有一定角度的方向排列成型,最后形成织物。编织生物医用纺织品包括缝合线、人造腱、人造韧带、人造骨等。

编织的种类很多。按编织类型可以分为圆形编织和方形编织两种。圆形编织是指可以编织成横截面为圆形或圆环织物的编织方法;方形编织是指可以编织成横截面为矩形或矩形的组合,例如 T 形、I 形、π 形、L 形、盒形等织物的编织方法。

按编织出的织物厚度可分为二维和三维编织两种。二维编织是指编织出的织物厚度最多是参加编织的纱线或纤维束直径三倍的编织方法;而三维编织是指编织出的织物厚度至少要超过参加编织的纱线束直径的三倍,且在厚度方向上纱线或纤维束要相互交织的编织方法。三维编织中又有多种形式,例如,二步法三维编织、四步法三维编织、多步法三维编织等。

采用编织技术主要可生产绳、带、管等织物,其中三维编织还可以生产各种异型织物。一般来讲,编织工艺不适宜生产像机织或针织那样幅宽较大的织物。

1. 二维编织

二维编织机构简单,工艺也不复杂,生产效率较高,它由传动机构、轨道盘、纱锭、成型板和卷取装置组成。轨道盘上面装有纱锭运行的轨道,纱锭在传动机构的作用下,沿轨道盘运动。纱锭上有缠卷好纱线的纱管,因此纱管随纱锭一起运动,同时纱锭还有控制编织纱线张力的作用。成型板用于控制编织物的尺寸和形状,编织好的织物被卷取装置移走。编织物的组织结构、外形尺寸、纱线的取向可以通过选择纱锭的个数、纱锭在轨道盘上运动的速度、卷取机构的运动速度、纱线的粗细来确定。采用二维编织可以编织出圆管和平幅织物。

2. 四步法三维编织

四步法三维编织在纱线的一个循环中分为四步。在第一步中,不同行的纱线交替地以不同的方向向左或向右运动一个纱线的位置;在第二步中,不同列的纱线交替地以不同的方向向上或向下运动一个纱线位置;第三步的运动方向与第一步的运动方向相反;第四步的运动方向与第二步相反。纱线不断重复上述四个运动步骤,再加上打紧运动和织物输出运动,就可以完成其编织过程。

3. 二步法三维编织

二步法三维编织有两个基本的纱线系统,一个是轴纱,其排列的方式决定了所编织骨架的横截面形状,它构成了纱线的主体部分,轴纱在编织过程中是伸直不动的;另一个纱线系统是编织纱,编织纱位于轴纱所形成的主体纱的周围。在编织过程中,编织纱按一定的规律在轴纱之间运动,这样编织纱不但相互交织,而且把轴纱捆绑起来,从而形成不分层的三维整体结构。

五、非织造

非织造加工一般要经过如下过程:纤维准备→成网→加固→(烘燥)→后整理→卷绕。

1. 成网

非织造材料的成网方法一般有干法、湿法和聚合物挤压法,其中,干法成网又分为梳理成网法和气流成网法,聚合物挤压法又分为纺丝成网法和熔喷法。

(1)梳理成网:其工艺流程为成网前准备(混合、开清和上油)→梳理→铺网。

梳理是成网的关键工序,将开松混合准备好的小棉束梳理成单纤维组成的薄网,供铺叠成网,或直接进行加固,或经气流成网以制造纤维杂乱排列的纤网。

(2)气流成网:纤维经过开松、除杂、混合后喂入主梳理机构,得到进一步的梳理后呈单纤维状态,在锡林高速回转产生的离心力和气流的共同作用下,纤维从针布锯齿上脱落,由气流输送并凝聚在成网帘上,形成纤维三维杂乱排列的纤网。

(3)湿法成网:其工艺流程为纤维打浆→布浆机布浆→湿法成网→脱水→烘燥。

将纤维原料在水中开松成单纤维,制成悬浮浆,然后将悬浮浆输送至成网机构,使纤维浆在凝网帘上成网,经脱水烘干得到纤网。

(4)纺丝成网:其工艺流程为切片烘干→切片喂入→熔融挤压→纺丝→冷却拉伸→分丝铺网。

纺丝成网法是化学熔融纺丝与非织造技术的结合,成纤高聚物切片在螺杆挤压机中加热熔融,经喷丝头使熔体成为细流喷出,冷却牵伸后丝束被高压气流或机械分丝,分丝后的长丝借助一对摆丝辊高速摆动,均匀地铺放在运行的网帘上成为纤网。纺丝成网法非织造布的主要原料是PP、PET,但若在切片制造中添加功能性材料如抗菌剂,其产品即具有抗菌功能;若在切片聚合时加入具有特殊功能的第二单体、第三单体,或采用不同性能的高聚物进行共混纺丝,可用于开发具有防护、保健功能的医疗用品。

(5)熔喷法:其工艺流程为切片→螺杆挤压→热空气牵伸→冷却→成网。

切片喂入螺杆挤压机中,并在挤压机中加热成熔体,从挤压机中挤出的高聚物熔体在喷丝头出口受到高速热气流的牵伸,同时冷却空气从喷丝头两侧施加,使纤维冷却、固化,形成长短、粗细不一的超细短纤维,并在气流作用下凝集到多孔滚筒上形成纤网输出。

熔喷法得到的是超细短纤维纤网,纤维直径为 $1\sim5\mu m$,多数在 $1\sim3\mu m$。纤维随机三维分布,内部结构复杂,材料中含有大量微小孔隙,具有很大的比表面积,在厚度方向上形成各式各样弯曲的通道或路径,大大增加了固体颗粒的过滤性能,过滤阻力小,过滤病毒效率在80%以上。熔喷法非织造布的缺点是强度低、伸长大、尺寸稳定性差,因此一般难以单独使用。

2. 加固

(1)针刺法:利用带倒钩的刺针对纤网进行反复穿刺。倒钩穿过纤网时,将纤网表面和局部里层纤维强迫刺入纤网内部,使原来蓬松的纤网被压缩,刺针退出纤网时,刺入的纤维束脱离倒钩而留在纤网中,这样,许多纤维束纠缠住纤网,使其不能恢复原来的蓬松状态,经过许多次针刺,许多纤维束被刺入纤网,使纤网中纤维互相缠结,从而形成具有一定强度和厚度的针刺法复合材料。

(2)水刺法:水刺法加固纤网采用高压产生的多股微细水射流喷射纤网。水射流穿过纤网后,受托持网帘的反弹,再次穿插纤网,由此,纤网中纤维在不同方向高速水射流穿插的水力作用下,产生位移、穿插、缠结和抱合,从而使纤网得到加固。

(3)化学黏合法:利用化学黏合剂通过各种施加方法将非织造纤网加固起来。如浸渍法、喷洒法、泡沫法、印花法、溶剂黏合法等。

(4)热黏合法:高分子聚合物材料大都具有热塑性,即加热到一定温度后会软化熔融,变成具有一定流动性的黏流体,冷却后又重新固化,变成固体。热黏合非织造工艺就是利用热塑性高分子聚合物材料的这一特性,使纤网受热后部分纤维或热熔粉末软化熔融,纤维间产生粘连,冷却后纤网得到加固而成为热黏合非织造材料。

3. 闪蒸法非织造布生产工艺

闪蒸法非织造布是杜邦公司开发的一种新型非织造布生产方法,其纤网由超细纤维构成,具有良好的过滤性能和防水透湿性能,常被用于医用防护服材料。

其工艺流程为:高聚物溶解→制成纺丝溶液→喷丝→丝条固化→牵伸→凝聚成网→热轧加固→闪蒸法非织造布。

闪蒸法高聚物原料主要是线性聚乙烯,溶剂为二氯甲烷,纺丝液从喷丝孔挤出,丝条喷出后,二氯甲烷迅速挥发,丝条固化,牵伸成超细纤维,再通过凝网静电器将纤维分散成单纤,然后被吸附到凝网帘上形成纤网,热轧加固成非织造布。

六、染色定形

1. 染色

染色是指将纺织品染上颜色的加工过程。染色过程中,染料与纤维之间发生物理和化学的相互作用,染料因而结合、存留在纤维上,从而使纺织品呈现稳定的颜色。

纺织品染色方法与纺织品形态有关,根据染色时纺织品形态不同,染色分为织物染色、纱线染色和散纤维染色。除纺织品形态外,染色方法根据染色工艺可分为浸染和轧染。

(1)浸染:将纺织品浸入染液中一定时间,染液或纺织品不停翻动,使染料均匀染上纺织品。

(2)轧染:将纺织品浸入染液短暂时间,经轧辊轧压,染液均匀轧入纺织品内部孔隙,多余染液被挤走,然后通过汽蒸或热熔处理使织物孔隙中的染料上染纤维。

2. 定形

纺织品多采用热定形。热定形是指将织物保持一定的尺寸,在一定的温度下加热一定时间,有时也可将织物在具有溶胀剂的介质中经受热处理。生产中最常使用的溶胀剂是水,因此热定形工艺可根据用水与否分为湿热定形和干热定形两大类。

对于涤纶织物来说,有的在染色前后各进行一次定形,叫做"二次定形"。染色前定形温度高些,以保证染色时形态稳定,不卷边,不产生褶皱。染色后定形温度可低些,可进一步去除褶皱,保证布面平整,减小缩率,起到最后整理的作用。

七、涂层

涂层加工技术是将成膜树脂直接或间接地涂覆于基布表面,并形成连续薄膜。基布的作用是支撑薄膜和提供材料强力,薄膜具有阻隔和防护功能。涂层类生物医用纺织品具有抵御细菌、液体渗透的优点,并且材料的可加工性好,可缝制成各种款式特殊、要求精细的防护服、手术服,服装缝合处易做密封粘贴处理。

按涂层剂品种和涂层织物的用途,涂层工艺可分为直接涂层、转移涂层和凝固涂层几种。

1. 干法直接涂层

干法直接涂层工艺流程为:基布前整理→涂层→烘干→(焙烘)→整理→打卷。

(1)基布前整理:包括拒水、轧光、拉幅和打卷整理。拒水整理是为了降低织物的表面能,减少树脂胶向织物缝隙内的深入,有利于成膜和获得柔软的织物手感。轧光能使纱线由圆润变成扁平状,增加对织物表面的覆盖度,减少纤维间、纱线间的缝隙,对树脂胶成膜有利。涂层用基布对布面平整度要求高,任何不平整的因素都会导致涂层产品出现残疵,对基布进行拉幅或打卷就是为了提高基布的平整度。

(2)涂层:用刮刀将树脂胶以一定厚度铺展在织物表面,经烘干去除溶剂,树脂胶成薄膜。经过 1 道刮涂后一般达不到所需要的静水压和抗血液渗透的要求,往往需要刮涂 2 ~ 3 道。

(3)烘干:烘干的目的是烘去溶剂使树脂胶成膜,烘干温度对成膜质量至关重要。

2. 转移涂层

转移涂层的工艺流程为:

在离型纸上涂覆树脂胶→烘干→涂覆黏合剂┐
基布前整理┘→复合→烘干→剥离→打卷

先将树脂胶涂覆于离型纸(转移纸)上,烘干成膜,然后在薄膜上刮涂黏合剂并与织物叠合,再烘去溶剂,织物与薄膜黏合,剥离离型纸,薄膜转移到织物上。

直接涂层对基布的纤维材料和织物组织有一定的要求,一般以化纤长丝机织物做基布涂层最好。如果是短纤维材料,由于许多纤维末端伸出织物表面,树脂胶膜很薄,这些伸出的纤维端头会刺透薄膜,使其成为防护的弱点。针织物或非织造布做基布涂层,树脂胶容易进入织物组织中,造成涂层材料手感粗硬且成膜性差。转移涂层对基布的适应性广,一般的织物都可用作它的基布。用于生物医用材料的基布以化纤长丝织物最为多见。

3. 凝固涂层

凝固涂层的工艺流程为:退卷→浸轧→凝固浴→水洗→卷绕。

凝固涂层不同于直接涂层和转移涂层,其最大的区别在于它不是采用烘箱成膜而是在凝固浴中进行成膜的。基布退卷后进入浸轧槽,此处给基布施加涂层剂,涂头采用浸渍辊式,使基布充分浸透,在浸轧槽口由清理刀刮去多余的涂层剂。涂有涂层剂的基布在凝固槽中需要保持一定的时间,使之凝固成膜。

八、层压

层压就是把片状材料一层一层地叠合在一起,通过加压黏结成为一个整体。层压织物就是将一层或一层以上的织物(或非织造布)与高聚物黏结在一起,或将织物与其他软片材料黏结在一起,形成兼有多种功能的复合制品。在层压织物中,每层材料是相互独立的,不必考虑材料的相容性。

层压技术在生物医用纺织品的生产中被广泛采用。医用防护服材料一般采用纺织品或非织造布与膜层压,形成布—膜—布组合方式。其中,布有提供材料强力、保护薄膜的作用,并使复合材料有布的质感,膜提供材料的阻隔和耐静水压等性能。

层压织物的制造方法有黏合剂法、热熔法、压延法和焰熔法等。

1. 黏合剂法

黏合剂法是制造层压织物的基本工艺,被使用得最早。黏合剂的种类很多,有溶剂型黏合剂、乳液型黏合剂、干膜黏合剂和粉末黏合剂等。

2. 热熔法

热熔法是将热塑性树脂经熔体辊压机热熔后压成膜片,趁热直接与织物叠合制成层压织物。在这里,膜片既是层压织物的一个组分,又兼有黏合剂的作用。

3. 压延法

压延法是先将聚氯乙烯或聚氨酯树脂压成膜片,然后将膜片和底布在压延机的压辊或叠合辊之间进行叠合黏结而成。

4. 焰熔法

焰熔法是将聚氨酯泡沫体薄膜在高温火焰中掠过,膜片表面将发生熔融并发黏,此时,若迅速将底部与之叠合、加压和冷却,即可制成熔融层压织物。

参考文献

[1]沈新元. 生物医学纤维及其应用[M]. 北京:中国纺织出版社, 2009.

[2]朱苏康. 机织学 [M]. 北京:中国纺织出版社, 2004.

[3]蒋耀兴. 纺织概论[M]. 北京:中国纺织出版社, 2005.

[4]龙海如. 针织学[M]. 北京:中国纺织出版社, 2004.

[5]黄故. 现代纺织复合材料[M]. 北京:中国纺织出版社, 2000.

[6]晏雄. 产业用纺织品[M]. 上海:东华大学出版社, 2003.

[7]霍瑞亭, 杨文芳, 田俊莹, 顾振亚. 高性能防护纺织品[M]. 北京:中国纺织出版社,2008.

[8]柯勤飞, 靳向煜. 非织造学[M]. 上海:东华大学出版社, 2004.

[9]郭腊梅. 纺织品整理学[M]. 北京:中国纺织出版社, 2005.

附录2 "生物医用纺织材料与技术"相关机构及网站

国际机构	网 站
中国纺织工业协会	http://oa.cntac.org.cn/
纺织生物医用材料科学与技术创新引智基地	http://biomedtextile.dhu.edu.cn/index.asp
The Textile Institute	http://www.texi.org/
The Fiber Society	http://www.thefibersociety.org/
The European Society of Biomechanics	http://www.esbiomech.org/
European Society of Cardiovascular Surgery	http://www.escvs.org/
American Biological Safety Association	http://www.absa.org/
Asia – Pacific Biosafety Association	http://www.a-pba.org/
The International Association of Vascular Experts	http://www.vascularweb.org
The Institute of Textile Science	http://www.textilescience.ca/
Society for Biomaterials	http://www.biomaterials.org/
Word Biomaterials	http://www.worldbiomaterials.org/
Canadian Biomaterials Society	http://www.biomaterials.ca/
Australasian Society of Biomaterials and Tissue Engineering	http://www.biomaterials.org.au/
International Biodeterioration and Biodegradation Society	http://www.ibbsonline.org/
Association of the Nonwoven Fabrics Industry	http://www.inda.org/
Biomedical Textiles Research Centre Heriot – Watt University	http://www.hw.ac.uk/sbc/BTRC/BTRC/_private/homepage.htm
Biomedical Textiles in North Carolina State University	http://www.tx.ncsu.edu/research/researchgroups/biomedicaltextiles/
Textile Bioengineering and Informatics Society	http://www.tbisociety.org/

书　　名	作　　者	定价(元)
【纺织新技术书库】		
棉纺织计算(第3版)	刘荣清　孟进	45.00
纺织空调除尘节能技术	周义德	45.00
针织生产计算	朱文俊	28.00
毛巾类家用纺织品的设计与生产	刘付仁　张康虎	29.00
针刺法非织造布工艺技术与质量控制	冯学本	30.00
HXFA299型精梳机的生产与工艺	周金冠	20.00
纺织品循环加工及其再利用	［美］王佑江	35.00
运动用纺织品	(瑞典)斯素	45.00
纺织纤维鉴别手册(第三版)	李青山	26.00
纱线形成与技术	刘国涛	38.00
横机羊毛衫生产工艺设计(第二版)	杨荣贤	38.00
经编工艺设计与质量控制	许期颐　陆　明	28.00
梳理针布的工艺特性、制造和使用	费　青	45.00
现代准备与织造工艺	郭兴峰	32.00
绒毛织物设计与生产	盛明善　陈雪珍	38.00
紧密纺技术	李济群　瞿彩莲	26.00
新型纺纱	刘国涛　谢春萍　徐伯俊	18.00
转杯纺实用技术	马克永	26.00
现代精梳生产工艺与技术	周金冠	22.00
转杯纺系统生产技术	汤龙世	35.00
喷气织机引纬原理与工艺	张平国	30.00
GA308型浆纱机的原理与使用	汤其伟	18.00
喷水织造实用技术300问	裘愉发　吕　波	35.00
喷水织造实用技术	裘愉发	38.00
新型纺织测试仪器使用手册	慎仁安	50.00
新型织造设备与工艺	毛新华	18.00
新型浆纱设备与工艺	萧汉滨	42.00
织造质量控制	郭　嫣　王绍斌	25.00
亚麻生物化学加工与染整	史加强	25.00
喷气织机使用疑难问题	张俊康	16.00
纺织新材料及其识别	邢声远	27.00
棉纺质量控制	徐少范	25.00
提花织物的设计与工艺	翁越飞	30.00
剑杆织机实用技术	王鸿博	34.00
织物样品分析与设计	盛明善	26.00
电晕辐照技术	张建春	18.00

纺　织　技　术　与　应　用

推荐图书书目：轻化工程类

书 名	作 者	定价(元)
防水透气织物舒适性	戴晋明	35.00
化纤仿毛技术原理与生产实践	张建春	58.00
生态纺织工程	张世源	35.00
功能纤维与智能材料	李青山	28.00
织物防水透湿原理与层压织物生产技术	张建春	30.00
现代经编产品设计与工艺	蒋高明	52.00
现代经编工艺与设备	蒋高明	58.00
纺织科技前沿	葛明桥　吕仕元	48.00
汽车用纺织品	[英]冯庆祥.迈克.哈德	38.00
纺织浆料学	周永元	38.00
纺粘法非织造布	郭合信	32.00
纺织科学中的纳米技术	刘吉平	35.00
纺织新材料	李栋高　蒋蕙钧	28.00
【纺织生产技术问答丛书】		
纺织品服装选购与保养 245 问	张　弦	19.80
剑杆织机生产常见问题及解答	王鸿博	28.00
服装生产技术 230 问	范福军	22.00
纺织企业管理 240 问	张体勋	25.00
织物设计技术 188 问	李枚萼	19.80
毛纺生产技术 275 问	余平德　张益霞	32.00
环境保护知识 450 问	张树春	26.00
棉纺生产技术 350 问	任欣贤　薛少林	25.00
纺织空调空压技术 500 问	董惠民	29.80
机织生产技术 700 问	黄柏龄	34.00
针织生产技术 380 问	沈大齐	32.00
纺织印染电气控制技术 400 问	孙同鑫	26.00
【牛仔布工业丛书】		
牛仔布和牛仔服装实用手册(第 2 版)	梅自强	32.00
实用牛仔产品染整技术	刘瑞明	30.00
牛仔布生产与质量控制	香港理工	34.00
服装舒适性与产品开发	香港理工	30.00
服装起拱与力学工程设计	香港理工	30.00
【纺织产品开发丛书】		
高性能防护纺织品	霍瑞亭	29.00
花式纱线开发与应用(第二版)	周惠煜	36.00
新型服用纺织纤维及其产品开发	王建坤	30.00
产业用纺织品	杨彩云	28.00

纺织技术与应用

推荐图书书目:轻化工程类

书　名	作　者	定价(元)
仿真与仿生纺织品	顾振亚　田俊莹	25.00
针织大圆机新产品开发	李志民	28.00
健康纺织品开发与应用	王进美　田伟	30.00
非织造布技术产品开发	郭秉臣	26.00
【纺织检测知识丛书】		
纱疵分析与控制实践	王学元	36.00
纬编针织产品质量控制	徐　红	29.00
棉纺试验(第三版)	刘荣清　王柏润	35.00
出入境纺织品检验检疫 500 问	仲德昌	38.00
纺织品质量缺陷及成因分析—显微技术法(第二版)	张嘉红	45.00
纱线质量检测与控制	刘恒琦	32.00
织疵分析(第三版)	过念薪	39.80
纺织品检测实务	张红霞	30.00
棉纱条干不匀分析与控制	刘荣清	25.00
纱疵分析与防治(第 2 版)	王柏润　等	32.00
电容式条干仪在纱线质量控制中的应用	李友仁	38.00
服用纺织品质量分析与检测	万　融　邢声远	38.00
电容式条干仪波谱分析实用手册	肖国兰	65.00
纺织纤维鉴别方法	邢声远	32.00
【纺织机械设备】		
针织横机的安装调试与维修	孟海涛　刘立华	29.00
纺织设备安装基础知识	师　鑫	29.80
工业用缝纫机的安装调试与维修	袁新林　徐艳华	26.00
喷水织机原理与使用	裘愉发	35.00
细纱维修	吴予群	36.00
并粗维修	吴予群	32.00
喷气织机原理与使用(第二版)	严鹤群	38.00
无梭织机运转操作工作法	中国纺织总会经贸部	14.00
剑杆织机原理与使用(第二版)	陈元浦　洪海沧	30.00
针织大圆机的使用与维护	李志民	20.00
1511 型织机故障与修理	郑州国棉一厂	18.00
1511 型自动织机保全图册(第三版)	胡景林	28.00

纺织技术与应用

注　若本书目中的价格与成书价格不同,则以成书价格为准。中国纺织出版社图书营销中心门市、函购电话:(010)64168110 或登陆我们的网站查询最新书目。

中国纺织出版社网址:www.c－textilep.com